计算机绘图教程

吴巨龙　主编

上海交通大學出版社

内 容 提 要

本书主要讲述了 AutoCAD 在计算机绘图中的应用，全书包括 AutoCAD 绘图基础知识、简单绘图、基础绘图与编辑、扩展绘图与编辑、图案填充、图块与文字、三维建模以及相关的练习等。适合广大学生使用。

图书在版编目(CIP)数据

计算机绘图教程/吴巨龙主编. —上海：上海交通大学出版社，2010(2015 重印)

ISBN 978-7-313-06195-9

Ⅰ. 计... Ⅱ. 吴... Ⅲ. 自动绘图—教材
Ⅳ. TP391.72

中国版本图书馆 CIP 数据核字(2010)第 007573 号

计算机绘图教程

吴巨龙 **主编**

上海交通大学出版社出版发行

(上海市番禺路 951 号 邮政编码 200030)

电话：64071208 出版人：韩建民

虎彩印艺股份有限公司 印刷 全国新华书店经销

开本：787mm×1092mm 1/16 印张：18.75 字数：465 千字

2010 年 2 月第 1 版 2015 年 7 月第 2 次印刷

ISBN 978-7-313-06195-9/TP 定价：44.00 元

前　言

计算机绘图是工程类、机械类、设计类、建筑类等大学学生应该掌握的三大绘图技能之一，其他两大技能是仪器绘图和手工绘图。计算机绘图技能在计算机日益普及的今天越来越受到重视，计算机正逐渐成为绘图员手中新的“圆规”、“丁字尺”和“三角板”。

计算机绘图由于其使用工具的特殊性，因此并不能像使用圆规、三角板那样很快地被学生掌握，可是各个学校学习计算机绘图的学时都比较少，如何能用较少的学时，让学生快速的掌握计算机绘图的基本技能，达到教学上的要求，是我们编写者一直思考的问题。该书的编写者已经有十多年的计算机绘图的培训教学经验，在教学实践中摸索出了一套行之有效的教学方法，这就是精学和精练，精心选择和组织所教内容，精心选择练习的内容，以点带面，以少概多，快速提高。

本教材的特点是：

(1) 讲与练相结合，避免只讲不练，或只练不讲，使讲与练紧密结合，所练的就是所讲的。所讲所练也是经过精心选择的，能充分体现操作命令特点的内容和例子。

(2) 在内容安排上，不仅是考虑由易到难，也不是按操作命令的分类来讲解，而是考虑到一个学生的学习规律及操作命令的常用情况。由于学这门课的学时不尽相同，有的可能较短，所以在内容的安排上成阶梯状，前面几章构成一个台阶，主要讲解绘制平面图应掌握的最基本、最常用的命令，在很短的时间内可以学完这个台阶，这样绘制平面图形已经没有问题了，虽然绘制起来会比较慢，比较烦琐。如果学时较多，学生可通过学习踏上更高的台阶，以掌握更多的内容，绘图也会变得更加快捷。

(3) 在后面的章节中给合了标准件、零件图、装配图的绘制，这样便于与工程图学(工程制图)的教学紧密结合，即使本课程是一门单独的课程，也可以起到在这里复习一下工程图学有关内容的作用。

(4) 与教学紧密结合。本书每一章的内容，基本就是一次课的内容，一次课按二个课时计算。这样安排是考虑到教师上课的方便，同时也是考虑到学生的认知规律，因此与常见的计算机绘图教材的内容安排有所不同。

(5) 在本书的后面一部分介绍了三维造型的方法，但主要是介绍三维实心体模型，这主要是考虑到工科学校的学生，三维实心体模型用得较多，同时也是因为受到整个学时规模的限制，不能介绍三维的所有内容。但由于我们在介绍这一部分内容时不只是局限于介绍建模方法，而是更多的介绍三维造型的基本知识，掌握了这些知识，学生即可以通过自学或少学时的学习，掌握其他的建模方法，同时对于学习其他的三维造型软件也会起到极大的帮助作用。

(6) 本书以AutoCAD2009版为基础，同时兼顾了以前直至AutoCAD2004各版的不同，并考虑到了中文版与英文版，绝大多数的命令都同时使用中文与英文提示，便于使用英文版的学生学习。

每一章后的练习，既可以作为复习的内容，同时也可以作为各种培训的测试题目。

本书由吴巨龙主编，朱波、梁培生、石红斌、叶福民参加了编写工作。

本书在正式出版之前已经经过几轮试用，修订了其中的不足之处，但即便是这样，我们仍然感到如履薄冰，可能还存在许多不足，希望广大使用它的学生及教师，或其他学习者，能给予批评指正。

编著

2009年7月

目　录

1 AutoCAD 绘图的基本知识

1.1 AutoCAD 概况

AutoCAD 软件是美国 AUTODESK 公司出品的一款计算机绘图软件。自 1982 年发行 1.0 版至今已有 20 多年的历史了，这期间版本不断更新，始终保持着旺盛的生命力，如果按一般对软件寿命的估计来说，已经算是长寿的软件了。其历年来版本的更新情况如下：

1982 年——V1.0

1984 年——V2.0

1986 年——V2.5

1987 年——R9.0

1988 年——R10.0

1990 年——R11.0

1992 年——R12.0

1994 年——R13.0

1997 年——R14.0

1999 年——AutoCAD2000，相当于 R15.0

后面的版本都是以年份为版本号，如 AutoCAD2002、AutoCAD2004、AutoCAD2006、AutoCAD2009 等，从其一连串的更新历史来看，可以看出，几乎每隔两至三年，其版本就要有一个更新，最早的 AutoCAD 是运行在 DOS 操作系统下面，从 10.0 开始，有了 Windows 版本，到如今已经完全运行在 Windows 操作系统下了。

了解 AutoCAD 的更新历史，对于理解 AutoCAD 的操作是十分有好处的。因为 AutoCAD 的每次更新都是向下兼容的，所以即使是现在最新版本的 AutoCAD，如果你愿意，依然可以像早期使用 AutoCAD 那样来使用。

在 DOS 时代，AutoCAD 的操作主要通过命令和简单的菜单来进行，因此学习 AutoCAD 就意味着要记忆大量的命令，今天的 AutoCAD 依然是命令驱动的，即每一个操纵实际上都是在输入一个命令，而且现在的命令数量已经是原来的好几倍了，不过，读者并不要为此担心，因为现在已经不需要大量记忆那些命令了，现在主要是通过工具条和菜单来进行操纵，既方便又直观；当然，如果你愿意用命令方式来进行，也是可以的。

AutoCAD 的主要优点表现在以下几个方面：

(1) 软件的适应性很强。AutoCAD 软件并不局限于某一个应用领域，它可以用在机械、建筑、园林、服装、工程等多种领域。正因为它的适用范围很广，有时候从事某一个领域的工程人员会感觉到用它可能没有专门为那个领域开发的绘图软件方便，其实 AutoCAD 为我们提供了强大的开发功能，通过开发，我们可以使它最佳地适合自己，成为我们所属行业的专业绘图软件。

(2) 丰富的绘图命令,灵活的绘图方式。AutoCAD 的绘图命令比较丰富,可以绘制点、直线、样条曲线、圆弧、圆等基本图元,以及各种图案、文字,并能方便地标注尺寸与灵活地绘图,如点的捕捉、追踪、正交等结合起来,可以方便、灵活地绘制各种平面工程图形。

(3) 强大的编辑命令。AutoCAD 的强大在很大程度上是依赖它有许多灵活的编辑命令。比如拷贝、移动、旋转、放缩、剪切、拉伸、延长等,有了这样一些命令,计算机绘图才有了比手工绘图更强大的优势。

(4) 图层。AutoCAD 是最早提出利用图层来管理图形的软件之一。目前,图层已经成为所有绘图软件的标准之一,可是,在 AutoCAD 出现的早期,几乎还没有绘图软件有这样的一个概念。通过将图形分层放置,可以使一张图纸作多种用途,也可以更清晰、更方便地显示和管理所绘的图形。

(5) 图块。通过图块,AutoCAD 使每个使用者可以方便地定制自己的图库,使绘图者的绘图越来越方便,速度越来越快。

(6) 三维绘图。利用 AutoCAD 也可以进行三维绘图,可以构建三维线框模型、表面模型和实体模型,对于这部分,本书只介绍实体模型。

(7) 二次开发。利用 AutoCAD 自带的 Visual Lisp 和 ObjectARX 开发环境,可以对 AutoCAD 进行二次开发。另外,还可以对工具条、菜单、线型、图案进行定制。这部分内容限于篇幅本书不作介绍。

(8) 支持数据交换。它可以将图形文件输出成 DXF、3DS 等格式的文件,与别的绘图软件进行交换数据。目前,DXF 文件格式也成了图形文件的标准之一,绝大多数的绘图软件都支持此种格式的文件。

1.2 AutoCAD 软件界面介绍

如图 1-1 所示,AutoCAD 界面由以下几个部分组成:菜单、工具条、绘图区、命令行、绘图辅助工具等。初始显示在屏幕上的工具条有“标准”(Standard)工具条、“层”(Layer)工具条、“属性”(Properties)工具条、“样式”(Style)工具条、“绘图”(Draw)工具条、“修改”(Modify)工具条。

一打开 AutoCAD,默认已经开始一幅新图,该图的图名显示在窗口标题栏上,为 Drawing1.dwg。AutoCAD 可以多文档操作,如果再开始一幅新图,图名会自动取为 Drawing2.dwg、Drawing3.dwg……以此类推。用户可以用默认文件名存盘,但一般应取一个有一定意义的文件名。

鼠标在绘图区中光标的形状为十字形,它所在处的精确坐标显示在状态栏左下角,旁边还有一系列的辅助绘图工具。

在状态栏的上面是命令行,操纵 AutoCAD 的命令都输入在“命令”(COMMAND)后面。在这里也显示通过工具条或菜单进行操纵时回显的命令,以及操纵后的各种提示信息。

图 1-1 所示的界面从 2006 版之后渐渐被日益流行的新的可视化界面所取代,但依然支持过去传统的界面样式,被称为“经典界面”。如图 1-2 和图 1-3 所示为 AutoCAD2009 的两种界面样式。

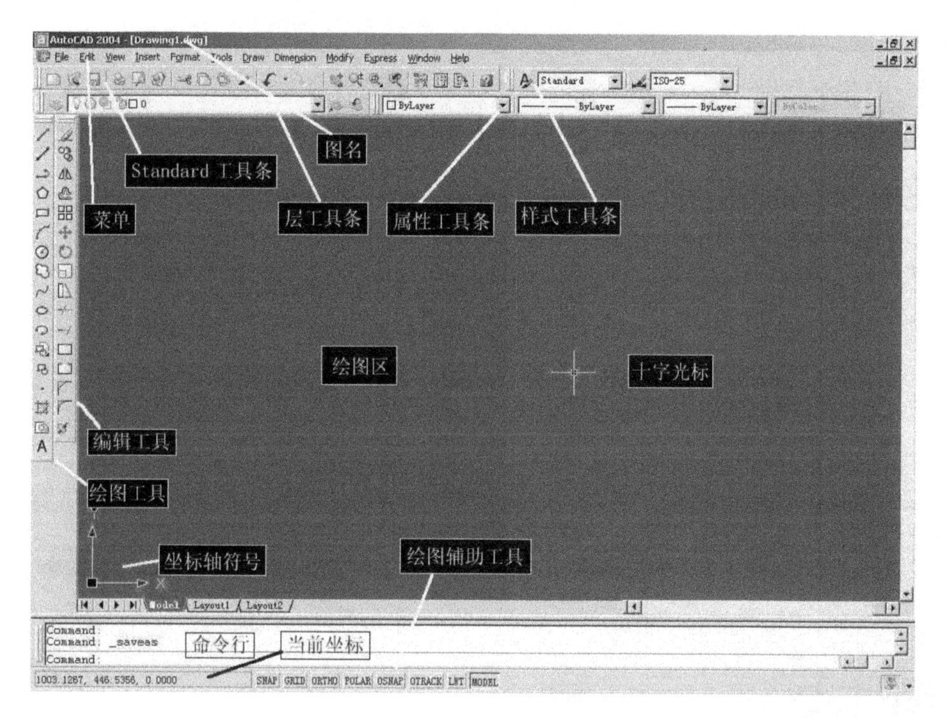

图 1-1 AutoCAD2004 界面

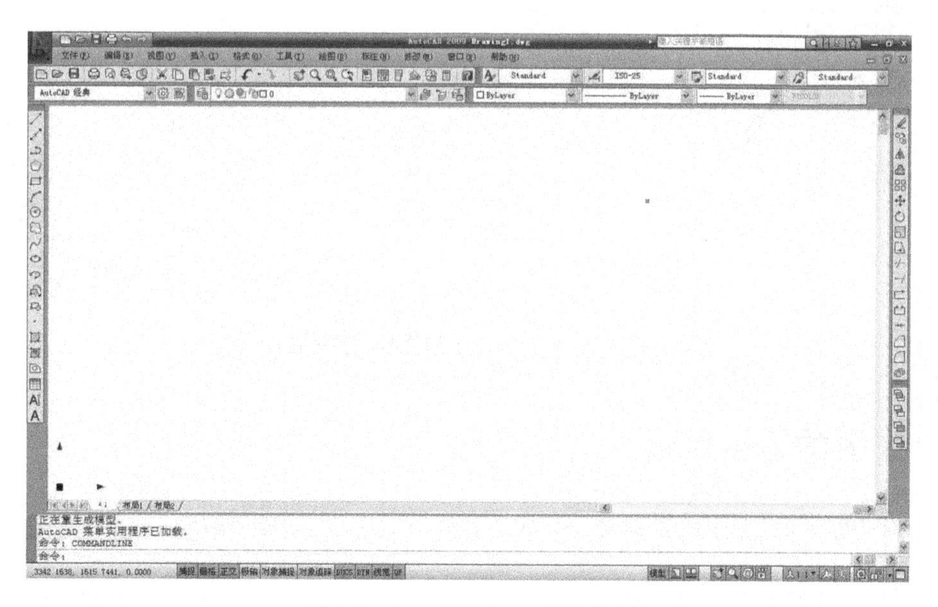

图 1-2 AutoCAD2009 经典界面

对于习惯于过去界面样式的用户，依然可以像过去那样来使用 AutoCAD，本书的讲解为了方便使用低版本的读者，采用的界面将仍然是经典界面。

切换到经典界面的方法如图 1-4 所示，在工作空间工具条上选择经典空间，或者在界面右下角的辅助工具上点击切换工作空间按钮。

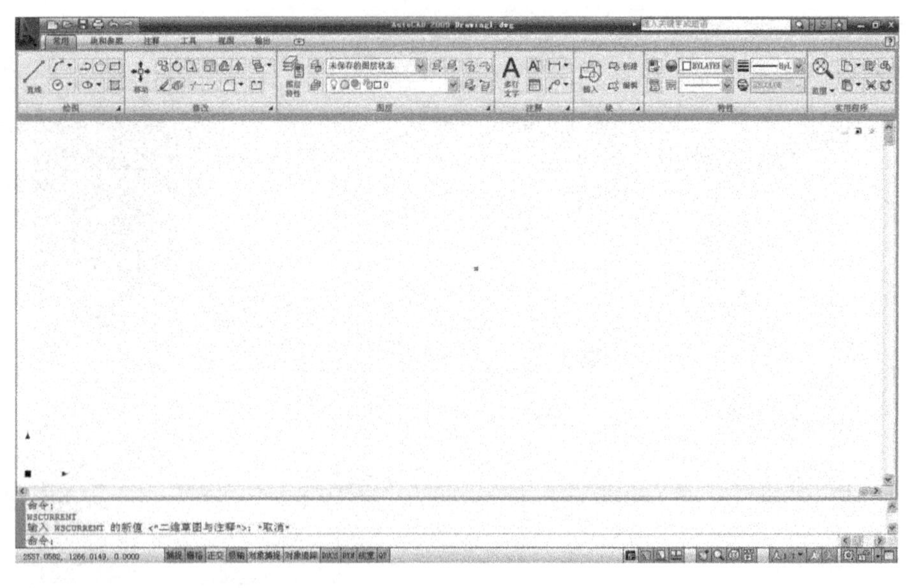

图 1-3 AutoCAD2009 新的界面

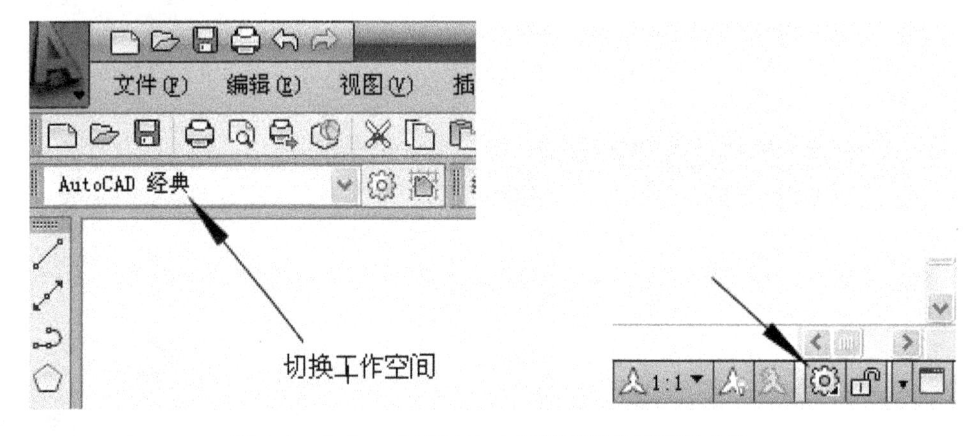

图 1-4 在 AutoCAD2009 中切换到经典界面的方法

1.3 看图的方法

在学习绘图之前，让我们先学习一下如何打开一幅图形、如何了解它们吧。

1.3.1 打开图形文件(Open)

点击“标准”(Standard)工具条上的 ，或点击菜单“文件”(File)中的“打开”(Open)，如图 1-5 所示，也可以如图 1-5 所示在“命令”(Command)后输命令 open，输入时大小写都可以。对于常用的操作，在 AutoCAD 中一般都有这三种方式，输入命令的方法也与此相同，在后续的章节中我们主要以工具条方式为主，对于另两种方式只顺带说明，不再加以赘述。

输入命令后，打开了一个对话框，如图 1-6 所示。在查找范围中，找到 AutoCAD2009 所在

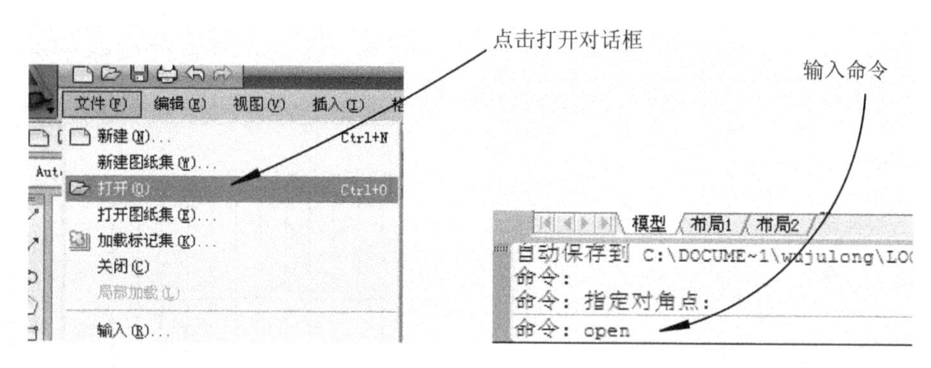

图 1-5 Open在菜单上的位置

的文件夹，在其中找到一个SAMPLE文件夹，打开后，在对话框中列出了所有AutoCAD自带的示例文件，当鼠标点击到某一个文件上面的时候，在“预览”(Preview)中可预览图形文件的内容。例如，我们将鼠标放在一个名为Wihome.dwg的文件上面，按下“打开”(Open)按钮，这时在屏幕上就显示出这个图形文件的完整内容。这时出现的画面可能是在图形空间的情形，应该点击一下“模型”(Model)标签，使它转到模型空间中，如图1-7所示。至于何谓图形空间，何谓模型空间，在后续的章节中再加以介绍，此处可不去管它。

图 1-6 打开文件对话框

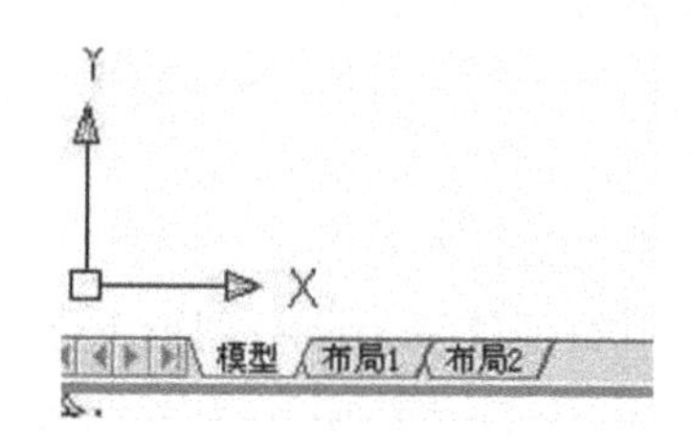

图 1-7 模型(Model)空间

1.3.2 显示放缩

(1) 实时显示放缩。点击“标准”(Standard)工具条上 ，这时鼠标变成一个放大镜的样子，如图1-8所示，按住鼠标左键，上下拖动，可以看到图形显示有了大小的变化。

(2) 实时显示平移。点击Standard工具条上 ，这时鼠标变成一只手的样子，如图1-9所示，按住鼠标左键，可以拉动图形。

几种实时放缩可以从点击鼠标右键弹出的菜单中进行快速切换。

(3) ZOOM命令。在进行显示放缩操作时，实际上都是在执行ZOOM命令，键入命令后，出现如下选项，每一个选项都用“/”进行分开，使用时可以在冒号后面打入每个选项的单词，也可以只打入每个单词的大写字母。其命令提示为：

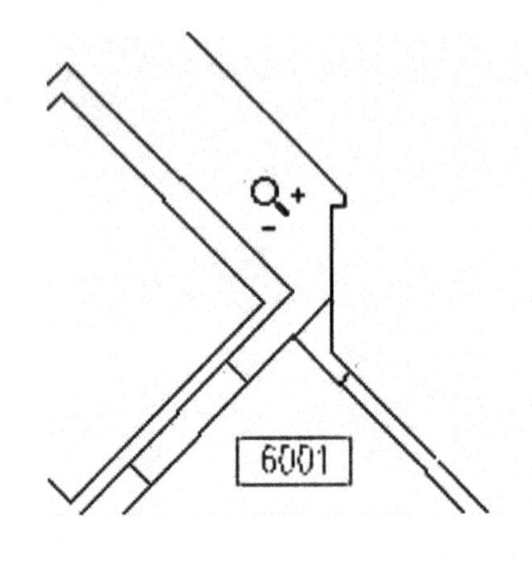

图 1-8　实时放缩鼠标形状

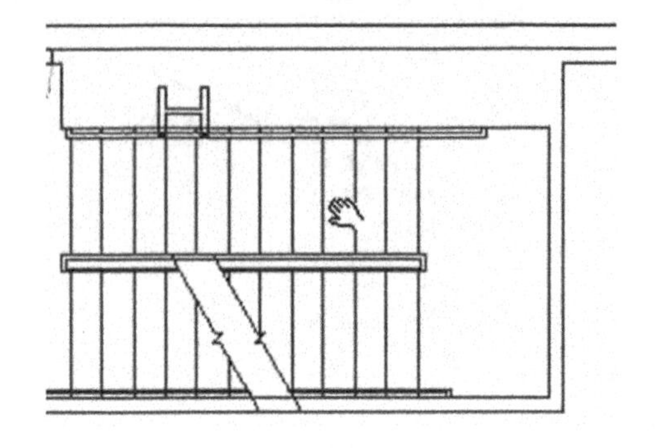

图 1-9　实时平移鼠标形状

[全部(A)/中心(C)/动态(D)/范围(E)/上一个(P)/比例(S)/窗口(W)/对象(O)] <实时>:

All/Center/Dynamic/Extents/Previous/Scale/Window/Object <real time>:

全部(A)All:是将所有图形都显示在窗口。

中心(C)Center:中心放缩。放缩时要求指定一个放缩中心及输入一个显示高度。放缩结果是图形上指定为中心的地方将显示在屏幕的中心,给定的数值就是显示的高度范围。给定显示高度时也可以通过鼠标点击屏幕上的两个点来间接给出。

动态(D)Dynamic:动态放缩。使用时会出现 3 个框:蓝色框表示整个图形的极限范围;绿色框表示当前显示范围;可以移动的白色框表示将要显示的范围。当框中出现叉时,可以将框整体移动,框中的内容就是你准备显示的内容;当框中右边出现一个箭头时,可以改变框的大小,点击鼠标左键可以在这两种状态中切换。当决定显示区域后,按下回车键,则框中的内容将全部显示在屏幕上。

范围(E)Extents:图形范围放缩。它将所有图形的内容尽可能大地显示在屏幕上。它与 ALL 方式不同,ALL 是当 Limits 范围如果大于整个图形的范围时,将在整个屏幕上尽可能大地显示 Limits 范围;当图形范围大于 Limits 范围时,则在整个屏幕上尽可能大地显示图形范围,而 Extents 只是显示整个图形范围。

上一个(P)Previous:回到上个视图。

比例(S)Scale:比例放缩。指定一个比例因子放缩显示。大于 1 的数值为放大、小于 1 的为缩小。

窗口(W)Window:窗口放缩。用鼠标定义两个角点,从而定义了一个窗口,窗口中的内容为显示内容。

对象(O) Object:指定某一个图元,将其放大至撑满整个屏幕。

如果鼠标带有滚轮,看图时还有一个小技巧,转动中间的滚轮就可以放缩图形显示,放缩时将从鼠标指示的位置出发进行放缩。

(4) 鸟瞰方式。点击菜单:"视图→鸟瞰视图"(View→Aerial View),出现一个小窗口,如图 1-10 所示,窗口中显示的是整个图形,图中黑色的粗线框是当前显示的范围,点击一下鼠标，又出现一个细线的黑色框，调整的方法与前述的动态放缩显示类似，移动此框可实时地显示出不同部分的图形。

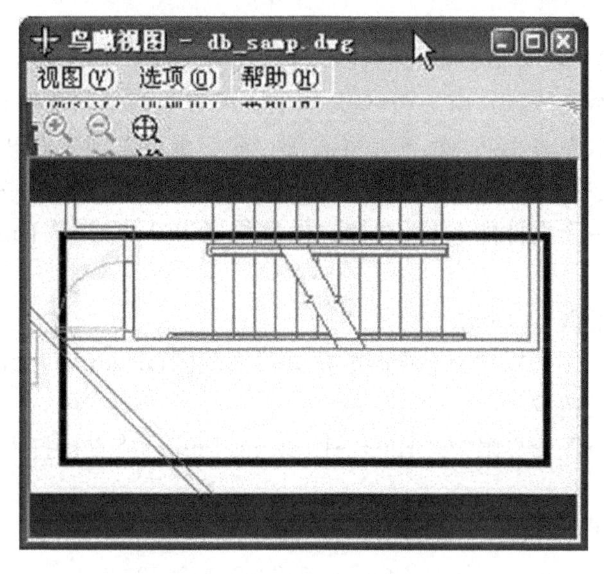

图 1-10 鸟瞰方式窗口

1.3.3 开始绘图前的准备工作

1.3.3.1 开始一幅新图(New)

在“标准”(Standard)工具条上点击 ，出现一个选择模板的对话框，如图 1-11，可以在里面选择一个模板，然后按“打开”(Open)按钮。也可以不选择模板，按“打开”(Open)边上的

图 1-11 选择模板对话框

箭头，有 3 种选择："打开"(Open)；无样板打开-英制(Open with no Template-Imperial)；无样板打开-公制(Open with no Template-Metric)。

1.3.3.2 模板

AutoCAD 自带的模板有很多，但适合我国标准的很少，常用的模板有两个——acad. dwt 和 acadiso. dwt，前一个是英制的，后一个是公制的。模板主要是用来保存一些绘图时常用的设置，如图形极限范围、单位、字样式、尺寸样式等。我们也可以创建自己的模板，方法是做好各种设置之后，点击菜单："文件→另存为……"/File→Save as...，出现一个保存文件对话框，在对话框的下部给出一个文件的名称，选择文件的类型为 AutoCAD Drawing Template(*. dwt)，保存即可。

1.3.3.3 图形极限范围(Limits)

图形极限范围可以用来控制图形绘制的最大极限范围、Zoom 中"全部"(All)选项所显示的范围以及网格显示的范围。

点击菜单："格式→图形界限"/Format→Drawing Limits 或直接打入命令 Limits，出现下面提示，

指定左下角点或 [开(ON)/关(OFF)] <0.0000,0.0000>：

Specify lower left corner or [ON/OFF] <0.0000,0.0000>：给出左下角点，默认是 0,0

指定右上角点 <420.0000,297.0000>：

Specify upper right corner <420.0000,297.0000>：给出右上角点，对于公制单位的图形，默认是 420,297；对于英制单位，默认是 12,9

选项 ON 与 OFF 控制界限检查是否打开，打开后，无法在超出界限的区域绘制图形。

一般在绘制图纸前，应根据所绘图形的大小来设置极限范围，只要设置得比所绘图形大一些即可。

在 AutoCAD 中绘制图形时，都是以 1∶1 来绘制的，比如长为 3 000mm 的轴，就绘制成长为 3 000mm，不必先确定比例，这一点与手工绘图不同。AutoCAD 中的坐标数值是量纲一单位，绘图时取什么样的单位由绘图前或模板中的设置来决定。

1.3.3.4 设置图形单位(Units)

点击菜单："格式→单位"/Format→Units...，打开一个对话框，如图 1-12，可设置长度和角度的单位和精度。在长度的"类型"(Type)里可设置长度尺寸的制式，有 Architectural 建筑、Decimal 十进制、Engineering 工程、Fractional 分数和 Scientific 科学计数法 5 种单位，一般我们用 Decimal 十进制单位；在角度的"类型"(Type)里，有 decimal degrees 十进制度数、grads 梯度、degrees/minutes/seconds 度分秒、Surveyor's units 大地测量方式和 radians 弧度，我们用的是十进制度数。

在"精度"(Precision)中设置尺寸精度，默认的长度精度是小数位后四位，角度是整数。

默认角度的正方向是逆时针方向为正，如果要采用顺时针方向为正，则在"顺时针"(Clockwise)选择框中打钩。

下面是设置尺寸单位，一般应是毫米(Millimeters)，见图 1-12。

点击"方向……"(Direction...)按钮，出现一个对话框，如图 1-13，可设置角度的 0°方向，一般是以东为 0°方向，东即是 X 轴的正向。

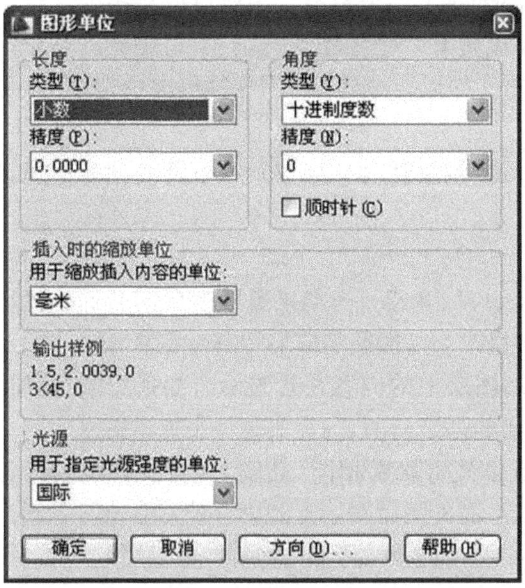

图 1-12 图形单位(Drawing units)对话框

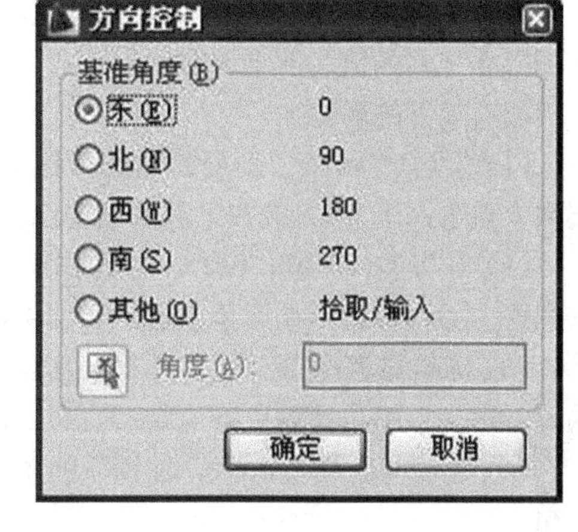

图 1-13 方向控制(Direction Control)对话框

1.3.3.5 图层(Layer)

开始绘图之前，如果所绘图形比较复杂，可以考虑将不同作用的图形分别放在不同的层，这样便于管理和操纵图形。

在层工具条上点击 ，打开层管理器(见图 1-14)对话框，初始时，已经存在一个图层，即“0 层”，这个层是永远存在的。

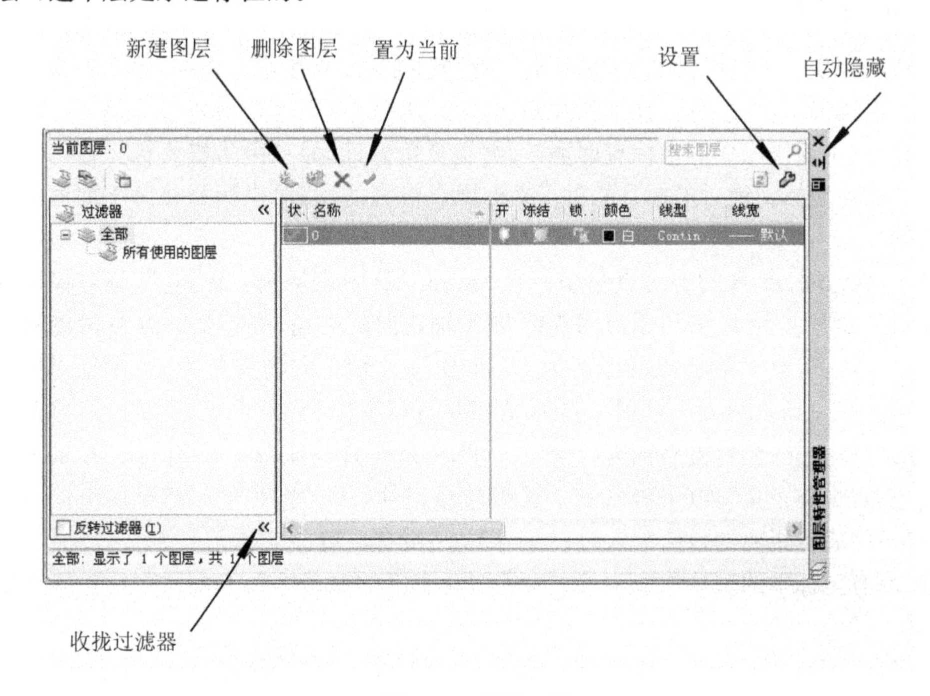

图 1-14 层管理器

点击“新建图层”按钮可以看到在“0 层”下部创建了一个新层。图层可以有多个，但当前层只能是一个，绘图只能绘在当前层上。如果要设置某一个图层为当前层，可先点击这个层，使它变蓝，然后再点击“置为当前”/Current 按钮。如果要删除某一个图层，选中这个图层后按 Delete 按钮即可。

在图层过滤器处，可设置层显示的过滤条件，控制要让哪些层显示在下部的列表框里，这在图层非常多的情况下十分有用。

层有如下的属性：

(1) 层名(Name)。新层初始的名称为 Layer1、Layer2……如果要改变层的名称，可以在层名上点击一下，或直接在下部的细节编辑框中修改。一般层名应取得有一定意义。

(2) 开与关(On and Off)。它的作用是控制图层上的内容是否显示。如果关闭，则所有该图层上的内容均不在屏幕上显示。如果你关闭的是当前层，则会出现一个提示信息。

(3) 冻结与解冻(Freeze)。从外表看，冻结与关闭效果相同，其实它们在内部是有区别的，AutoCAD 不再及时更新冻结后图层上的内容，而关闭后图层上的内容依然会及时更新。

(4) 加锁与解锁(Lock)。加锁后的图层上面所有的图元不能被编辑，可以用它来避免误编辑。

(5) 颜色(Color)、线型(Linetype)、线宽(Lineweight)。关于它们的设置方法在第 2 章再作介绍。

(6) 打印与打印样式。若选择不打印，则图层上的所有内容不能被打印输出，否则可打印。打印样式中可选择针对此图层的打印样式。

设置完成后，关闭图层设置对话框即可。

1.3.4 AutoCAD 坐标系

计算机绘图是离不了坐标的，坐标的输入有两种方法：一种是显式的，即直接将坐标值以一定格式的形式输入进去；另一种是隐式的，即通过捕捉等手段来将坐标输入进去。

AutoCAD 平面绘图中的坐标有两类，一类是直角坐标，另一类是极坐标。每一类中又分绝对坐标和相对坐标。绝对坐标是相对于坐标原点而言的，相对坐标是相对于前面刚输入过的点而言的。

以图 1-15 为例，点 A 的绝对直角坐标在 AutoCAD 中表示为：“x_1, y_1”，绝对极坐标可表示为：“$R<\alpha$”，其中 α 为点 A 与原点的连线与 X 轴正向的夹角，有正负。点 B 的绝对直角坐标表示为：“x_2, y_2”，设 B 到原点的距离为 OB，OB 与 X 轴正向的夹角为 α_1，则绝对极坐标为“$OB<\alpha_1$”，如 $34<45$、$123<-90$ 等。点 B 的相对直角坐标为“@x_2-x_1, y_2-y_1”，即坐标差，有正负，如@—34,56；相对极坐标为：“@$R_1<\beta$”，β 为点 B 与刚前一个输入点 A 的连线与 X 轴正向的夹角，也有正负，如@$345<45$。读者应该记住，所有相对坐标都要在坐标前加一个“@”，极坐标中表示距离的数值输入时一律为正，角度有正负。

注意：所有坐标中的逗号均应是英文输入法状态下的逗号“,”，不能是中文输入法状态下的逗号“，”。

输入坐标应是在命令提示需要在屏幕上确定某个点的时候进行，如果直接在“命令”(Command)后面输入，AutoCAD 就会把它当成命令，因而无效。

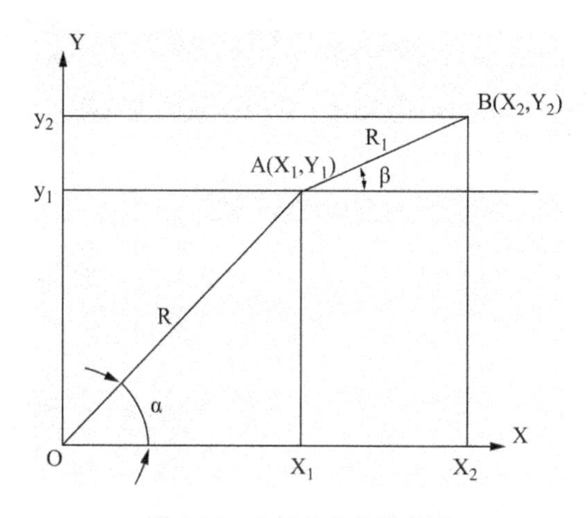

图 1-15　坐标的含义示意图

1.4　工作空间定义

工作空间是 AutoCAD2006 版开始出现的一个新的概念，它是以面向任务的思想，将菜单、工具栏、选项板和功能区控制面板按照任务的需要重新加以组织，以最大限度地方便任务的完成，实现高效地作图。例如，三维建模与二维绘图用到的工具有很大的不同，因此若为它们各自分别组织工具条、菜单等，可以有效地方便各自任务的完成。

Auto CAD 已经定义了 3 个工作空间：二维草图与注释，三维建模，AutoCAD 经典。严格地说，AutoCAD 经典并不是一个新的工作空间，只是为了与过去版本的 AutoCAD 兼容而设定的，它的主要功能还是二维绘图。

1.4.1　工作空间设置

如图 1-16，可以从两个位置找到“工作空间设置”，或输入命令 wssettings，打开设置对话框，如图 1-17。在其中可以设置已经存在的工作空间的显示与否、排列顺序等。下部的“切换工作空间时”区域，设定在当前工作空间的内容发生变化时，默认为自动保存，但若为了防止别人随意改变自己的工作空间，可以设置为不保存。

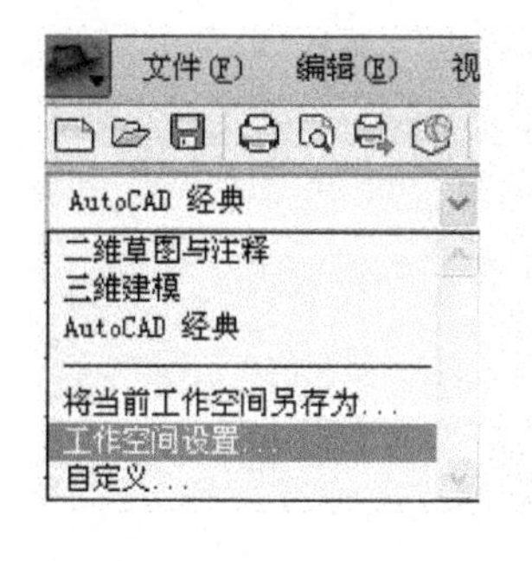

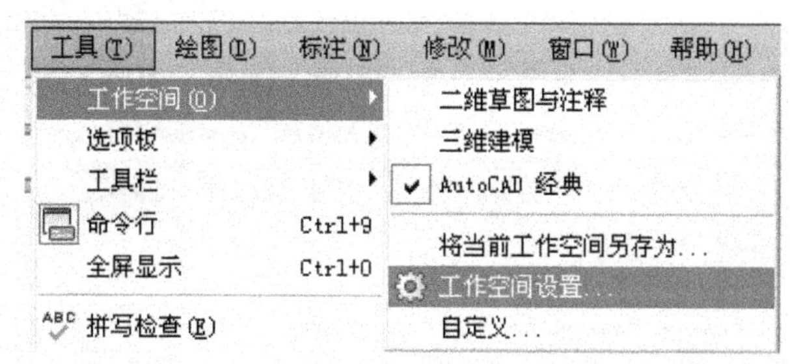

图 1-16　工作空间设置

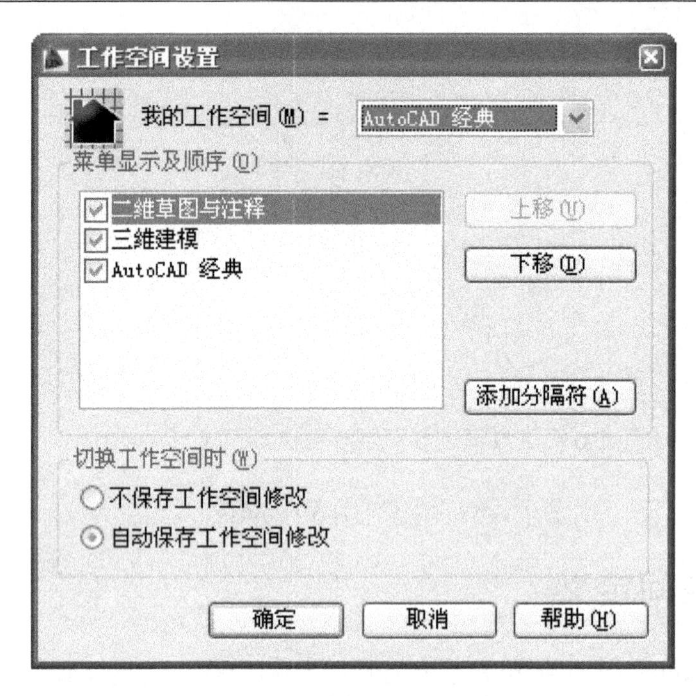

图 1-17　工作空间设置对话框

1.4.2　工作空间自定义

在图 1-16 中可以找到“自定义”项，或输入命令 CUI，打开定义对话框。该对话框分成左半部分和右半部分，见图 1-18 所示。

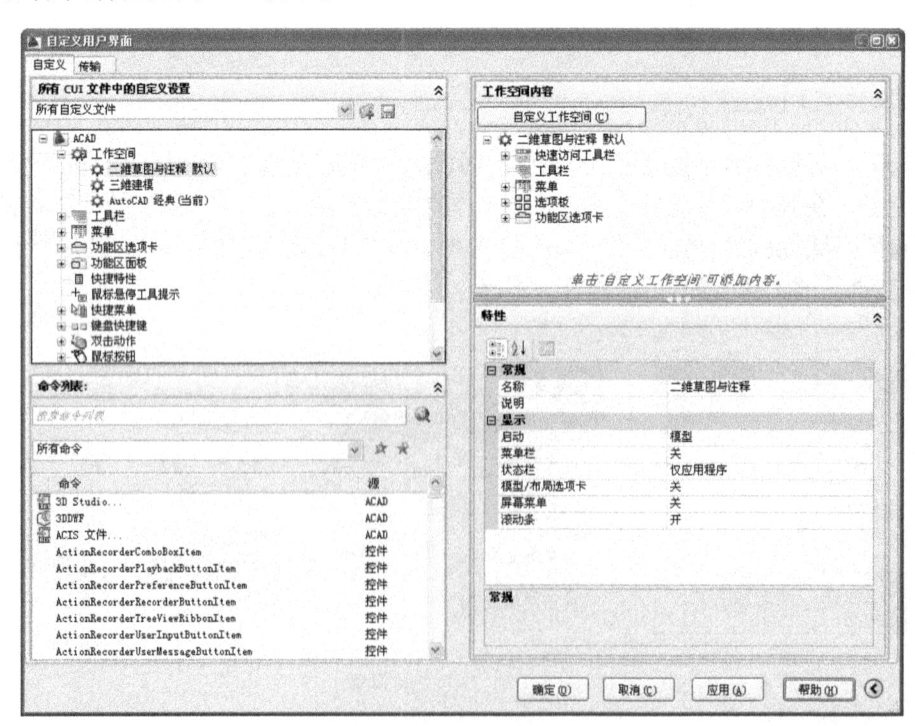

图 1-18　工作空间自定义对话框

左上部是系统中所能提供的所有可定义元素，包括已经有的工作空间、全部的工具条等。左下部分为所有命令。

右上部分为当前工作空间中已经定义的元素，如工具条、菜单等。右下部分为被选中元素的特性，如名称、位置等。

1.4.2.1　新建工作空间

如图1-19，在工作空间上点击鼠标右键，选择“新建工作空间”。在下部的工作空间列表中多了一个“工作空间1”，可以改名。在右上部可看到当前工作空间可以定义的内容。

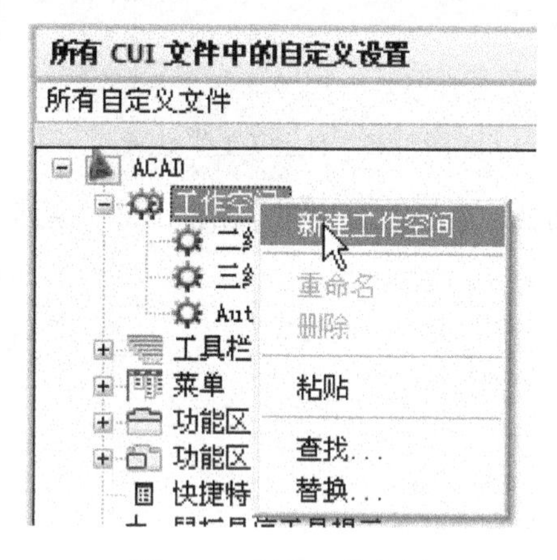

图1-19　新建工作空间

1.4.2.2　删除工作空间

在工作空间名称上点击鼠标右键，如图1-20，选择“删除”。还可以选择复制、粘贴等。

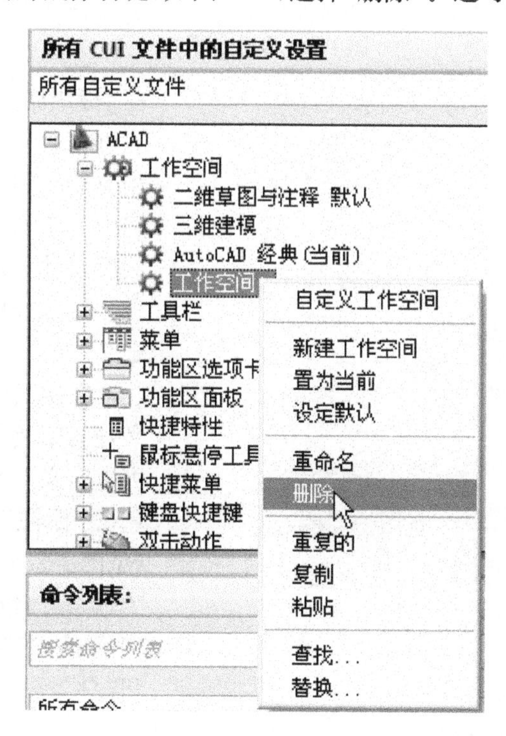

图1-20　删除工作空间

1.4.2.3 修改或定义工作空间内容

以工具条的定义为例。点击左部“工作空间 1”，然后在右部点击“自定义工作空间”，如图 1-21 所示。

图 1-21 自定义工作空间

点击左部的工具栏前的加号，展开工具栏树(见图 1-22)，在其中的各工具条中选择需要放

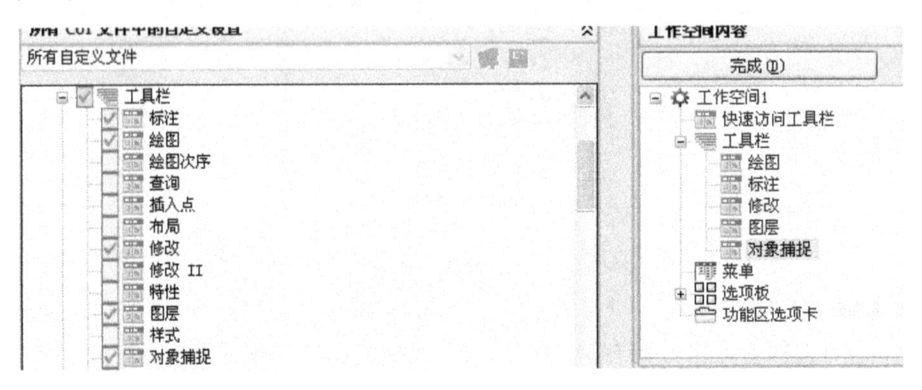

图 1-22 定义工具条

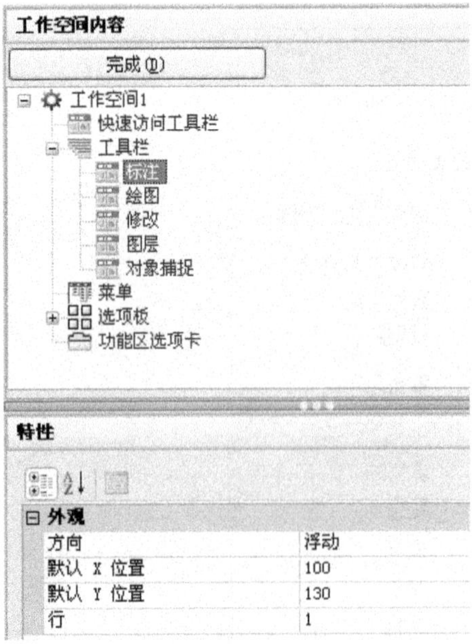

在空间中的工具条，在前面打钩，同时可以看出在右部工具栏下出现了相应的工具条名称。如果要去掉空间中的工具条，只要将钩去掉即可。然后点击“完成”，继续定义其他内容，或点击对话框下部的“应用”结束定义。

在定义的时候，点击右部已经定义好的工具条，在下部特性“方向”中可以定义工具条在屏幕上的位置，如点击“标注”，在方向中出现“浮动”(见图 1-23)，表示工具条只是放在绘图区，具体位置未定。在方向中可以选择的内容有“顶”、“底”、“左”和“右”。

图 1-23 定义特性

习题:

1. 用 AutoCAD 绘图,其缺省的绘图范围是多少?其默认的正角度的方向是顺时针还是逆时针?

2. 在用 ZOOM 命令放缩查看图形时,用选项 ALL 与用选项 EXTENTS 在什么情况下出现的效果一样,什么情况下会不一样?请在实验后得出结论。

3. 什么坐标需要用@符号?

2　简单绘图

2.1　点(Point)

2.1.1　点的样式

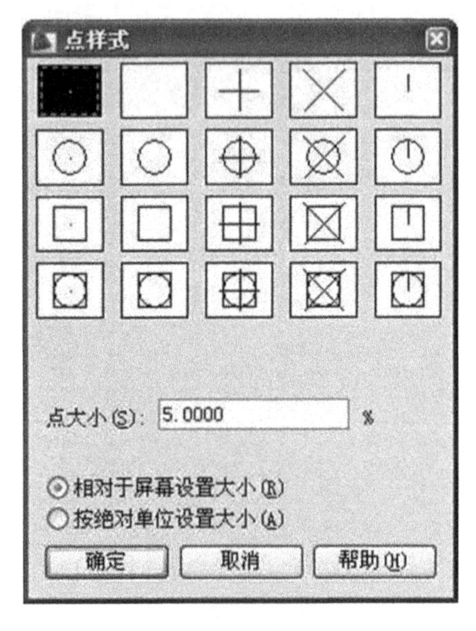

图 2-1　点样式对话框

点也是一个基本的图元，由于绘制在绘图区内的点非常小，不容易被看到，在定位和查找时不方便，因此绘图时可以根据需要设置点的显示标记和大小。

启动命令的方式：

点击菜单："格式→点样式"/Format→Point Style...，或命令行输入 ddptype。

弹出"点样式"对话框，如图 2-1 所示。

图中列出了 20 种点的图案样式，单击其中任一种图案，即选取该图案作为点样式。

点的大小是指点对象在屏幕上的显示大小，可以设置成"相对于屏幕设置大小 Set Size Relative to Screen"方式，它是以屏幕百分比的方式来设置点的大小，因此无论放大或缩小图形，点的大小都不会改变；还可以设置成"按绝对单位设置大小 Set Size in Absolute Units"方式，这样随着放大或缩小图形，点的大小也会相应放大或缩小。点击"确定"，这时绘制的点对象就采用新的样式绘制了。

2.1.2　绘制点

AutoCAD 中点是最基本的对象，点(Point)命令用于绘制辅助标记点、特征点及标注点等。

启动点(Point)命令的方式：

(1) 菜单方式："绘图→点→单点或多点"/Draw→Point→Single Point 单点或多点 Multipoint。

(2) 命令行输入方式：point 或 po。

(3) 绘图工具条上点击 ▫ ，均中出现提示。

命令：_point

当前点模式：PDMODE＝0 PDSIZE＝0.0000

指定点：

Command：point

Current point modes：PDMODE＝0 PDSIZE＝0.0000

Specify a point：输入点的坐标

其中，PDMODE 和 PDSIZE 都是系统变量。当 PDSIZE 的值为正值时，它的值为点形的绝对大小(实际大小)；当 PDSIZE 的值为负值时，则表示点形大小为相对视图大小的百分比，因此，视图的放大缩小都不影响点的大小。当 PDSIZE 的值为 0 时，所生成点的大小为绘图区域高度的 5％。

单点形式一次只能绘制一个点，如果想一次绘制多个点对象，从"绘图"(Draw)菜单中选择"多点"(Multiple Point)，用鼠标在绘图区内一次单击放置多个点对象。绘制完全部点后，按回车键不能结束命令，只能按键盘上的"Esc"键来结束命令。

2.2 直线(Line)

直线(Line)命令用于绘制二维和三维直线段。用户通过鼠标或键盘来决定线段的起点和终点。当从一个点出发作了一条线段后，AutoCAD 允许从上一条线段的终点出发，继续画线，除非按回车键或 Esc 键，才能终止命令。

启动"直线"(Line)命令的方式：

(1) 点击菜单："绘图→直线"/Draw→Line。

(2) 命令行输入：Line 或 l。

(3) 在绘图工具栏点击 。

启动绘制直线命令后，在命令行中出现以下提示：

命令：_line

Command：_line

指定第一点：输入线段起点。

Specify first point：

指定下一点或 [放弃(U)]：输入线段的下一点

Specify next point or [Undo]：

如果只画一条线段，则在下次出现"指定下一点或 [放弃(U)]："/Specify next point or [Undo]：时单击鼠标右键弹出快捷菜单或直接回车，即可结束画线操作。若还想画多条线段，可在该提示下继续输入端点坐标。键入"U"，可取消上次确定的端点或起点。当指定 3 个或 3 个以上点时，第二个提示变成"指定下一点或 [闭合(C)/放弃(U)]："/Specify next point or [Close/Undo]：其中：

Undo 放弃：撤销刚画的线段。在命令行中键入 U，敲回车，则最后画的那条线段删除。

Close 闭合：如果绘制多条线段，最后要形成一个封闭图形时，应在命令行中键入 C，则最后一个端点与第一条线段的起点重合形成封闭图形。

2.3 选择目标对象

在AutoCAD中正确快捷地选择目标是进行图形编辑的基础。用户选择实体目标后，该实体将成高亮显示(High Light)，即组成实体的边界轮廓线由原先的线型变成虚线，十分明显地和那些未被选中的实体区分开来。选择目标对象的方法主要有以下几种。

2.3.1 用拾取框选择单个实体目标

当用户执行编辑命令后，十字光标被一个小正方形框所取代，并出现在鼠标的当前位置上。在AutoCAD中，这个小正方形框被称为拾取框(Pick box)。将拾取框移至目标上，单击鼠标左键，即可选中目标。此时被选中的目标呈高亮显示。

2.3.2 选择全部实体目标

在“选择对象：”/Select Objects提示下输入“ALL”后按“回车”/Enter键，AutoCAD将自动选中屏幕上的所有目标。

2.3.3 选择多个实体目标

如果需选择的实体目标数目很多，显然用拾取框单个选择目标的效率就很低，此时应采用选择多个实体目标的方式。以下是3种常用的多个实体目标选择方式。

2.3.3.1 窗口拾取方式

该方式选择完全包含于矩形窗口中的所有对象。在“选择对象：”/Select Objects提示下输入“w”(即Window)并回车，在命令行窗口下会提示用户确定矩形拾取窗口的两个对角点：

选择对象：w;输入W并回车

Select objects：选择对象，输入W并回车

指定第一个角点：

Specify first comer：指定第一个角点

指定对角点：

Specify opposite coner：指定对角点

用户输入第一个角点和另一个对角点后，位于由这两个点所确定的矩形窗口之内的所有图形实体均被选中，但和矩形窗口相交的所有图形对象未被选中，如图2-2所示。

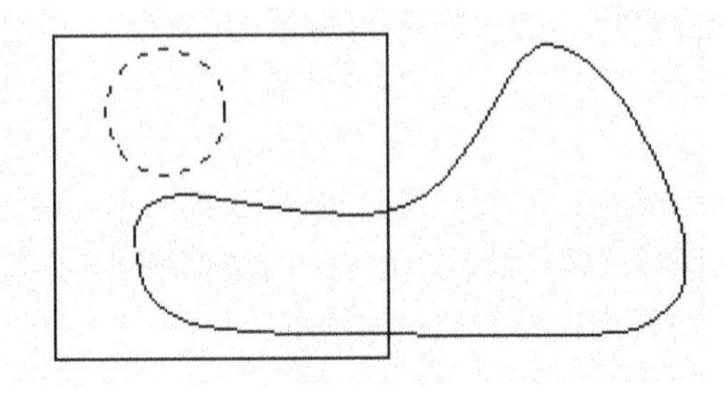

图2-2 窗口方式选择目标

2.3.3.2 交叉窗口方式

在“选择对象:”/Select Objects 提示下输入“C”(即 Crossing Window)并回车,在命令行窗口下会提示用户确定矩形拾取窗口的两个对角点,命令提示与“W”方式相同。

用户须输入第一个角点和另一个对角点后,所选中的对象不仅包含位于矩形窗口内的对象,而且也包括与窗口边界相交的所有对象,如图 2-3 所示。

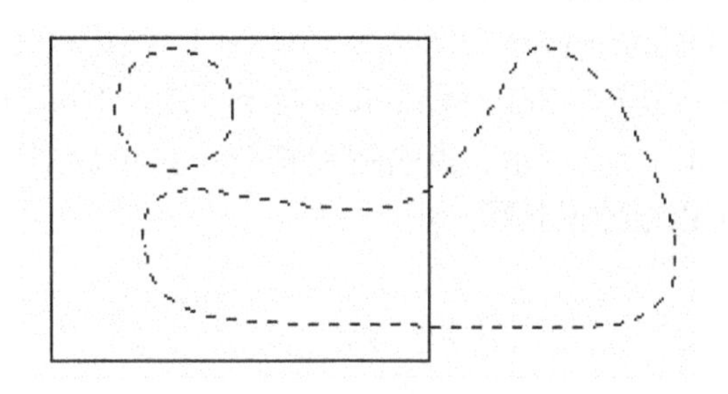

图 2-3 交叉窗口选择目标

2.3.3.3 默认窗口方式

在出现“选择对象:”/Select Objects 提示时,如果将拾取框移到图中的空白地方按左键,在命令行窗口会出现:

指定对角点:

Specify opposite comer:

在该提示下将光标移到另一个位置后单击鼠标左键,AutoCAD 自动以这两个拾取点为对角点确定矩形拾取窗口。如果矩形窗口是从左向右定义的,那么位于拾取窗口内部的对象全部被选中,而位于窗口外部以及与窗口边界相交的对象不被选中,相当于“W”方式。如果拾取窗口是从右向左定义的,那么不仅位于窗口内部的对象被选中,与窗口边界相交的那些对象也均被选中,相当于“C”方式。

2.4 删除(Erase)

删除命令为用户提供了删除实体的方法。

启动删除(Erase)命令的方式:

(1) 菜单方式:“修改→删除”/Modify→Erase。

(2) 命令行输入:erase 或 e。

(3) 在绘图工具栏点击 。也可以使用快捷键:键盘上的 Delete 键(必须先选中实体后按键)。

出现提示后,可以按照前述方式选择要删除的对象。

在 AutoCAD 中用命令删除这些实体后,这些实体只是临时性地被删除,只要不退出当前图形和没有存盘,就可以在命令提示符中输入“Oops”或“Undo”命令,被删除的实体将会恢复。使用“Oops”命令只能恢复最近一次被删除的实体。若连续两次使用删除命令,要恢复前一次的实体只能使用取消命令“Undo”。

2.5 取消与重做(Undo/Redo)

2.5.1 取消

取消(Undo)命令可以恢复前面一个或几个操作命令。

启动取消(Undo)命令的方式：

(1) 点击菜单："编辑→放弃"/Edit→Undo，在命令行输入 Undo 或 u。

(2) 在工具栏点击：如图 2-4 所示。点击撤销按钮一次可后退一步，点击旁边的下拉箭头，可打开一个小窗口，可以选择退到哪一步。

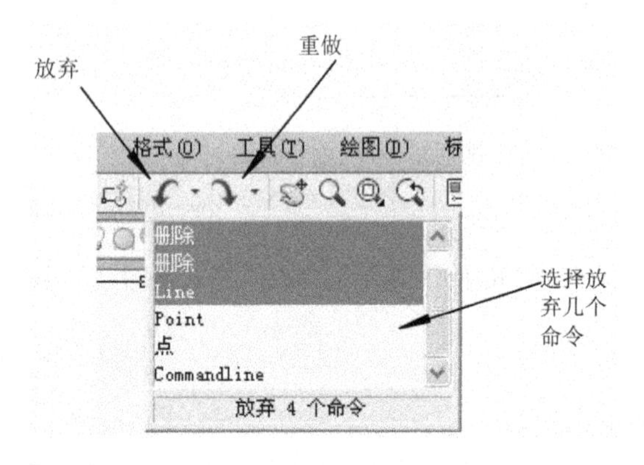

图 2-4 Undo 窗口

(3) 使用快捷键：Ctrl+Z。

2.5.2 重做

重做上一次用"取消"(Undo)命令取消的操作，但只有在 U/Undo 命令结束后立即执行才有效。

启动"重做"(Redo)命令的方式：

(1) 点击菜单："编辑→重做"/Edit →Redo，或在命令行输入：redo。

(2) 在工具栏点击：如图 2-4 所示，也可以打开小窗口选择重做到哪一步，这是自 AutoCAD2004 之后的改进，之前的版本只能后退一步。

(3) 使用快捷键：Ctrl + Y。

2.6 直线图形绘制实例

例 2.1 用各种坐标输入方式绘制如图 2-5 所示的图形，设置绘图区域为 210 mm×100 mm。

1) 新建文件

进入 AutoCAD 2000 绘图界面后，单击"文件"/File 菜单中"另存为"/Save as 选项命令，弹出"图形另存为"/Save Drawing as 的对话框，选择文件保存的路径，键入合适文件名，在"文

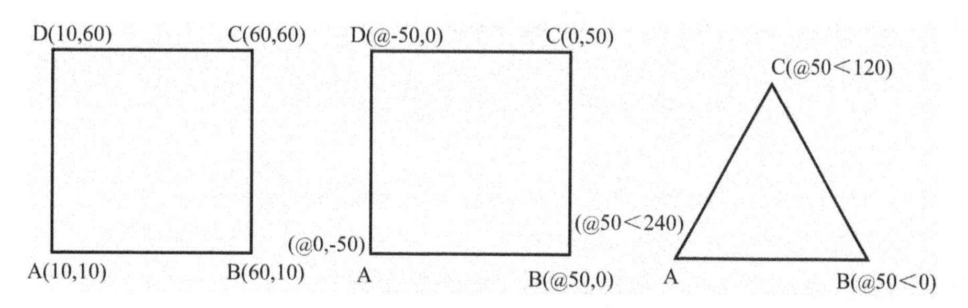

图 2-5　应用坐标绘图示例

件类型"下拉列表框中选择"＊.dwg"类型。

2) 设置绘图区域

由上述方法进入绘图界面后，缺省的绘图区域为 A3 图纸(420 mm × 297 mm)；可用绘图界限(Limits)命令来重新设置本例绘图区域为 210 mm× 100 mm，具体步骤如下：

命令：limits

Command：limits

Reset Model space limits：

重新设置模型空间界限：

指定左下角点或 [开(ON)/关(OFF)] <0.0000,0.0000>：输入左下角点坐标值 0,0

Specify lower left corner or [ON/OFF] <0.0000,0.0000>：输入左下角点坐标值 0,0

指定右上角点 <420.0000,297.0000>：210,100

Specify upper right corner <12.0000,9.0000>：210,100 输入右上角点坐标值

再用图形显示缩放命令。

命令：zoom

Command：zoom

指定窗口的角点，输入比例因子 (nX 或 nXP)，或者

[全部(A)/中心(C)/动态(D)/范围(E)/上一个(P)/比例(S)/窗口(W)/对象(O)] <实时>：a

正在重生成模型。

Specify corner of window，enter a scale factor (nX or nXP)，or

[All/Center/Dynamic/Extents/Previous/Scale/Window] <real time>：a 输入 All 选项

3) 绘制图形

采用绝对直角坐标输入法绘制图 2-5 所示左边的正方形。

命令：_line

Command：line

指定第一点：10,10

Specify first point：10,10 输入 A 点坐标值

指定下一点或 [放弃(U)]：60,10

Specify next point or [Undo]：60,10 输入 B 点坐标值

指定下一点或 [放弃(U)]：60,60

Specify next point or [Undo]：60,60 输入 C 点坐标值
指定下一点或 [闭合(C)/放弃(U)]：10,60
Specify next point or [Undo]：10,60 输入 D 点坐标值
指定下一点或 [闭合(C)/放弃(U)]：10,10
Specify next point or [Undo]：10,10 输入 A 点坐标值闭合正方形
指定下一点或 [闭合(C)/放弃(U)]：回车
采用相对直角坐标输入法绘制图 2-5 所示中间的正方形。
命令：_line
Command：line
指定第一点：
Specify first point：10,10 输入 A 点坐标值
指定下一点或 [放弃(U)]：@50,0
Specify next point or [Undo]：@50,0 输入 B 点坐标值
指定下一点或 [放弃(U)]：@0,50
Specify next point or [Undo]：@0,50 输入 C 点坐标值
指定下一点或 [闭合(C)/放弃(U)]：@－50,0
Specify next point or [Undo]：@－50,0 输入 D 点坐标值
指定下一点或 [闭合(C)/放弃(U)]：@0,－50
Specify next point or [Undo]：@0,－50 输入 A 点坐标值闭合正方形
指定下一点或 [闭合(C)/放弃(U)]：
采用相对极坐标输入法绘制图 2-5 所示三角形。
命令：_line
Command：line
指定第一点：
Specify first point：10,10 输入 A 点坐标值
指定下一点或 [放弃(U)]：@50<0
Specify next point or [Undo]：@50<0 输入 B 点坐标值
指定下一点或 [放弃(U)]：@50<120
Specify next point or [Undo]：@50<120 输入 C 点坐标值
指定下一点或 [闭合(C)/放弃(U)]：@50<240
Specify next point or [Close/Undo]：@50<240 或 C 输入 A 点坐标值或输入字母“c”闭合三角形
指定下一点或 [闭合(C)/放弃(U)]：
4) 保存图形
选择“文件”/File 菜单中“保存”/Save 命令，保存图形。

2.7 圆(Circle)

圆是绘图中常见的基本实体。AutoCAD 中提供了 6 种画圆方式，这些方式都是根据圆

心、半径、直径和圆上的点等参数来控制的。

启动圆(Circle)命令的方式：点击菜单中"绘图→圆"/Draw→Circle，出现如图 2-6 所示画圆命令子菜单，或在命令行输入 circle 或 c，也可在绘图工具栏点击 。

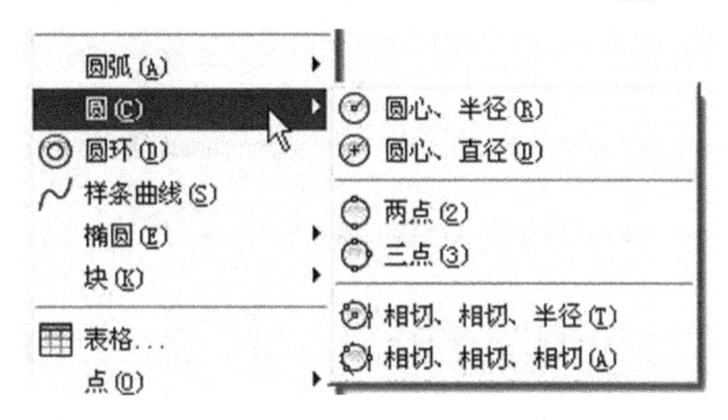

图 2-6　绘圆 Circle 命令在菜单的位置

在图示的 6 种画圆方式中，缺省方式为圆心和半径方式，具体操作如下：

1) 圆心、半径(Center，Radius)

命令：_circle

Command：circle

指定圆的圆心或［三点(3P)/两点(2P)/切点、切点、半径(T)］：

Specify center point for circle or [3P/2P/Ttr (tan tan radius)]：输入圆心坐标值

指定圆的半径或［直径(D)］：

Specify radius of circle or [Diameter]：输入圆的半径值

2) 圆心、直径(Center，Diameter)

命令：_circle

Command：circle

指定圆的圆心或［三点(3P)/两点(2P)/切点、切点、半径(T)］：

Specify center point for circle or [3P/2P/Ttr (tan tan radius)]：输入圆心坐标值

指定圆的半径或［直径(D)］＜16.0449＞：_d

Specify radius of circle or [Diameter]：d 选择选项 Diameter

指定圆的直径＜32.0898＞：

Specify diameter of circle ＜25.2261＞：输入圆的直径值

3) 三点(3 Point)

命令：_circle

Command：circle

指定圆的圆心或［三点(3P)/两点(2P)/切点、切点、半径(T)］：_3p

Specify center point for circle or [3P/2P/Ttr (tan tan radius)]：3p

指定圆上的第一个点：

Specify first point on circle：输入圆上第 1 点坐标值

指定圆上的第二个点：

Specify second point on circle：输入圆上第 2 点坐标值

指定圆上的第三个点：

Specify third point on circle：输入圆上第 3 点坐标值

4) 二点(2 Point)

命令：_circle

指定圆的圆心或[三点(3P)/两点(2P)/切点、切点、半径(T)]：_2p

Specify center point for circle or [3P/2P/Ttr (tan tan radius)]：2p

指定圆直径的第一个端点：

Specify first point on circle：输入圆直径上第 1 点坐标值

指定圆直径的第二个端点：

Specify second point on circle：输入圆直径上第 2 点坐标值

5) 相切、相切、半径(Tan，Tan，Radius)

命令：_circle

Command：circle

指定圆的圆心或[三点(3P)/两点(2P)/切点、切点、半径(T)]：_ttr

Specify center point for circle or [3P/2P/Ttr (tan tan radius)]：t

指定对象与圆的第一个切点：

Specify point on object for first tangent of circle：选择与圆相切的第一个实体

指定对象与圆的第二个切点：

Specify point on object for second tangent of circle：选择与圆相切的第二个实体

指定圆的半径 ＜18.4644＞：

Specify radius of circle ＜3.2782＞：输入圆的半径值

注：若输入半径值不能满足绘制圆所需要的条件，则会出现圆不存在的提示，并退出绘圆命令。

6) 相切、相切、相切(Tan，Tan，Tan)

单击图 2-6 中"相切、相切、相切"/Tan，Tan，Tan 菜单项，AutoCAD 提示如下：

命令：_circle

Command：circle

指定圆的圆心或[三点(3P)/两点(2P)/切点、切点、半径(T)]：_3p

Specify center point for circle or [3P/2P/Ttr (tan tan radius)]：3p

指定圆上的第一个点：_tan 到

Specify first point on circle：_tan to 选择与圆相切的第一个实体

指定圆上的第二个点：_tan 到

Specify second point on circle：_tan to 选择与圆相切的第二个实体

指定圆上的第三个点：_tan 到

Specify third point on circle：_tan to 选择与圆相切的第三个实体

实际这也是三点方式绘圆，只是这三点都是切点。

若所指定的 3 个图形实体无法产生新圆，则会出现圆不存在的提示，并退出绘圆命令。

注：用"相切、相切、半径"，"相切、相切、相切"方法绘制圆，选择与圆相切的实体时，光标在

实体上拾取的点应靠近会产生切点的地方。

例 2.2　应用相切、相切、相切画圆。

绘制圆 A、B、C，如图 2-7 所示。

打开“绘图”/Draw 菜单，单击“圆”/Circle 菜单项中“相切、相切、相切”/Tan，Tan，Tan 子菜单项。

(1) 指定圆上的第一点：选择一点与圆 A 相切。

(2) 指定圆上的第二点：选择一点与圆 B 相切。

(3) 指定圆上的第三点：选择一点与圆 C 相切。

操作完成后，结果如图 2-7 所示。

注意：在捕捉切点时，由于捕捉的位置不同，可能会出现几种结果，图 2-7(b)就是其中一种。

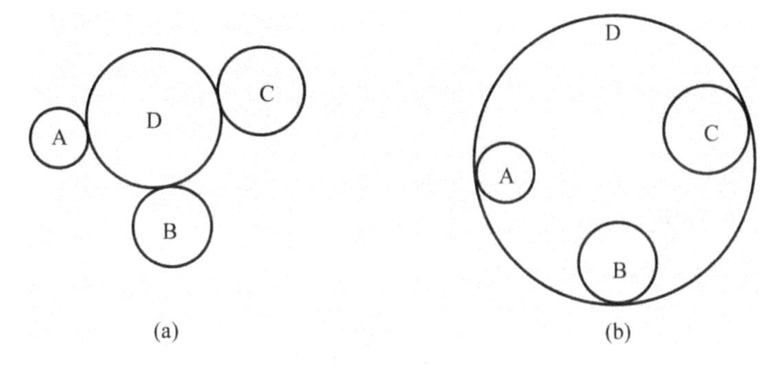

图 2-7　应用相切、相切、相切画圆

2.8　重画与重生成(Redraw/Regen)

2.8.1　重画

重画(Redraw)命令用于刷新显示视窗中的图形。执行“重画”(Redraw)命令后，系统只刷新显示当前视窗中的图形，即只删除当前视窗中标记点和由编辑命令留下的杂乱显示内容。

启动重画(Redraw)命令的方式：点击菜单“视图→重画”/View→Redraw，或在命令行输入 Redraw。

2.8.2　重生成和全部重生成

“重生成”(Regen) 和“全部重生成”(Regenall)命令用于重生成图形并刷新显示窗口。执行 Regen 命令后，系统自动重生成当前视窗中的图形并刷新显示当前视窗。系统将重新计算当前视窗中所有对象在屏幕上的坐标值，重新生成整个图形，同时重新建立图形数据库索引。执行 Regenall 命令后，系统自动重生成所有视窗中的图形，刷新显示所有视窗。此时，系统将重新计算各视窗中所有对象在屏幕上的坐标值，视窗中重新生成整个图形，同时还将重新建立图形数据库索引。

绘图过程中，特别是将图形放大显示时。对于某些图形对象，如圆、圆弧等，在屏幕上有时以小折线形式显示。这是由于 AutoCAD 为了提高显示速度但没有及时重新计算圆上的点，通过重画操作往往也不能消除这种现象，如图 2-8 所示。利用重新生成操作则可以迫使系统重新进行计算，使他们按实际形状显示，如图 2-9。

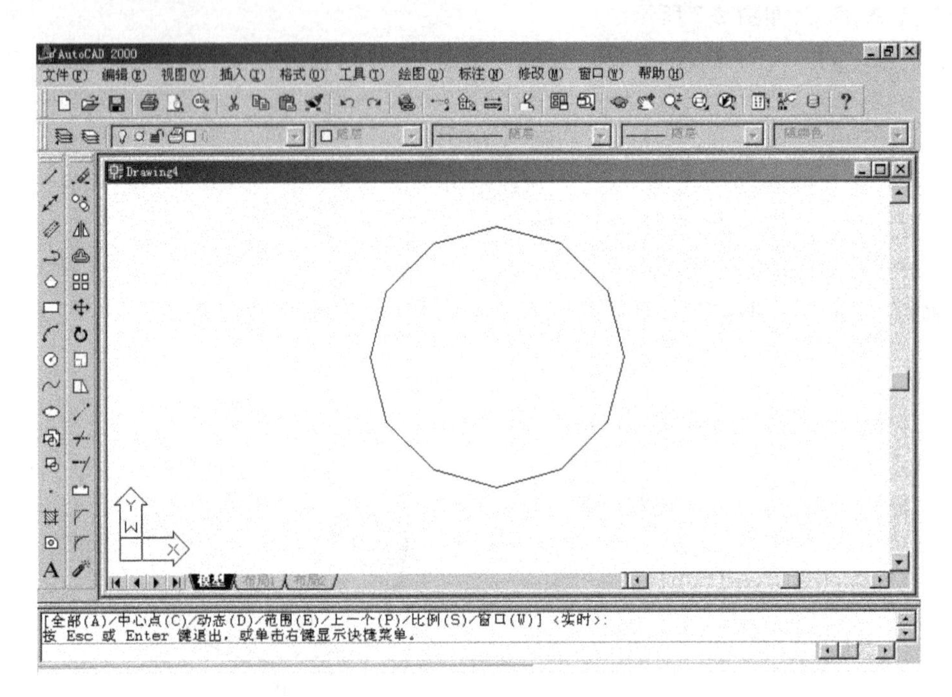

图 2-8 当圆显示放大时出现的情况

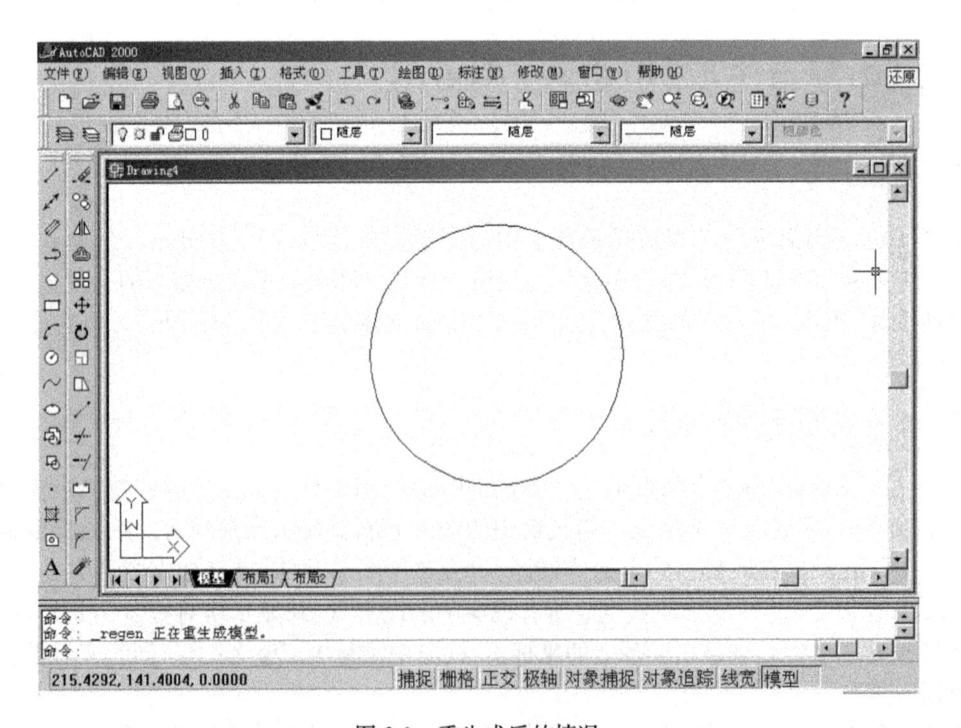

图 2-9 重生成后的情况

2.9 颜色(Color)

AutoCAD 中绘图可采用不同颜色的线来绘制,一般用来区分不同功能的线,如轮廓线、尺寸线及其他一些有特别意义的线。

设置绘线的颜色一般有两种方法,一是直接设置当前绘图颜色,二是应用图层的方法。

2.9.1 设置当前绘图颜色

点击菜单“格式→颜色”/Format→Color,或在命令行输入 color,打开一个调色板对话框,如图 2-10 所示。在这里有 3 种调色板页可用。

设置当前绘图颜色还有一种简便的方法,如图 2-11 所示,在工具条上点击下拉列表框,从中选择需要的颜色。点击列表上的最后一项“选择颜色”/Select Color...,也可以打开如图 2-10同样的调色板对话框。

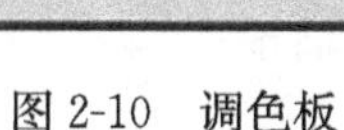

图 2-10 调色板

图 2-11 在工具条上选择颜色

在 AutoCAD 中,标准颜色有 9 种,这些对于一般的用途应该足够了。标准颜色都有相应的颜色名字显示在对话框中。在标准颜色中有两种颜色是非常特殊的,称为逻辑色:一种是 Bylayer,表示对象的颜色将依赖对象所在图层的颜色;另一种是 Byblock,表示颜色依赖对象所属块的颜色。这两种颜色实际上并不是指某种具体的颜色,而是与图层或块相关的一种颜色设置。

除此之外,调色板中还有灰度色,显示列出了代号为 250～255 的灰度颜色;还有真彩色 True Color 及配色系统 Color Books 调色板,颜色的数量极为丰富,它们是以红、绿、蓝各占的比例来确定的。

用户在设置颜色时,既可以直接用鼠标在调色板上点击,也可以输入颜色的名称,或者红、绿、蓝颜色的数值,3 个数值要用逗号隔开。

2.9.2 设置图层颜色

通过图层来管理颜色是一个很好的方法。可以将所有准备绘制成不同颜色的图线分层来放置，然后给层设置某一种颜色，这样图层上所有的图线就都具有同样的颜色了。但在绘制这些图线前，它们的当前绘图颜色必须是 Bylayer。

给层设置颜色的方法是，打开层管理器，在层的颜色属性上点击，即可打开调色板对话框，然后设置颜色。

以上两种设置颜色的方法，它们之间有如下一些不同的特点：

(1) 如果当前绘图颜色已经设置了某一种除 Bylayer 之外的颜色，则不论将当前图线绘制在哪一个层，不管层的颜色是什么，图线的颜色都是设置的当前绘图颜色。

(2) 如果当前绘图颜色设置的是 Bylayer，则所绘图线的颜色与它们所在的层的颜色一致。当层的颜色改变时，图线的颜色也相应进行变化。

可以看出，通过层来管理颜色，比较容易进行修改。

2.10 线型

绘制图形时，用户经常需要根据不同的要求使用不同的线型，如实线、虚线、点画线、中心线等。AutoCAD 的默认绘图线型是实线，但它还提供有丰富的其他线型，这些线型存放在线型库 acad. lin 文件中，用户可根据需要从中选择。此外，用户还可以自定义线型，以满足特殊需要。

受线型影响的图形对象有线段、构造线、射线、多线、圆、圆弧、样条曲线以及多段线等。如果一条线太短，以至于不能够画出实际线型的话，AutoCAD 就在两个端点之间画一条实线。

AutoCAD 中使用线型的方法是：先要把线型从线型库中装载进来，然后在绘图线之前再选择要用的线型。

装载线型、设置线型可通过线型管理器进行。

“启动线型”(LineType)命令的方式：点击菜单“格式→线型”/Format→Linetype... 或在命令行输入 LineType 或 lt，出现如图 2-12 所示线型管理器对话框。

该对话框中主要选项的功能如下：

(1) “线型过滤器”/Linetype filters：确定在下部线型列表中显示哪些线型。“线型过滤器”/Linetype filters 下拉列表框中包括 3 种过滤选项：显示“所有线型”/Show all linetypes、显示“所有使用的线型”/Show all used linetypes 和显示“所有有赖于外部参照的线型”/Show all Xref dependent linetypes。缺省选项是显示“所有线型”/Show all linetypes。“反转过滤器”/Invert filter 复选框表示显示过滤器指定线型以外的线型。

(2) “加载”/Load 按钮：加载线型。单击该按钮，弹出“Load or Reload Linetypes”加载或重载线型对话框，如图 2-13 中所示，在这里列出了 AutoCAD 自带的所有线型，这些线型都定义在一个名为 acadiso. lin 的文件中，点击所需线型后，单击“确定”/OK 按钮，则被选中的线型就被加载并显示在图 2-12“线型管理器”对话框中。

(3) “删除”/Delete 按钮：删除已加载线型。选择线型后单击该按钮，则删除该线型。连

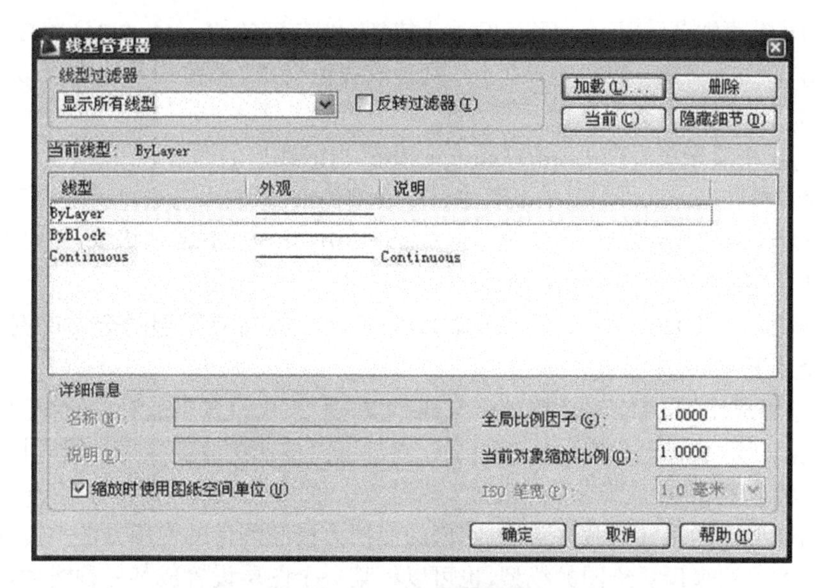

图 2-12 线型管理器

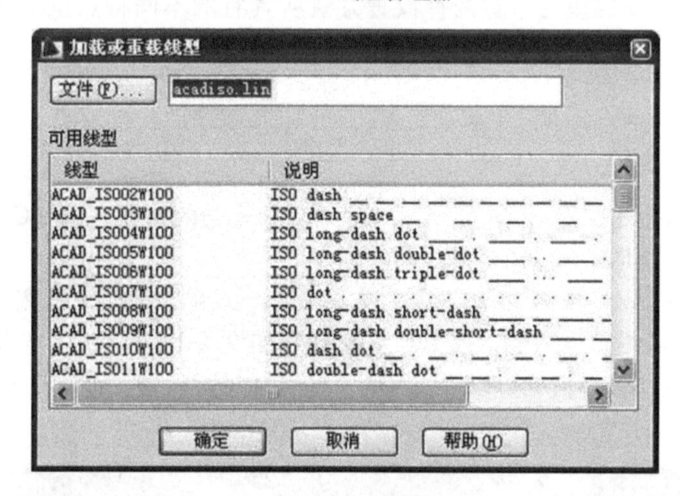

图 2-13 装载线型

续线型、当前线型、使用中的线型、依赖外部参照的线型、图层或对象参照的线型不能被删除。

(4) “当前”/Current 当前按钮：用于设置当前线型，在线型列表框中选择某一线型后，单击该按钮即可。设置当前线型时，用户可以通过线型列表框在“随层”、“随块”或某一具体线型之间作出选择。各种选择方式的意义如下：

“ByLayer”：线型为随层方式，即绘图线型始终与所在图层的线型一致，这是最常用到的情况。

“ByBlock”：线型为随块方式。此时作图线型为 CONTINUOUS。在该线型设置下绘制的对象做成块后，块成员的线型将随着块的插入而与插入时的当前层的线型一致，但前提是在插入块时当前绘图线型为 ByLayer 方式。

设置成某一具体线型：在各图层上新绘制的对象均为该线型，不再随着所在图层的线型变化。

(5)"显示/隐藏细节"/Show/Hide Detail 按钮：单击该按钮，AutoCAD 将在线型管理器对话框中显示"Details 详细信息"选项区域，同时该按钮变成"隐藏细节"，即可以再通过此按钮隐藏"Details 详细信息"选项区域。

(6)"当前线型显示条"/Current Linetype：显示当前线型的名称。

(7)"详细信息"/Detail 区：用于说明或设置线型的细节，其中各选项意义如下：

"缩放时使用图纸空间单位"/Use Paper Space Units for Scaling 选择框：选中该文本框，表示图纸空间和模型空间使用相同的比例因子。

"全局比例因子"/Global Scale Factor 文本框：用于设置所有线型的全局比例。全局比例也可用系统变量 Ltscale 来设置。

"当前对象缩放比例"/Current Object Scale 文本框：用于设置当前对象的线型比例。该比例与全局比例因子的乘积为最终的比例因子。它们可以按比例改变线型的线段长短、点大小、线段间隔尺寸等参数。

当所需的线型已经全部装载进来后，它们的使用方法与颜色的使用方法类似，即可以通过设置当前线型的方法来设置绘图的线型，也可以将某一个图层设置成某一种线型，将所有该种线型的图线都放到这一层里去。这两种设置方法所具有的不同特点也与颜色设置相同，在此略。

2.11　线宽

在实际绘图中，往往需要用不同的线宽来表现对象本身的特征。AutoCAD 为用户提供了线宽的设置功能，以满足实际绘图要求。

启动线宽 lineweight 设置参数命令的方式：点击菜单"格式→线宽"/Format→Lineweight...或在命令行输入 lweight 或 lw，系统打开如图 2-14 所示"线宽设置"/Lineweight Settings 对话框。利用该对话框可以对线宽的一些属性进行设置。该对话框中主要选项功能如下：

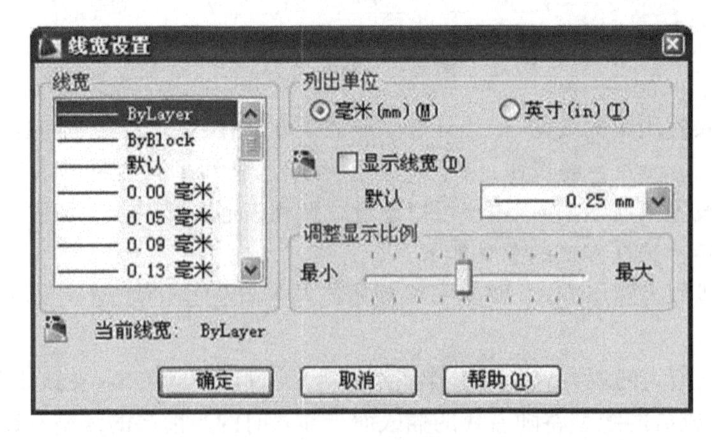

图 2-14　线宽设置

(1)"线宽"/Lineweight 列表框：用于设置绘图线宽。AutoCAD 提供有 20 余种线宽，用户可从列表框中选择。

(2)“列出单位”/Units for Linsting 单选钮:用于确定线宽的单位。AutoCAD 提供了毫米和英寸两种单位供用户选择。

(3)“显示线宽”/Display Lineweight 复选框:用于确定是否按此对话框设置的线宽显示相应的图形。

(4)“默认”/Defaut 下拉列表框:用于设置图层的默认线宽。

(5)“调整显示比例”/Adjust Display Scale 调整滑块:用于确定线宽设置的显示比例。移动此滑块可以设置各种线宽在屏幕上显示的宽度。

线宽在 AutoCAD 中也是图线的属性之一,它的使用和管理与颜色、线型类似,有两种方法,一是直接设置当前绘图的线宽,二是设置层的线宽。

设置当前绘图的线宽可像设置颜色一样直接用属性工具条上的下拉列表框来进行。要在绘图前选择一种线宽,而且只有大于 0.3mm 的线宽才能在屏幕上显示出来。

但如果系统状态栏上的“线宽”/LWT 按钮没有被按下,则无论线宽设为多少,都不会显示出线的宽度。

设置层的线宽与设置层的颜色、线型类同,在此略。

习题:

1. 在 LINE 命令中,当要求输入一点时,输入一个字母“U”表示什么意思?
2. 用 COLOR 命令设置绘图颜色与设置层的颜色对绘图有什么不同的影响?
3. 当绘制点画线或虚线等线型时,虽然已经设置了当前绘图线型为点画线或虚线,可是绘出来的图线却只像实线,如何处理?

3　练习与指导一

3.1　练习内容

(1) 以 A(50,30)为起点坐标,绘制点 A 点、B 点、C 点、D 点,其中线段 AB 和线段 CD 的距离均为 12。

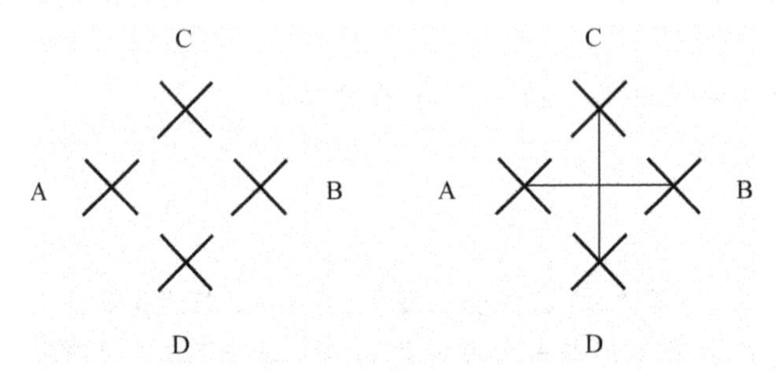

图 3-1　题目(1)

(2) 以 A(100,100)为起点坐标,用绘直线并结合相对极坐标绘制一个线长为 150 的五角星。

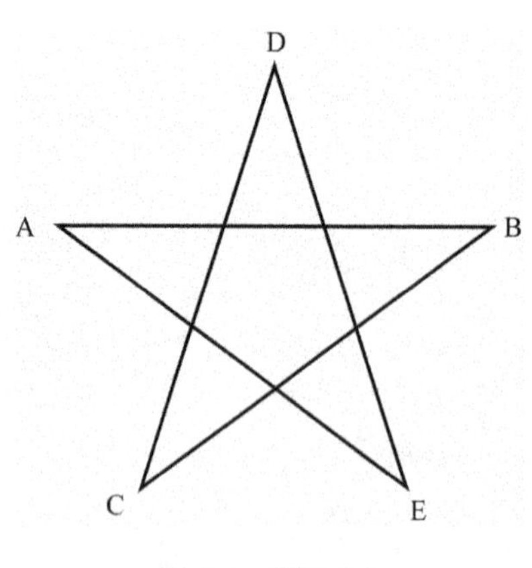

图 3-2　题目(2)

(3) 绘制如图 3-3 所示的平面图形。

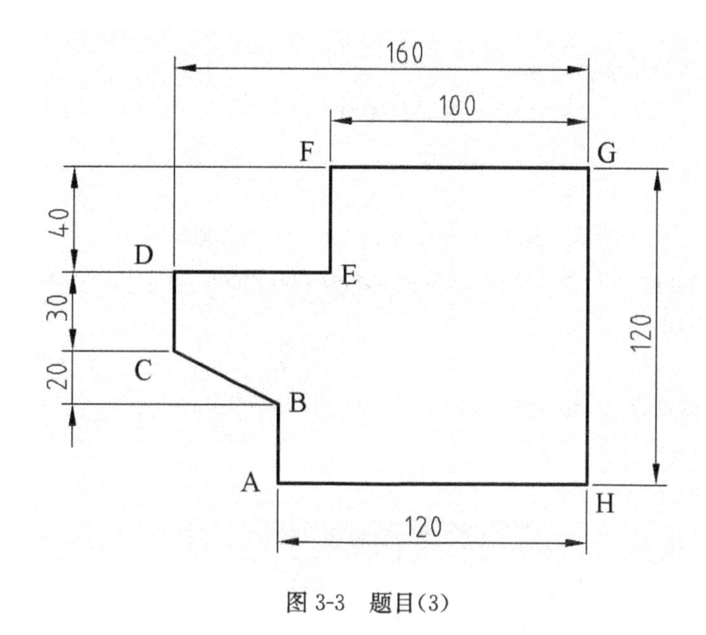

图 3-3　题目(3)

(4) 用 CIRCLE 命令作已知任意三角形的内切圆。

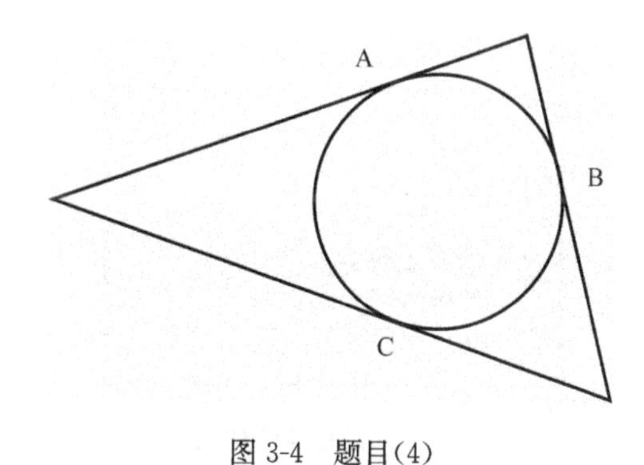

图 3-4　题目(4)

3.2　练习指导

3.2.1　第(1)题指导

操作过程如下：

1) 设置图形界限

命令：limits/Command：limits

重新设置模型空间界限：

指定左下角点或［开(ON)/关(OFF)］＜0.0000,0.0000＞：0,0

Specify lower left corner or［ON/OFF］＜0.0000,0.0000＞：输入左下角点坐标值 0,0

指定右上角点 ＜210.0000,297.0000＞：210,100

Specify upper right corner ＜12.0000,9.0000＞：210,100 输入右上角点坐标值 210,100

2）调整显示范围

命令：zoom/Command：zoom

指定窗口的角点，输入比例因子（nX 或 nXP），或者

[全部(A)/中心(C)/动态(D)/范围(E)/上一个(P)/比例(S)/窗口(W)/对象(O)] <实时>：a

Specify corner of window，enter a scale factor（nX or nXP），or

[All/Center/Dynamic/Extents/Previous/Scale/Window] <real time>：a 输入 a

3）设置点的样式

菜单：格式→点样式

命令：ddptype/Command：ddptype

选择与图 3-5 所示的点的样式。

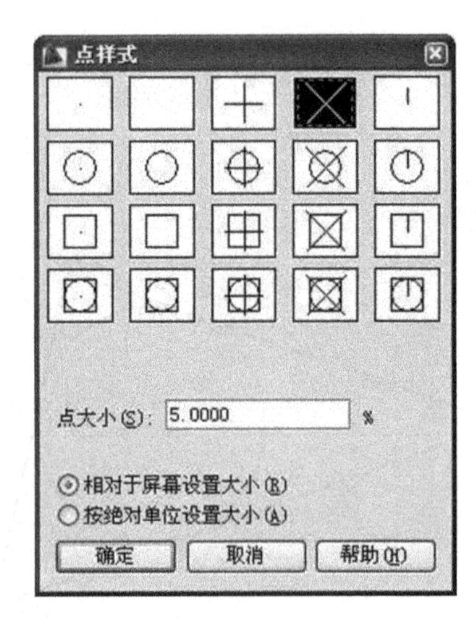

图 3-5　设置点的样式

4）绘点

命令：_point

当前点模式：PDMODE=3 PDSIZE=0.0000

Command：point

Current point modes：PDMODE=3 PDSIZE=0.0000

指定点：50,30

Specify a point:50,30 绘 A 点

指定点：@12,0

Specify a point：@12,0 绘 B 点

指定点：@－6,6

Specify a point：@－6,6 绘 C 点

指定点：@0,－12

Specify a point：@0,－12 绘 D 点

5）绘点之间的线

命令：line/Command：line

指定第一点：50,30

Specify first point：50,30

指定下一点或[放弃(U)]：@12,0

Specify next point or [Undo]：@12,0

指定下一点或[放弃(U)]：回车，先结束命令在AB间完成一条线

Specify next point or [Undo]：回车结束，在AB间完成一条线

命令：再按回车，重新执行该命令。

Command：line

LINE 指定第一点：@－6,6 直接输入相对坐标，相对于前面相输入的点。

Specify first point：@－6,6

指定下一点或[放弃(U)]：@0,－12 在CD间完成一条线

Specify next point or [Undo]：@0,－12

Specify next point or [Undo]：回车结束，在CD间完成一条线

3.2.2 第(2)题指导

操作过程如下：

1）设置绘图形界限200×200过程同题(1)

2）绘线

命令：_line/Command：line

指定第一点：100,100 绘出A点

Specify first point：100,100

指定下一点或[放弃(U)]：@150<0 绘至B点

Specify next point or [Undo]：@150<0

指定下一点或[放弃(U)]：@150<－144 绘至C点，此处的关键是如何确定极坐标的角度，首先计算出五角形的顶角的角度是36°，可知C相对于B的角度为－144°或216°

Specify next point or [Undo]：@150<216

指定下一点或[闭合(C)/放弃(U)]：@150<72 绘至D点，相对角度为72°

Specify next point or [Close/Undo]：@150<72

指定下一点或[闭合(C)/放弃(U)]：@150<－72 绘至E点，相对角度为－72°或288°

Specify next point or [Close/Undo]：@150<288

指定下一点或[闭合(C)/放弃(U)]：c 闭合

Specify next point or [Close/Undo]：c

绘五角星的方法还有多种，但此处必须以画直线的方式完成。

3.2.3 第(3)题指导

操作过程如下：

1）设置绘图形界限200×150过程同题一

2）绘线

命令：_line/Command：line

指定第一点：输入A点，可以在屏幕适合的位置点击一下

Specify first point：输入A点

指定下一点或[放弃(U)]：@0,30 输入B点

Specify next point or [Undo]：@0,30 输入B点坐标值

指定下一点或[放弃(U)]：@－40,20 输入C点

Specify next point or [Undo]：@－40,20 输入C点坐标值

指定下一点或[闭合(C)/放弃(U)]：@0,30 输入D点

Specify next point or [Close/Undo]：@0,30 输入D点坐标值

指定下一点或[闭合(C)/放弃(U)]：@60,0 输入E点

Specify next point or [Close/Undo]：@60,0 输入E点坐标值

指定下一点或[闭合(C)/放弃(U)]：@0,40 输入F点

Specify next point or [Close/Undo]：@0,40 输入F点坐标值

指定下一点或[闭合(C)/放弃(U)]：@100,0 输入G点

Specify next point or [Close/Undo]：@100,0 输入G点坐标值

指定下一点或[闭合(C)/放弃(U)]：@0,－120 输入H点

Specify next point or [Close/Undo]：@0,－120 输入H点坐标值

指定下一点或[闭合(C)/放弃(U)]：c 闭合

Specify next point or [Close/Undo]：c 闭合

3.2.4 第(4)题指导

操作过程如下：点击菜单“绘图→圆→相切、相切、相切”/Draw→Circle→Tan，Tan，Tan。

命令：_circle/Command：_circle

指定圆的圆心或[三点(3P)/两点(2P)/切点、切点、半径(T)]：_3p

Specify center point for circle or [3P/2P/Ttr (tan tan radius)]：_3p

指定圆上的第一个点：_tan 到在A所在的边捕捉一点

Specify first point on circle：_tan to 在A所在的边捕捉一点

指定圆上的第二个点：_tan 到在B所在的边捕捉一点

Specify second point on circle：_tan to 在B所在的边捕捉一点

指定圆上的第三个点：_tan 到在C所在的边捕捉一点

Specify third point on circle：_tan to 在C所在的边捕捉一点

习题：

用坐标方式绘制图3-6所示平面图形，并以合适的文件名保存图形(由读者自行绘制)。

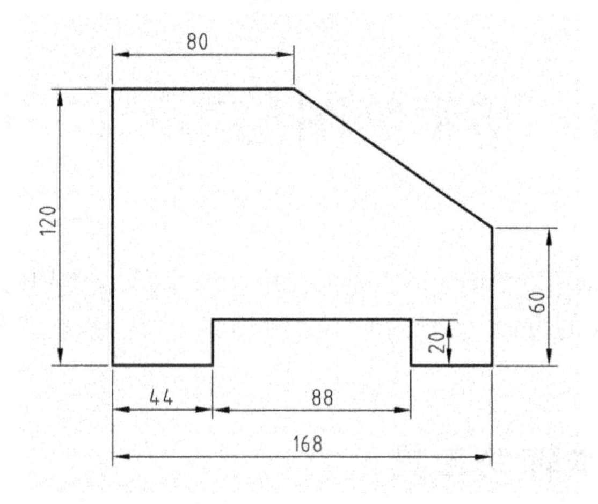

图 3-6　习题

4　基本绘图与编辑(一)

本章主要学习 AutoCAD 辅助绘图工具的使用方法，以及最常用的编辑命令及绘图技巧，它们给绘图带来了极大的方便，使绘图时不必再拘泥于每一点的坐标，为快速绘图奠定了基础。

4.1　常用的基本辅助工具

AutoCAD 中绘图常用的基本辅助工具都列在 AutoCAD 的状态栏上，见图 4-1。点击后呈按下状态或变色表示开始起作用，再点击呈抬起状态或恢复原色表示不起作用。同时也可以用快捷键来进行操作。

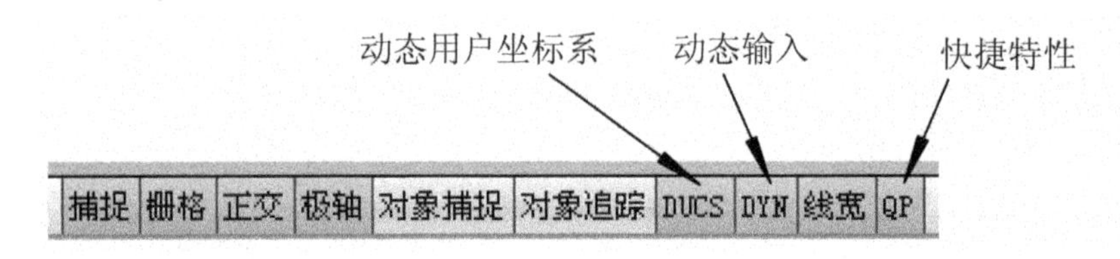

图 4-1　辅助工具

4.1.1　正交

点击状态栏上的“正交”/ORTHO 按钮，或按快捷键 F8。它的作用是辅助绘制水平线和垂直线。

打开正交按钮后，点击画线命令，我们可以看到，鼠标拖动线条只能延着水平或垂直两个方向移动。当做其他一些操作如移动图元等时，也只能被限制在这两个方向移动。

4.1.2　栅格

AutoCAD 提供的栅格功能可以在绘图区域布满网格状的点，如同我们手工绘图使用的方格纸或坐标纸。

注意:网格布满的空间并不是所有的可绘图区域，而是绘图界限 LIMITS 所设定的绘图范围。而且网格是否能显示出来，与当前网格的点距有关，如果点距过小则系统会提示无法显示，过大则用户可能看不出来。

点击状态栏上的栅格 GRID 按钮，或按快捷键 F7，可打开或关闭栅格。

如果要设定栅格，可以在命令行打入 GRID 命令，出现提示：

命令：grid

指定栅格间距(X) 或 [开(ON)/关(OFF)/捕捉(S)/主(M)/自适应(D)/界限(L)/跟随(F)/纵横向间距(A)] <10.0000>：

Command：grid

Specify grid spacing（X） or ［ON/OFF/Snap/Major/aDjust/Limits/Follow/Aspect］<0.5000>：输入网格间距

在栅格按钮上点右键，选择"设置"可打开如图 4-2 所示对话框，命令中各选项在上面均有对应的设置：

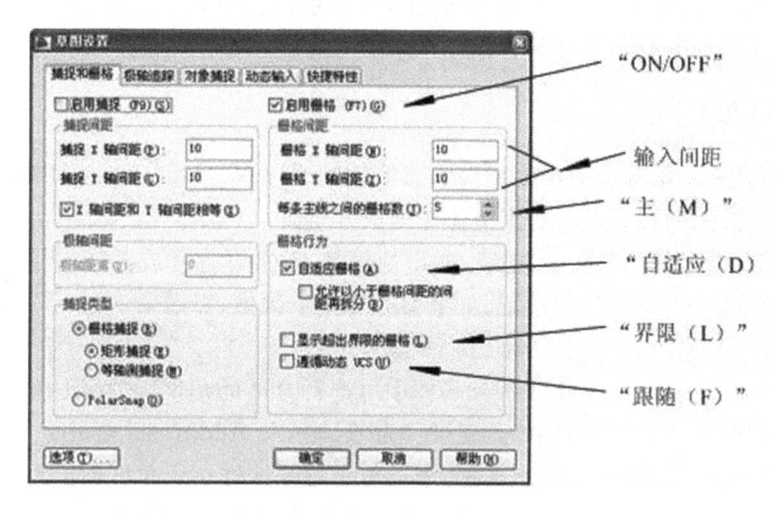

图 4-2 栅格设置

4.1.3 定点捕捉

定点捕捉功能可以让鼠标只能沿着 X 轴或 Y 轴每隔一段距离一步步地移动。通常它是与栅格功能配合使用的，可使鼠标只在栅格点上移动。

点击状态栏上"捕捉"/SNAP 按钮，或按快捷键 F9，可打开或关闭定点捕捉。

如果要设置定点捕捉，可在命令行输入 SNAP 命令，出现提示：

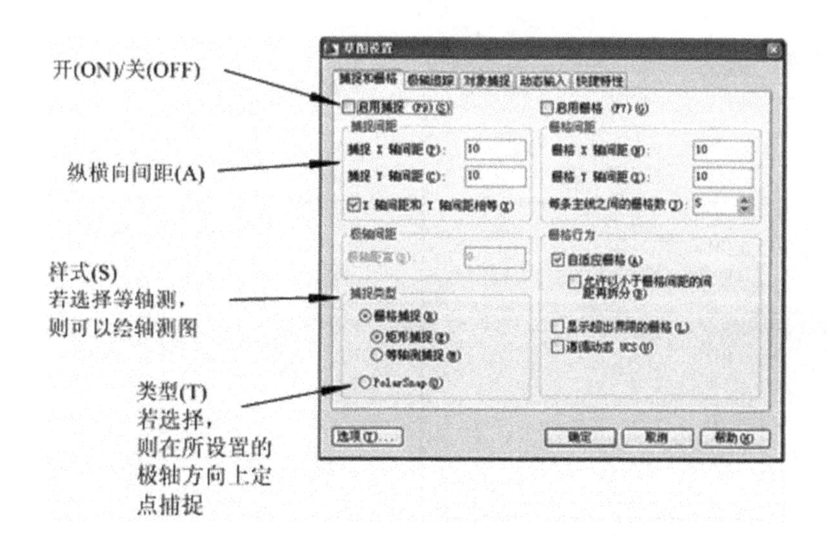

图 4-3 定点捕捉设置

命令：snap

指定捕捉间距或［开(ON)/关(OFF)/纵横向间距(A)/样式(S)/类型(T)］<10.0000>：

Command：snap

Specify snap spacing or［ON/OFF/Aspect/Style/Type］<0.5000>：设置定点捕捉的间距。这个距离可以与栅格 GRID 的间距不一样。

也可以在“捕捉”按钮上点右键，出现如图 4-3 所示对话框，其设置内容与命令中选项相对应。

4.1.4 极轴追踪

极轴追踪可让系统沿某个方向上出现假想的辅助线，以帮助绘图。由于极轴追踪可以在多个方向上绘出提示，所以在某种程度上比正交更方便。

在状态栏点击“极轴”/POLAR 按钮，或用快捷键 F10，可打开或关闭极轴追踪。系统默认是在每个 90°增量的方向上进行追踪，如果要改变这个数值，需要对其进行设置。设置方法是在按钮上点击鼠标右键，出现如图 4-4 对话框。

在“增量角”/Increment angle 下拉列表框中可选择合适的角度，也可以点击“新建”/New 按钮自行添加需要的角度。新增加的角度被称为“附加角”/Additional angles。附加角与下拉列表框中选择的角度(增量角)有一点区别，增量角是每隔这样一个角度就出现提示，如选 45°增量角，则会在 45°、90°等上出现提示，而附加角只在这个角度上出现提示。

在“极轴角测量”/Polar Angle measurement 中可设置角度测量是采用绝对角度测量，还是相对于上一段的对象进行测量。

运用极轴追踪进行绘图的方法是：点击绘直线，在绘图区给一个起点，移动鼠标，可看到当移动到追踪位置上时，会出现虚线，沿着虚线移动还会出现长度的提示，在合适的位置上点击鼠标，就可以完成一条线段。如图 4-5 所示。运用此种方法可绘制沿某个确定的角度方向但长度不定的线段。

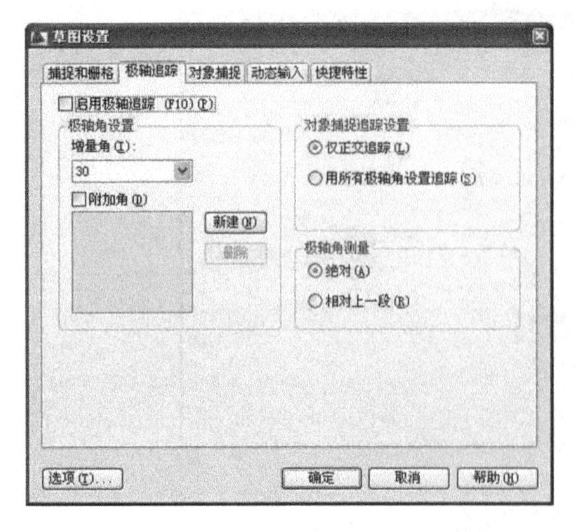

图 4-4 极轴追踪设置

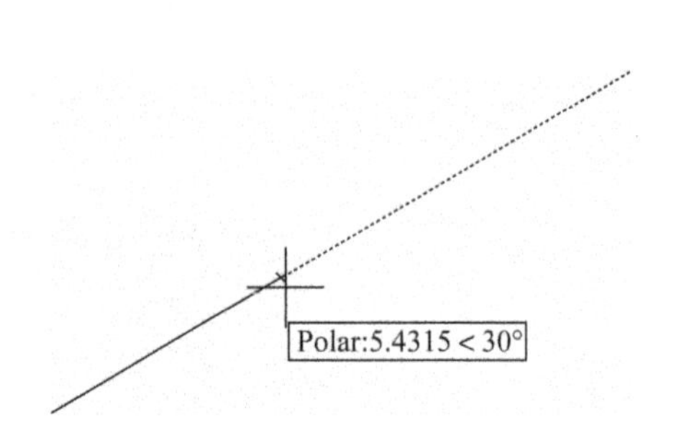

图 4-5 利用极轴追踪绘图

4.1.5　特殊点的捕捉

在精确绘图时，必须输入某些点的精确坐标值，如果这些点恰巧在一些特殊的位置上，比如直线的端点、圆的圆心、两线段的交点等，这时我们输入坐标的方式是直接将这些点拿来就行，这个过程称为特殊点的捕捉。如果不用捕捉，而是用目测的方式来进行，无论怎样细心，都不可能非常准确地找到这些点。

AutoCAD 中特殊点的捕捉有两种方式。

4.1.5.1　连续特殊点捕捉

连续特殊点的捕捉是一次设定好，总是可以起作用。以后凡是遇到设定的这些点都会自动去捕捉它们。

打开连续特殊点的方法是在状态栏点击“对象捕捉”/OSNAP 按钮，或用快捷键 F3。设定特殊点的方法是在其上点击鼠标右键，选择“设置”/Settings...，打开对话框，如图 4-6 所示。

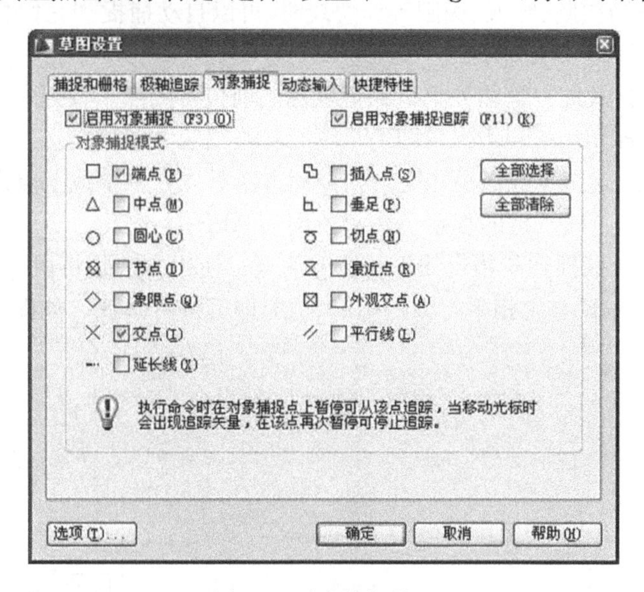

图 4-6　对象捕捉设置

对话框中列出了所有可能捕捉的特殊点，它们是：

端点(Endpoint)：直线、弧线、多段线等的端点。快捷单词为 END。

中点(Midpoint)：直线段、弧线段、多段线段等的中点。快捷单词为 MID。

圆心(Center)：圆、圆弧、椭圆、椭圆弧的中心。快捷单词为 CEN。

节点 Node：由画点命令绘在绘图区的点，或尺寸线的定义点、文字的起点。快捷单词为 NOD。

象限点(Quadrant)：圆周、圆弧等的象限点，也称四分之一点。如图 4-7 所示。快捷单词为 QUA。

交点(Intersection)：直线与直线、直线与弧线、弧线与弧线等的交点。快捷单词为 INT。

延长线(Extension)：它会在直线段的端点处临时延伸出一条虚线，以便绘图。如图 4-8 所示。快捷单词为 EXT。

插入点(Insertion)：插入图块、文字等图形时的插入点。快捷单词为 INS。

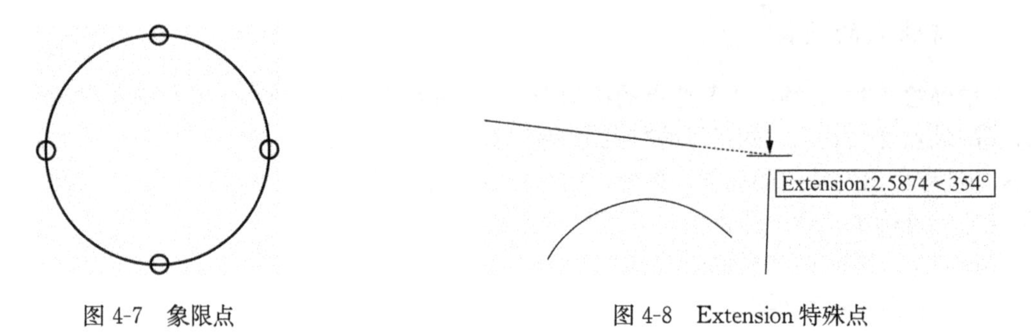

图 4-7 象限点　　图 4-8 Extension 特殊点

垂足点(Perpendicular):当从一点向一条直线或弧线作垂线时,系统会自动计算出垂足在何处。如图 4-9 所示。捕捉时,鼠标不一定停留在垂足点,只要靠近就可以了。快捷单词为 PER。

切点(Tangent):当向圆、圆弧、椭圆等作切线时,可以自动捕捉到它们相切的位置,这样即可作出它们准确的切线。快捷单词为 TAN。

最近点(Nearest):最近点是图元上最靠近鼠标当前位置的点。快捷单词为 NEA。

外观交点(Apparent Intersection):即两个图元在绘图区并未相交,但它们如果延长一定会相交,这个交点称为外观交点或似乎相交点。使用方法是先在一条线上点击一下,再放到另一条线上,则会出现两条直线交点的提示。快捷单词为 APP。

平行线(Parallel):捕捉到与指定线平行线上的点。使用方法是将鼠标靠近要与之平行的线,然后移开鼠标,会出现与它相平行线的虚线,这时即可进行画线。如图 4-10 所示。快捷单词为 PAR。

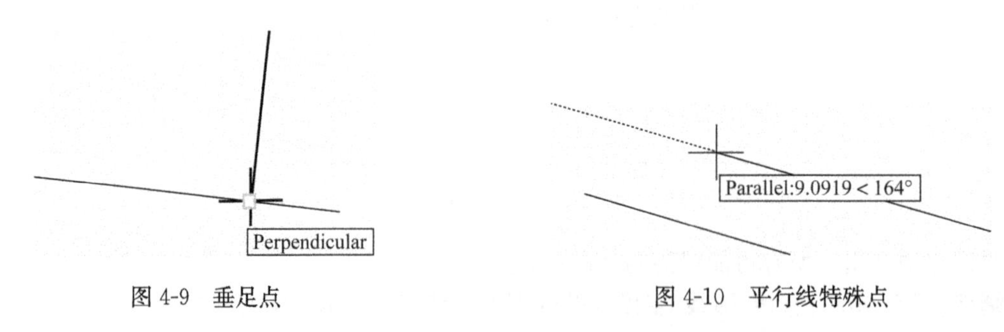

图 4-9 垂足点　　图 4-10 平行线特殊点

注意:特殊点在设置时,在方框里面打钩,可以一次设置多个,但如果设置得过多,在捕捉特殊点时,彼此之间会冲突,这时有一些特殊点可能会被另一些特殊点所掩盖而捕捉不到。因此建议特殊点一次不要设置过多,三四种即可。

4.1.5.2 临时特殊点的捕捉

临时特殊点捕捉是在需要捕捉特殊点时,临时输入捕捉命令,捕捉完成之后又恢复原状。

启动临时特殊点捕捉的方法有 3 种:

(1) 在绘图中提示需要输入点时,在如图 4-11 所示的"对象捕捉"/Object Snap 工具条上

图 4-11 临时捕捉工具条

点击相应的按钮。若在屏幕上没有该工具条，对 2004 及以前的版本可在菜单“视图→工具条”/View→Toolbars... 中打开；对于 2006 以后的版本，需要在自定义空间中打开。

(2) 在绘图中提示需要输入点时，按着 Shift 键的同时，点击鼠标右键，出现一个弹出式菜单，如图 4-12 所示，在上面点击相应的菜单项。菜单项的最后一项也可以打开捕捉设置对话框。

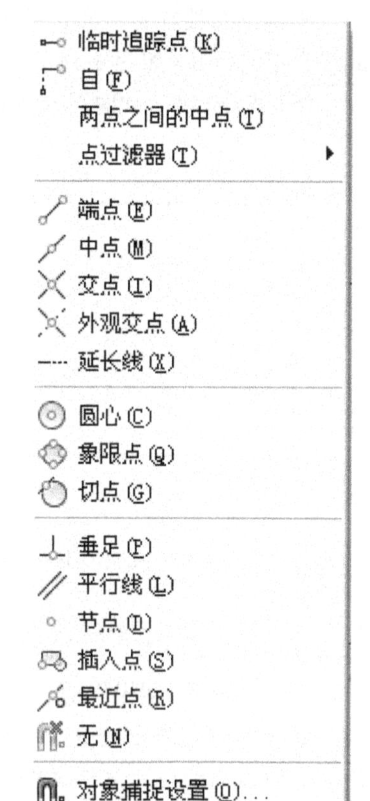

图 4-12 临时捕捉弹出式菜单

(3) 在绘图中提示需要输入点时，在命令行中打入特殊点捕捉的快捷单词，即特殊点英文单词的前三个字母。如端点是 END、圆心点是 CEN、中点是 MID、切点是 TAN、最近点 NEA 等。这种方法有时比前两种方法要快。

4.1.6 对象追踪

对象追踪是沿着对象捕捉点的方向进行追踪，从捕捉点出发拉出一条追踪辅助线，借助于这条线进行绘图。

打开或关闭对象追踪的方法是在状态栏点击“对象追踪”/OTRACK，或用快捷键 F11。应注意，对象追踪必须与“对象捕捉”/OSNAP 一起打开才起作用。

例 4.1 用对象追踪的方法在长方形正中心绘一个点。

作图步骤：

(1) 打开“对象捕捉”/OSNAP，点击鼠标右键，选择“设置”/Settings... 在其中设置捕捉中点。

(2) 打开“对象追踪”OTRACK。

(3) 打开“点样式”/Point Style 对话框，在其中设置第二排第四个点的样式。

(4) 在命令行输入 POINT 命令，在提示“指定点：”/Specify a point：时，将鼠标放在矩形一条边的中点附近，出现中点捕捉图标，在上面停留一会然后移动一下鼠标，可看见拖出一条辅助线，如图 4-13 所示。

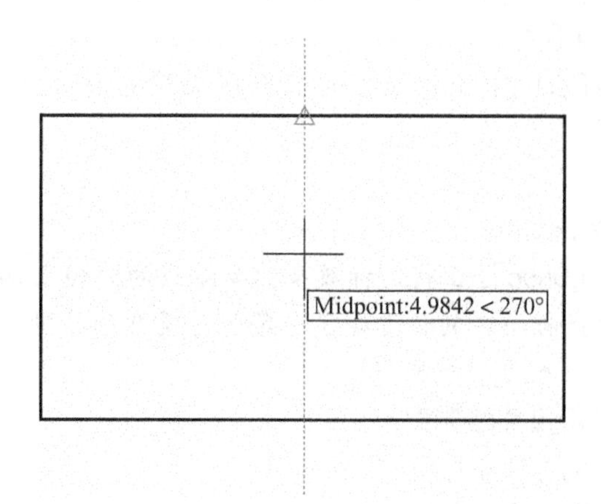

图 4-13 在矩形中央绘点步骤一

再将鼠标放在另一条边的中点附近，重复上面的步骤，朝中心移动鼠标，当看到有两条辅助线交汇时停止，如图 4-14。

(5) 点击鼠标，此时可看到在矩形的中心绘了一个点，如图 4-15。

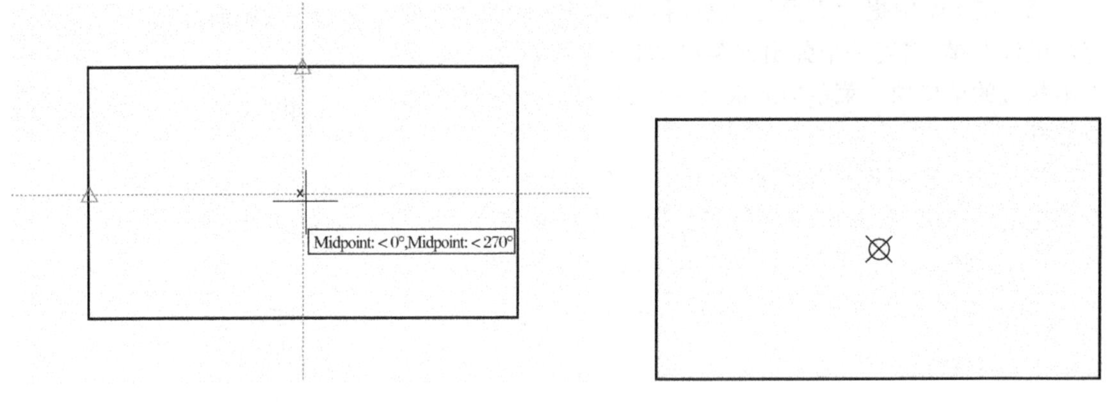

图 4-14　在矩形中央绘点步骤二　　图 4-15　在矩形中央绘点步骤三

4.1.7　灵活进行直线绘图的方法

4.1.7.1　分解运用极坐标

极坐标包含两个数值，一个是距离，一个是角度，这两个数值不一定要同时输入，灵活运用这一点可以为绘图带来极大的方便。

当从一点开始向某个方向绘线时，如果已知了绘线的角度，但长度无所谓的话，就可以这样绘图：

Command：line

Specify first point：先输入起点

Specify next point or [Undo]：<30 此处 30 是绘线的角度，用户可以根据实际情况调整这时可看出，绘线的方向已被限制在 30°的方向或与此方向间隔 180°的方向。

Specify next point or [Undo]：在此方向上适当位置点击鼠标或再输入距离。

Specify next point or [Undo]：回车，结束绘图。

4.1.7.2　利用追踪直接输距离

对于绘已知长度的线段，可先确定绘线方向，利用追踪的提示功能，或按照当前鼠标所摆放在的位置来确定。即：

Command：_line

Specify first point：给出起点

Specify next point or [Undo]：6 将鼠标放在你要绘线的方向上，输入线段的长度，此处是 6，用户可调整。这时就朝鼠标所在的位置绘了一条长度是 6 的线段。

Specify next point or [Undo]：回车，结束。

例 4.2　按图 4-16 所示尺寸绘制图形。

下面我们用比较简单的方法来绘图，步骤如下：

(1) 在绘图区适当的位置绘一个圆，直径为 $\Phi 9$。

(2) 打开"对象捕捉"/OSNAP，并设置捕捉 QUA 象限点、END 端点、TAN 切点，同时打

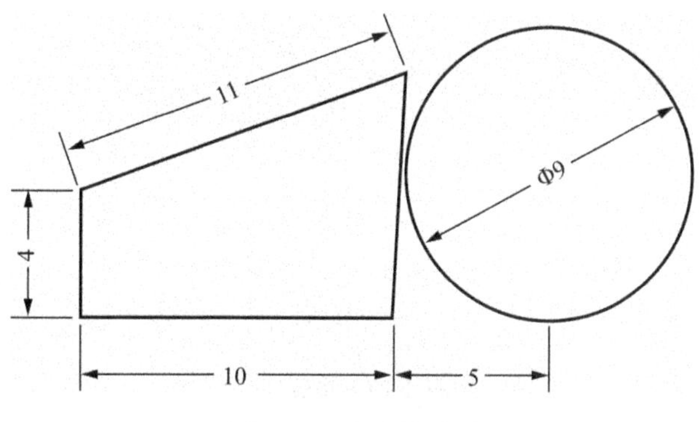

图 4-16　应绘的图形

开"对象追踪"/OTRACK。

(3) 输入绘直线命令 LINE。

Command：line

指定点 Specify first point：5 如图 4-17，将鼠标放在圆底部的象限点附近出现捕捉符号，然后向左拖动鼠标，在出现辅助线的时候，输入距离 5，可看出绘线的起点已经出现了。

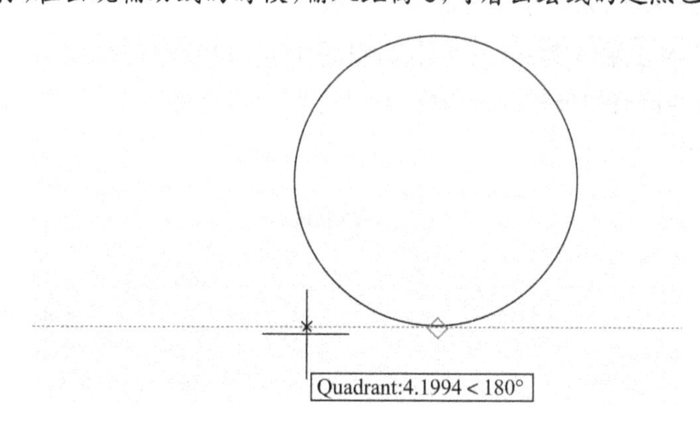

图 4-17　步骤一

指定点 Specify next point or [Undo]：10 将正交打开，将鼠标向左移，输入距离 10

指定点 Specify next point or [Undo]：4 再将鼠标转到垂直向上，输入距离 4

指定点 Specify next point or [Close/Undo]：11 关闭正交模式，将鼠标放在圆上出现切点捕捉标志后输入距离 11，如图 4-18。

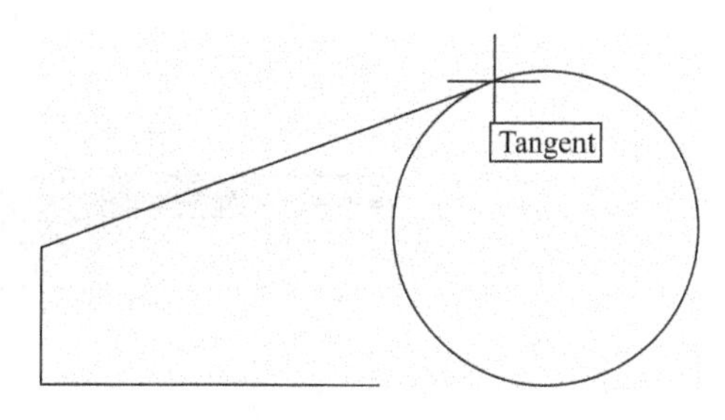

图 4-18　步骤二

指定点 Specify next point or [Close/Undo]：捕捉底下线段的端点，点击鼠标，如图 4-19。

指定点 Specify next point or [Close/Undo]：回车结束。在上一步也可以打入 C 闭合。

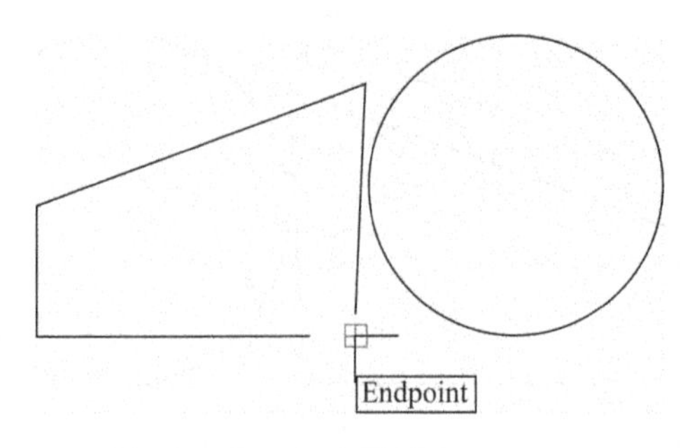

图 4-19 步骤三

4.1.8 动态输入(DYN)

动态输入是 2006 版之后新增的功能，它可以做到在绘图的过程中根据提示随时调整输入的长度或角度，也可以随时输入数值以达到快捷绘图的目的。

在状态栏上点击 DYN ，打开动态输入(此工具默认是打开的)。

下面以绘多段线为例，来介绍动态输入的方法：

点击 ，在屏幕上输入起点后，可出现如图 4-20(a)的动态提示，可直接修改距离，如“120”，然后按“Tab”键，可切换至修改角度，此时可看到距离被锁定；输入角度值后按回车键，则一段线段绘制完毕。

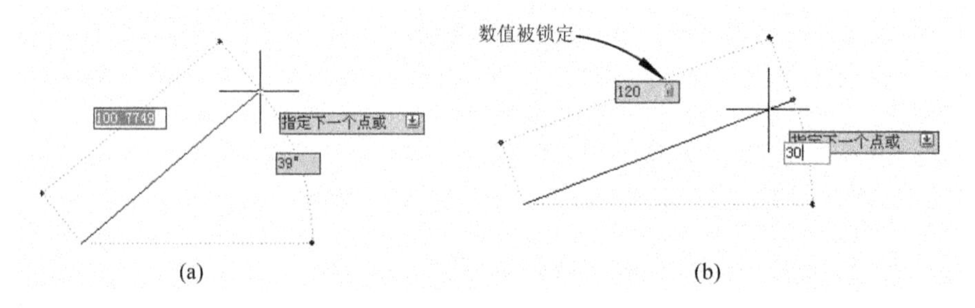

图 4-20 动态提示

在出现动态提示时，如果按键盘上的向下的方向键，则打开如图 4-21 选项单。选项单上的选项与多段线的命令的选项是一致的。如：

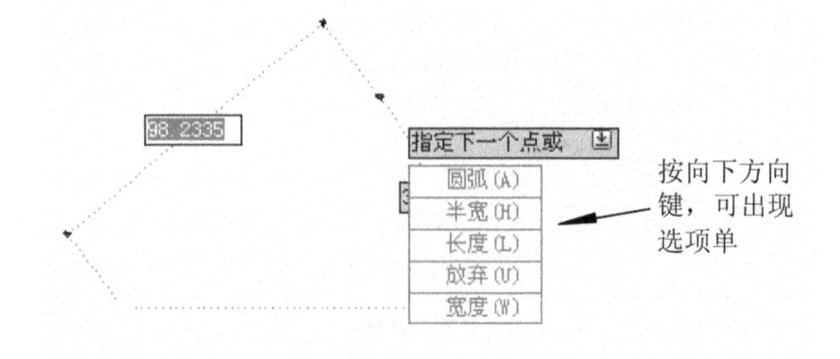

图 4-21 选择动态输入的选项

命令：_pline
指定起点：
当前线宽为 0.0000
指定下一个点或［圆弧(A)/半宽(H)/长度(L)/放弃(U)/宽度(W)］：

4.2 修剪(Trim)

修剪用于当图线之间互相交织时剪去多余的部分。其实这也是绘制图形常用的方法，即绘图开始时可根据图形的主要尺寸关系绘出若干条图线，然后通过修剪及补充图线完成绘图。

启动命令的方式：

点击菜单："修改→修剪"/Modify→Trim，或在命令行输入：Trim，或点击工具条上的 -/-- ，出现提示：

命令：_trim
当前设置：投影＝UCS，边＝无
选择剪切边...
Command：trim
Current settings：Projection＝UCS，Edge＝None
Select cutting edges ...
选择对象或 ＜全部选择＞：选择一条或多条剪切边，也就是当做剪刀来剪切别的图元。
选择对象：
Select objects：选择 cutting edges 剪切边
选择要修剪的对象，或按住 Shift 键选择要延伸的对象，或
［栏选(F)/窗交(C)/投影(P)/边(E)/删除(R)/放弃(U)］：
Select object to trim or shift-select to extend or［Project/Edge/Undo］：选择被剪切的图元

选中图元上的哪一部分，哪一部分就会被剪掉。直到回车结束。如图 4-22 所示，同时选了竖着的两条直线为剪切边，选择被剪切图元时，点击在直线 A、B、C 不同的部位，将会剪掉直线上不同的部分。

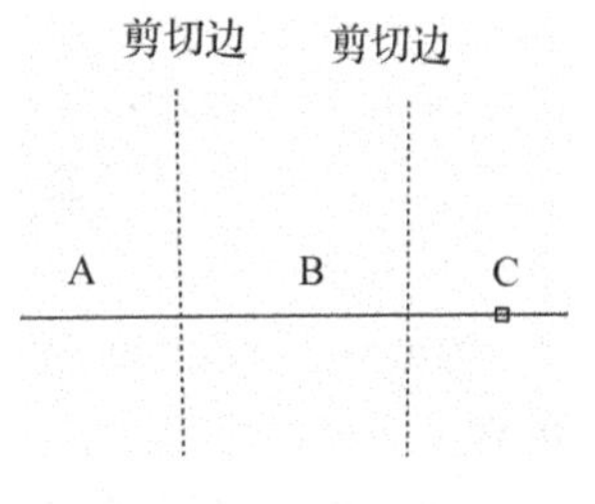

图 4-22 修剪

其中几个选项的含义是：

"边"/Edge：选择该选项，可决定当两个图元并没有真正交到一起时，剪切是否起作用。其命令提示为：

输入隐含边延伸模式［延伸(E)/不延伸(N)］＜不延伸＞：

Enter an implied edge extension mode［Extend/No extend］＜No extend＞：有两个选择，延伸和不延伸。选延伸时，即当两个图元未真正交到一起时，可假想将剪切边延长，然后去进行剪切。如图 4-23，选择"延伸"/Extend 选项后，由(a)经剪切后变为(b)；如果是"不延伸"/No extend，这种情况则不可以进行剪切。

"投影"/Project：选择此选项决定剪切时是否进行投影，用在三维模型创建中，如果选择不

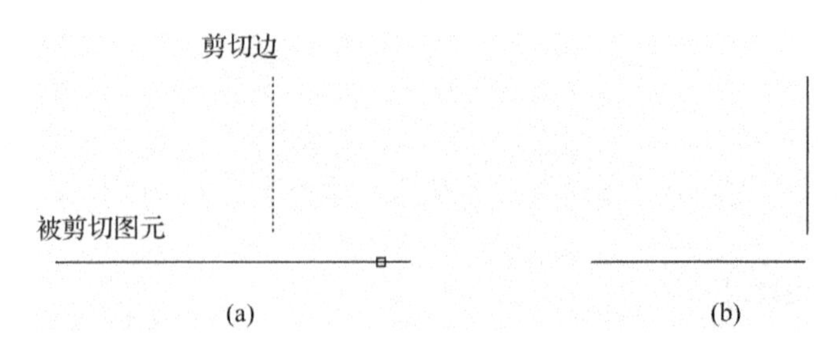

图 4-23 修剪方法

进行投影，则图元在三维空间必须相交才能进行剪切；选择投影，则根据用户选择的投影方向，从剪切边向被剪边投影，从投影处剪切。它的命令提示为：

输入投影选项［无(N)/UCS(U)/视图(V)］<UCS>：

Enter a projection option [None/Ucs/View] <Ucs>：选择投影方式。

4.3 延长(Extend)

延伸命令可将图线延长至一个边界。启动它的方式为：点击菜单“修改→延伸”/Modify→Extend，或在命令行直接输入命令 EXTEND，或点击工具条上的 --/ ，这时出现提示：

命令：_extend

当前设置：投影=UCS，边=无

选择边界的边...

Command：extend

Current settings：Projection=UCS，Edge=Extend

Select boundary edges ...

选择对象或 <全部选择>：选择延伸到的对象作为边界的边

Select objects：选择边界边

选择对象：

Select objects：回车

选择要延伸的对象，或按住 Shift 键选择要修剪的对象，或［栏选(F)/窗交(C)/投影(P)/边(E)/放弃(U)］：

Select object to extend or shift-select to trim or [Project/Edge/Undo]：选择要延伸的对象

图 4-24 为延伸的例子。边界边一次可选择多个，但选择被延伸对象时，一次只能选择一个，而且是选择的端靠近哪条边界，就朝哪条边界延伸；如果选择的端不靠近边界边，则无法

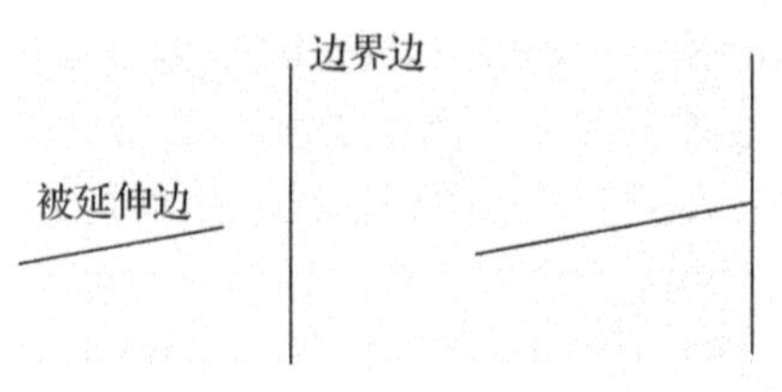

图 4-24 延长

延伸。

与 TRIM 命令一样,在命令提示中,有“投影”/Project/“边”/Edge 选项,提示也一样。对于“边”/Edge 的设定主要用于当边界边与被延伸边在延长后也不会有交点存在的情况下,是否还能实行延伸。如图 4-25 所示,当“边”/Edge 被设置成“延长”/Extend 的情况下,被延伸边将会被延长,结果如图 4-25(b)所示;如果被设置成“不延伸”/No Extend,则这时命令失败。

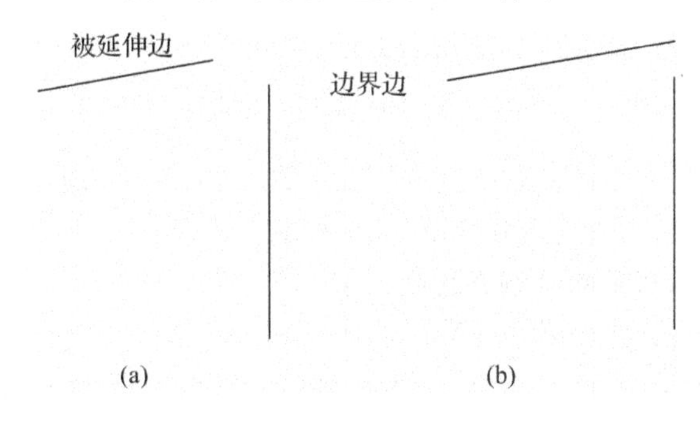

图 4-25　延长方法

Trim 命令与 Extend 命令可以看成是一对命令,两者可以互换使用。在使用 Trim 时,选择完剪切边后,这时如果按住 Shift 键,则可以将选中的对象朝剪切边沿长,即作为 Extend 命令来使用。同样,Extend 命令也可以作为 Trim 命令来使用。

4.4　偏移复制(Offset)

OFFSET 可以偏离图元某一距离来复制图元,该图元可以是闭合的,也可以是不闭合的。

点击“修改”工具条上 ,出现提示:

命令:_offset

当前设置:删除源＝否 图层＝源 OFFSETGAPTYPE＝0

指定偏移距离或［通过(T)/删除(E)/图层(L)］<通过>:23

Specify offset distance or [Through] <3.0000>:设定偏离距离,尖括号里所显示的是上一次使用该命令时所设置的数值。

选择要偏移的对象,或［退出(E)/放弃(U)］<退出>:选择图元,一次只能选一个

Select object to offset or <exit>:

指定要偏移的那一侧上的点,或［退出(E)/多个(M)/放弃(U)］<退出>:选择偏移复制的方向,即将图元朝那一边复制。

Specify point on side to offset:

选择要偏移的对象,或［退出(E)/放弃(U)］<退出>:命令继续执行,直至按回车键结束

如图 4-26 所示,设置好距离后,选择最里面的那个矩形,当提示选择偏移方向的时候,用鼠标在矩形外面任一位置点击,即出现一个大的矩形套在小矩形外面。

对于曲线也一样,但是如果圆弧在偏移后无法绘出,AutoCAD 会自动终止偏移圆弧。

该命令在偏移一次图元后不会终止,使用者可以继续选择图元进行偏移,直至再一次按回车结束命令。

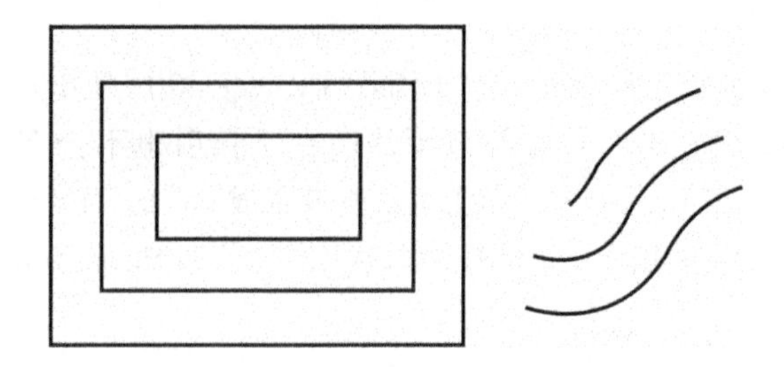

图 4-26　按距离偏移复制

前面这种偏移方式是在知道偏移距离的情况下进行的，如果事前不知偏移距离，但已知偏移后的图元需通过某一点，这时可选择 Through 通过方式。

如图 4-27(a)所示，欲将圆向外偏移复制一个，使其通过矩形的一个角。这时可以在提示：

指定偏移距离或［通过(T)/删除(E)/图层(L)］＜通过＞：

Specify offset distance or [Through] ＜3.0000＞：输入 T，这时又出现：

选择要偏移的对象，或［退出(E)/放弃(U)］＜退出＞：

Select object to offset or ＜exit＞：选择圆

指定通过点或［退出(E)/多个(M)/放弃(U)］＜退出＞：

Specify through point：选择要通过的点，捕捉矩形的左下角点

这时就会得到图 4-27(b)的结果。

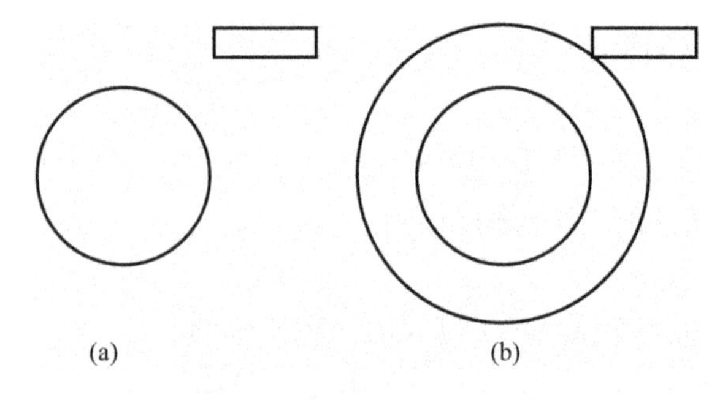

图 4-27　按通过点偏移复制

4.5　拷贝(Copy)

拷贝就是照原样复制，这是 AutoCAD 提高绘图效率的一个重要命令。启动命令的方式为：点击菜单“修改→拷贝”/Modify→Copy，或在命令行直接输入 COPY，或点击工具条上的 ，出现命令提示：

命令：_copy

Command：copy

选择对象：选择被拷贝的对象，可多选

Select objects：选择被拷贝的对象，可多选

选择对象：

当前设置：复制模式 ＝ 多个可以进行多重复制

Select objects：回车

指定基点或［位移(D)/模式(O)］<位移>：

Specify base point or［Displacement/mOde］：给出基点

指定第二个点或 <使用第一个点作为位移>：

指定第二个点或［退出(E)/放弃(U)］<退出>：该提示一直出现，直至按回车结束

Specify second point of displacement or <use first point as displacement>：给出第二个点

这时就将对象从基点处复制到了第二个点上。

给基点时，可以有多种给法，可以是图形对象上的点，也可以不是对象上的点，还可以是屏幕上的任意点。但一般给基点时，应捕捉图形上有意义的点来达到某些特定的目的。

如图 4-28 所示，当要拷贝一个小圆到大圆上形成同心圆时，给基点时，应捕捉小圆的圆心，第二点要捕捉大圆的圆心，这样才能达到要求。

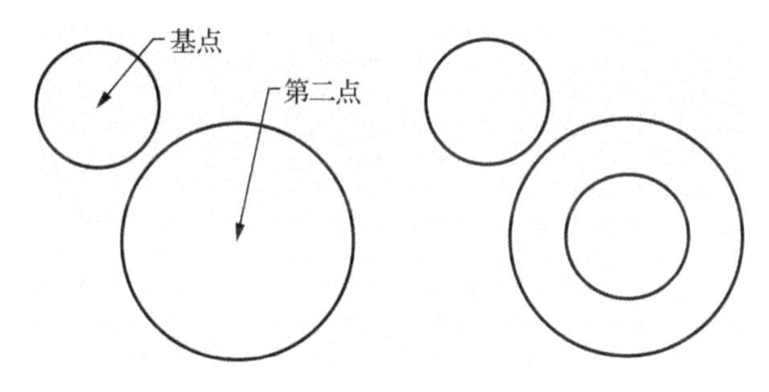

图 4-28 Copy 方法

该命令默认是多重复制，这是自 2006 版之后的改进；在 2004 版之前，默认是单一复制，若要多重复制，做法是在给出基点前，先选择选项 Multiple。

4.6 移动(Move)

启动移动命令的方式是：点击菜单“修改→移动”/Modify→Move，或在命令行直接输入 MOVE，或点击工具条上的 ，出现提示：

命令：_move

Command：move

选择对象：选择被移动的对象

Select objects：选择被移动的对象

选择对象：

Select objects：回车

指定基点或［位移(D)］<位移>：

Specify base point or displacement：给出基点

指定第二个点或 <使用第一个点作为位移>：

Specify second point of displacement or <use first point as displacement>：给出第二点

从这里可看出，移动命令的提示与拷贝命令的提示基本相同，它们的用法也一样，如图

4-28,如果用移动命令,基点选在小圆的圆心上,第二点选在大圆的圆心上,最后的效果是将小圆移动到大圆上,形成了同心圆。

习题:

1. MOVE 命令与 COPY 命令有什么相似之处?
2. 用 GRID 命令设置网格时,网格的长、宽间距是否必须相等?
3. 临时特殊点捕捉方式的启用方法有哪些?说出两种。
4. 在圆上捕捉圆心时,圆中未出现圆心标志,是否应把靶框直接压在圆的圆心附近?

5　练习与指导二

5.1　练习内容

(1) 按尺寸绘出下面图形。

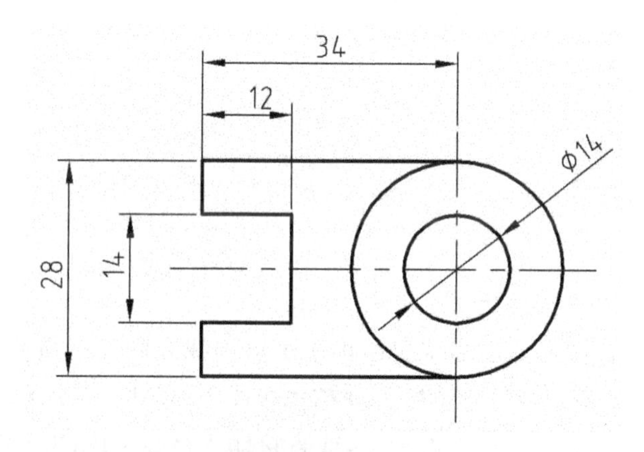

图 5-1　题目(1)

(2) 按尺寸绘出下面图形。

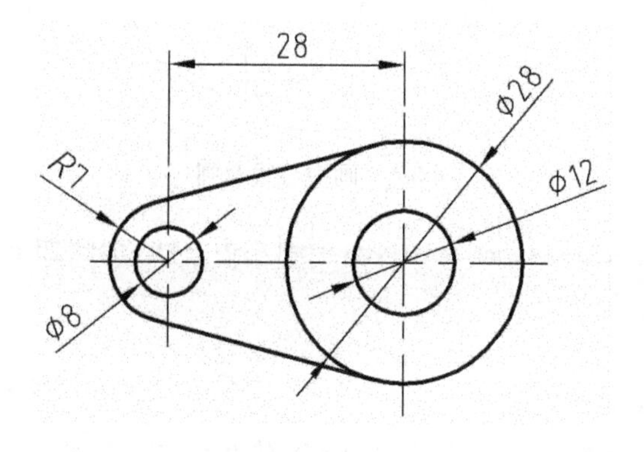

图 5-2　题目(2)

(3) 按尺寸绘出下面图形。

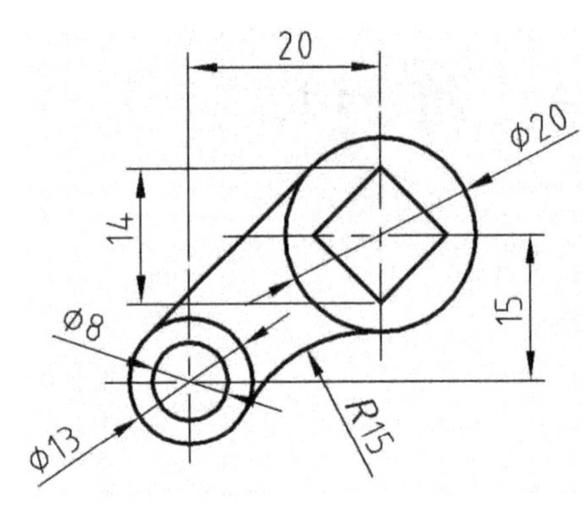

图 5-3　题目(3)

5.2　练习指导

5.2.1　第(1)题指导

(1) 设置 LIMITS 范围 0,0 至 40,40,然后用 ZOOM 中选项 ALL 进行显示调整。

(2) 装载点画线 CENTER,并将它设为当前线型。

(3) 用命令 LINE 在屏幕上适当位置绘出水平点画线和圆处的垂直点画线,如果点过大或显示不出点,应调整线型管理器中的线型显示全局比例,此处 0.2 比较合适。

(4) 将当前线型设为 Bylayer,点击 ,或直接输入命令 CIRCLE 以两条点画线交点为圆心绘出大圆,其直径为 Φ28。如图 5-4 所示。

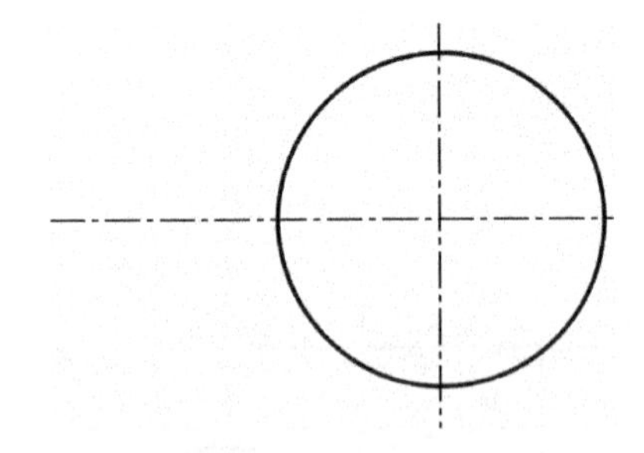

图 5-4　画中心线及圆

(5) 点击 ,或输入绘直线命令 LINE,绘制左边直线,步骤如下:

命令:_line

Command:_line

指定下一点或[放弃(U)]:

Specify first point:打开"对象捕捉"/OSNAP,将其中交点打钩,捕捉圆与垂直中心线的下部的交点

指定下一点或[放弃(U)]:

Specify next point or [Undo]：将正交打开＜Ortho on＞，将鼠标向左拖，输入 34

指定下一点或 [放弃(U)]：

Specify next point or [Undo]：将"对象追踪"/OTRACK 打开，将鼠标向上移动，用对象跟踪的方式，与圆周上的最高点齐平，绘出向上的直线，如图 5-5 所示。也可以在极轴追踪打开的前提下，直接输入长度 28。

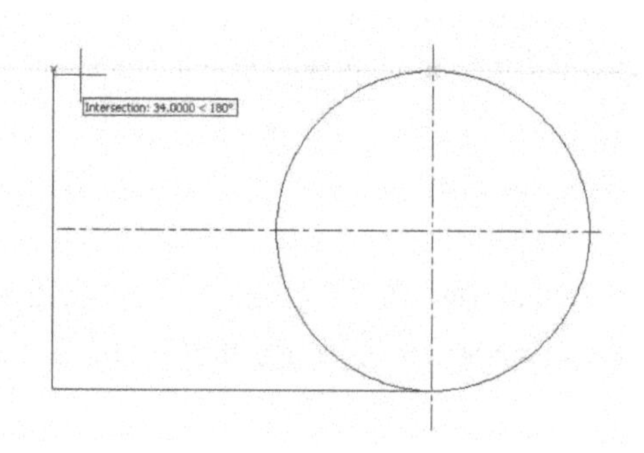

图 5-5　画直线

指定下一点或 [闭合(C)/放弃(U)]：

Specify next point or [Close/Undo]：再捕捉圆与垂直点画线上部的交线，回车

可以看出水平点画线左端不够长，可以将其拉长一点，方法很多，最简单的方法是用鼠标直接点击直线，在直线上出现夹点，点击左边的夹点向左拖，应在"正交"/ORTHO 为开的情况下拖动，这样才能保证水平。如图 5-6 所示。

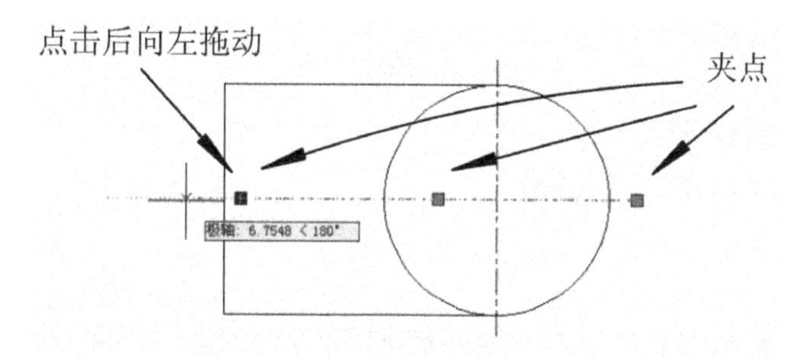

图 5-6　夹点操作

(6) 绘左端的缺口。应用命令"偏移复制"/OFFSET，将上下水平线和左端的垂直线向内偏移复制。

命令：_offset

当前设置：删除源＝否 图层＝源 OFFSETGAPTYPE＝0

指定偏移距离或 [通过(T)/删除(E)/图层(L)] ＜通过＞：7

选择要偏移的对象，或 [退出(E)/放弃(U)] ＜退出＞：选上端直线

指定要偏移的那一侧上的点，或 [退出(E)/多个(M)/放弃(U)] ＜退出＞：点击下方

选择要偏移的对象，或 [退出(E)/放弃(U)] ＜退出＞：选下端直线

指定要偏移的那一侧上的点，或 [退出(E)/多个(M)/放弃(U)] ＜退出＞：点击上方

选择要偏移的对象，或 [退出(E)/放弃(U)] ＜退出＞：回车，结束

命令：OFFSET

当前设置：删除源＝否 图层＝源 OFFSETGAPTYPE＝0

指定偏移距离或［通过(T)/删除(E)/图层(L)］<7.0000>：12

选择要偏移的对象，或［退出(E)/放弃(U)］<退出>：选择左边直线

指定要偏移的那一侧上的点，或［退出(E)/多个(M)/放弃(U)］<退出>：点击右方

选择要偏移的对象，或［退出(E)/放弃(U)］<退出>：回车结束

也可以用拷贝命令来完成，以复制下部直线为例：

Command：_copy

Select objects：选择下部水平线

Select objects：回车

Specify base point or displacement，or [Multiple]：基点选在水平线的左端点

Specify second point of displacement or <use first point as displacement>：@0,7 输入相对坐标

结果如图 5-7 所示。

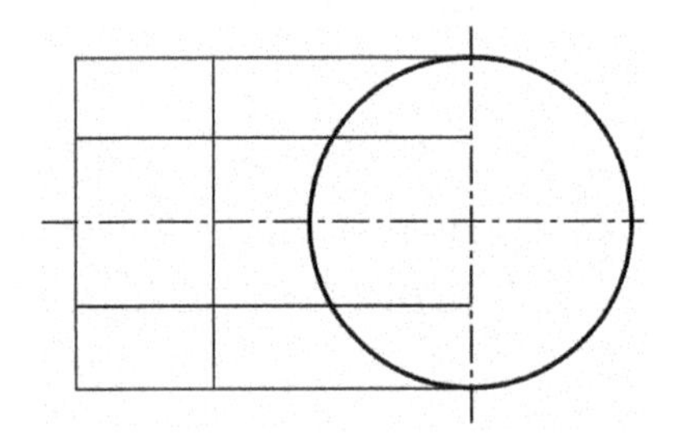

图 5-7 画内部缺口直线

应用修剪命令进行修剪。

(7) 绘右端的小圆，半径为 7，完成。

5.2.2 第(2)题指导

(1) 设置 LIMITS 范围 0,0 至 30,30，如果未装载中心线应先装载，绘出一条水平中心线和两条垂直中心线，可先绘一条再偏移复制。

(2) 分别以垂直点画线与水平点画线的交点绘两个同心圆，如图 5-8。

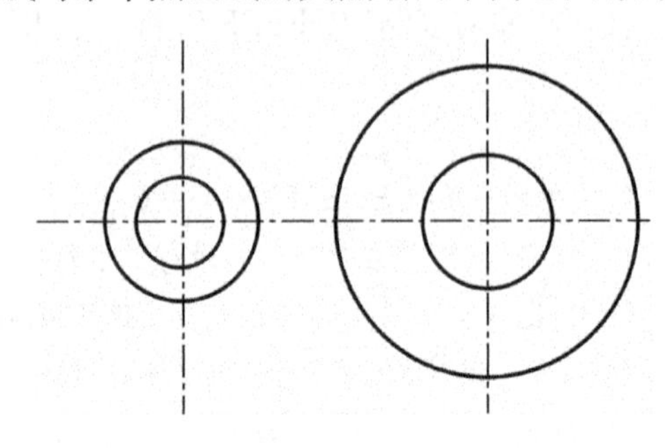

图 5-8 画中心线及同心圆

(3) 绘出上下两条圆的切线，步骤如下：

Command：_line

Specify first point：将“对象捕捉”/OSNAP 打开，并设置切点，如果已经设置了其他的特殊点，先将其钩去掉，以免互相干涉。将鼠标放在小圆上，当出现切点捕捉符号时点击鼠标

Specify next point or [Undo]：将鼠标放在大圆，当出现切点捕捉符号时点击鼠标，回车

同样方法绘出下部的切线(图 5-9)。

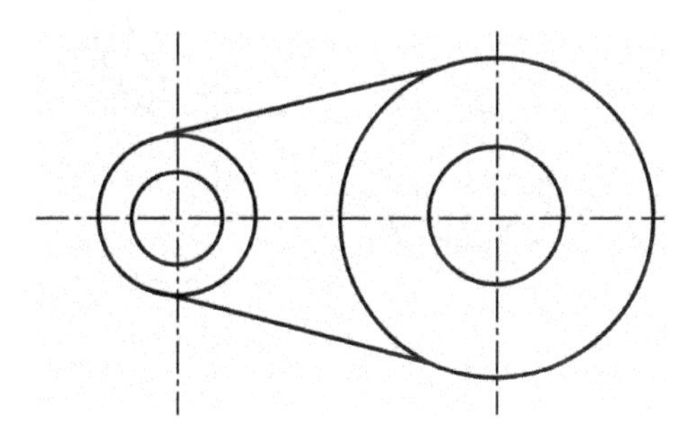

图 5-9　画切线

(4) 利用修剪命令 TRIM，将左端多余部分剪切掉，完成。

5.2.3　第(3)题指导

(1) 设置 LIMITS 范围 0，0 至 50，50，然后用 ZOOM 中选项 ALL 进行显示调整。

(2) 绘出水平中心线和垂直中心线，并将其向左下方拷贝一份。步骤是：

Command：_copy

Select objects：选择两条点画线

Select objects：回车

Specify base point or displacement，or [Multiple]：基点选在两点画线的交点

Specify second point of displacement or <use first point as displacement>：@－20，－15 用相对坐标给出第二点

结果如图 5-10。也可以用偏移复制的方法完成。

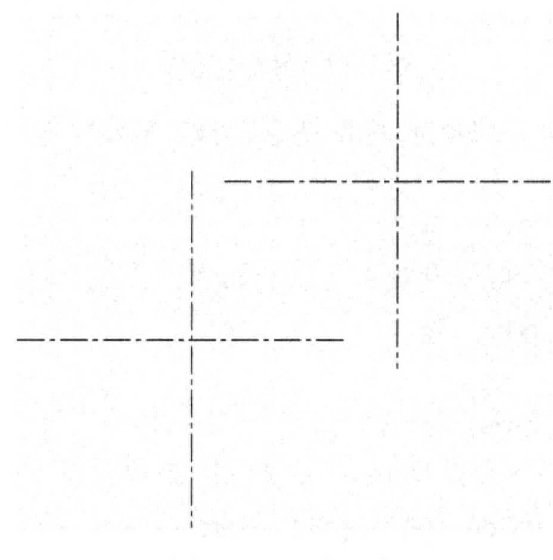

图 5-10　画中心线

(3) 分别以两条点画线的交点为圆心绘同心圆(图 5-11)右上两个圆直径分别是 Φ20、Φ14,左下角两个圆直径分别是 Φ13、Φ8。

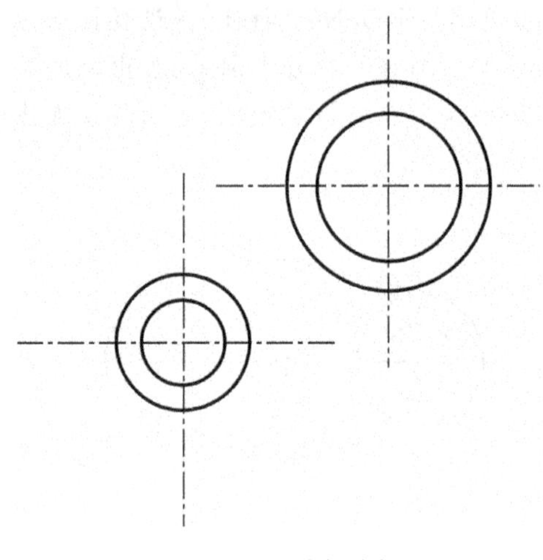

图 5-11 画同心圆

(4) 绘直线,从 Φ14 与水平、垂直点画线的交点一个接一个地绘,可绘出一个菱形,然后将此圆删除。结果如图 5-12。

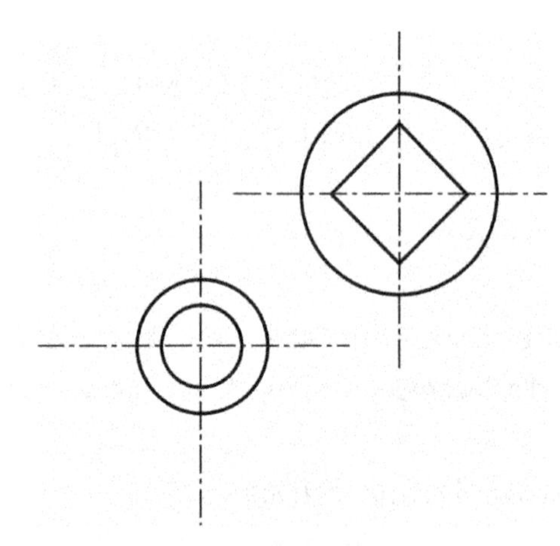

图 5-12 画右上菱形

(5) 上部绘两圆的切线,下部画圆,采取切点、切点、半径的方式来绘,步骤如下:

Command: _line

Specify first point: 捕捉小圆上的切点

Specify next point or [Undo]: 捕捉大圆上的切点

Specify next point or [Undo]: 回车。完成直线

Command: _circle

Specify center point for circle or [3P/2P/Ttr (tan tan radius)]: t 选择选项 Ttr

Specify point on object for first tangent of circle: 捕捉小圆上的切点

Specify point on object for second tangent of circle: 捕捉大圆上的切点

Specify radius of circle <7.0000>: 15 输入半径

结果如图 5-13。

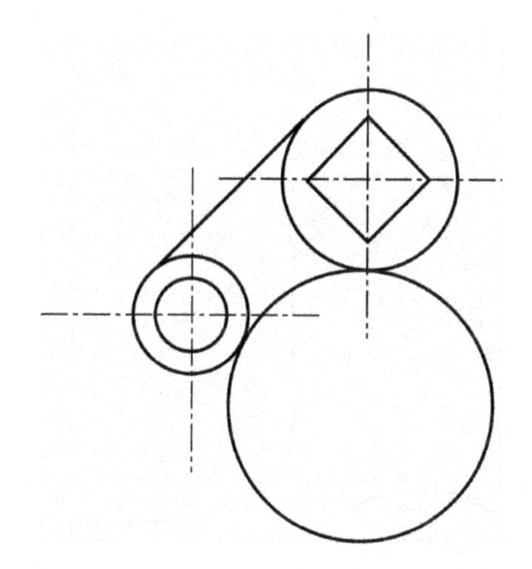

图 5-13 画与两圆相切的圆

（6）利用修剪完成整个图形。

习题：

1. 按尺寸绘出下面图形：

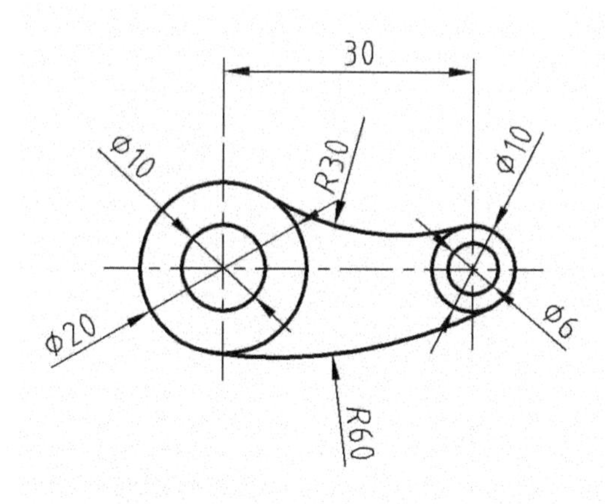

图 5-14 习题一

2. 按尺寸绘出下面图形：

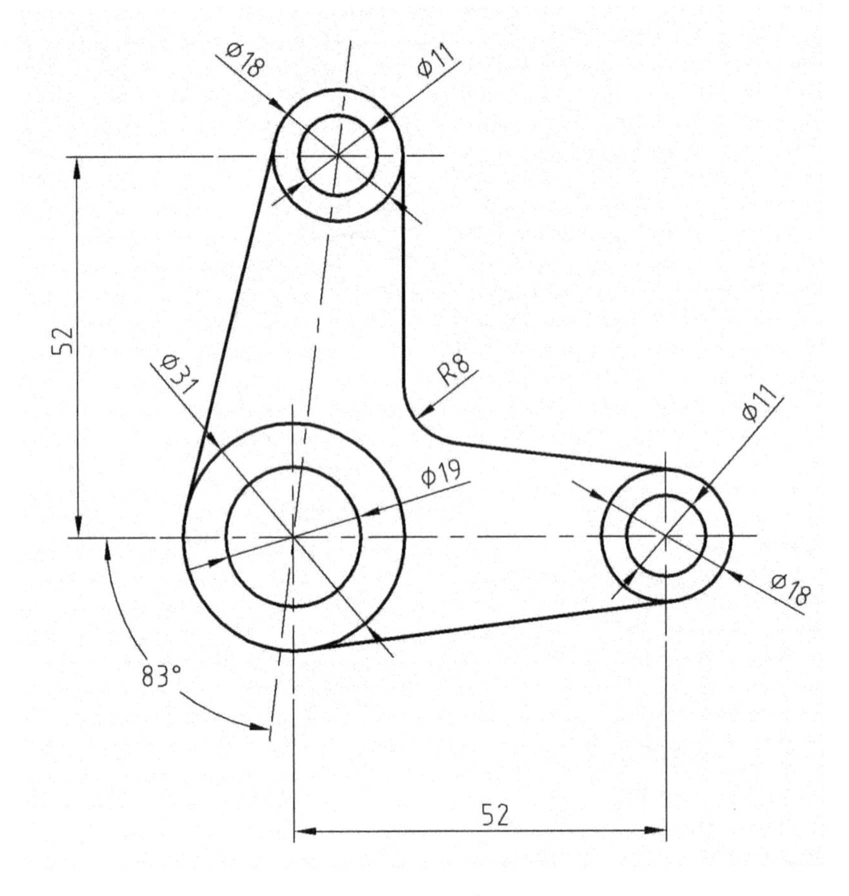

图 5-15 习题二

6　基本绘图与编辑(二)

6.1　矩形(Rectang)

该命令的功能是绘制一个矩形,可以是带有倒角或圆角的矩形(图 6-1)。

点击绘图工具条上的 ,出现提示:

命令:_rectang

指定第一个角点或[倒角(C)/标高(E)/圆角(F)/厚度(T)/宽度(W)]:

Specify first corner point or [Chamfer/Elevation/Fillet/Thickness/Width]:输入矩形的一个角点,或选择选项

指定另一个角点或[面积(A)/尺寸(D)/旋转(R)]:

Specify other corner point or [Area/Dimensions/Rotation]:输入矩形的另一个对角点

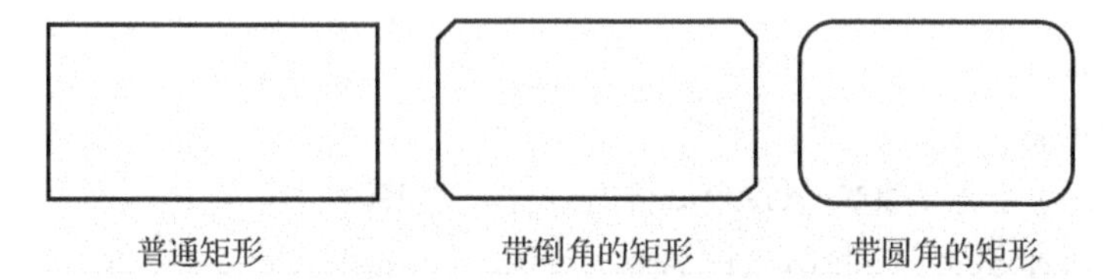

图 6-1　矩形命令可绘的矩形

如果要绘制带有倒角或圆角的矩形,应在输入矩形的角点前,先选择选项"倒角"/Chamfer 或"圆角"/Fillet,设置倒角距离或圆角半径,然后再输入两个角点来绘图。

设置选项"宽度"/Width 的数值,可以绘出宽度线的矩形。此宽度是指矩形的线宽,并不是指矩形的宽度,两个对角点的坐标已经确定了矩形的宽度。

"标高"/Elevation 和"厚度"/Thickness 两个选项是有关三维应用的,在此不加讨论。

矩形也是多段线,可以用多段线的编辑命令来编辑。关于多段线在后面将会介绍。

6.2　椭圆(Ellipse)

用绘椭圆命令可以绘制椭圆和椭圆弧。

6.2.1　椭圆

启动椭圆命令的方式:点击菜单"绘图→椭圆"/Draw→Ellipse,出现画椭圆命令子菜单,如图 6-2 所示,或在命令行输入 Ellipse,也可在工具栏点击 。

绘制椭圆的方法有中心点方式和轴、端点方式两种。

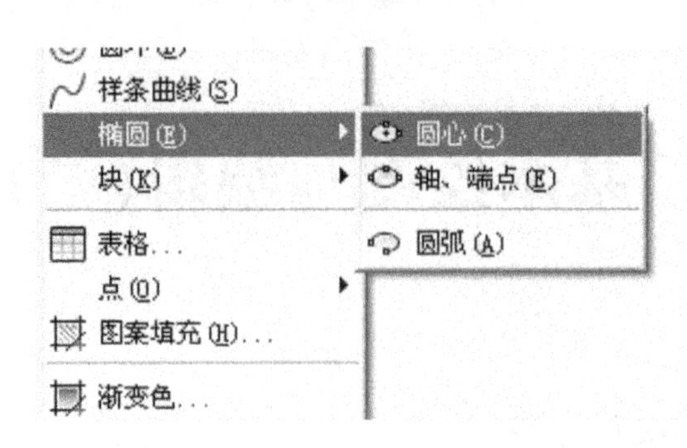

图 6-2 椭圆命令在菜单上的位置

6.2.1.1 中心点方式

通过指定椭圆中心、一个轴的端点以及另一个轴的半轴长度绘制椭圆,见图 6-3。

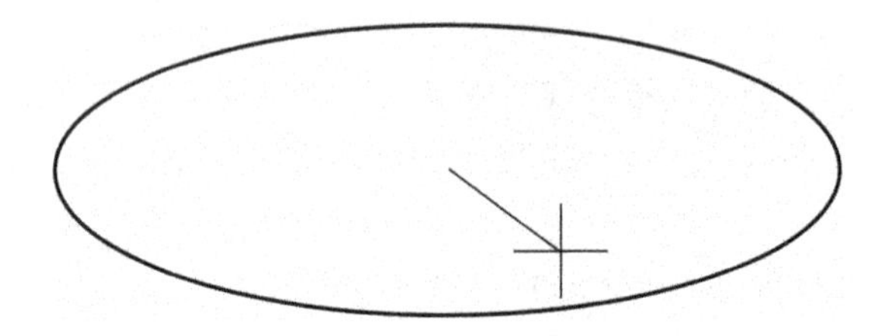

图 6-3 中心点方式画椭圆

命令:_ellipse

Command:ellipse

指定椭圆的轴端点或 [圆弧(A)/中心点(C)]:c 选择中心点方式

Specify axis endpoint of ellipse or [Arc/Center]:c 选择 Center 方式

指定椭圆的中心点:

Specify center of ellipse:输入椭圆中心

指定轴的端点:

Specify endpoint of axis:指定轴上的一点,这一点即可以是长轴上的端点,也可以是短轴上的端点。

指定另一条半轴长度或 [旋转(R)]:

Specify distance to other axis or [Rotation]:输入另一轴的半轴长,可以直接用鼠标点击的方式给出长度。

6.2.1.2 轴、端点方式

通过指定一个轴的两个端点和另一个轴的半轴长度绘制椭圆。

命令:_ellipse

Command:ellipse

指定椭圆的轴端点或 [圆弧(A)/中心点(C)]:

Specify axis endpoint of ellipse or [Arc/Center]:指定轴上的一个端点,同样既可以是长轴也可以是短轴

指定轴的另一个端点:

Specify other endpoint of axis:指定同一轴上的另一端点

指定另一条半轴长度或［旋转(R)］：

Specify distance to other axis or [Rotation]：输入另一轴的半轴长

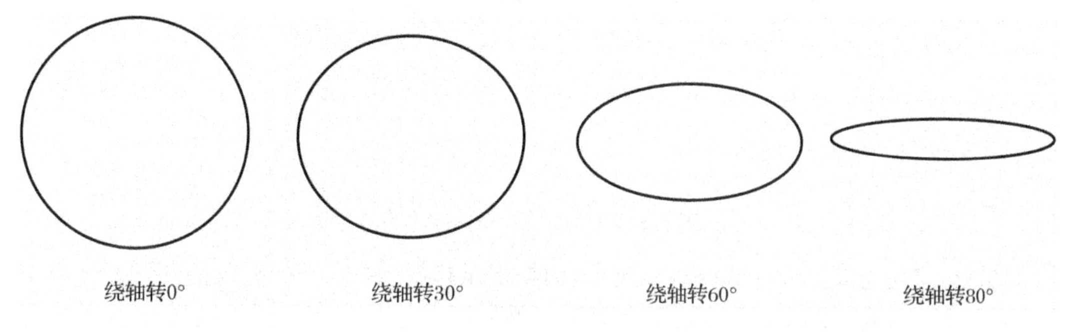

图 6-4 不同旋转角时的椭圆

在以上两种方法的最后一步，还可以选择选项 Rotation，出现提示：

指定绕长轴旋转的角度：

Specify rotation around major axis：输入主轴(长轴)旋转的角度，这样绘椭圆可看成是倾斜圆的投影。图 6-4 显示了当旋转角为 0°、30°、60°、80°时绘出的椭圆。

6.2.2 椭圆弧

在图 6-2 菜单中选择椭圆弧 Arc，即可进行绘椭圆弧，或在命令行提示中选择 Arc 选项：

命令：_ellipse

Command：ellipse

指定椭圆的轴端点或［圆弧(A)/中心点(C)］：_a 选择绘弧

Specify axis endpoint of ellipse or [Arc/Center]：a 选择 Arc

指定椭圆弧的轴端点或［中心点(C)］：

Specify axis endpoint of elliptical arc or [Center]：给出轴上的第一端点

指定轴的另一个端点：

Specify other endpoint of axis：给出同一轴上的另一端点

指定另一条半轴长度或［旋转(R)］：

Specify distance to other axis or [Rotation]：输入另一半轴的长度

指定起始角度或［参数(P)］：输入起始角

Specify start angle or [Parameter]：输入起始角或选择选项 Parameter

指定终止角度或［参数(P)/包含角度(I)］：输入终止角

Specify end angle or [Parameter/Included angle]：输入终止角或选择各选项

椭圆弧在绘制时要注意以下几点：

(1) 椭圆弧的起始角与给出轴上的第一点的位置有关，它是指弧的起点与椭圆中心的连线与轴上第一点与椭圆中心连线的夹角，如图 6-5(a)中的 30°。角度可正可负，正角度为逆时针，负角度为顺时针。

(2) 椭圆弧的终止角是指弧的终点与椭圆中心的连线与轴上第一点与椭圆中心连线的夹角，夹角同样可正可负，但绘出的结果却不一样，如图 6-5(a)是终止角正 120°的情况，图(b)是负 120°的情况。

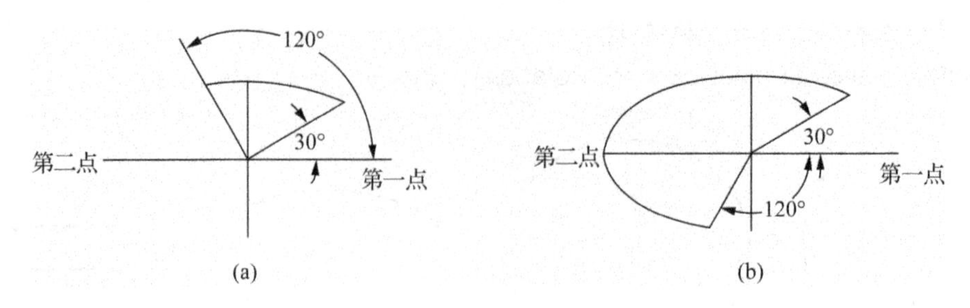

图 6-5 画椭圆弧时角度的给法

如果选择“包含角”Included angle 选项，则是指弧起点与终点间的夹角。

(3) 选项“参数”/Parameter，指定参数确定椭圆弧。它是利用椭圆弧区域与整个椭圆区域面积之比来定义椭圆弧夹角。由于很少用这样的方式来绘图，所以在此不多加介绍。

6.3 旋转(Rotate)

旋转操作是将图元对象绕某一点旋转一个角度。

启动旋转命令的方式：点击菜单“修改→旋转”/Modify→Rotate，或在命令行输入 Rotate，或在工具栏点击 。

命令提示为：

命令：_rotate

UCS 当前的正角方向：ANGDIR＝逆时针 ANGBASE＝0

Command：rotate

Current positive angle in UCS：ANGDIR＝counterclockwise ANGBASE＝0

选择对象：选择要操作的对象，可以多选

Select objects：选择要操作的对象，可以多选

选择对象：

Select objects：回车

指定基点：指定旋转基点

Specify base point：指定旋转基点

基点就是旋转操作时，绕着旋转的那一点。基点可以是图元上的某一点，也可以是绘图区域中的任意一点

指定旋转角度，或[复制(C)/参照(R)]<0>：

Specify rotation angle or [Copy/Reference]：输入旋转角度，角度可正可负

如果选择选项“参照”Reference，则出现下面提示：

指定参照角 <0>：指定第二点：

Specify the reference angle <0>：输入一个参考的角度

这个角度是指图元上或绘图区域中某一点与基点连线的角度

指定新角度或[点(P)]<0>：

Specify the new angle：这个角度是指当把图元转到某一位置后，上一步的同一点与基点

连线所处的角度

这两个角度的确定常常是通过鼠标点击的方式来确定。

例 6.1 用旋转命令,将图 6-6(a)变为图 6-6(b)。

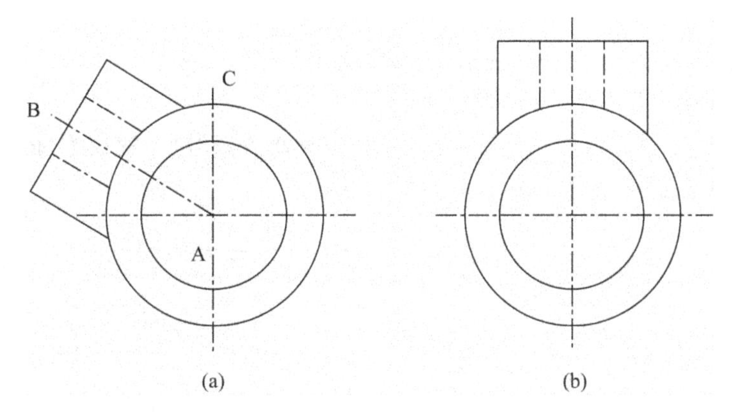

图 6-6 旋转命令示例

对于本例,由于图形上倾斜的部分与垂直方向的夹角不知道,所以用一般的旋转方法直接输入旋转角度是无法做到的,我们可以用参照 Reference 方法来做。步骤如下:

Command: rotate

Current positive angle in UCS: ANGDIR=counterclockwise ANGBASE=0

Select objects: 选择图形上面倾斜的部分,包括中心线,然后回车

Specify base point: 捕捉圆心或交点 A

Specify rotation angle or [Reference]: r 选择参照 Reference

Specify the reference angle <0>: 捕捉点 A,再出现提示时捕捉点 B

Specify the new angle: 移动鼠标,可看出图形随着在旋转,捕捉点 C。完成

在命令提示中,还有“复制”一项,用它可以完成旋转复制的操作,这是自 2006 版之后增加的新功能。

6.4 镜像(Mirror)

在工程图中经常要绘制具有轴对称的图形,对于重复的那部分用镜像命令来做非常方便。这也是快速绘图的一个很好的工具。

启动镜像命令的方式:点击菜单“修改→镜像”/Modify→Mirror,或在命令行输入 Mirror,也可以在工具栏点击 。出现命令提示:

命令: _mirror

Command: _mirror

选择对象:

Select objects: 选择要操作的对象,可多选

选择对象:

Select objects: 回车

指定镜像线的第一点：

Specify first point of mirror line：选择镜像线上的第一点，镜像线即对称轴。此线可以是绘图区域真实存在的线，也可以不是

指定镜像线的第二点：

Specify second point of mirror line：选择镜像线上的第二点

要删除源对象吗？［是(Y)/否(N)］<N>：

Delete source objects?［Yes/No］<N>：是否要删除源对象，默认是 No

例 6.2　用镜像命令，将图 6-7(a)画为图 6-7(b)。

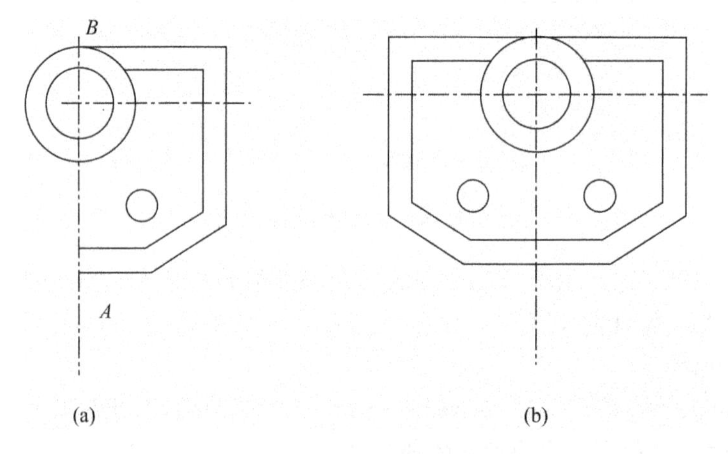

图 6-7　镜像命令示例

Command：_mirror

Select objects：选择要操作的对象，即对称重复的部分

Select objects：回车

Specify first point of mirror line：捕捉 *A* 点

Specify second point of mirror line：捕捉 *B* 点

Delete source objects?［Yes/No］<N>：回车，完成

如果镜像的对象中有文字，则文字镜像后效果像是被复制了一个在另一边，如果要想让它有镜子里的效果，需要将系统变量 MIRRTEXT 的值变为 1。图 6-8 所示，是当系统变量分别为 0 和 1 时，文字镜像后的效果。

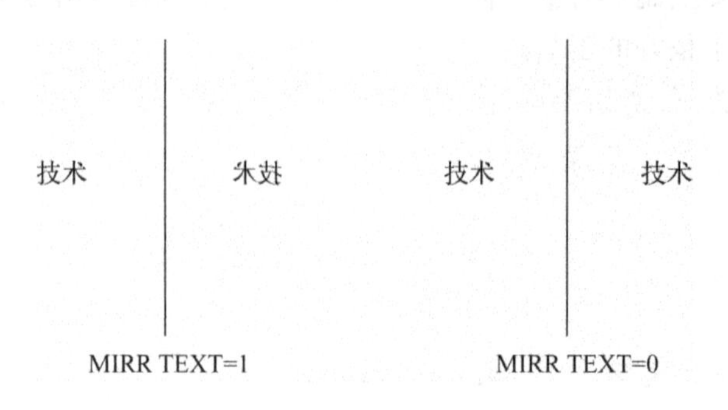

图 6-8　镜像文字时的情况

6.5 比例缩放(Scale)

比例缩放命令可使被选对象在 X、Y 和 Z 方向等比例放大或缩小。

启动比例缩放命令的方式：点击菜单“修改→缩放”/Modify→Scale，或在命令行输入 Scale，或在工具栏点击 ，出现提示：

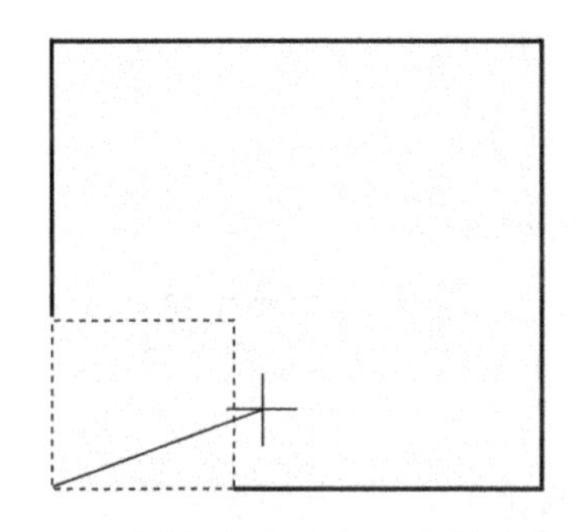

图 6-9 比例缩放图形时，基点给出效果一

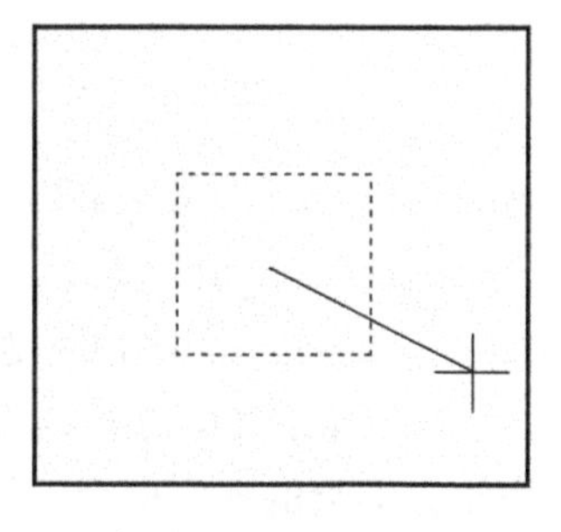

图 6-10 比例缩放图形时，基点给出效果二

命令：_scale

Command：_scale

选择对象：

Select objects：选择操作对象

Select objects：回车

指定基点：

Specify base point：输入基点

指定比例因子或 [复制(C)/参照(R)] <1.0000>：

Specify scale factor or [Reference]：输入比例因子，大于 1 时为放大，小于 1 时为缩小

当基点选在不同地方的时候，图形放大或缩小的方向是不同的，对比图 6-9 与图 6-10 可以很容易看出这一点。

如果选择“参照”/Reference 选项，对象将按参照的方式缩放，需要依次输入参照长度的值和新的长度值，AutoCAD 根据参照长度与新长度的值自动计算比例因子(比例因子为新长度与参照长度的比值)，然后进行缩放。

参照长度与新长度都可以通过鼠标点击的方式来确定，但此时应注意，两个长度在点击时应有同一个出发点。一般情况下输入参照长度是用鼠标点击，输入新长度时则输入具体的数值。

例 6.3 已知一个正方形，边长未知，请将它变为边长为 100 的正方形。

操作步骤如下：

Command：SCALE

Select objects：选择正方形

Select objects：回车

Specify base point：在正方形上任意捕捉一点，可定为图 6-11 中的基点

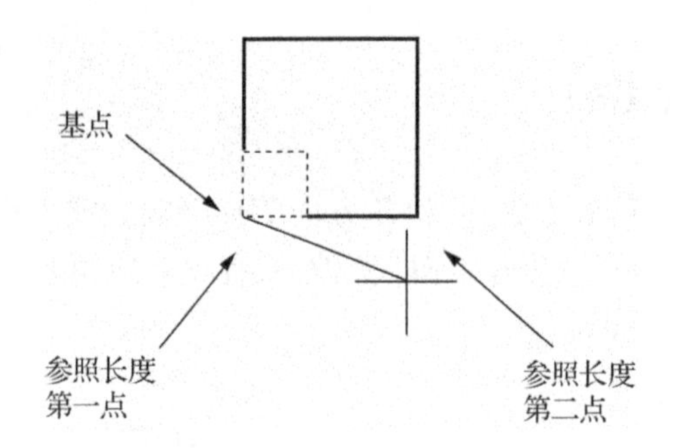

图 6-11 将任意正方形变为边长为 100 的正方形

Specify scale factor or [Copy/Reference]：r 选择 Reference

Specify reference length <1>：鼠标点击正方形一个角，图 6-11 中第一点

Specify second point：点击同一边上的另一角，图 6-11 中第二点

Specify new length：100 输入边长，完成

如果原来正方形绘的比 100 小，此时会放大；如果绘的比 100 大，此时会缩小。

参照长度的含义可以理解为是原正方形的边长，由于无法直接给出，所以用输入边上两个点的方法。

在命令提示中有“复制”一项，因此可以完成放缩复制操作，这也是自 2006 版之后的新功能。

6.6 倒直角(Chamfer)

倒直角，即在图形直角转弯处切成一个斜坡。

启动倒角命令的方式：点击菜单“修改→倒角”/Modify→Chamfer，或在命令行输入 Chamfer，或在工具栏点击 ，出现提示：

命令：_chamfer

(“修剪”模式) 当前倒角距离 1 = 0.0000，距离 2 = 0.0000

Command：chamfer

(TRIM mode) Current chamfer Dist1 = 0.0000，Dist2 = 0.0000

选择第一条直线或 [放弃(U)/多段线(P)/距离(D)/角度(A)/修剪(T)/方式(E)/多个(M)]：

Select first line or [Polyline/Distance/Angle/Trim/Method/mUltiple]：选择第一条线

选择第二条直线，或按住 Shift 键选择要应用角点的直线：

Select second line：选择第二条线

各选项的含义：

(1) “多段线”/Polyline：用来对多段线转折处进行倒角。

(2) “距离”/Distance：用来设置倒角距离，选择此选项后出现：

指定第一个倒角距离 <0.0000>：

first chamfer distance <0.0000>：设置第一个倒角距离

指定第二个倒角距离 <10.0000>：

Specify second chamfer distance <1.0000>：设置第二个倒角距离，两个距离可以不一样

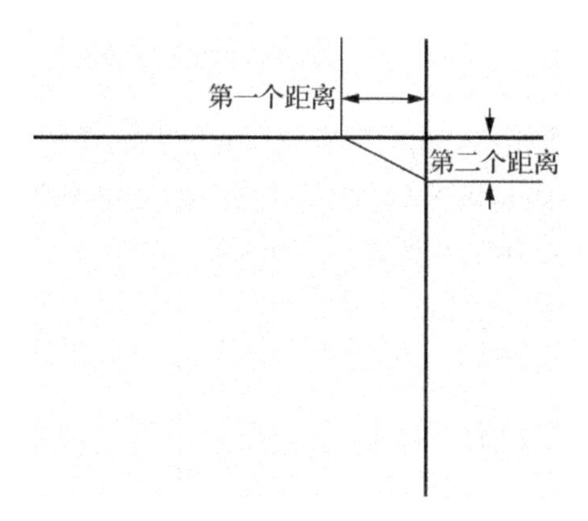

图 6-12　倒角两个距离的含义

两个距离的含义如图 6-12 所示。倒角时先选择哪个边就将第一个倒角距离用到这个边，所以当两个距离不一样时，如果倒角先选择的边不同，倒出来的效果会不一样。

(3)"角度"/Angle：用来设置一个倒角距离及一个倒角的角度，这是一种距离加角度的倒角方式(图 6-13)。选择此选项后出现的提示为：

指定第一条直线的倒角长度 <0.0000>：

Specify chamfer length on the first line <0.0000>：设置一个倒角距离

指定第一条直线的倒角角度 <0>：

Specify chamfer angle from the first line <0>：设置一个从第一条线偏转的角度

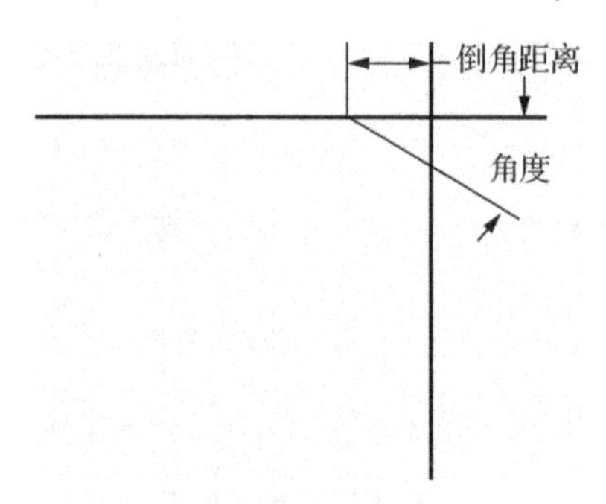

图 6-13　倒角时距离和角度的含义

用此种方式倒角时，先选择哪条边就将第一个距离作用到哪条边。

(4)"修剪"/Trim：用来确定是否打开修剪。默认情况下是修剪，即倒角后将转角处多余的线剪掉。在有些情况下我们希望它不要修剪，这时可设置其为"不修剪"/No trim，在使用时究竟当前处于哪种模式，可在命令行提示的第一行看到。

(5)"方式"/Method：用来确定当前使用的倒角方式，它的提示为：

输入修剪方法 [距离(D)/角度(A)] <角度>：

Enter trim method [Distance/Angle] <Angle>：

选择不同的选项，将采用不同的倒角方式，两种方式可以互不相关，即可以为距离方式倒角设置两个值，为距离加角度方式倒角再另设两个值。当用不同的方式倒角时，系统将按照事先的设置进行倒角。

(6)“多个”/mUltiple：选择此选项可以连续进行倒角。默认的情况是倒一次角后命令就会结束。这是 2004 版后的新增选项。

倒角时两条边不一定非要相交，如图 6-14(a)，倒角后变成 6-14(b)，如果是在 Trim 模式，倒后不够长的边会自动延长，多余的会剪掉；如果是 No trim 模式，则不会。特别是如果倒角距离设为 0，则相当于将两条边相交并剪掉多余的，如图 6-14(c)。

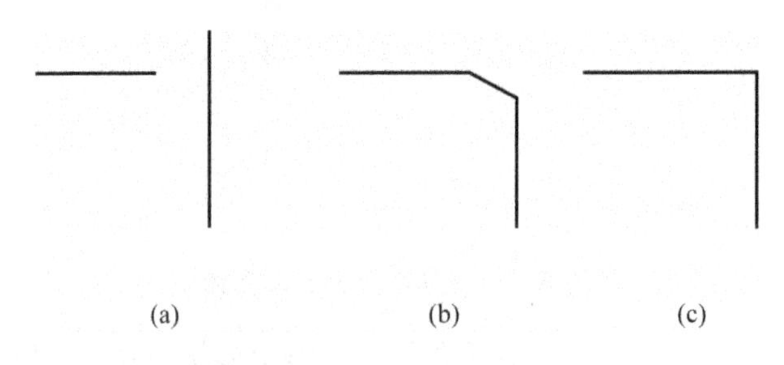

图 6-14 倒角的几种特殊效果

在对矩形进行倒角时，当两个倒角的距离不一样时，绘制矩形时给出角点的顺序也会影响倒角的结果，如图 6-15 四种绘图方式在倒角时会出现两种情况。但也不是没有规律，请读者仔细观察图 6-15，注意绘矩形时给出两个角点的顺序，自行总结出规律。

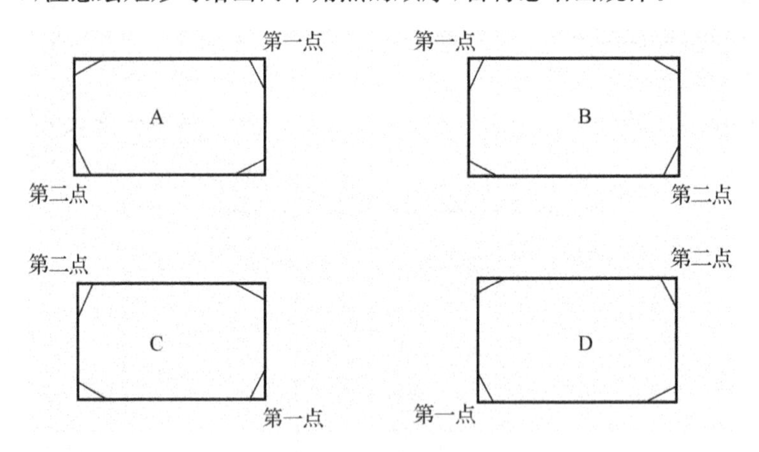

图 6-15 对多段线倒角时几种情况

例 6.4 用倒角命令，将图 6-16(a)画为图 6-16(b)。

绘图步骤如下：

(1) 对 AC、AB 边进行倒角。

Command：CHAMFER

(TRIM mode) Current chamfer Dist1 = 0.0000，Dist2 = 0.0000

Select first line or [Polyline/Distance/Angle/Trim/Method/mUltiple]：d 选择设置倒角距离

Specify first chamfer distance <0.0000>：20 输入距离，用户根据具体情况调整

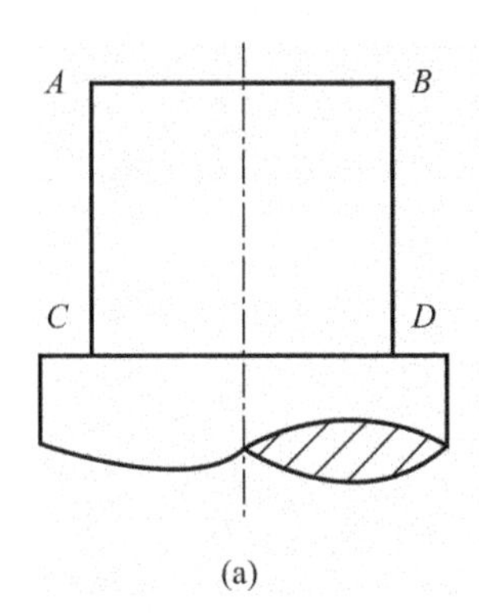

(a)

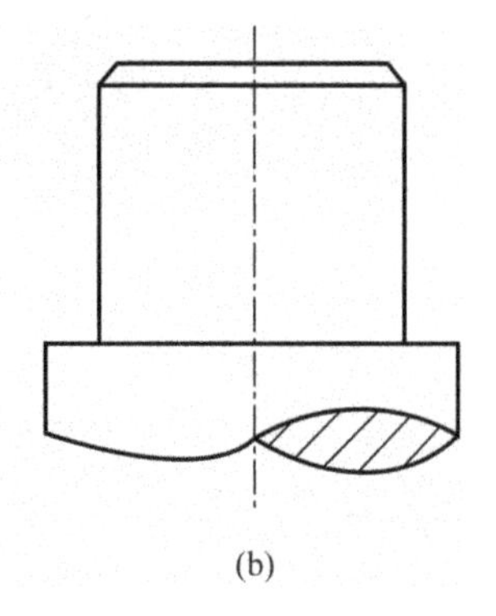

(b)

图 6-16　倒角示例

Specify second chamfer distance ＜20.0000＞：回车，两个距离一样

Select first line or [Polyline/Distance/Angle/Trim/Method/mUltiple]：选择 AB 边

Select second line：选择 AC 边

(2) 对 BD、AB 边进行倒角。

倒角方法同上。

(3) 连接倒角后的两边。完成作图。

6.7　倒圆角(Fillet)

倒圆角相当于将两个实体(或多段线的两边)的角切去，用圆弧将切断处光滑地连接起来。

启动倒圆角命令的方式：点击菜单“修改→圆角”/Modify→Fillet，或在命令行输入 Fillet，或在工具栏点击 ，出现提示：

命令：_fillet

当前设置：模式＝修剪，半径＝0.0000

Command：fillet

Current settings：Mode ＝ TRIM，Radius ＝ 0.0000

选择第一个对象或 [放弃(U)/多段线(P)/半径(R)/修剪(T)/多个(M)]：

Select first object or [Polyline/Radius/Trim/mUltiple]：选择第一条边

选择第二个对象，或按住 Shift 键选择要应用角点的对象：

Select second object：选择第二条边

由于是倒圆角，所以倒后的结果与选择边的次序无关。

几个选项的含义与倒直角类似，其中“半径”/Radius 是设置倒圆角的半径。

用此命令可对两直线段、直线段和弧线段及直线段或弧线段与圆进行倒圆角。

倒角时选择线段的部位不同，会有不同的结果，如图 6-17 所示。当与圆一起进行倒角时，圆不会被剪切。

当对多段线进行倒圆角时，所有转折处的圆角半径都一样，如果有不一样的地方，不能用此方法进行倒角。

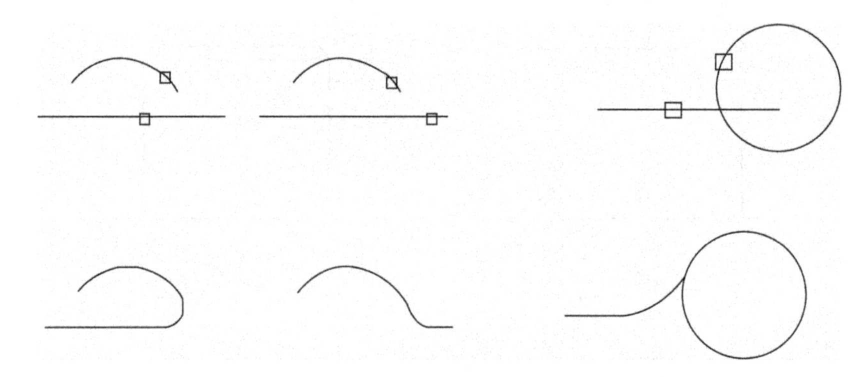

图 6-17 倒圆角

习题：

1. 在执行 FILLET 命令时，先应设置什么？

2. 用 SCALE 命令与 ZOOM 命令都能改变屏幕上图形显示的大小，说出它们有什么区别？

3. 除了用 FILLET 命令倒圆角外，还能用什么方式倒出圆角？自己实验一下。

7　练习与指导三

7.1　练习内容

(1) 使用圆、圆弧、直线、镜像、修剪及倒圆角等命令，绘制如图 7-1 所示的图形。

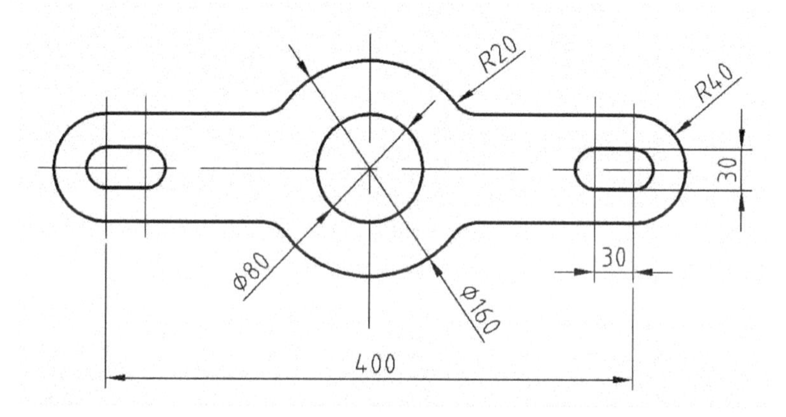

图 7-1　题目(1)

(2) 使用椭圆、复制、镜像、修剪及倒圆角等命令，绘制如图 7-2 所示的图形。

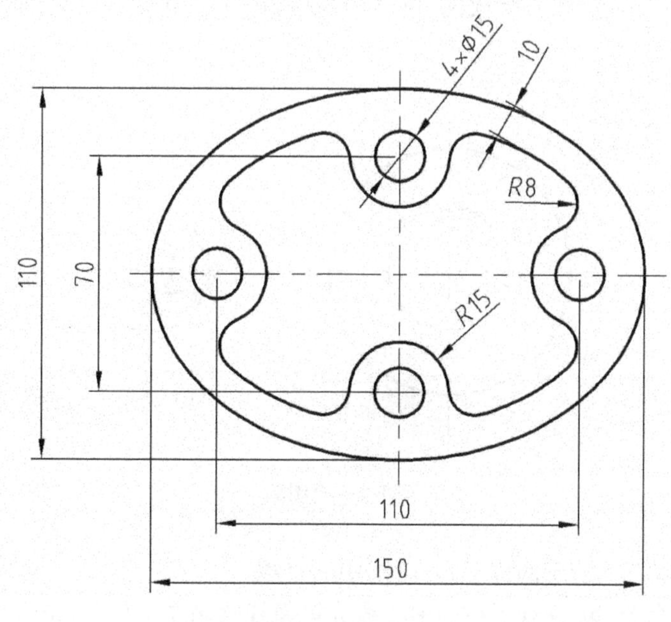

图 7-2　题目(2)

7.2 练习指导

7.2.1 第(1)题指导

(1) 设置绘图界限,装载线型等同前。

(2) 绘制中心线:将当前颜色设置为“紫色”,线型为 CENTER,线宽为默认。在绘图工具栏中单击 按钮,将正交打开,绘制水平中心线与中间的垂直中心线。

绘制时两条中心线长度可以画得略长一些,但必须垂直。左右边中心线可以通过偏移复制的方法来绘制。

图 7-3 绘中心线

(3) 绘制图 7-4 所示的图形中的圆:将当前颜色设置为“白色”,线型为 Bylayer,线宽为默认。对于圆弧,常用的方法是先绘成圆,再进行修剪,往往比直接绘圆弧要方便。圆弧命令将在后面章节中介绍。

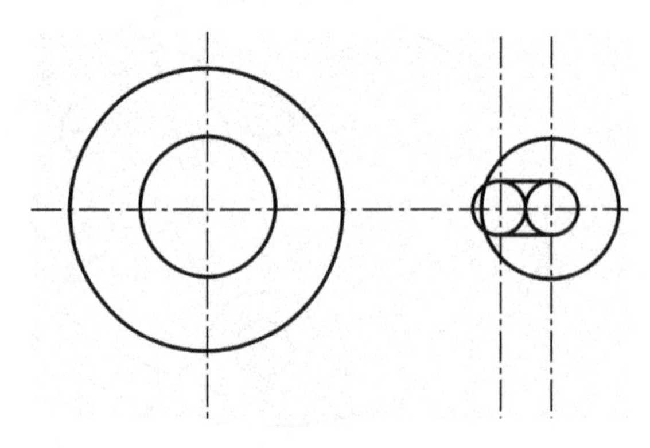

图 7-4 绘制圆

(4) 修剪成如图 7-5 所示的样子,并绘图中的直线。

(5) 应用镜像命令,以 O 点所在的中心线为镜像线绘制左半部分,结果如图 7-6 所示。

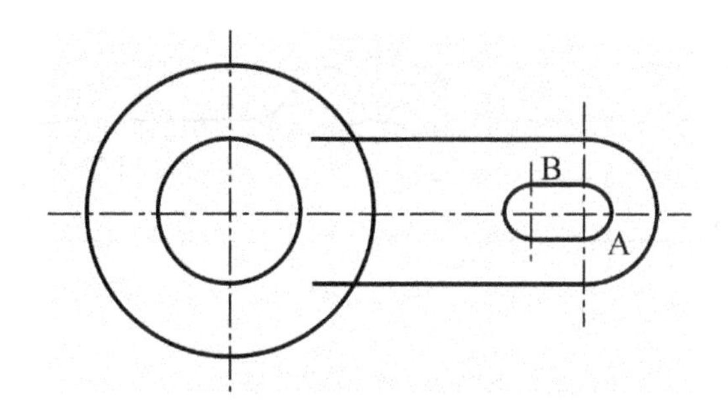

图 7-5 绘制四条直线

(6) 应用修剪命令,修剪图 7-6 中多余的线段,以 $\Phi160$ 圆弧为例。结果如图 7-7 所示。

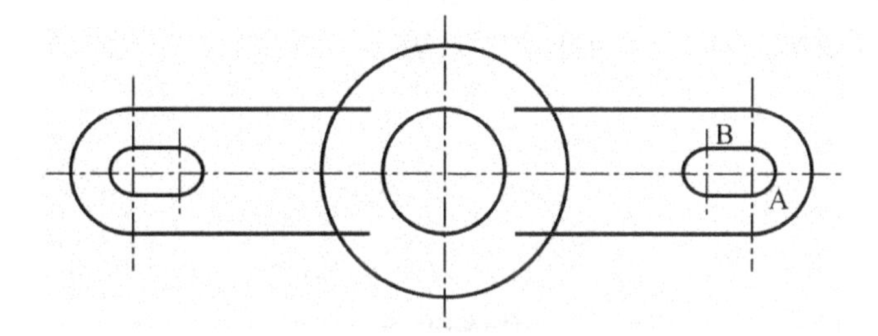

图 7-6 镜像到另一半

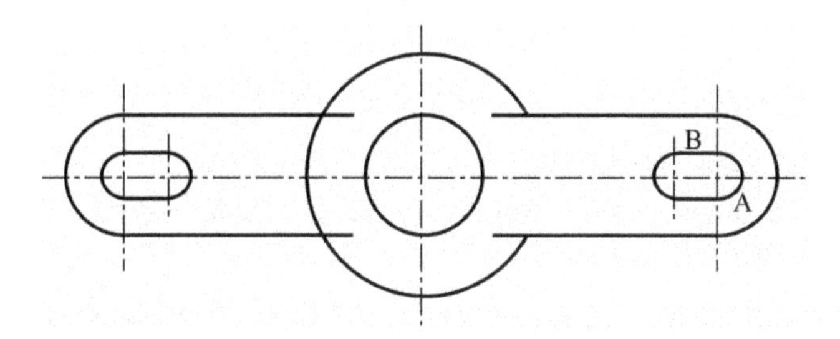

图 7-7 对圆进行修剪

重复修剪命令,将图 7-7 中其他多余的线段修剪掉,其结果如图 7-8 所示。

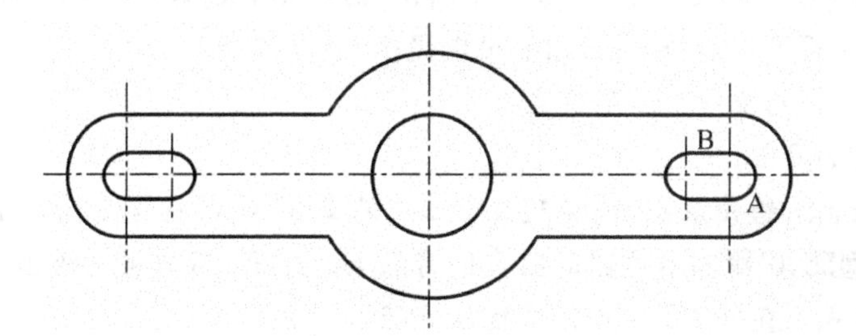

图 7-8 剪掉所有多余的线

(7) 应用倒圆角命令,修剪 $R20$ 的圆角。

重复上述步骤,倒其他圆角,最后结果如图 7-9 所示。最后对太长的中心线,用夹点操作的方法缩短。若不够长,则拉长。

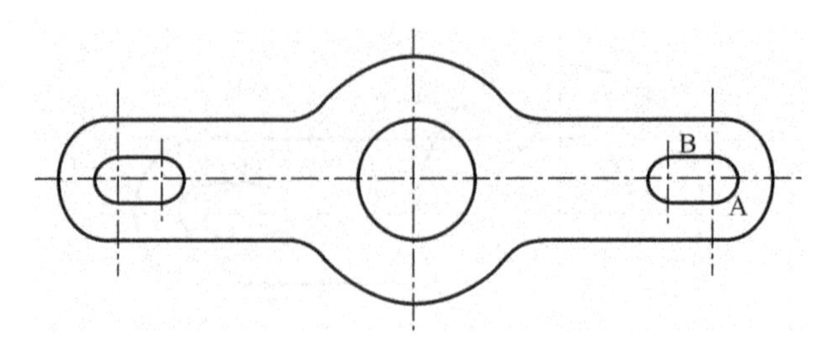

图 7-9 完成的结果

7.2.2 第(2)题指导

(1) 绘制互相垂直的两条中心线,方法同前例。

(2) 应用绘椭圆、圆命令画长半轴长为 75、短半轴长为 55 的椭圆,和半径分别为 7.5 和 15 的同心圆。

命令：_ellipse

Command：_ellipse

指定椭圆的轴端点或 [圆弧(A)/中心点(C)]：c 选择中心点法绘制

Specify axis endpoint of ellipse or [Arc/Center]：c

指定椭圆的中心点：捕捉两中心线交点作为椭圆的中心

Specify center of ellipse：捕捉两中心线交点作为椭圆的中心

指定轴的端点：@75,0

Specify endpoint of axis：@75,0 指定长轴右端的端点

指定另一条半轴长度或 [旋转(R)]：55

Specify distance to other axis or [Rotation]：55 输入短轴一半的长度

命令：_circle

指定圆的圆心或 [三点(3P)/两点(2P)/切点、切点、半径(T)]：按住 Shift 键的同时点击鼠标右键,在弹出的菜单中选择"自"/from,出现提示

Command：_circle

Specify center point for circle or [3P/2P/Ttr (tan tan radius)]：按住 Shift 键的同时点击鼠标右键,在弹出的菜单中选择"自"from,出现提示

_from 基点：捕捉两条中心线的交点

<偏移>：@55,0

_from Base point：给出基点,捕捉两条中心线的交点,继续出现下面提示：

<Offset>：@55,0 输入右边圆的圆心偏离基点的距离,用极坐标给出

指定圆的半径或 [直径(D)]：d 选择输入直径

Specify radius of circle or [Diameter]：d

指定圆的直径：15

命令：CIRCLE 回车重复执行

指定圆的圆心或 [三点(3P)/两点(2P)/切点、切点、半径(T)]：

指定圆的半径或 [直径(D)] <7.5000>：15

再以小圆的圆心为圆心绘出半径是 15 的圆

其结果如图 7-10 所示。

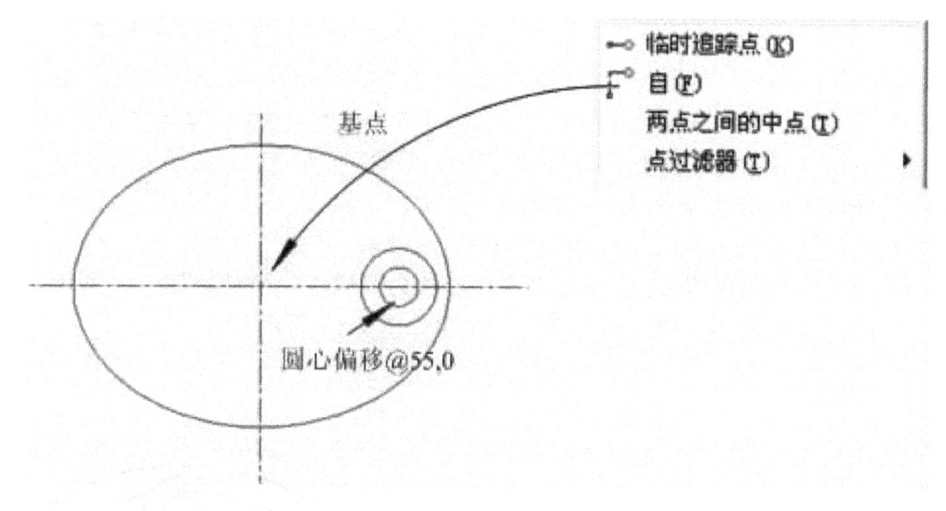

图 7-10 画椭圆及同心圆

(3) 应用镜像命令,以垂直中心线为镜像线绘制图 7-11 中的左边两个同心圆。

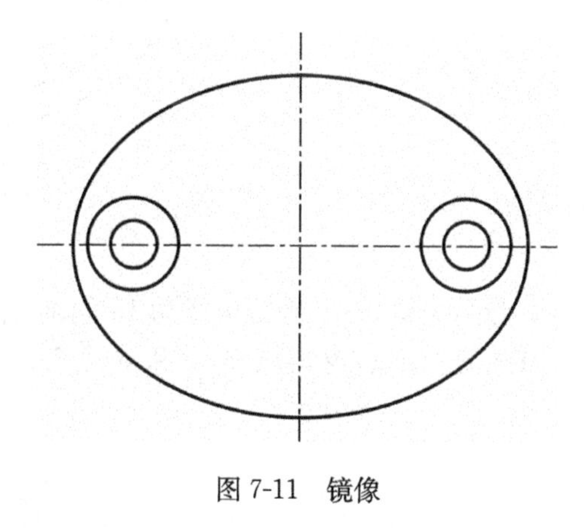

图 7-11 镜像

(4) 应用复制命令,以两中心线的交点为基点,复制下部的同心圆。

命令:COPY

Command:_copy

选择对象:选择右边的两个同心圆

Select objects:选择右边两个同心的圆

选择对象:回车

当前设置:复制模式 = 多个

Select objects:回车

指定基点或[位移(D)/模式(O)]<位移>:捕捉同心圆的圆心

Specify base point or displacement, or [Multiple]：捕捉圆的圆心

指定第二个点或 <使用第一个点作为位移>：按住 Shift 键的同时点击鼠标右键，在弹出菜单中选择“自”/from，出现提示：

指定第二个点或 <使用第一个点作为位移>：_from 基点：捕捉两中心线交点<偏移>：@0，－35

Specify second point of displacement or <use first point as displacement>：按住 Shift 键的同时点击鼠标右键，在弹出菜单中选择“自”from，出现提示：

_from Base point：捕捉椭圆中心，继续出现提示：

<Offset>：@0，－35 用相对坐标给出偏离基点距离

上面的同心圆用镜像的方式得到，以水平中心线为镜像线。结果如图 7-12 所示。

(5) 应用偏移复制命令，相距 10 个单位。结果如图 7-13 所示。

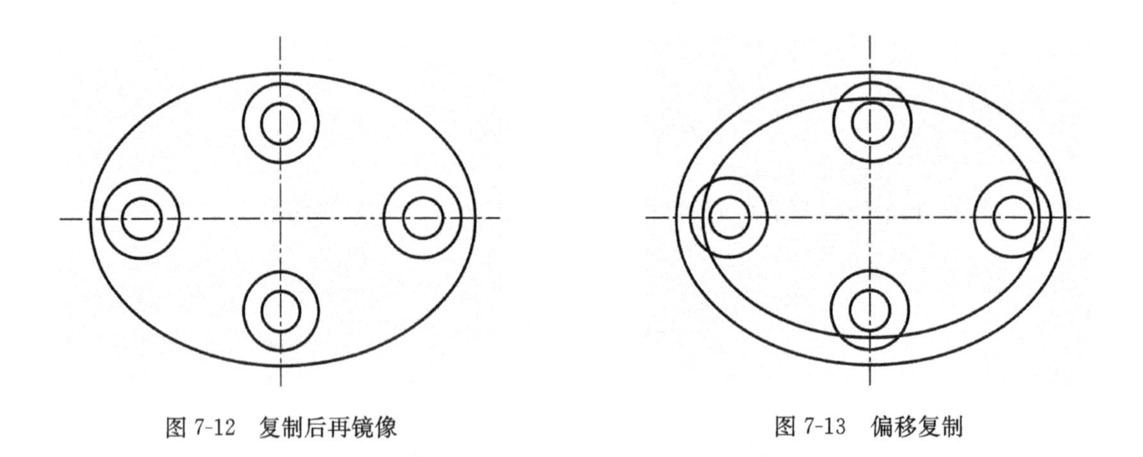

图 7-12　复制后再镜像　　　　图 7-13　偏移复制

(6) 应用修剪命令，以小的椭圆为剪切边，修剪半径为 15 的圆，结果如图 7-14 所示。以圆修剪后得到的圆弧为修剪边，重复上述步骤修剪椭圆，结果如图 7-15 所示。

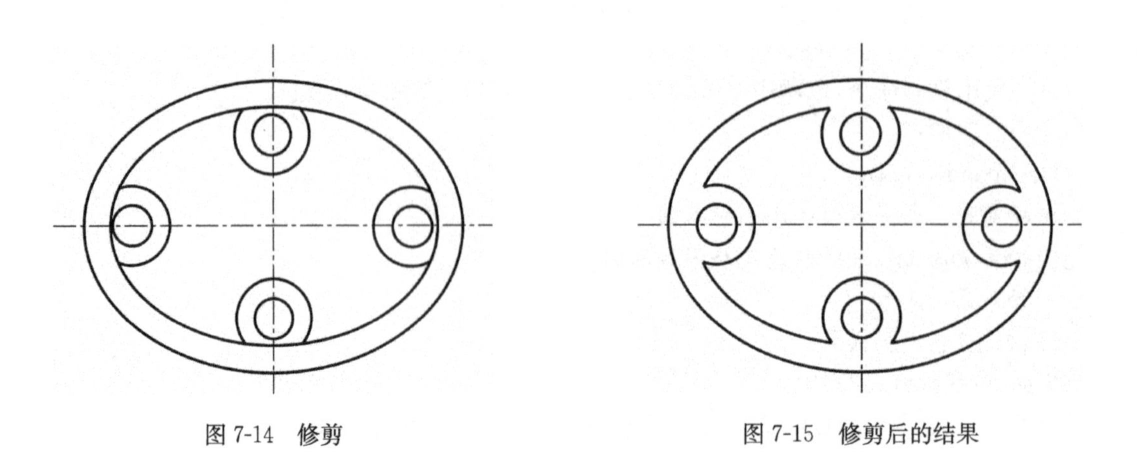

图 7-14　修剪　　　　图 7-15　修剪后的结果

(7) 应用修圆角命令,倒 $R8$ 的圆角。以同样的步骤将所有 $R8$ 的圆弧都倒完。最后结果如图 7-16 所示。

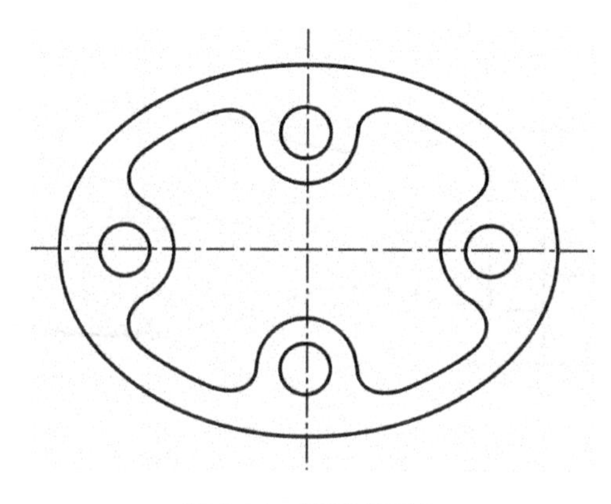

图 7-16 倒所有圆角

习题:

1. 利用圆(Circle)、修剪(Trim)、镜像(Mirror)等命令绘制图 7-17 所示图形。

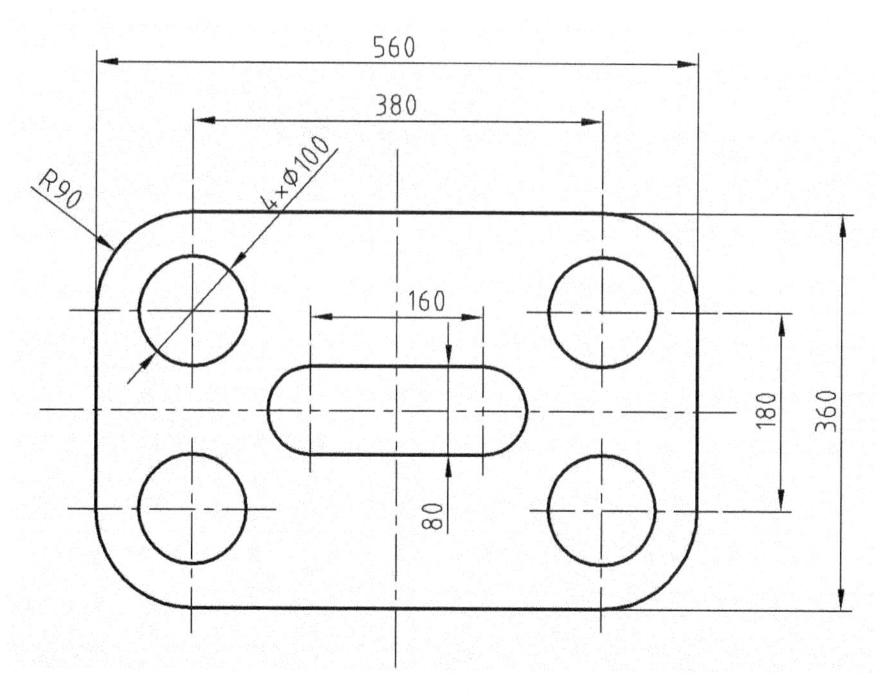

图 7-17 习题一

2. 按尺寸绘制图 7-18 所示图形。

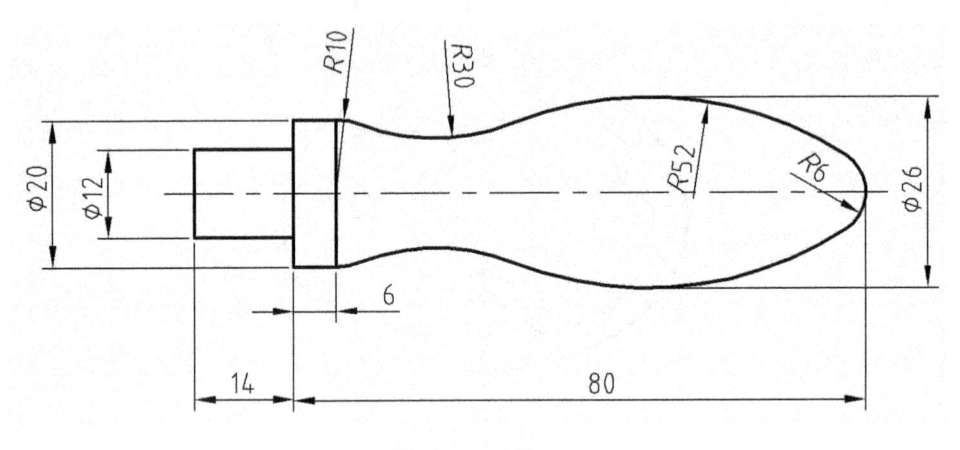

图 7-18 习题二

8 扩展绘图与编辑(一)

8.1 多段线(Pline)

多段线在有的书中又称为多义线,是一种比较特殊的线,它是由一系列的直线段或直线段加圆弧段组成,作为一个整体被使用的。它本身可以自带宽度,画线的起始宽度与终止宽度可以不一样,所以利用它可以绘制出许多特殊的图形。

在绘图工具条上点击 或在命令行打入 PLINE,出现提示:

命令: _pline

指定起点:

当前线宽为 0.0000

Specify start point:此时可以在屏幕上点击或输入坐标,然后又出现下面提示:

Current line-width is 0.0000

指定下一个点或 [圆弧(A)/半宽(H)/长度(L)/放弃(U)/宽度(W)]:

Specify next point or [Arc/Halfwidth/Length/Undo/Width]:

第一行显示当前图线的宽度为 0。

该命令在默认的情况下是绘直线,根据提示再输入下一点,直至按回车键后结束。这样绘制出的就是宽度为 0 的全是由直线段组成的多段线。

"半宽"/Halfwidth:设置线的半宽。

"宽度"/Width:设置线的宽度。

注意:如果给多段线单独设置了宽度,则绘图时将以此宽度来绘,即使在当前宽度属性值上也设置了宽度也不会对它有影响;如果多段线的宽度为零,则按当前宽度属性中设置的宽度来绘制。

"长度"/Length:给出下一段线的长度,将沿着前面绘线的方向向前绘一段直线。

"放弃"/Undo:向后退一步。

如果要转为绘弧线,选择选项"圆弧"/Arc,此时又出现一系列的子选项:

[角度(A)/圆心(CE)/闭合(CL)/方向(D)/半宽(H)/直线(L)/半径(R)/第二个点(S)/放弃(U)/宽度(W)]:

Specify endpoint of arc or

[Angle/CEnter/Direction/Halfwidth/Line/Radius/Second pt/Undo/Width]:

直接给出弧线的端点或选择选项,各选项的含义是:

(1) "角度"/Angle:

指定包含角:

Specify included angle：输入圆心角，再出现提示：

指定圆弧的端点或［圆心(CE)/半径(R)］：

Specify endpoint of arc or ［CEnter/Radius］：直接输入端点或选择输入圆心或半径，如果选择输入圆心，还需再输入端点；如果选择输入半径，则还需再输入弦的方向

(2)"圆心"/CEnter：

指定圆弧的圆心：

Specify center point of arc：输入圆心，再出现提示：

指定圆弧的端点或［角度(A)/长度(L)］：

Specify endpoint of arc or ［Angle/Length］：给出弧的端点或再选择输入圆心角或弦长

(3)"方向"/Direction：

指定圆弧的起点切向：

Specify the tangent direction for the start point of arc：输入弧的起始端的切线方向，再输入弧的端点

(4)"半径"/Radius：

指定圆弧的半径：

Specify radius of arc：输入半径，再出现提示：

指定圆弧的端点或［角度(A)］：

Specify endpoint of arc or ［Angle］：输入端点或选择输入圆心角

(5)"第二个点"/Second pt：输入弧上的第二个点，再输入端点，实际是三点绘弧。

(6)"直线"/Line，如果要再绘直线，选择选项 Line。

例 8.1 绘制如图 8-1 所示的图。

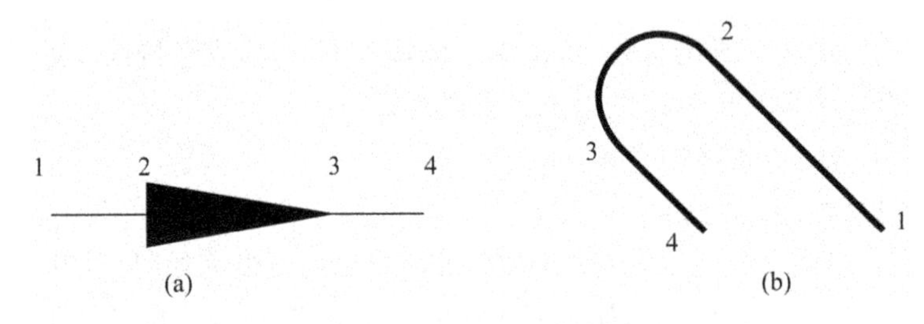

图 8-1 多段线绘的图形

先绘制 8-1(a)的图，绘图步骤如下：

命令：_pline

Command：_pline

指定起点：

当前线宽为 0.0000

Specify start point：在屏幕上任意位置点击一点，如点 1

Current line－width is 0.0000

指定下一个点或［圆弧(A)/半宽(H)/长度(L)/放弃(U)/宽度(W)］：

Specify next point or ［Arc/Halfwidth/Length/Undo/Width］：将正交或极轴打开，沿水平方向绘出一段直线，到点 2

指定下一个点或［圆弧(A)/半宽(H)/长度(L)/放弃(U)/宽度(W)］：

Specify next point or [Arc/Close/Halfwidth/Length/Undo/Width]：w,设置线宽

指定起点宽度 <0.0000>：

Specify starting width <0.0000>：5,起始宽度设为 5,具体数值读者可参照自己绘图范围的大小调整

指定端点宽度 <0.0000>：

Specify ending width <5.0000>：0,终止宽度设为 0

Specify next point or [Arc/Close/Halfwidth/Length/Undo/Width]：再朝前绘至点 3,再绘至点 4

注意:当绘制完起始终止宽度不一致的线段,绘下一段线时所用的宽度是终止的宽度。

再绘 8-1(b)图形的步骤：

Command：PLINE

Specify start point：在屏幕上点击点 1。

Current line－width is 0.0000

Specify next point or [Arc/Halfwidth/Length/Undo/Width]：w,先设宽度

Specify starting width <0.5000>：0.1,设为 0.1,读者应自行调整

Specify ending width <0.1000>：回车,终止宽度也为 0.1

Specify next point or [Arc/Halfwidth/Length/Undo/Width]：@4<135,绘到点 2

Specify next point or [Arc/Close/Halfwidth/Length/Undo/Width]：a,选择画弧

Specify endpoint of arc or

[Angle/CEnter/CLose/Direction/Halfwidth/Line/Radius/Second pt/Undo/Width]：@2<225,给出点 3 的相对坐标

Specify endpoint of arc or

[Angle/CEnter/CLose/Direction/Halfwidth/Line/Radius/Second pt/Undo/Width]：l

输入 L,转为绘直线

Specify next point or [Arc/Close/Halfwidth/Length/Undo/Width]：

此时打开追踪,打开捕捉,打开极轴,绘制点 4 使与点 1 齐平,如图 8-2 所示。

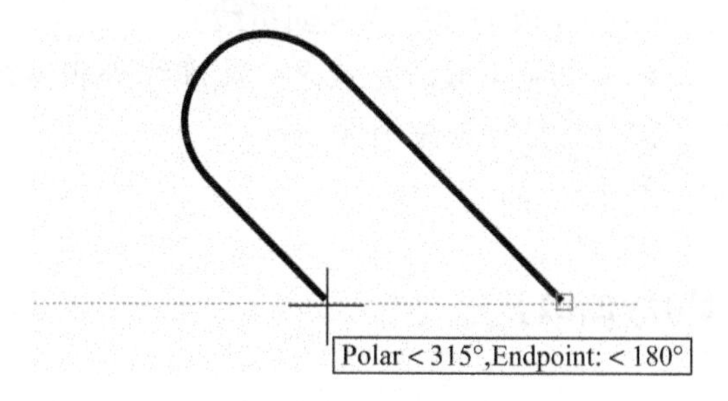

图 8-2　多段线绘图示例

8.2　多段线编辑(Pedit)

多段线有一个与之配套的编辑工具,那就是 PEDIT,这个命令不但可以用在二维绘图,也

可以用在三维绘图，用来修改三维多段线和三维网格。使用时可以在命令行直接打入PEDIT，也可以点击菜单“修改→对象→多段线”/Modify→Object→Polyline，出现提示：

命令：pedit

选择多段线或［多条(M)］：

Select polyline or [Multiple]：选择一条或多条多段线，如果要多选，需先选择“多条”Multiple 选项

如果选择的不是多段线，会出现是否要转成多段线的提示，也就是说可以用这个命令来将非多段线转成多段线。

后续的提示是：

输入选项［闭合(C)/合并(J)/宽度(W)/编辑顶点(E)/拟合(F)/样条曲线(S)/非曲线化(D)/线型生成(L)/放弃(U)］：

Enter an option [Close/Join/Width/Edit vertex/Fit/Spline/Decurve/Ltype gen/Undo]：

各选项含义是：

(1) “闭合”/Close：将多段线闭合，在起始点和终止点之间连一条线。

(2) “合并”/Join：连接各多段线，也可以将非多段线连接到多段线，要求各段线必须是首尾相连的，选择时可以一条一条顺序选择，也可以用窗选，将其一起选中。

(3) “宽度”/Width：修改宽度。

(4) “编辑顶点”/Edit vertex：编辑各顶点。可以插入顶点，移动顶点，从顶点处断开等。

(5) “拟合”/Fit：将多段线变成拟合曲线。

(6) “样条曲线”/Spline：将多段线变成样条曲线。

这两种曲线的不同，可从图 8-3 中看出，拟合曲线通过多段线的每个顶点。

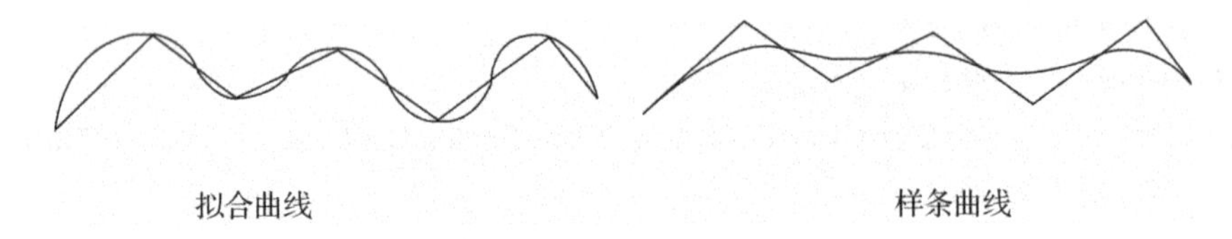

图 8-3 两种曲线

(7) “非曲线化”/Decurve：将变成的曲线再变回折线。

(8) “线型生成”/Ltype gen：如果多段线是点画线或虚线等非实线，该选项可控制线型在线条首尾之间分布的方式。它只有打开和关闭两个选项。

(9) “放弃”/Undo：退回到上一步。

8.3 正多边形(Polygon)

应用正多边形命令可以绘制 3～1 024 个边的正多边形。正多边形可以看成是通过等分圆周后，连接各等分点或过每一个等分点作切线形成的，因此有两种正多边形，圆的内接正多边形和圆的外切正多边形。

在绘图工具条上点击 ⬠ ，出现提示：

输入边的数目 <4>：

Enter number of sides ＜4＞：输入边数，默认是四边形。然后再出现提示：

正多边形的中心点或［边(E)］：

Specify center of polygon or［Edge］：输入中心点或输入选项 E

这里实际上有两种绘制多边形的方法。多边形中心点实际上就是多边形外接圆或内切圆的圆心。

如果输入了中心点，则出现提示：

选项［内接于圆(I)/外切于圆(C)］＜I＞：

Enter an option［Inscribed in circle/Circumscribed about circle］＜I＞：选择绘制圆的内接多边形或外切多边形

无论哪种方式，下面均会出现提示：

圆的半径：

Specify radius of circle：输入圆的半径

此时应注意，对于 I 方式，半径指的是多边形中心到多边形顶点的距离；对于 C 方式，半径指的是多边形中心到多边形边的距离。

半径也可以用鼠标拖动的方式给出，同时还能选择多边形的摆放位置，如图 8-4 所示。

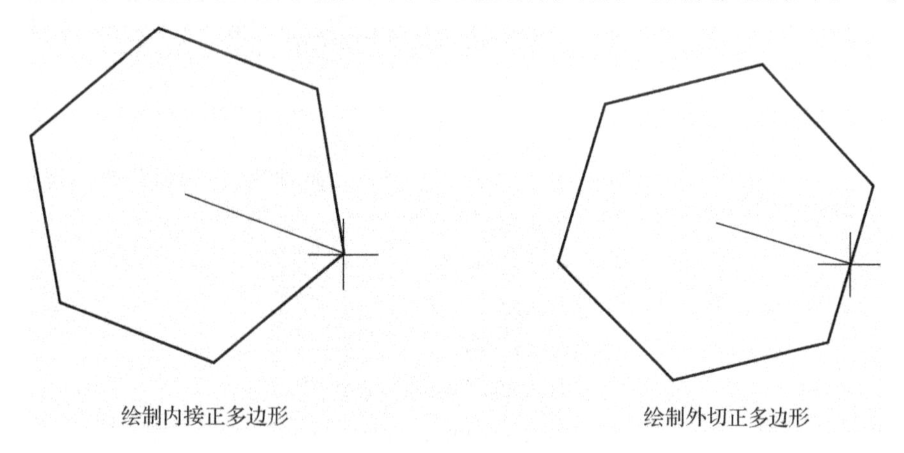

图 8-4　绘正多边形的两种方法

如果输入了选项 E，则会现提示：

指定边的第一个端点：

Specify first endpoint of edge：输入边的一个端点

指定边的第二个端点：

Specify second endpoint of edge：输入边的另一个端点

两个端点的位置决定了多边形的大小和方向。

8.4　圆弧(Arc)

在 AutoCAD 中提供了 11 种画圆弧方式，这些方式是根据圆心、半径、起点、终点、弦长、圆心角、起点切线方向和圆弧上的点等参数来控制的。

启动圆弧(Arc)命令的方式：点击菜单“绘图→弧”/Draw→Arc，出现画圆弧方式子菜单，如图 8-5 所示；也可在命令行输入 arc 或 a ；点击工具栏 。子菜单上列出的共有 11 种画圆弧方式，下面分别叙述。

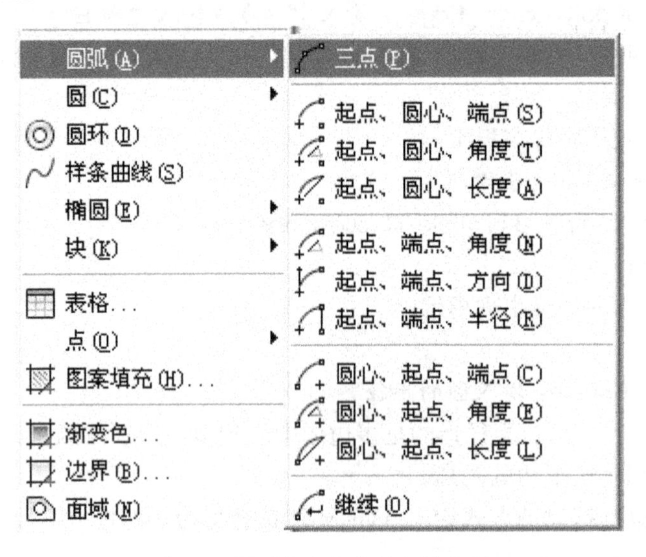

图 8-5 圆弧命令在菜单上的位置

8.4.1 三点式画弧

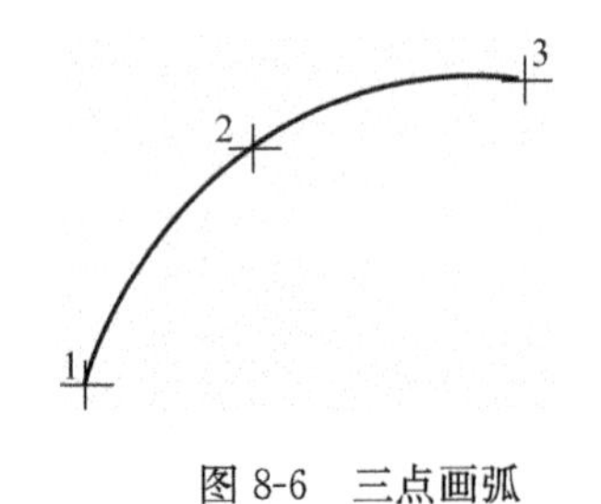

图 8-6 三点画弧

通过给定的 3 个点绘制一段圆弧，此时应指定圆弧的起点、通过的第 2 个点和终点，见图 8-6。

对应命令提示为：

命令：_arc

Command：arc

指定圆弧的起点或［圆心(C)］：

Specify start point of arc or [Center]：给出第 1 点

指定圆弧的第二个点或［圆心(C)/端点(E)］：

Specify second point of arc or [Center/End]：给出第 2 点

指定圆弧的端点：

Specify end point of arc：给出第 3 点

8.4.2 起点、圆心、终点

通过指定圆弧的起点、圆心和终点绘制圆弧。如图 8-7 所示，先给出起点，再给出圆心点，最后是终点，在给出圆心后可看出鼠标与圆心之间有一根橡皮筋相连。

注意：这种画弧方式只能逆时针画弧。

对应命令提示为：

命令：_arc

Command：arc

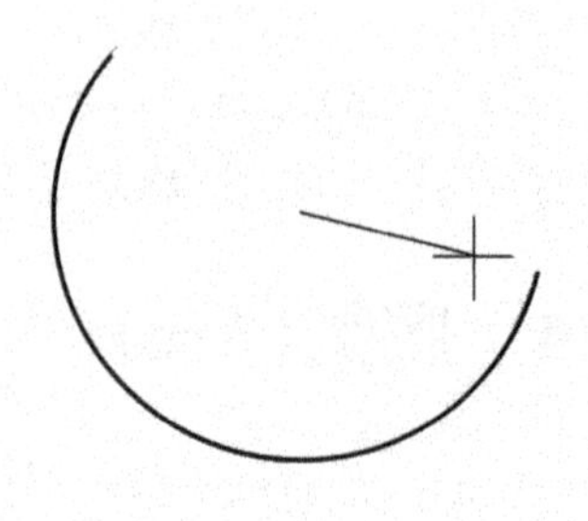

图 8-7 起点、圆心、终点画弧

指定圆弧的起点或［圆心(C)］：

Specify start point of arc or [Center]：给出起点

指定圆弧的第二个点或［圆心(C)/端点(E)］：c

Specify second point of arc or [Center/End]：c 选择选项 Center

指定圆弧的圆心：

Specify center point of arc：指定圆心

指定圆弧的端点或［角度(A)/弦长(L)］：

Specify end point of arc or [Angle/chord Length]：给出终点

8.4.3　起点、圆心、圆心角

通过指定圆弧的起点、圆心和圆心角绘制圆弧。如图 8-8 所示。

对应命令提示为：

命令：_arc

Command：arc

指定圆弧的起点或［圆心(C)］：

Specify start point of arc or [Center]：给出起点

指定圆弧的第二个点或［圆心(C)/端点(E)］：c

Specify second point of arc or [Center/End]：c 选择选项 Center

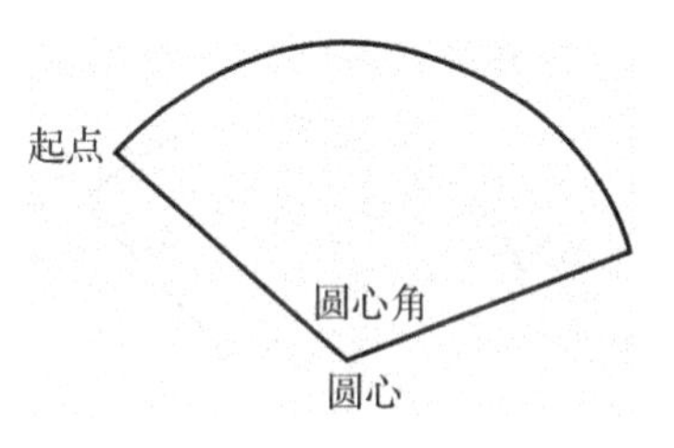

图 8-8　起点、圆心、圆心角画弧

指定圆弧的圆心：

Specify center point of arc：指定圆心

指定圆弧的端点或［角度(A)/弦长(L)］：a

Specify end point of arc or [Angle/chord Length]：a 选择选项 Angle

指定包含角：

Specify included angle：输入圆心角

此时应注意：默认情况下是按逆时针绘圆弧，如果输入的角度是正值就是这种情况；如果想要顺时针绘圆弧，如图中所示，输入的角度应是负值。

当然这与正角度方向的设置有关，如果将顺时针方向设为正角度的方向，则结论正好相反。

8.4.4　起点、圆心、弦长

通过指定圆弧的起点、圆心和弦长绘制圆弧，如图 8-9 所示。

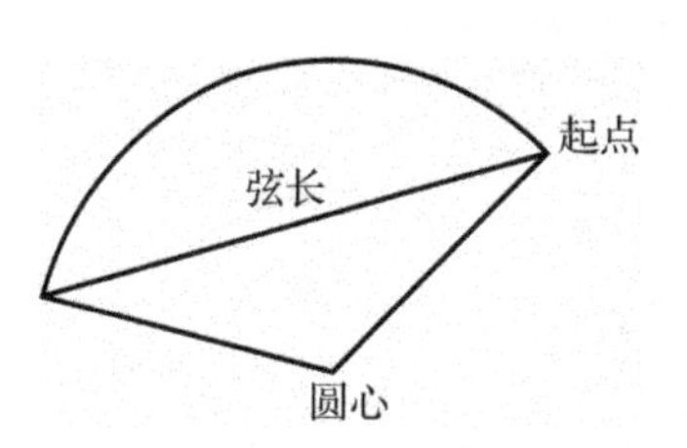

图 8-9　起点、圆心、弦长画弧

对应的命令提示为：

命令：_arc

Command：arc

指定圆弧的起点或［圆心(C)］：

Specify start point of arc or [Center]：指定起点

指定圆弧的第二个点或［圆心(C)/端点(E)］：c

Specify second point of arc or [Center/End]：c 选择 Center

选项

指定圆弧的圆心：

Specify center point of arc：指定圆心

指定圆弧的端点或［角度(A)/弦长(L)］：l

Specify end point of arc or ［Angle/chord Length］：l 选择 Length 选项

指定弦长：

Specify length of chord：输入弦长

注意：用户所给定的弦长不得超过起点到圆心距离的两倍。另外在命令行的“指定弦长”/Specify length of chord 提示下，所输入的值如果为负值画的是优弧，为正值时画的是劣弧。

8.4.5 起点、终点、圆心角

通过指定圆弧的起点、终点和角度绘制圆弧。如图 8-10 所示。

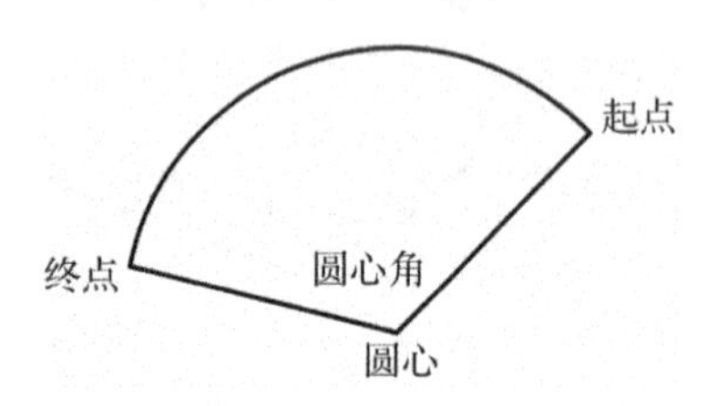

图 8-10 起点、终点、圆心角画弧

对应的命令提示为：

命令：_arc

Command：arc

指定圆弧的起点或［圆心(C)］：

Specify start point of arc or ［Center］：指定起点

指定圆弧的第二个点或［圆心(C)/端点(E)］：e

Specify second point of arc or ［Center/End］：e 选择选项 End

指定圆弧的端点：

Specify end point of arc：指定终点

指定圆弧的圆心或［角度(A)/方向(D)/半径(R)］：a

Specify center point of arc or ［Angle/Direction/Radius］：a 选择选项 Angle

指定包含角：

Specify included angle：输入圆心角

同样角度可正可负，为正时绘弧的方向是从起点逆时针绘到终点；为负时是以顺时针绘到终点。

8.4.6 起点、终点、方向

通过指定圆弧的起点、端点和起点的切线方向绘制圆弧。如图 8-11 所示。

对应的命令提示为：

命令：_arc

Command：arc

指定圆弧的起点或［圆心(C)］：

Specify start point of arc or ［Center］：输入起点

指定圆弧的第二个点或［圆心(C)/端点(E)］：e

Specify second point of arc or ［Center/End］：e 选择选项 End

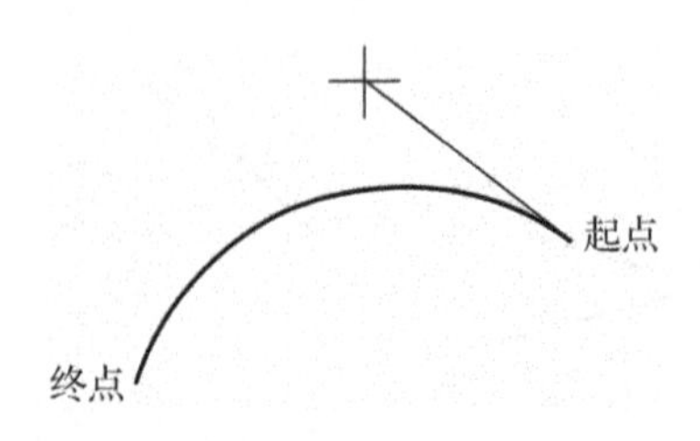

图 8-11 起点、终点、切线方向画弧

指定圆弧的端点：

Specify end point of arc：输入终点

指定圆弧的圆心或［角度(A)/方向(D)/半径(R)］：d

Specify center point of arc or［Angle/Direction/Radius］：d 选择选项 Direction

指定圆弧的起点切向：

Specify tangent direction for the start point of arc：指定切线方向

指定圆弧的起点切向时，可以通过拖动鼠标的方式动态地确定圆弧在起始点处的切线方向。方法是拖动鼠标，AutoCAD 会在当前光标与圆弧起始点之间形成一条橡皮筋线，此橡皮筋线即为圆弧在起始点处的切线。通过拖动鼠标确定圆弧在起始点处的切线方向后单击鼠标拾取键，即可得到相应的圆弧。

8.4.7　起点、终点、半径

通过指定弧的起点、终点和半径绘制圆弧。如图 8-12 所示。

对应的命令提示为：

命令：_arc

Command：arc

指定圆弧的起点或［圆心(C)］：

Specify start point of arc or［Center］：指定起点

指定圆弧的第二个点或［圆心(C)/端点(E)］：e

Specify second point of arc or［Center/End］：e 选择选项 End

指定圆弧的端点：

Specify end point of arc：指定终点

指定圆弧的圆心或［角度(A)/方向(D)/半径(R)］：r

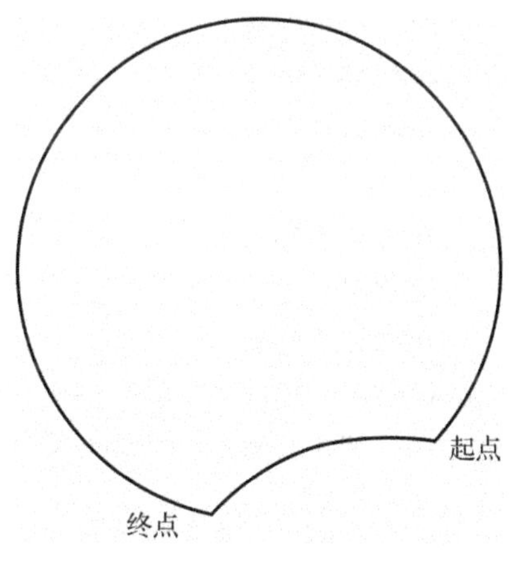

图 8-12　半径值正或负绘出不同的弧

Specify center point of arc or［Angle/Direction/Radius］：r 选择选项 Radius

指定圆弧的半径：

Specify radius of arc：输入半径

输入的半径值可正可负，如图 8-12，为正值时，绘的是劣弧；为负值时，绘的是优弧。

8.4.8　圆心、起点、终点

通过指定弧的圆心，起点，终点绘制圆弧。

对应的命令提示为：

命令：_arc

Command：arc

指定圆弧的起点或［圆心(C)］：c

Specify start point of arc or［Center］：c 选择 Center 选项

指定圆弧的圆心：

Specify center point of arc：给出圆心点

指定圆弧的起点：

Specify start point of arc：输入起点

指定圆弧的端点或［角度(A)/弦长(L)］：

Specify end point of arc or［Angle/chord Length］：输入终点

在给出圆心、起点之后，系统是从起点按逆时针向终点绘弧。

8.4.9 圆心、起点、角度

通过指定弧的圆心、起点、角度绘制圆弧。

对应的命令提示为：

命令：_arc

Command：arc

指定圆弧的起点或［圆心(C)］：c

Specify start point of arc or［Center］：c 选择 Center 选项

指定圆弧的圆心：

Specify center point of arc：给出圆心

指定圆弧的起点：

Specify start point of arc：给出起点

指定圆弧的端点或［角度(A)/弦长(L)］：a

Specify end point of arc or［Angle/chord Length］：a 选择 Angle 选项

指定包含角：

Specify included angle：输入圆心角

圆心角可正可负，正角度按逆时针方向绘弧；负角度按顺时针方向绘弧。

8.4.10 圆心、起点、长度

通过指定弧的圆心、起点、弦长度绘制圆弧。

对应的命令提示为：

命令：_arc

Command：_arc

指定圆弧的起点或［圆心(C)］：c

Specify start point of arc or［Center］：c 选择 Center 选项

指定圆弧的圆心：

Specify center point of arc：指定圆心

指定圆弧的起点：

Specify start point of arc：绘出弧的起点

指定圆弧的端点或［角度(A)/弦长(L)］：l

Specify end point of arc or［Angle/chord Length］：l 选择 chord Length 选项

指定弦长：

Specify length of chord：输入弦的长度

弦长可正可负，正的弦长绘劣弧；负的弦长绘优弧。

8.4.11 连续方式

系统将以最后一次绘制的线段或圆弧的最后一点作为新圆弧的起点,以最后所绘线段方向或圆弧终止点处的切线方向为新圆弧在起始点处的切线方向,进行绘弧。

在命令方式下进行连续绘弧的方法是提示:

指定圆弧的起点或[圆心(C)]:

Specify start point of arc or [Center]:按下回车键或空格键,这时就从当前屏幕上的最后画的一点进行绘弧

连续方式可画出一连串相切的弧线。

例 8.2 绘如图 8-13 所示图形。

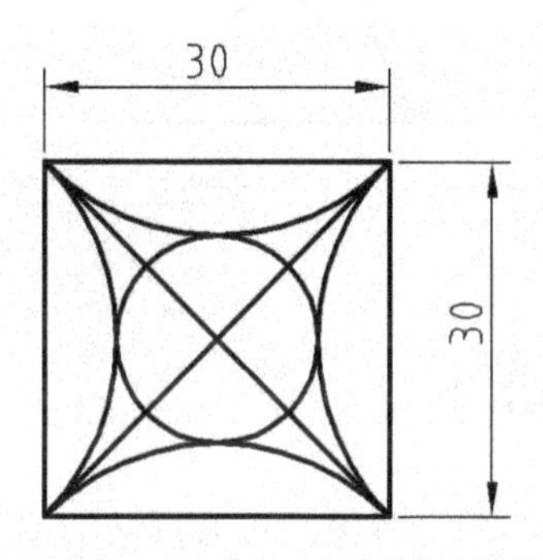

图 8-13 绘圆弧实例

绘图步骤如下:

(1) 绘制边长为 30 的正方形,连接对角线。如图 8-14 所示。

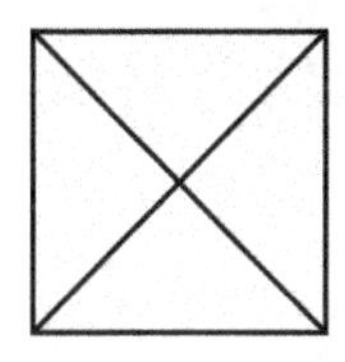

图 8-14 步骤一

(2) 绘上部圆弧。

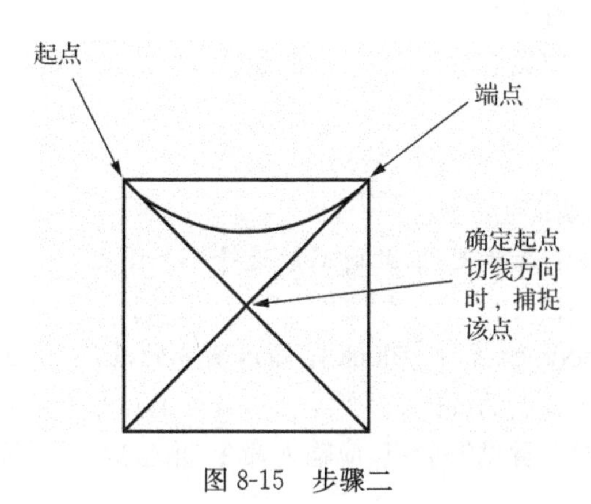

图 8-15 步骤二

命令：_arc

指定圆弧的起点或［圆心(C)］：

指定圆弧的第二个点或［圆心(C)/端点(E)］：e

指定圆弧的端点：如图所示

指定圆弧的圆心或［角度(A)/方向(D)/半径(R)］：d

指定圆弧的起点切向：如图 8-15 所示

(3) 同样方法，完成其他弧线，也可以通过镜像来完成。如图 8-16 所示。

图 8-16 步骤三

(4) 绘制中心的圆，完成绘图。

8.5 炸开命令(Explode)

炸开命令的作用是用来将一些图元拆散。可被拆散的图元有多段线、多线、块、尺寸、多行文字等，在本章介绍的正多边形、矩形、多段线都可以用它来拆散。多段线如果被炸开，它所有的多段线属性都会丢失，而变成普通的线段。

点击修改工具条上的 ，对于 2009 版是 ；也可以直接输入命令，出现提示：

选择对象：

Select objects：选择你要炸开的图元，回车。对象可以多选

8.6 定数等分点(Divide)

DIVIDE 命令是在选中的图元上，按照等分的段数，在每个等分点处绘一个点或放一个块，有关块的介绍将放在后续章节。

点击菜单“绘图→点→定数等分”/Draw→Point→Divide，或直接在命令行输入 DIVIDE，出现提示：

命令：_divide

选择要定数等分的对象：

Select object to divide：选择图元，此时只能选择一个图元

输入线段数目或［块(B)］：

Enter the number of segments or［Block］：输入要分的段数，或选择选项 B

注意：在等分前应先设置点的样式，否则绘在等分处的点是无法被看见的。也可以在等分之后设置，如果设置后还没有看见等分点，应输入命令“重生成”/REGEN，重新生成一下。

例 8.3 绘制五角星。

(1) 设置点的样式为叉。

(2) 绘制一个任意大小的圆。

(3) 在命令行输入 DIVIDE(大小写都可以),选择圆,这时可以看出已经将圆五等分了,如图 8-17。

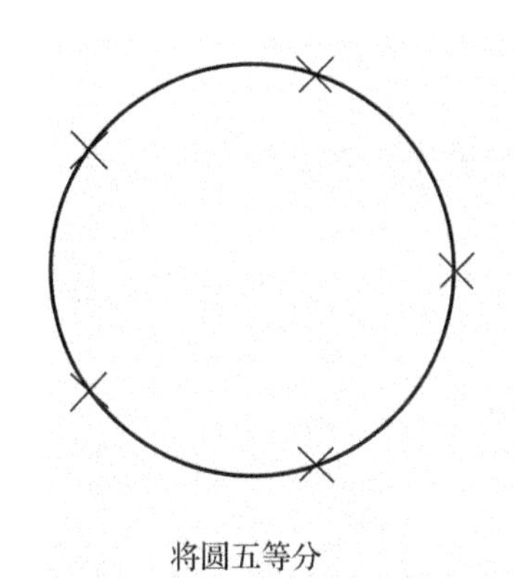

将圆五等分　　　　隔点连线

图 8-17　五等分示例

(4) 输入命令 LINE,用右键点击“对象捕捉”/OSNAP 工具,设置点的捕捉“节点”/NODE,如图 8-18 所示。捕捉圆周上的点,将圆周上的点隔点相连,最后得到一个五角星。

从等分结果可以看出,五角星没有放正,这是因为 DIVIDE 在等分圆周时,总是先在零度起始处先放置一个点,如果要放正,需再用旋转命令将其旋转一个角度。

中点(M)
圆心(C)
节点(D)
象限点(Q)
交点(I)
延长线(X)

图 8-18　设置特殊点 Node

8.7　定距等分点(Measure)

定距等分是按照某一长度在图元上标记,在标记处绘点或插入块。

点击菜单“绘图→点→定距等分”/Draw→Point→Measure,或直接在命令行输入 Measure,出现提示:

选择要定距等分的对象:

Select object to measure:选择对象,一次只能选一个对象

指定线段长度或[块(B)]:

Specify length of segment or [Block]:输入长度或选择 B

该命令在使用时要注意:

(1) 定距等分前应先设置点的样式,否则会看不出等分的效果。

(2) 在选择图元时,选择靠近图元的不同端会影响等分的效果,如图 8-19 所示。图(a)是

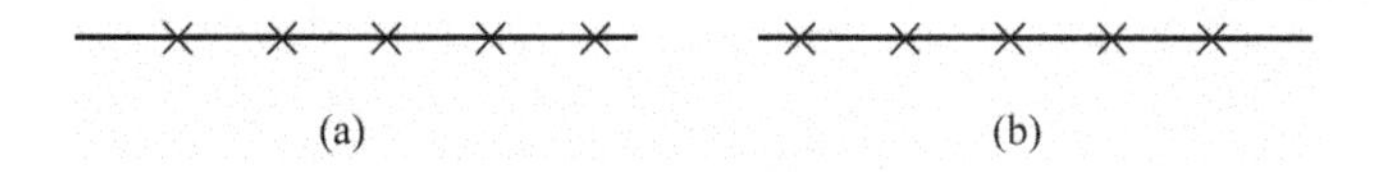

(a)　　　　(b)

图 8-19　定距等分

选择图元时靠近左端的情况，图(b)是靠近右端的情况，两种情况定距均为一样。由此可以看出，选择图元时靠近哪一端，就从哪一端开始用所给距离测量，直到图元的终点。

习题：

1. 说出将图线变为宽线的两种方法。
2. 用 RECTANG 命令绘制的矩形上有几个图元？用炸开命令呢？
3. 当对图元进行等分时，如果显示不出等分点怎么办？
4. 用 OFFSET、MIRROR、COPY 命令都可以复制图元，说出它们有什么区别？

9　练习与指导四

9.1　练习内容

(1) 绘制如图 9-1 所示图形,尺寸、形状、线型应与题图相同。

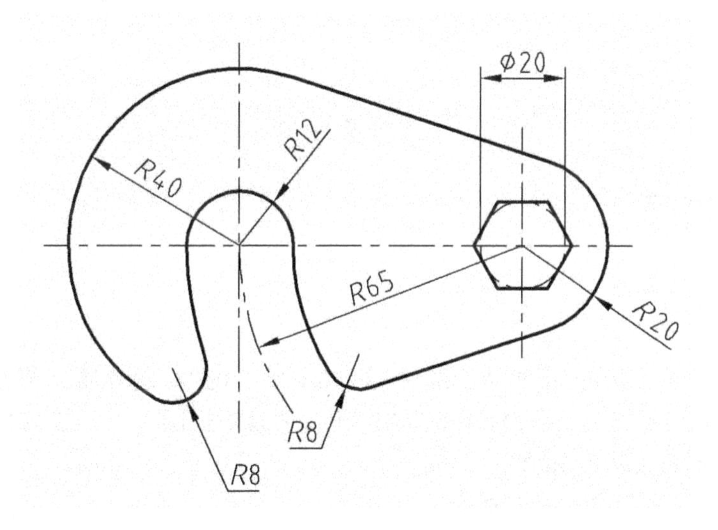

图 9-1　题目(1)

(2) 绘制如图 9-2 所示图形,尺寸、形状、线型应与题图相同。

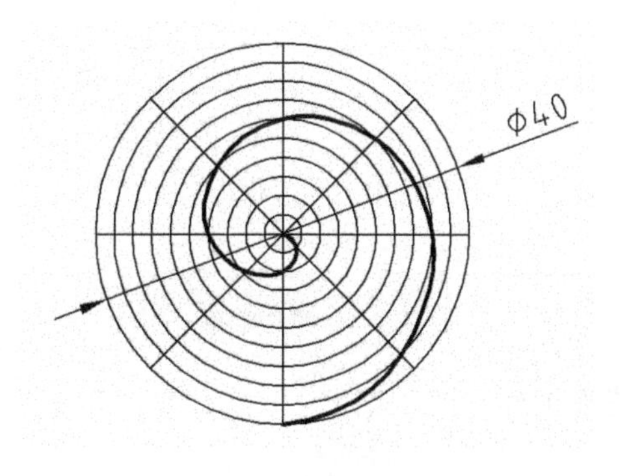

图 9-2　题目(2)

(3) 绘制如图 9-3 所示图形,尺寸、形状、线型应与题图相同。

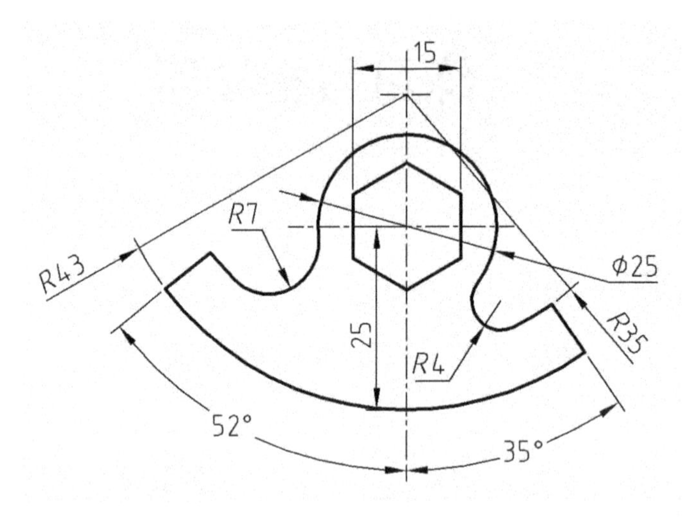

图 9-3 题目(3)

9.2 练习指导

9.2.1 第(1)题指导

(1) 调整绘图界限,可以用 LIMITS 命令,或菜单上的“绘图界限”,将绘图界限调整至“120,120”,调整后应记住用 ZOOM 中的选项 ALL 来放缩视图一下。装载线型,也可以通过建立图层来管理不同线型的图线。

(2) 绘如图 9-4 所示的 3 条点画线。

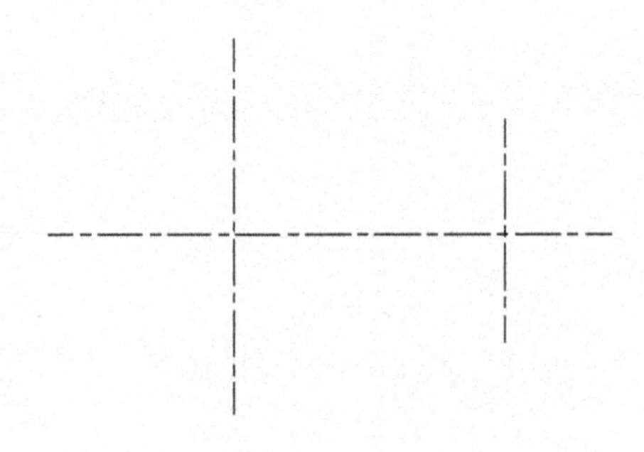

图 9-4 绘中心线

(3) 绘如图 9-5 所示若干个圆,将圆弧以绘圆来代替。这些圆的尺寸分别是:$R40$、$R12$、$R20$、$\Phi20$。

(4) 绘如图 9-6 所示正六边形。

命令:_polygon

输入边的数目 <6>:

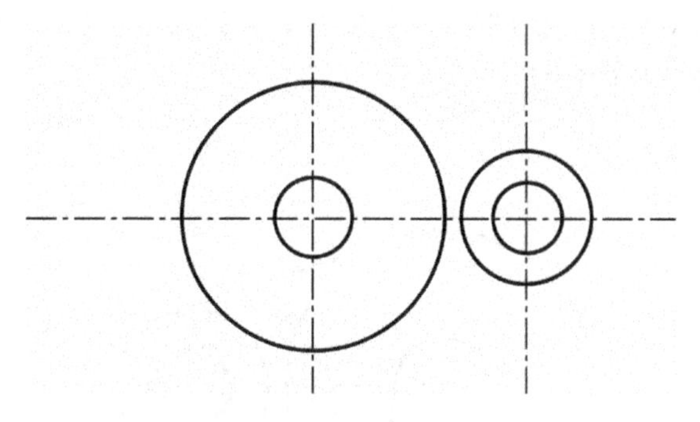

图 9-5　绘制若干个圆

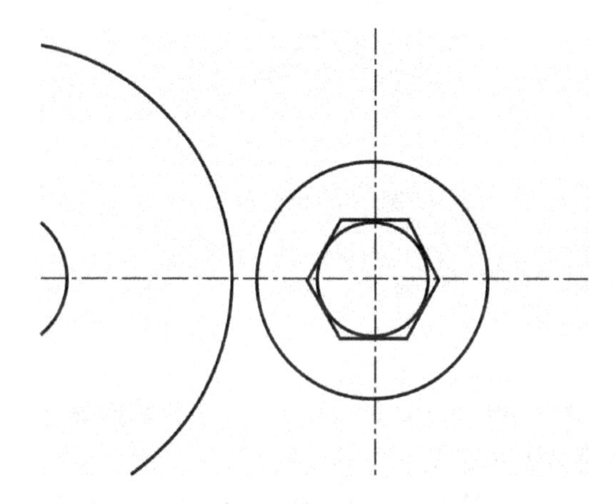

图 9-6　绘正六边形

指定正多边形的中心点或［边(E)］：捕捉圆心

输入选项［内接于圆(I)/外切于圆(C)］<C>：选择 C 方式

指定圆的半径：捕捉 ϕ20 圆下部与点画线的交点。

(5) 绘如图 9-7 所示三条弧线，并将中间一条弧线变为点画线。绘弧线时，以圆心、起点、端点方式来绘制。端点可以任意放置，只要弧的长度基本适合就可以。

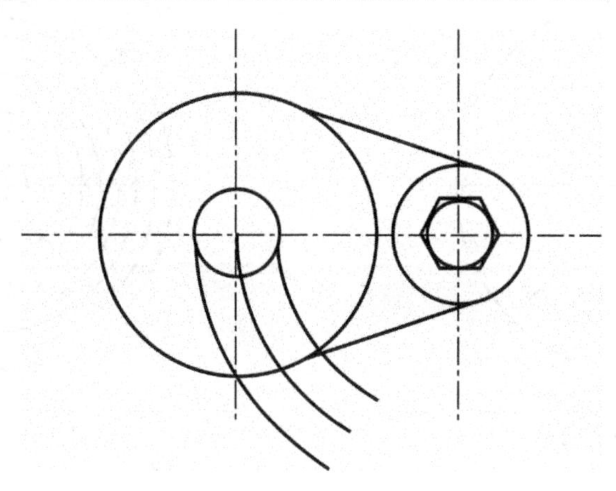

图 9-7　绘弧线

(6) 倒圆角,如图 9-8 所示。倒圆角时,将修剪方式设为不修剪。否则倒第一个圆角后所需的图线被修剪掉,将影响后续操作。

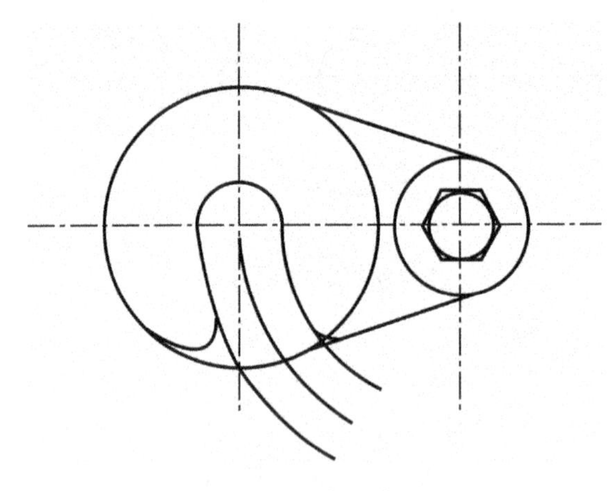

图 9-8 倒圆角

(7) 修剪,直至完成整个图形。最后调整点画线的长度,再将图形以适合的文件名存盘。

9.2.2 第(2)题指导

(1) 设置绘图界限为 80×80,再用 ZOOM 命令调整屏幕显示范围。应用绘制圆命令(CIRCLE)绘制一个直径为 Φ40 的圆。

(2) 点击菜单:"格式→点样式"/Format→Point Style...,打开点样式设置对话框,设置一种点的样式,比如叉。

(3) 应用 DIVIDE 命令,将圆周分为八等分。再打开"对象捕捉"/OSNAP,并增设捕捉点的模式为 Node。应用画线命令 LINE,将圆周上对点连接,绘制出 8 条直径线。如图 9-9。

(4) 应用偏移复制命令(OFFSET),以偏移距离为 2,将圆周向内部复制 9 个。如图 9-10。

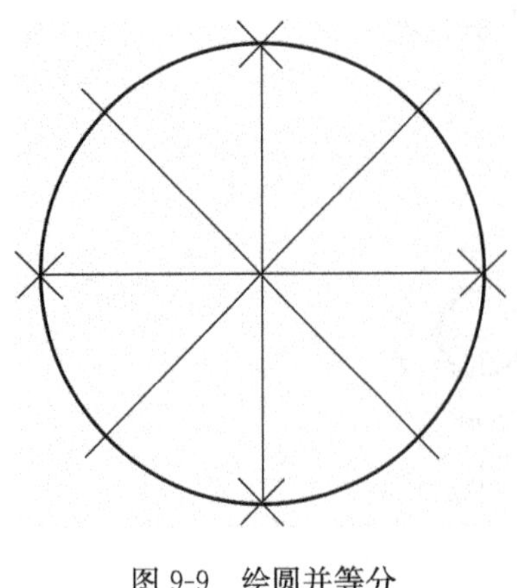

图 9-9 绘圆并等分

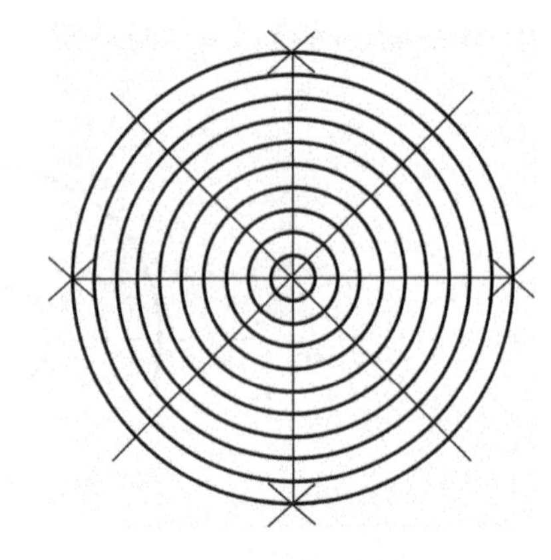

图 9-10 偏移复制

(5) 再应用多段线 PLINE 命令,并设线宽为 0.3,按图 9-11 所示绘出折线。

(6) 应用多段线编辑命令(PEDIT),或菜单"修改→对象→多段线"/Modify→Object→

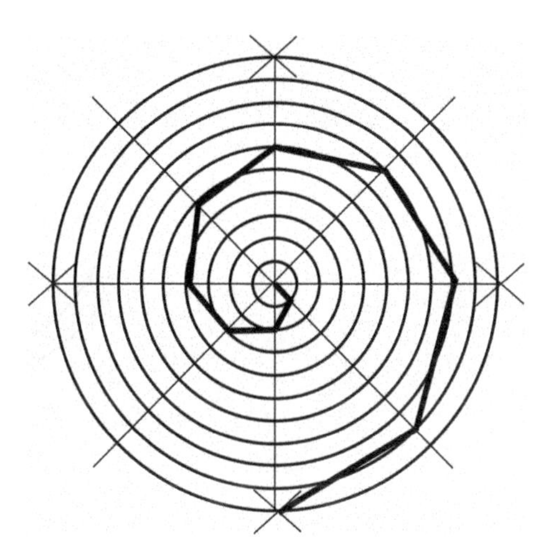

图 9-11　用多段线连线

Polyline,选择对这条多段线进行编辑,显示:

输入选项[闭合(C)/合并(J)/宽度(W)/编辑顶点(E)/拟合(F)/样条曲线(S)/非曲线化(D)/线型生成(L)/放弃(U)]: f 选择拟合

Enter an option [Close/Join/Width/Edit vertex/Fit/Spline/Decurve/Ltype gen/Undo]: 键入 f ,选择 Fit 选项。即可得到所需图形

(7) 去除掉圆周上的标记点,方法有两种:一种是直接选择这些点将其全部删除;另一种是重新设置一下点的样式,将其设回到最初默认状态。

9.2.3　第(3)题指导

(1) 设置绘图界限 60×60,打开线型管理器(Linetype Manager),装载 Center 点画线,并将其设为当前线型。

(2) 应用 LINE 并打开 ORTHO 正交模式,绘制两条互相垂直的两条点画线,绘制的长度可以随意,最好要略长一些。

(3) 将当前线型设为 Bylayer,应用画圆命令(CIRCLE),以两条点画线的交点为圆心,绘制直径为 25 的圆。再应用绘多边形命令(POLYGON),在圆内部绘制六角形。绘制方法为:

Command: _polygon

Enter number of sides <4>: 6 六边形

Specify center of polygon or [Edge]: 捕捉两点画线交点

Enter an option [Inscribed in circle/Circumscribed about circle] <I>: c 选择 C 方式,这是由题目所给的条件决定的,因为已知的是六边形对边的距离

Specify radius of circle: @7.5<0 以相对极坐标的方式间接确定出半径及正确给出多边形的方向

最后结果如图 9-12 所示。

(4) 应用 OFFSET 命令,选择水平点画线,向上偏移 18,这个尺寸是分析了题目上尺寸关系后得出的。再以偏移后的直线与垂直线的交点为圆心绘制两个圆,半径分别为 43 和 35。如图 9-13 所示。

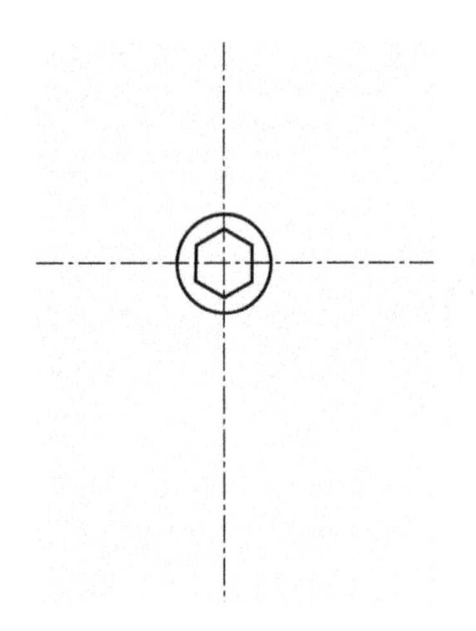

图 9-12 绘圆及多边形

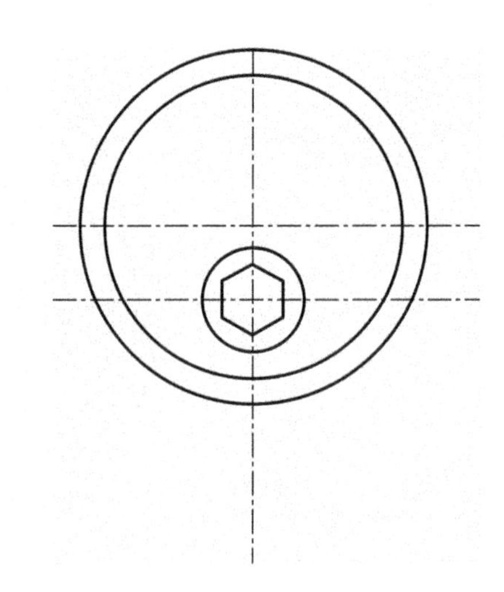

图 9-13 偏移点画线并绘圆

(5) 从该点出发绘制两条与垂直线夹角分别为 52°和 35°的直线，绘制方法如下，以绘制夹角为 52°的直线为例。

Command：_line

Specify first point：捕捉前面绘圆的圆心

Specify next point or [Undo]：＜－142 确定绘线的方向

Angle Override：218

Specify next point or [Undo]：在超出圆的外面适当位置点击一下鼠标

Specify next point or [Undo]：回车结束

如图 9-14 所示。

(6) 应用"修剪"/TRIM 命令，将其修剪成所需图形。再选择绘圆命令，以 TTR 方式，绘制两个圆，半径分别为 7 和 4。结果如图 9-15 所示。也可以用倒圆角的方法来做。

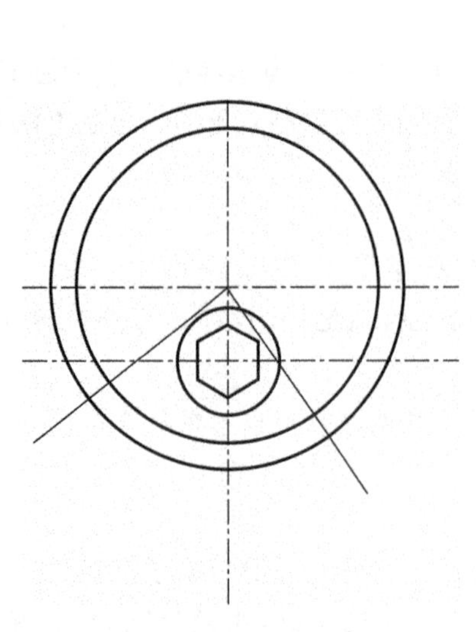

图 9-14 绘两条斜线

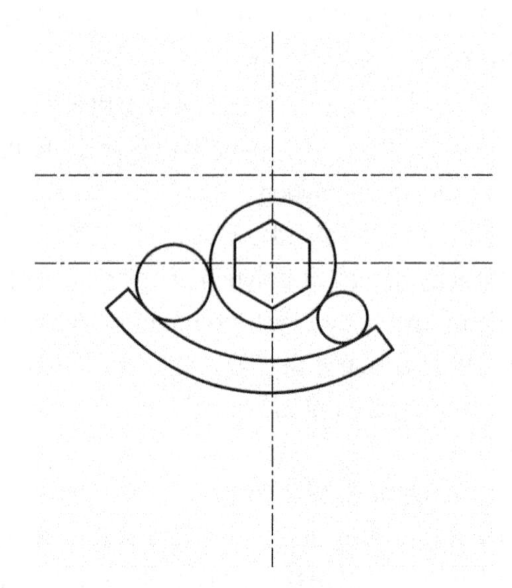

图 9-15 修剪并绘圆

(7) 通过修剪,剪去多余的部分,注意剪不同的部位时剪刀边的选取。删掉后偏移的那根点画线。结果如图 9-16。

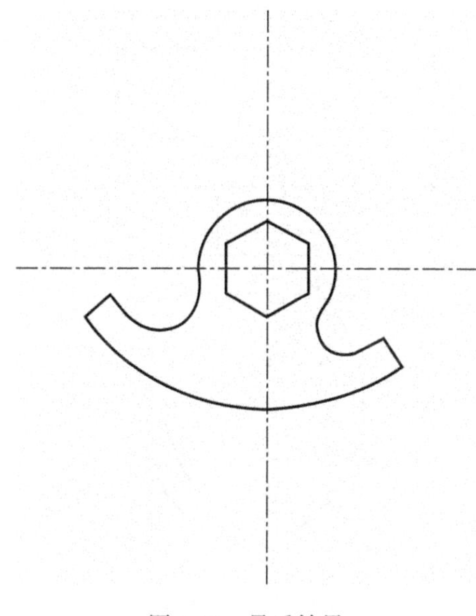

图 9-16　最后结果

(8) 将那两条绘得较长的点画线调整成合适的长度。用夹点操作的方法比较方便。

习题:

1. 按图绘制图形。如图 9-17 所示。

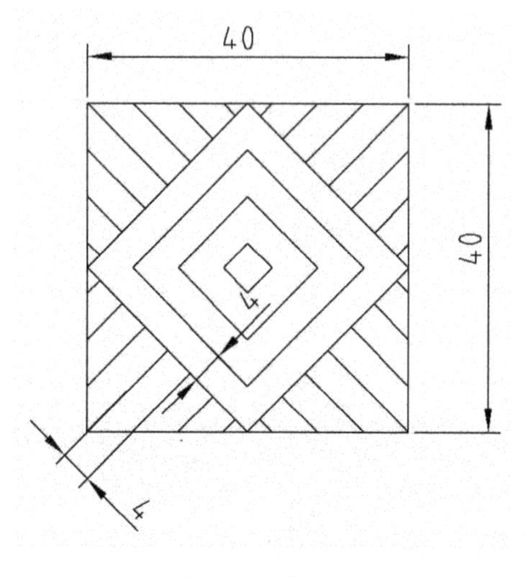

图 9-17　习题一

2. 按图绘制图形。如图 9-18 所示。

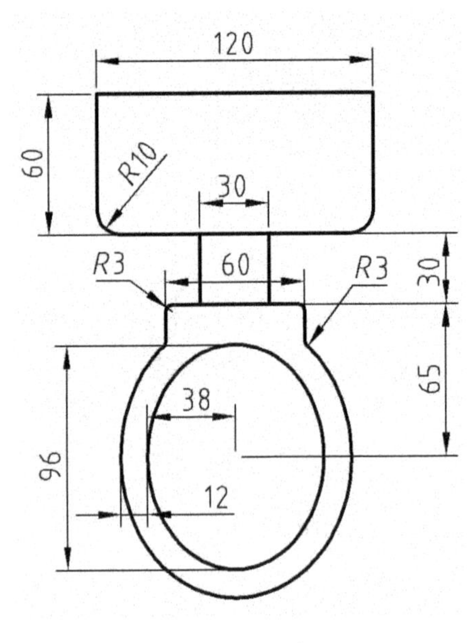

图 9-18　习题二

10 扩展绘图与编辑(二)

10.1 拉伸(Stretch)

拉伸可用来将对象拉长,也可以将对象移动。可拉伸的对象为直线、圆弧、椭圆弧、多段线和样条曲线等。

点击菜单“修改→拉伸”,或点击“修改”工具条上的 ,出现提示:

命令:_stretch

以交叉窗口或交叉多边形选择要拉伸的对象...

Select objects to stretch by crossing－window or crossing－polygon...

选择对象:选择对象,选择时应注意必须以交叉窗口选择需拉伸的部分

Select objects:选择对象,选择时应注意必须以交叉窗口选择需拉伸的部分,如果将整个对象全部选中,则最后效果是移动对象

选择对象:回车结束选择

指定基点或[位移(D)]<位移>:

Specify base point or displacement:输入基点,或直接给出距离,给距离时应同时给出 X、Y 两个方向的距离,中间以逗号隔开

指定第二个点或 <使用第一个点作为位移>:

Specify second point of displacement or <use first point as displacement>:输入第二点。如果前面是直接给出距离的,这时直接按回车,再按一次回车

如图 10-1 所示,要想改变图形右边尖端的形状,点击 STRETCH 工具按钮,用交叉窗口选择尖端的部分,注意该图形有 5 个转折点,如只想改变的是最右边的尖端位置,因此选择时只将尖端包含在窗口之中,不要将其他转折点也包含在内。

Specify base point or displacement:选择右端尖点,回车;

Specify second point of displacement or <use first point as displacement>:输入@5,0

最后结果如图 10-2。

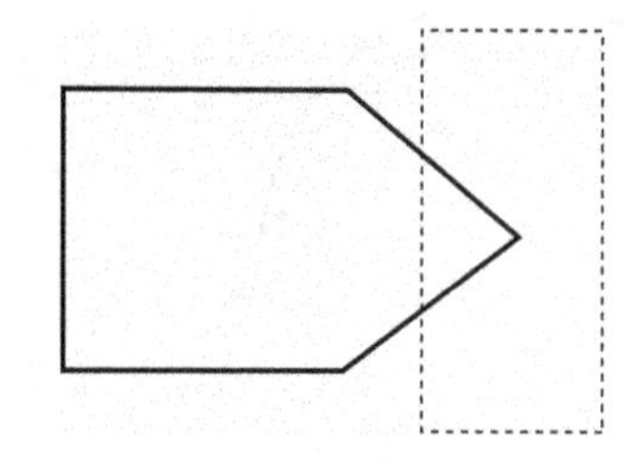

图 10-1 Stretch 前用交叉窗口选择

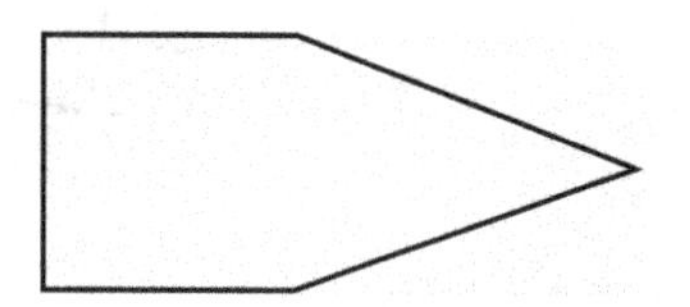

图 10-2 Stretch 后的结果

另一种方法是：

Specify base point or displacement：直接输入 5,0 回车，这时的 5 表示是在 X 方向的位移，0 表示是在 Y 方向的位移；

Specify second point of displacement or <use first point as displacement>：按两次回车，结果也是一样

该命令还有一种比较奇妙的用法，如图 10-3(a)(b)所示。

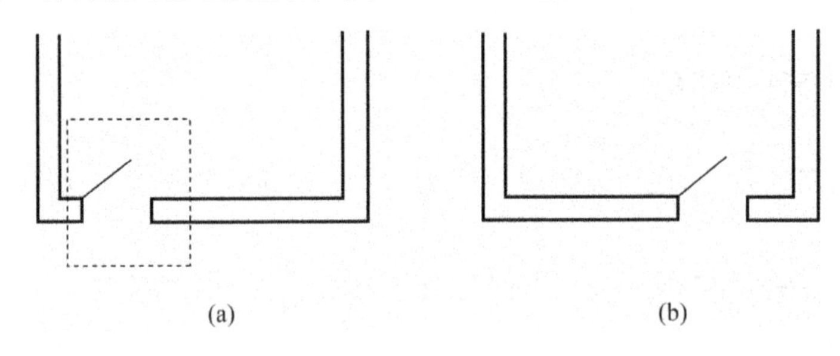

图 10-3 用 Stretch 修改门的位置

通过 STRETCH 命令可以将门从左边(a)整体的移到右边(b)。具体方法是：用交叉窗口将整个门都选中，以门上一点作基点，再输入相对坐标或将正交打开，用鼠标向右拖动。

10.2 拉长对象(Lengthen)

拉长对象命令可以通过几种方式来改变对象的长度或包含的角度(对弧而言)。它不但可用来增长对象，也可缩短对象。它可处理直线、弧线等，但不能处理闭合的对象。

选择菜单“修改 → 拉长”/Modify → Lengthen，或直接在 Command 后输入命令 LENGTHEN，该命令在工具条上没有。出现提示：

命令：_lengthen

选择对象或 [增量(DE)/百分数(P)/全部(T)/动态(DY)]：

Select an object or [DElta/Percent/Total/DYnamic]：如果直接选择一个图元(只能一次选择一个图元)，这时会出现有关这个图元长度或长度及包含角的信息。

改变对象长度或包含角的方式有 4 种：

(1) DElta 增量方式。输入 DE，出现提示：Enter delta length or [Angle] <3.0000>：输入欲增加的长度或角度，然后在图元上点击，点击时应注意明确靠近图元上欲改变长度的一端。如图 10-4 所示，选择直线上靠左处，和圆弧上靠右处后，它们分别各伸长了一部分。

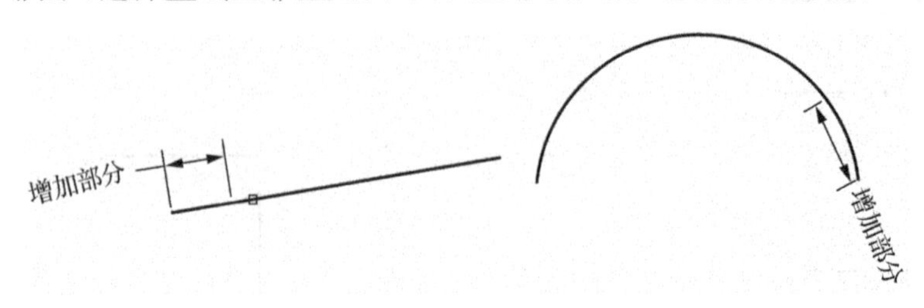

图 10-4 拉长对象

输入的数值可正可负，如果是负值，则是缩短。

(2) Percent 百分数方式。输入 P，出现提示：Enter percentage length <100.0000>：输入的值若大于 100，则是伸长；若小于 100，则是缩短。如输入 120，则直线或弧会伸长现在直线长度的 20%；若输入 80，则缩短了 20%。

(3) Total 总长方式。输入 T，出现提示：Specify total length or [Angle] <45.0000)>：输入直线或弧长的总长。这样可使图元的总长度达到所要求的数值。如果要改变角度，需先输入 A，选择选项 Angle。

(4) DYnamic 动态方式。Select an object to change or [Undo]：选择图元的一端；Specify new end point：这时通过移动鼠标可动态的调整图元的长度。

10.3　图形阵列(Array)

阵列是拷贝图形的一种方式，它是以一种队列的方式或环状的方式来拷贝图形的。这是一种快速构建图形的方法。

在"修改"/Modify 工具条上点击 ，出现一个对话框：

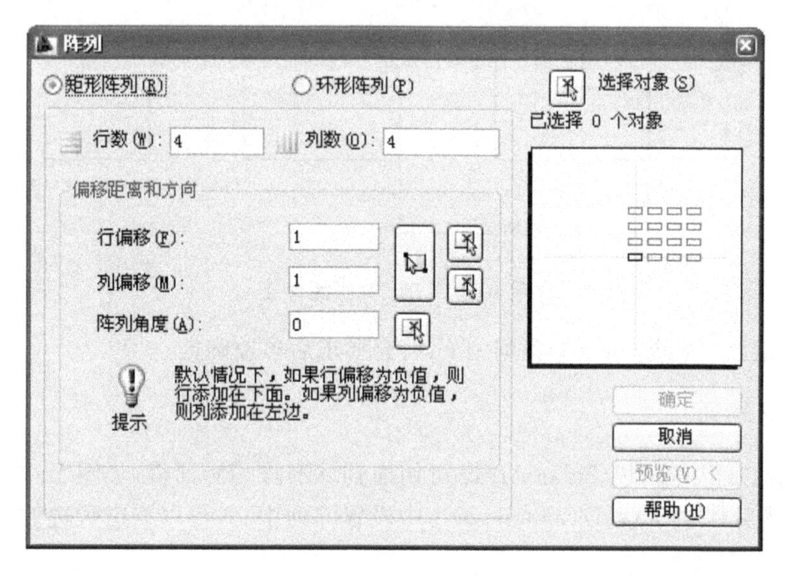

图 10-5　矩形阵列对话框

从对话框上可以看出，阵列的方式有两种，一种是矩形阵列，一种是环形阵列。

10.3.1　矩形阵列

图 10-5 是矩形阵列设置的对话框。阵列时应首先选择被阵列的对象，在未选择对象前，对话框上的"确定"/OK 按钮和"预览"/Preview 按钮是不能用的。

点击界面上的按钮"选择对象"/Select objects，出现提示"选择对象："/Select objects：选择要阵列的对象，可以多选。

分别在"行数"/Rows 和"列数"/Columns 文本框中输入行数和列数，然后再在下部"行偏移"和"列偏移"中输入偏移距离。行距、列距和阵列角度可直接输入在文本框中，也可以使用

右边的按钮 ，直接在屏幕上点击。

输入的数值可正可负，当行距为正时，阵列将会从下向上进行，为负则相反；当列距为正时，阵列将会从左向右进行，为负则相反。用在屏幕上点击输入距离时，由左向右、由下向上点时，输入的列距和行距为正，反之为负。

输入行列距还可以点击上面画有矩形的那个按钮 ，通过在屏幕上拉出一个矩形框来输入。拉动时的方向决定了行、列距的正负。

在矩形阵列时，特别要注意的是行距和列距的含义，如图 10-6 所示，行距、列距应是行与行或列与列相邻两个图形对应点之间的距离，而不是它们的间距。

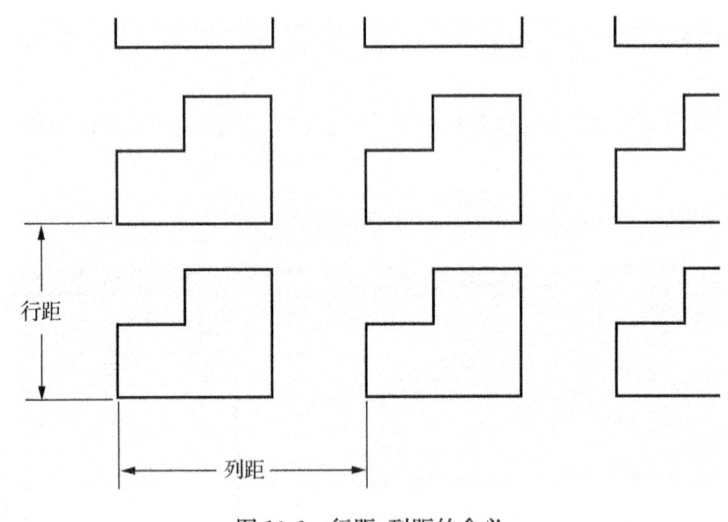

图 10-6 行距、列距的含义

在最终确定结果之前，可以先预览一下，符合要求后再按确定。

10.3.2 环形阵列

点击单选钮“环形阵列”/Polar Array 可切换到环形阵列对话框，如图 10-7。首先选择要阵列的图元，然后在“中心点”/Center point 中设置阵列中心，可以点击旁边的按钮直接在屏幕上点取。

其次再设置环形阵列方法和有关参数。环形阵列的方法也是下面 3 种参数的组合方法：

(1) 阵列总数(Total number of items)。它是指阵列后在环形圆周上对象的个数，包括一开始的那一个。

(2) 填充圆心角(Angle to fill)。它是指环形阵列后，散布在环形圆周上的对象所对应的圆心角。

(3) 阵列后两个相邻对象之间所夹的圆心角(Angle between items)。

这 3 个参数对应不同的环形阵列方法，只需要设置其中的两个。

在单选框“复制时旋转项目”/Rotate items as copied 中打钩，其含义是当环形阵列时，被阵列的对象一边复制自己一边按照不同的位置旋转着自己。如果将钩去掉，则复制后的对象将保持一开始的姿态不变。

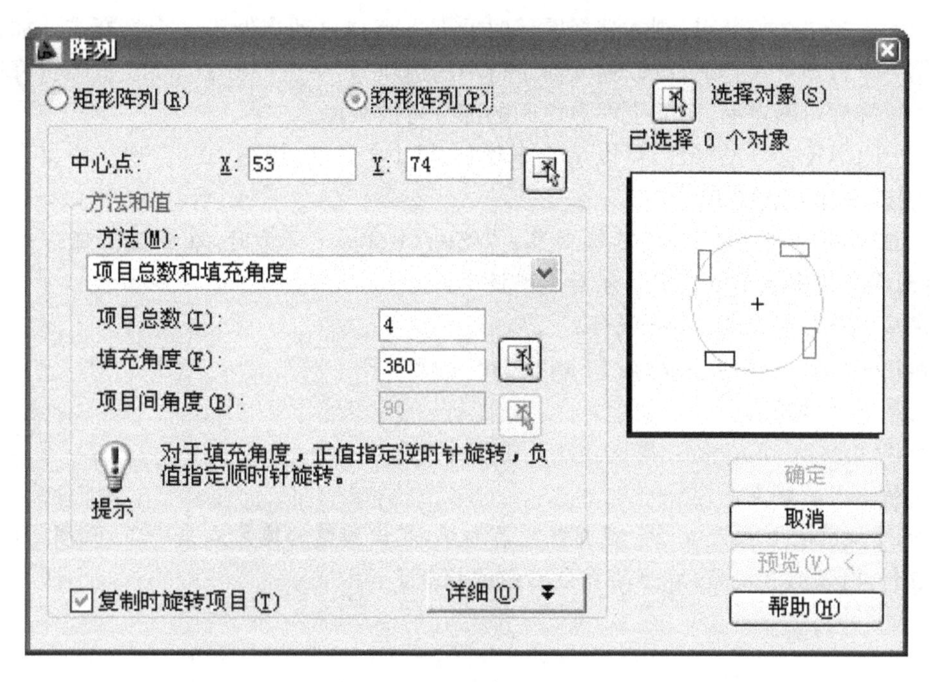

图 10-7 环形阵列对话框

打钩与不打钩的区别请看图 10-8。

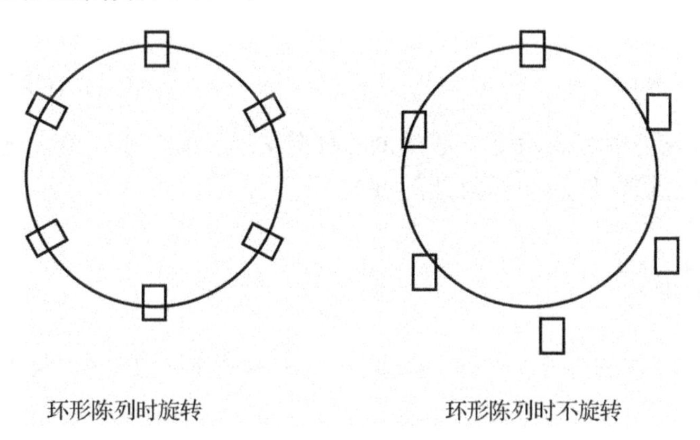

图 10-8 环形阵列时旋转与不旋转

10.4 打断命令(Break)

点击“修改”工具条上的 按钮，或菜单“修改→打断”/Modify→Break，或直接在命令行中输入 BREAK 即可执行该命令。用此命令可以打断直线、多段线、圆、圆弧、椭圆等图元。

执行 BREAK 命令后，出现提示“Select object:”，一次只能操作一个图元。当在一个被操作图元上点击一下之后，出现后续提示：

指定第二个打断点或 [第一点(F)]:

Specify second break point or [First point]:

提示输入第二个打断点，刚才选择图元时的那一点被自动当做第一个打断点。如果自动选择的第一个打断点不合适，可以输入命令行中的选项“第一点”/First point 重新选择第一个打断点。选择好打断点后，图元上两点之间的部分将被截掉。

利用 BREAK 命令的特性，可以用它来代替 TRIM 命令，如图 10-9。现在要将直线右边的圆弧剪掉，操作方法如下：

输入 BREAK 命令，当出现“选择对象：”/Select object 提示时，在圆弧上任一处点击一下，可看到圆弧变虚表示被选中。然后出现提示：

指定第二个打断点或［第一点(F)］：

Specify second break point or [First point]：输入 F

指定第一个打断点：

Specify first break point：捕捉直线与圆弧的交点。

指定第二个打断点：

Specify second break point：在圆弧的最右端，超出圆弧的地方点击一下，如图 10-10。此时可以看到，圆弧从直线处，右边的部分已经被打断了。

图 10-9　未打断前　　　图 10-10　在直线外点击鼠标

利用此种方法，还可以将线段上任意多余的部分去掉，操作方法是在选择图元时，在图元上准备要去掉的部位点选，然后在线段外部点击。

10.5　点的过滤

点的过滤实质上是将某些已知点的 X、Y、Z 坐标有目的取出一个或两个，重新组成一个新点的坐标。

使用点的过滤的时机应是在提示需要输入点的时候，这时按住 Shift 键的同时，在绘图区点击鼠标右键，出现一个弹出菜单，如图 10-11 所示，菜单项“点过滤器”/Point Filters 处打开的子菜单就是点过滤的几种方式。

“. X”表示取某点的 X 坐标，“. XY”表示同时取某点的 X、Y 坐标，其余以此类推。

在进行点的过滤时，也可以在提示需要输入点时，直接打入“. X”等字样，特别要注意不要忘记输入字母前面那一个点。

下面以一个例子来说明点过滤的应用方法。

例 10.1　如图 10-12，要在一个未知边长也未知坐标的矩形的中心绘一个点，应该如何绘制？

首先分析一下，如果要绘出 P 点，必须要知道该点的坐标，但该点的坐标无法直接得到，所以直接用绘点命令无法绘出这个点。考虑到 P 点的 X 坐标与矩形长边中点 P_1 的 X 坐标相

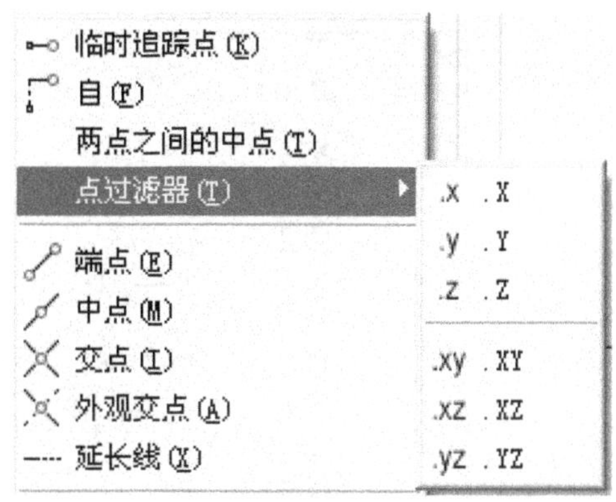

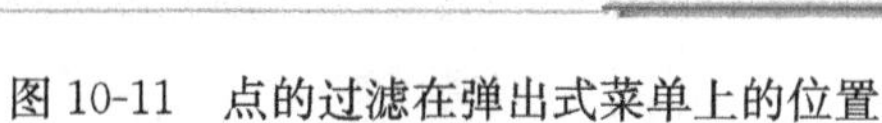

图 10-11 点的过滤在弹出式菜单上的位置

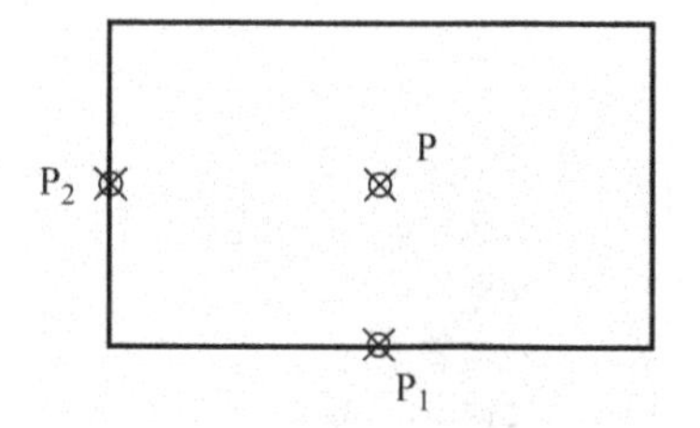

图 10-12 在矩形中央绘点

同，Y 坐标与短边中点 P_2 的 Y 坐标相同，如果能将 P_1 的 X 坐标与 P_2 的 Y 坐标重新组成一个新的坐标，作为 P 点的坐标输入，那么就可以完成绘图了，这正好可以用点的过滤来完成。

具体步骤如下：

Command：point 输入绘点命令

Current point modes：PDMODE＝0 PDSIZE＝0.0000

Specify a point：.x 在提示输入点的坐标时，键入.X，表示过滤 X 坐标

of mid 在提示 of 之后输入 mid 或用 OSNAP 方式捕捉矩形长边的中点

of (need YZ)：.y 在提示后输入.Y，表示过滤 Y 坐标

of mid 在提示 of 之后输入 mid 或用 OSNAP 方式捕捉矩形短边的中点

of (need Z)：0 再输入 Z 坐标，即 0

此时可看见在矩形的中心已经绘制了一个点。应注意，在正式绘点之前，应该先要设置点的样式，本步骤中忽略了这一步。

10.6 实体属性(Properties)

任何图元均有自己的属性，其中有些属性是所有图元共有的，称为基本属性，它们是图层、颜色、线型等。通过属性修改和查看任何对象的属性，可以方便编辑操作。

启动命令的方式，点击菜单"工具→选项板→特性"，或在"标准"/Standard 工具条上点击 或 ，也可以在命令行直接输入 Properties。还可以使用快捷菜单，即选取对象后，用鼠标右键单击图形区域，从弹出的快捷菜单中选择"特性"。

操作过程示例，如编辑矩形的特性，可以先选取对象，操作如下：

命令：Properties

则显示"特性"对话框如图 10-13，可以看出对象的特性分为几个部分，在"常规"中显示的是它的基本特性，在"几何图形"中显示的是它的几何坐标或周长、面积等几何尺寸。它们中某些特性值是可以修改的，通过修改可以改变对象的尺寸、颜色、所属图层、线型等。

编辑过程中，可以选择单个对象，也可以选择多个对象；如果选择是多个对象，则特性对话

框中内容变为如图 10-14 所示。

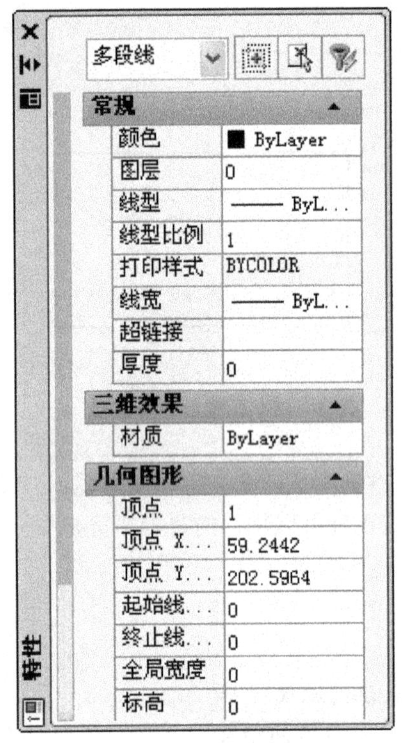

图 10-13 “特性”对话框

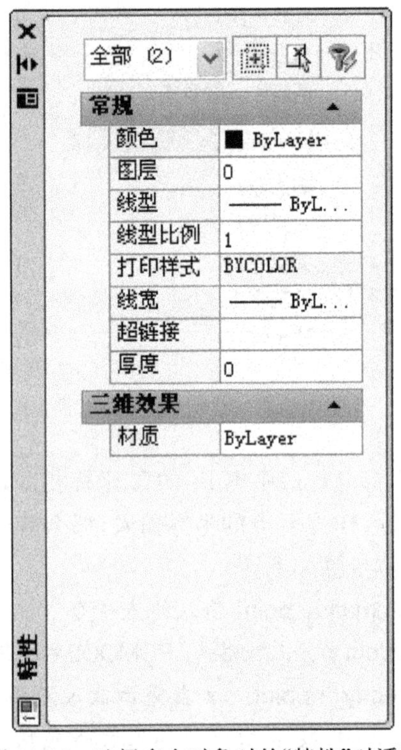

图 10-14 选择多个对象时的“特性”对话框

10.7 绘图示例

示例如图 10-15 所示。

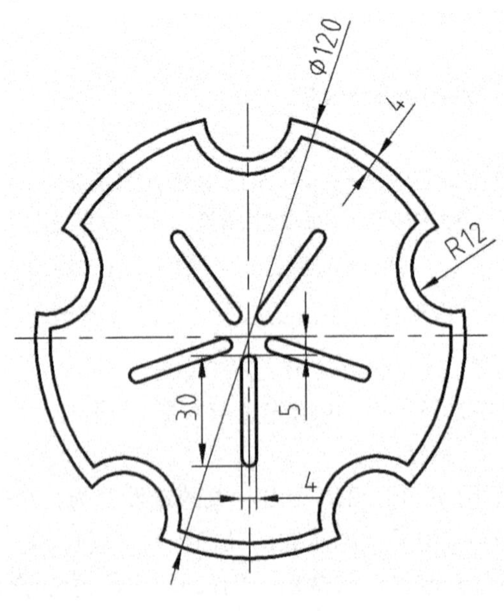

图 10-15 示例

作图步骤如下：

(1) 设置绘图界限、装载线型、建层等同前。

(2) 先绘制两条中心线，及两个圆，其中一个是 $\Phi120$，另一个用偏移 4 来完成。如图 10-16 所示。

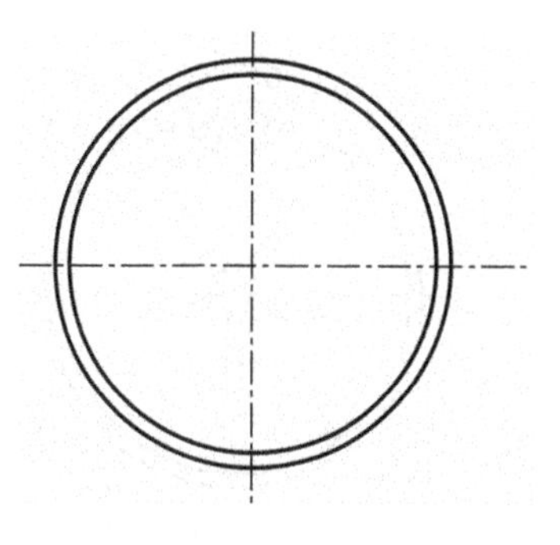

图 10-16 绘两个圆

(3) 绘制下部的长圆形孔。先将水平中心线向下偏移 5 和 30，再将垂直中心线向两边各偏移 2。再按如图 10-17 所示以相切、相切、相切方式画两个圆，两边绘直线，删除偏移的中心线，再修剪完成该孔。

(4) 对长圆孔进行阵列。阵列方式：环形阵列，数量 5 个，填充角 360°。如图 10-18 所示。

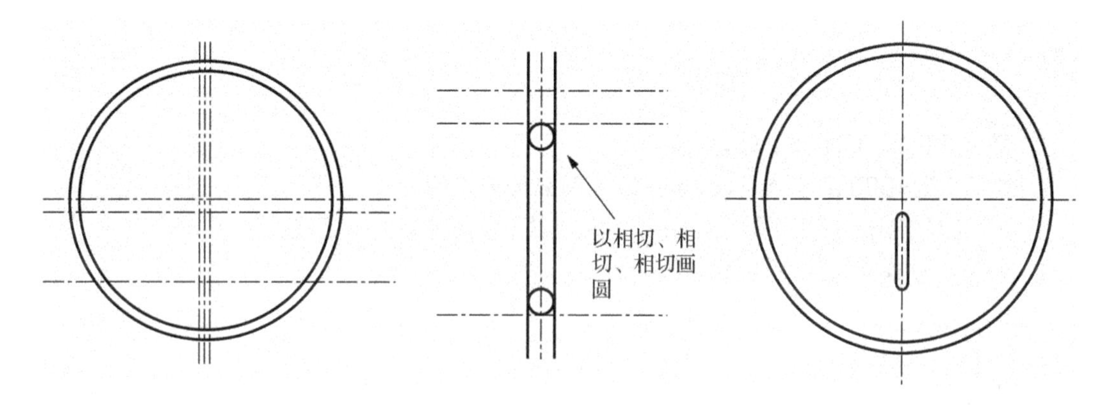

图 10-17 完成长圆孔

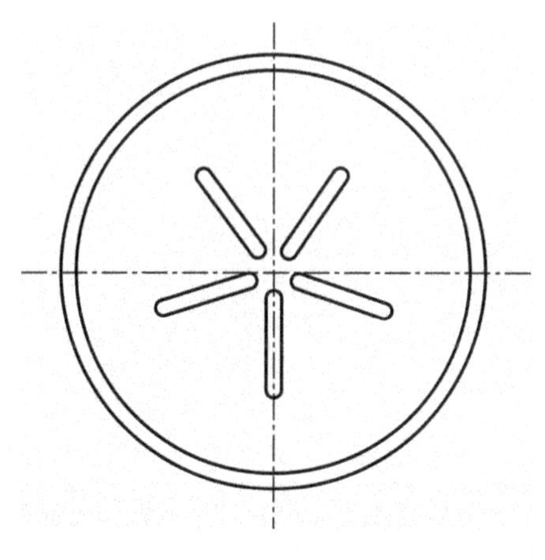

图 10-18 长圆孔的阵列

(5) 以类似的方式完成圆周边的缺口。如图 10-19 从左至右所示。

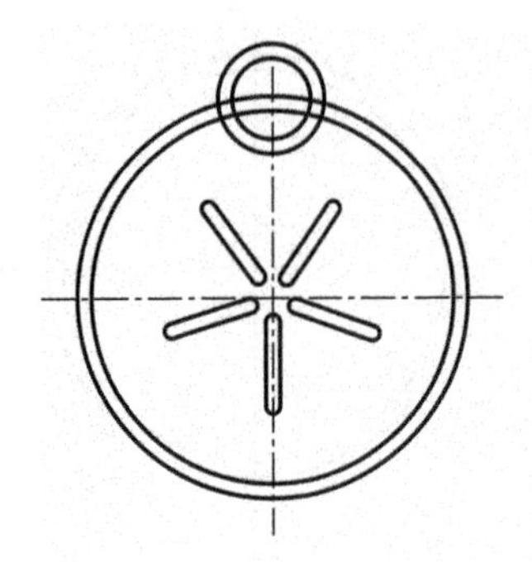

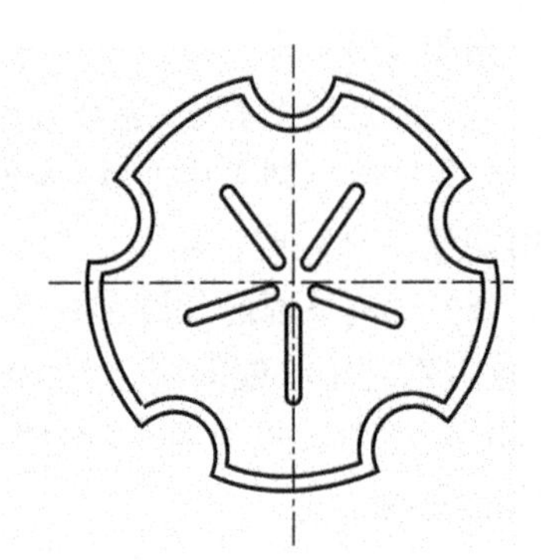

图 10-19　完成缺口的步骤

习题：

1. 使用 STRETCH 命令时，应注意什么？
2. 使用 LENGTHEN 命令时，如何改变圆弧的长度？
3. 用 BREAK 命令可以代替 TRIM 来修剪图元，如何做？自己实验一下。
4. 如果要过滤某点的 Y 坐标，则应输入________。

   A) .X　　B) @Y　　C) .Y　　D) .ZX

11　练习与指导五

11.1　练习内容

（1）绘制图 11-1，尺寸、形状、线型应与题图相同。

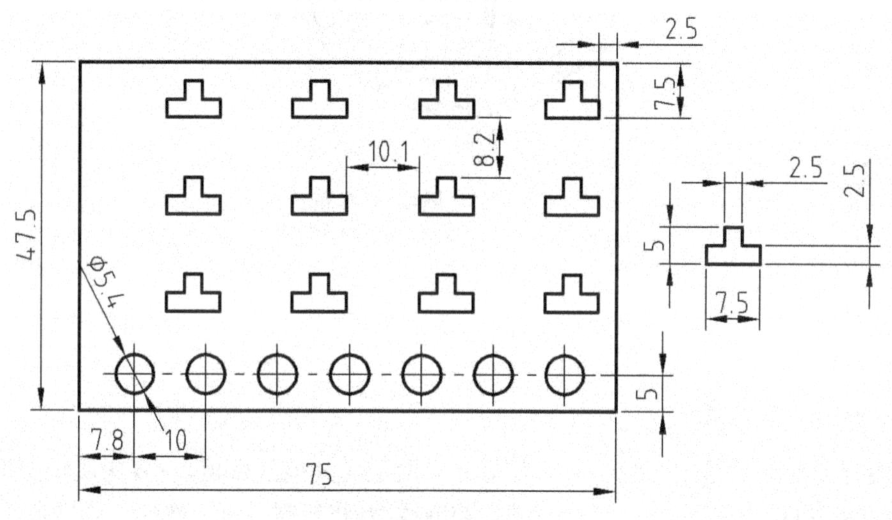

图 11-1　题目(1)

（2）绘制图 11-2，尺寸、形状、线型应与题图相同。

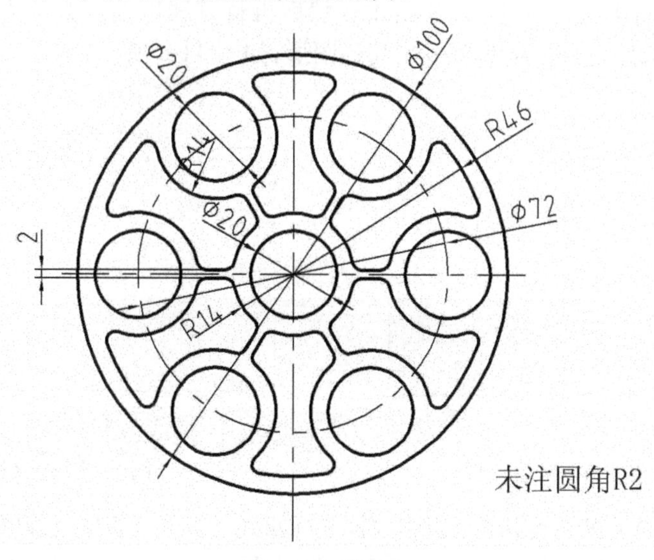

图 11-2　题目(2)

(3) 绘制图 11-3,尺寸、形状、线型应与题图相同。

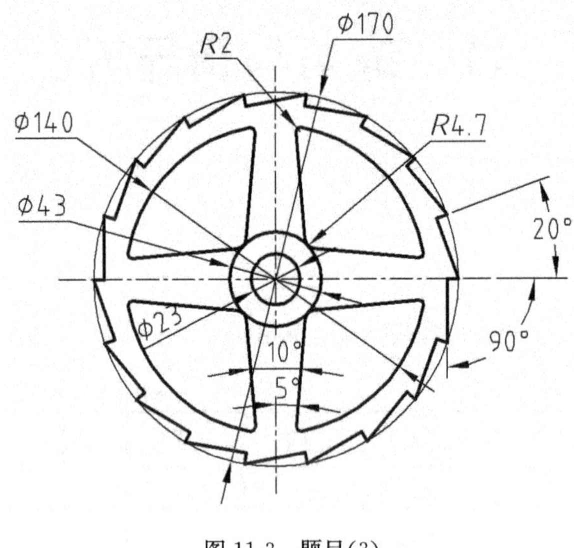

图 11-3 题目(3)

11.2 练习指导

11.2.1 第(1)题指导

(1) 设定 LIMITS 范围为"200,100",也可以设定成其他的数值,只要比所绘图形大一些即可。再用 ZOOM 中选项 ALL 进行放缩。装载线型,将所需线型一次性装载进来。

(2) 应用绘制矩形命令(RECTANG),在屏幕的适当位置绘制长为 75,宽为 47.5 的矩形。

(3) 根据所给尺寸绘出矩形中右上角的小图形。绘制时可以先将矩形炸开,将矩形的边按照所需尺寸向内偏移复制,如图 11-4 所示。然后再将直线以偏移距离为 2.5 进行偏移,如图 11-5 所示。最后经过修剪,将其剪成所需的图形,如图 11-6 所示。

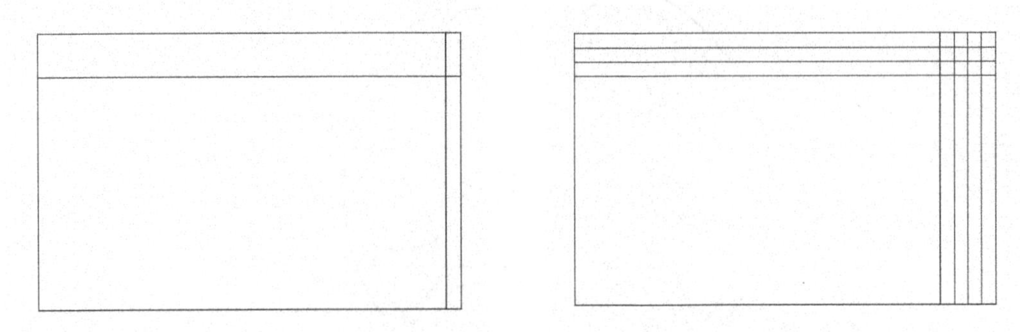

图 11-4 绘矩形炸开后偏移　　图 11-5 偏移复制

(4) 应用 ARRAY 命令将所绘图形阵列,三行四列的矩形阵列。所设置的参数如图 11-8 所示。注意行间距和列间距不是题目上所标的数值,同时还应注意一下应全是负值。阵列后的效果如图 11-7 所示。

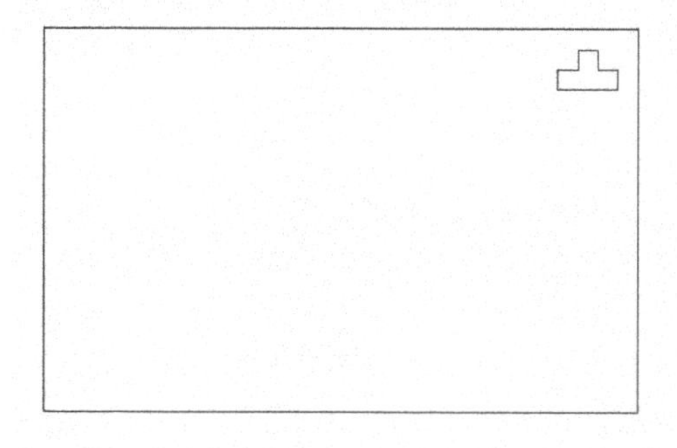

图 11-6 修剪成图形

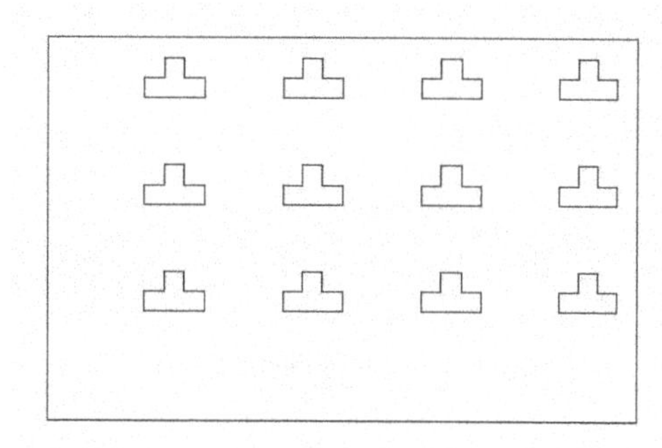

图 11-7 矩形阵列

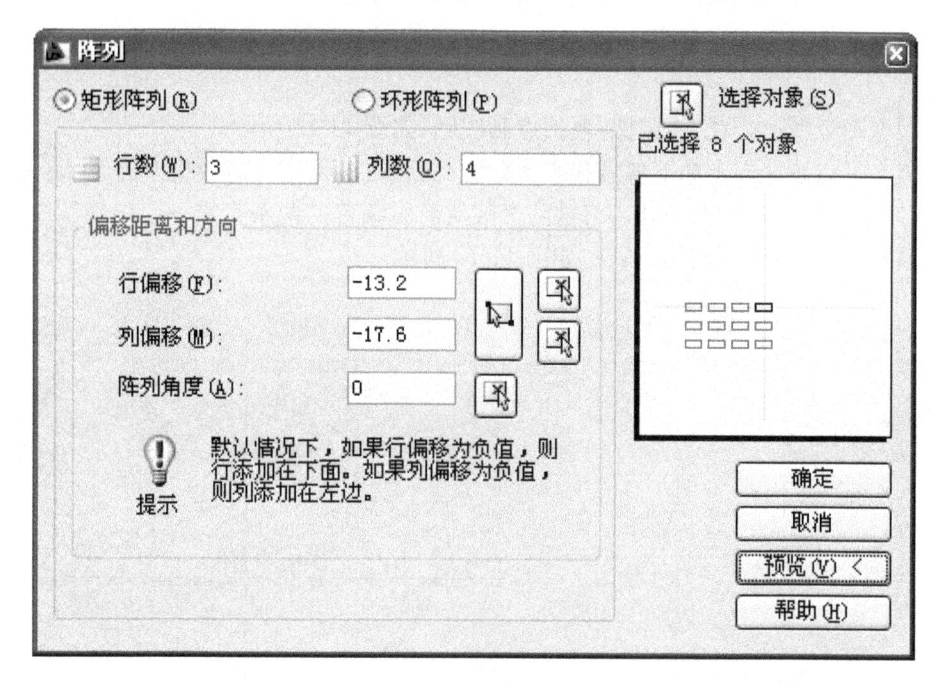

图 11-8 矩形阵列时的设置

(5) 绘下部的点画线。也可以利用 OFFSET 命令来做。将矩形下部的横线向上偏移 5，再将矩形左边直线向右偏移 7.8，然后再将线型通过修改属性的方法改为点画线，然后再用打断命令(BREAK)将其修剪成合适的长度。如图 11-9 所示。

(6) 绘制直径为 5.4 的小圆，将小圆与圆心处垂直点画线一起进行矩形阵列，一行 7 列，行间距为 0，列间距为正 10，最后结果如图 11-10 所示。

(7) 将所有实线的线宽改为 0.3。也可以在绘图前建立一个图层，将该图层的线宽设为 0.3，然后在绘制实线时全绘在此层中，或将所有实线全放进这个图层，也可以达到同样的目的。

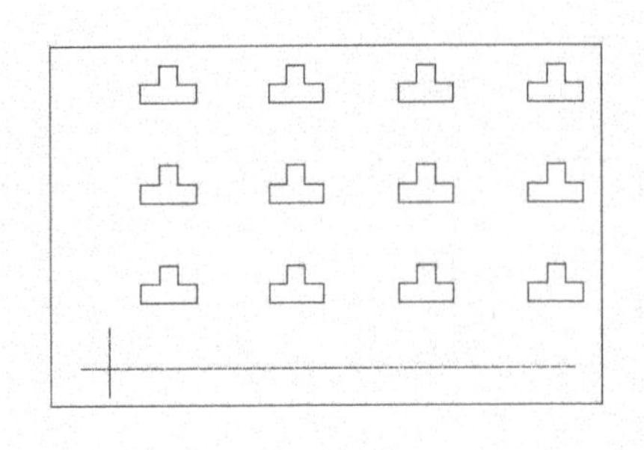

图 11-9 绘底部圆孔的中心线

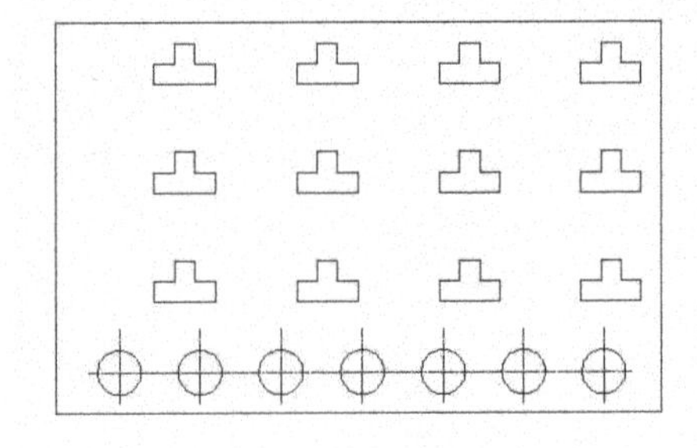

图 11-10 阵列圆孔

11.2.2 第(2)题指导

(1) 根据所绘图形调整一下 LIMITS 范围,调整方法同前。

(2) 绘制两条互相垂直的点画线,未装载的点画线线型的应先装载。绘制时应打开“正交”模式。

(3) 根据图纸所给半径,绘制圆,包括点画线圆,如图 11-11 所示。

(4) 将水平点画线向上向下各偏移 1 个单位,然后将两条直线的线型改为 Bylayer。再绘制半径分别为 $R14$ 和 $R10$ 两个圆。将这两个圆及前面偏移的两条直线一起用旋转命令(ROTATE)旋转 60°,以旋转复制的方式。如图 11-12 所示。

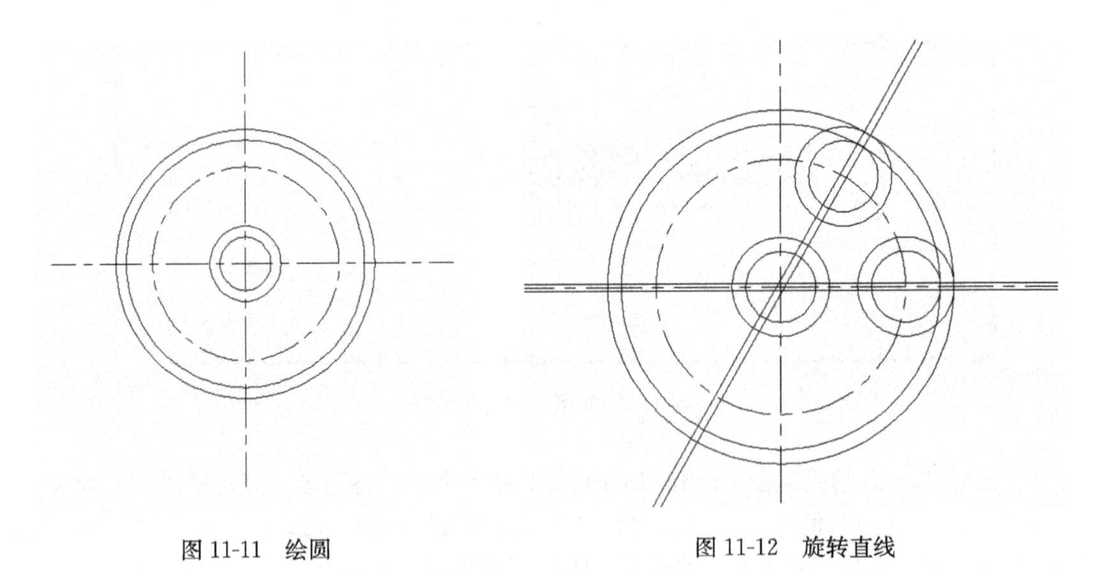

图 11-11 绘圆　　图 11-12 旋转直线

(5) 用 TRIM 命令进行修剪,并将一些多余的线先删除,再用倒圆角命令(FILLET)进行倒角,倒角半径为 $R2$,最后得到如图 11-13 所示的图形。

(6) 将所绘图形及小圆用 ARRAY 命令进行环形阵列,数量为 6 个,填充角为 360°,阵列中心要通过捕捉大圆的圆心来得到,最后的结果如图 11-14 所示。

(7) 最后将所有实线的线宽改为 0.3。如果点画线在起始绘得太长可用 BREAK 剪掉多余的,如果太短,则用 LENGTHEN 命令将其拉长一些。

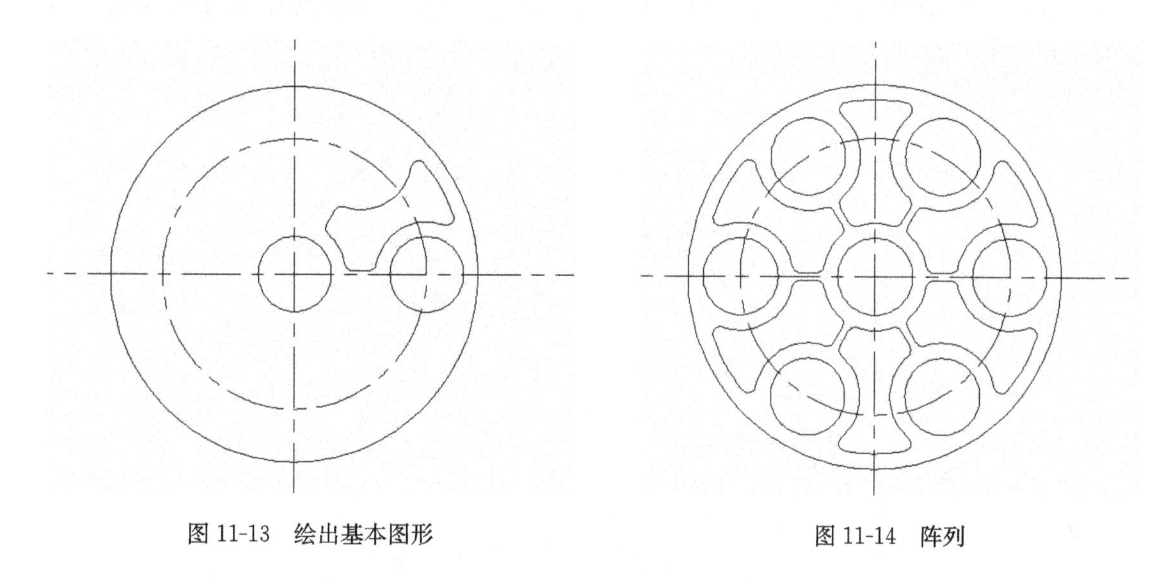

图 11-13 绘出基本图形　　图 11-14 阵列

11.2.3 第(3)题指导

(1) 将 LIMITS 调整为 300,300,并用 ZOOM ALL 放缩。

(2) 绘制两条互相垂直的点画线及圆,如图 11-15 所示,绘制方法与前一例基本相同。

(3) 绘制轮齿。首先绘制出轮上最右的一个,绘制方法如图 11-16 所示。先绘出一条与水平线夹角为 20°的直线,再从 A 点向此线作垂线,最后再修剪成所要的齿。如果要保留那条 20°的点画线,可以将齿上与此线重叠的部分用直线描画一段。

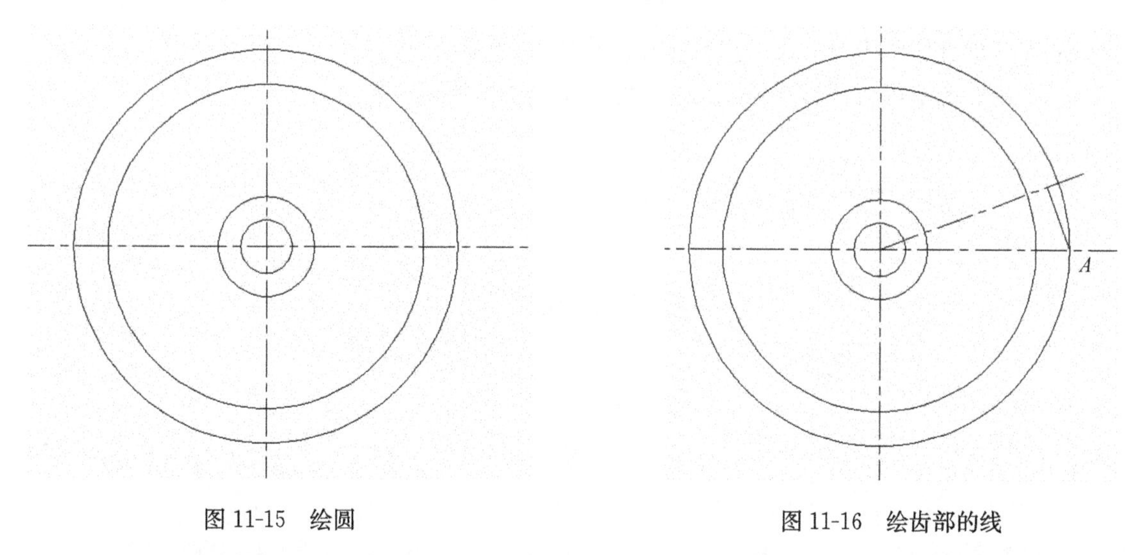

图 11-15 绘圆　　图 11-16 绘齿部的线

(4) 用阵列命令(ARRAY)将这一个齿进行环形阵列,数量为 18 个,阵列时选择对象时可以用窗口方式来选择齿上的那两条直线。

(5) 过圆心绘一条 45°的斜线;将中心的大一点的圆向外偏移 4.7,得到图 11-17 中的 A 圆;与斜线相交,以交点为圆心画一个圆,半径为 4.7,得到 B 圆;过它的圆心,绘一条斜线,与水平线夹角为 5°，图中 C 线。将此线向下偏移 4.7，得到 D 线。再将此线以 45°斜线为对称轴镜像复制一条。如图 11-17 所示。

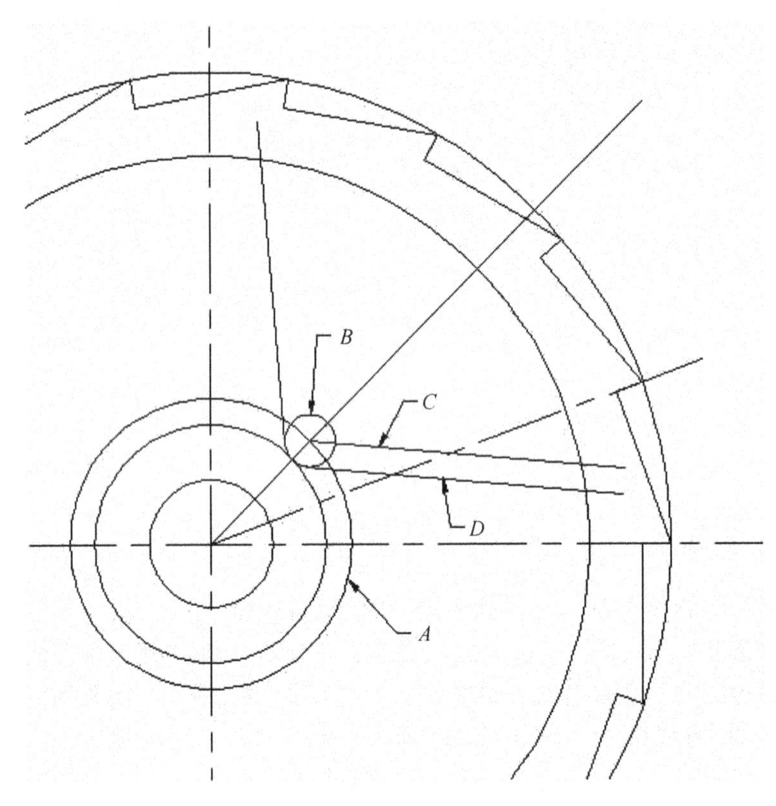

图 11-17 绘轮辐

(6) 修剪并删除多余的线，得到的图形如图 11-18 所示。

(7) 将此图形进行环形阵列，最后得到图 11-19 的图形。

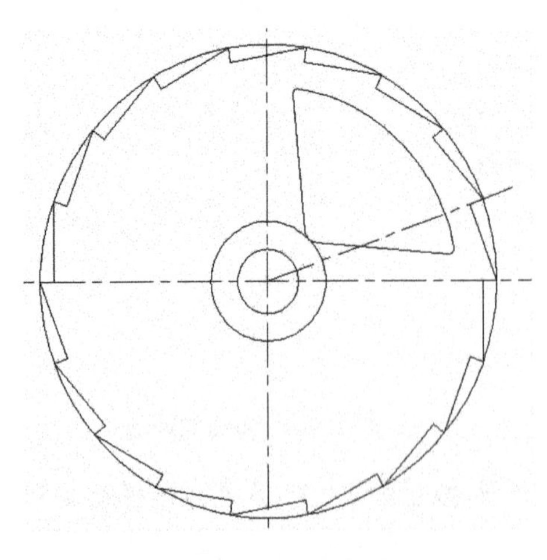

图 11-18 绘成基本图形

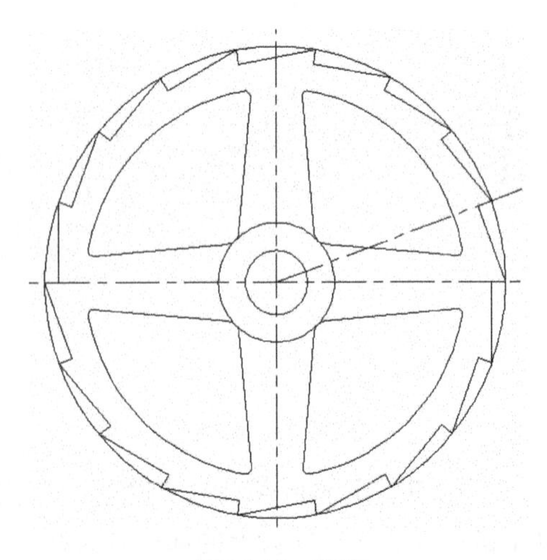

图 11-19 阵列

(8) 将所有应为粗实线的图线的线宽改为 0.3。

习题：

按图 11-20 尺寸绘制图形。

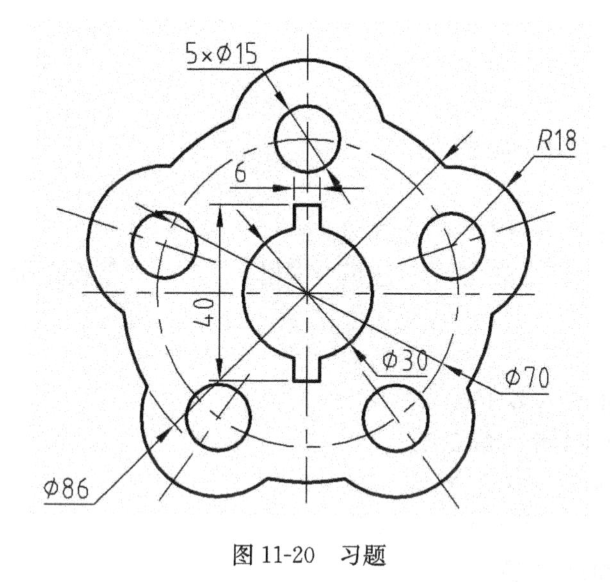

图 11-20　习题

12　其他绘图与编辑命令

12.1　实多边形(Solid)

该命令功能是用颜色块填充多边形区域。

启动命令的方式,点击菜单“绘图→建模→网格→二维填充”,或在命令行输入 Solid。

操作过程示例:

命令:Solid

Specify first point:输入第 1 点

Specify second point:输入第 2 点

Specify third point:输入第 3 点

Specify fourth point or <exit>:输入第 4 点

Specify third point:输入第 3 点

Specify fourth point or <exit>:输入第 4 点

Specify third point:输入第 3 点

Specify fourth point or <exit>:输入第 4 点

……

注意:

(1) 是否填充的开关设置:命令 Fill,“On”为填充;“Off”为不填充。

(2) 填充多边形的基本顶点数是 4 个。由图 12-1 可知,输入点的不同顺序,填充的效果也不同。

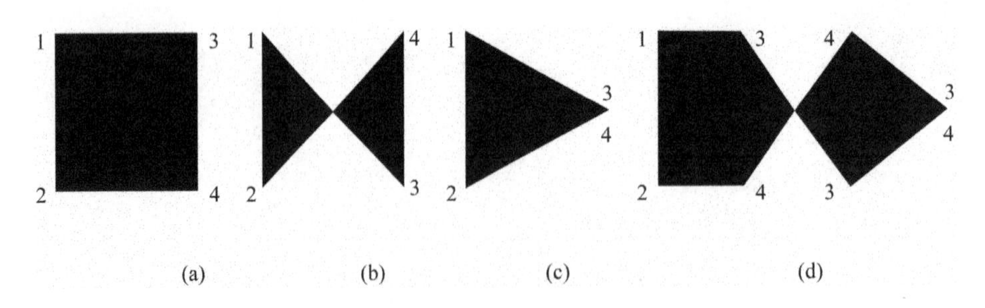

图 12-1　输入点顺序不同的填充效果

12.2　圆环和实心圆(Donut)

该命令的功能是绘制圆环或者圆。

启动命令的方式：在命令行输入 Donut，或点击下拉菜单“绘图→圆环”/Draw→Donut。

操作示例：

命令：Donut

指定圆环的内径 <0.5000>：

Specify inside diameter of donut <当前值>：输入圆环的内径

指定圆环的外径 <1.0000>：

Specify outside diameter of donut <当前值>：输入圆环的外径

指定圆环的中心点或 <退出>：

Specify center of donut or <退出>：输入圆环的中心点，该提示重复出现，直至按回车键结束

注意：

(1) 是否填充的开关设置：命令 Fill，“On”为填充；“Off”为不填充。

(2) 如果输入内径为 0，则可以绘制出填充的圆。如图 12-2 所示。

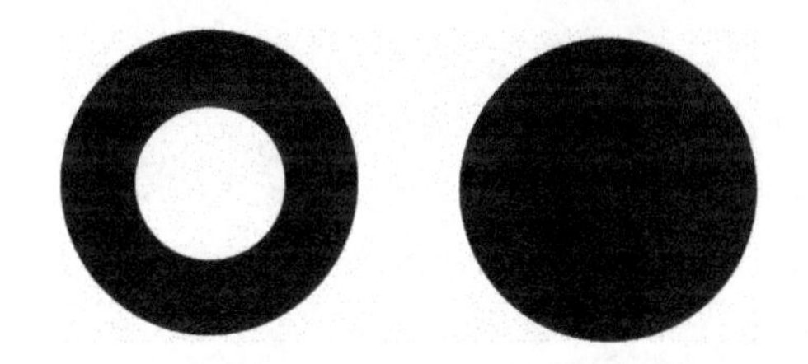

图 12-2　填充圆环和圆

12.3　双向射线(Xline)

该命令的功能是绘制双向射线，一般在绘图时作为辅助线而出现。

启动命令方式：在命令行输入 Xline，或点击下拉菜单“绘图→构造线”/Draw→Construction Line，或击绘图工具条上 。

操作过程示例：

命令：_xline

命令：Xline

指定点或 [水平(H)/垂直(V)/角度(A)/二等分(B)/偏移(O)]：

Specify a point or [Hor/Ver/Ang/Bisect/Offset]：选择绘制双向射线的方法

指定通过点：

Specify through point：输入通过的点

指定通过点：

Specify through point：回车结束

命令提示中各选项的含义：

(1) “水平”/Hor：绘制通过给定点的水平射线。

(2)“垂直”/Ver:绘制通过给定点的垂直射线。

(3)“角度”/Ang:绘制与 X 轴正方向成一定角度的射线,执行后提示:

输入构造线的角度 (0) 或 [参照(R)]:

Enter angle of xline (0) or [Reference]:如果在该提示下输入一个角度值,则系统提示输入线通过的点。Specify through point:用户输入通过的点即完成双向射线的绘制;如果在该提示下输入 R,则表示绘制与某一已知直线成一定角度的射线。系统的提示分别是:

Select a line object:选择参考直线

Enter angle of xline <0>:与参考直线的角度

Specify through point:通过的点

(4)“二等分”/Bisect:绘制一已知角的射线。如图 12-3 所示。执行后,系统提示:

命令:_xline

指定点或 [水平(H)/垂直(V)/角度(A)/二等分(B)/偏移(O)]:b 选择二等分

指定角的顶点:选择顶点

Specify angle vertex point:输入角的顶点

指定角的起点:捕捉起点

Specify angle start point:输入角的起始点

指定角的端点:捕捉端点

Specify angle end point:输入角的终点

指定角的端点:回车结束

选择哪个点作为起点不影响最后的结果。

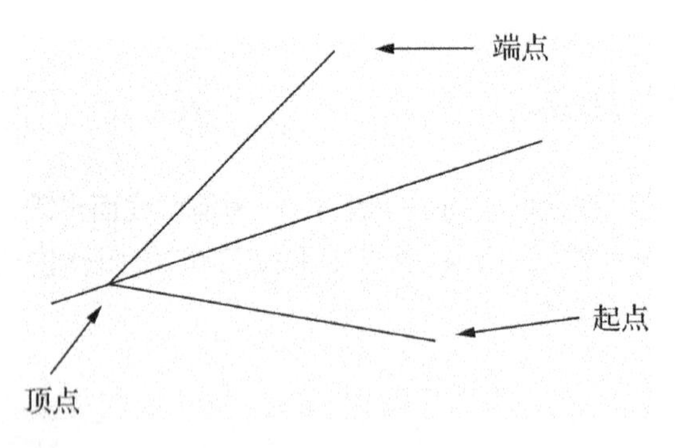

图 12-3 二等分角

(5) Offset:绘制与已知线平行的射线。执行后,系统提示:

指定偏移距离或 [通过(T)] <通过>:

Specify offset distance or [Through] <Through>:选择偏移的距离或通过的点

选择直线对象:

Select a line object:选择一线实体

指定向哪侧偏移:

Specify side to offset:选择射线在参照线的哪一侧

12.4 射线(Ray)

该命令功能是用来绘制一端无限延伸的射线，在绘图中也是作为辅助线而出现的。

启动命令的方式：在命令行直接输入 Ray，或点击下拉菜单“绘图→射线”/Draw→Ray。

操作过程示例：

命令：ray

指定起点：

命令：Ray

Specify start point：输入射线的起点

指定通过点：

Specify through point：输入射线通过的点

指定通过点：

Specify through point：回车结束或输入下一射线的通过点

如图 12-4 所示。

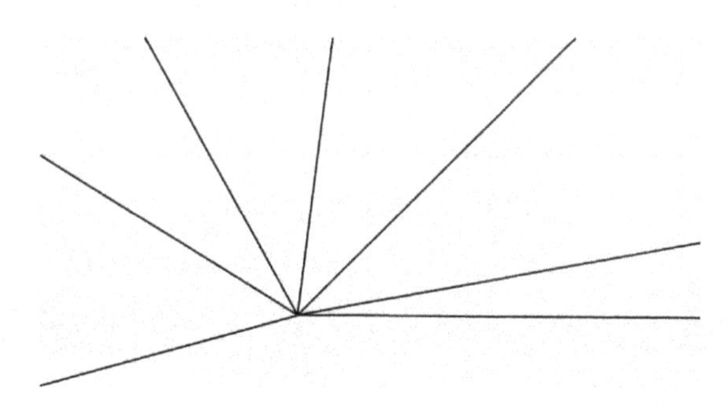

图 12-4 射线实例

12.5 多线(Mline)

在绘制工程图时，经常需要绘制由多条互相平行的直线组成的线段。于是，AutoCAD 提供了多重线的功能，它们属于同一个对象。它的内容主要包括 3 个方面，即创建、绘制和编辑多线样式。

12.5.1 创建多线样式

启动命令的方式：在命令行输入 Mlstyle，或在点击下拉菜单“格式→多线样式”/Format→Multiline Style。

操作过程示例：

命令：Mlstyle

此时，系统显示图 12-5 所示的“多线样式”对话框。多线中的每一条线段称为多线的一个元素，最多可以有 16 个元素组成一个多线对象。AutoCAD 提供了名称为“Standard”的标准多线样式，它含有两根距离为 1 个单位的平行线；它被保存在 Acad. mln 中，该文件在 Support

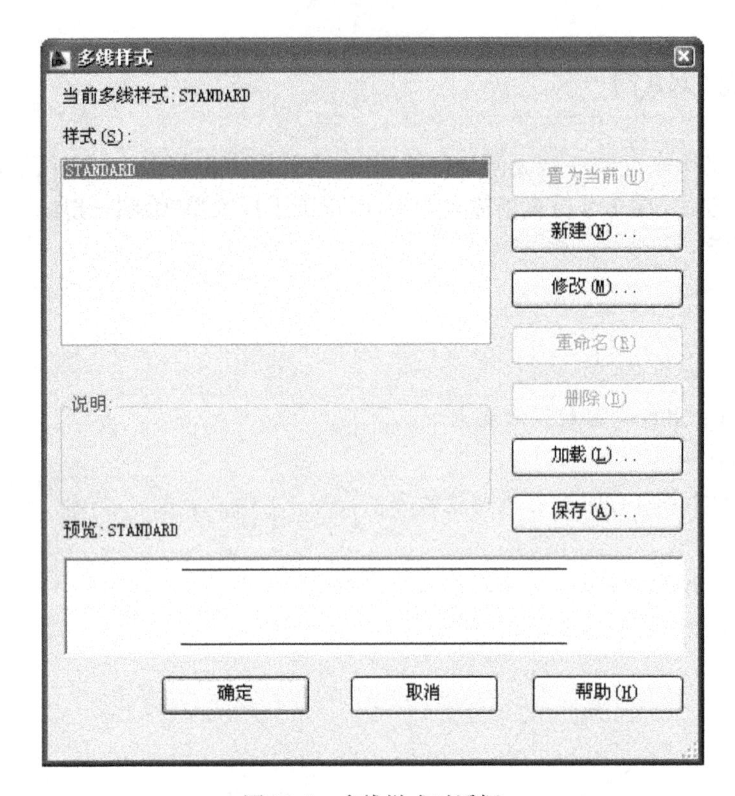

图 12-5　多线样式对话框

图 12-6　输入样式名

文件夹中。

以创建一个名称为“ML1”的多线为例，创建多线样式的步骤是：

(1) 点击“新建”按钮，打开创建多线样式对话框，为样式命名。如图 12-6。输入“ML1”，点“继续”，打开一个多线属性多对话。如图 12-7 所示。

(2) 点击对话框中的“添加”按钮，可以看出增加一个偏移值为 0 的线，在下部的文本框中可以输入具体的偏移值、颜色和线型。应注意，偏移值为正则添加的线在多线上部，为负则在下。偏移的数值不要大于＋0.5 或－0.5，这是因为要保证整个多线的宽度为 1，这样便于后续的使用，在后续的绘制多线中将再作介绍。如图 12-8 所示。

(3) 如图 12-9 所示，在对话框左边的“封口”、“填充”区域内，可以再设置相应的内容，设置完之后，按“确定”返回前一个对话框，在“预览”中可以看到结果，如果不合适，还可以再点击

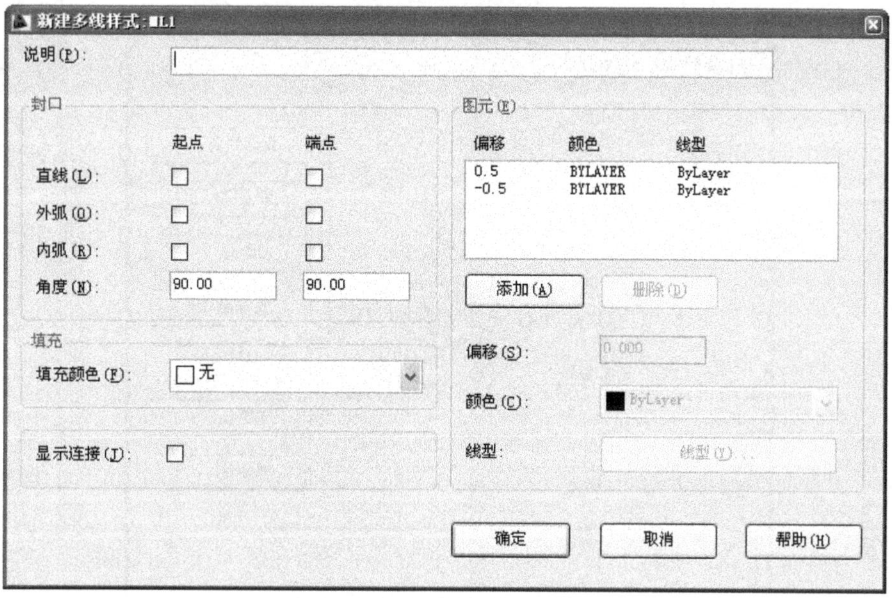

图 12-7 元素特性对话框图

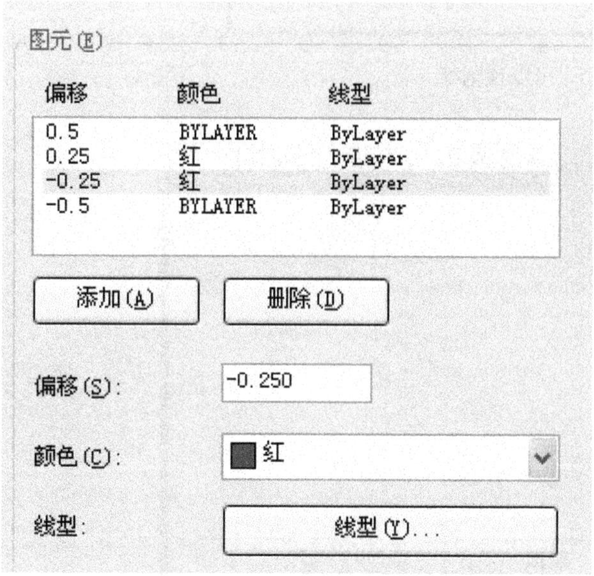

图 12-8 添加线

图 12-9 设置封口等

“修改”,重新打开该对话框重新进行设置。

(4) 如图 12-10 所示,可以按“保存”,对所定义的线型进行保存,默认是存在 ACAD. MLN 的文件中。对于已经保存过的线型,可以点击“加载”按钮,打开“加载多线样式对话框”,如图 12-11 所示。对于已经加载进来的线型,可以重新修改、重命名、删除等操作。

若加载了多个线型,只有被置为当前的线型,才是绘多线时出现的样式,对于选中的线型,要点击“置为当前”才能发生作用。

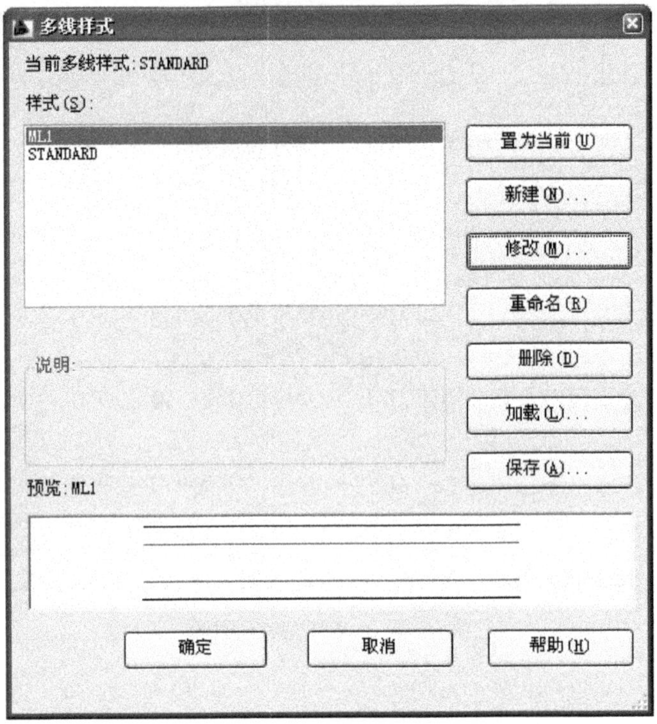

图 12-10 可以预览等

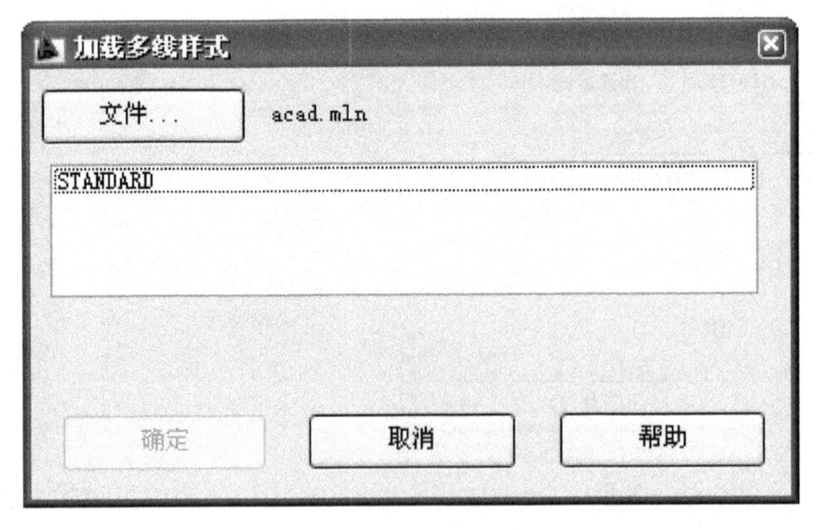

图 12-11 加载线型对话框

12.5.2 绘制多线

启动命令的方式：在命令行输入 Mline，或点击下拉菜单“绘图→多线”/Draw→Mline。应用绘制多线可以方便地绘制像建筑上围墙这类对象。

调用命令前，先通过点取“多线样式”对话框中的“加载”/Load... 按钮，加载所需线型。

命令：mline

当前设置：对正 = 上，比例 = 20.00，样式 = STANDARD

命令：Mline

Current settings：Justification = Top，Scale = 20.00，Style = ML1

指定起点或 [对正(J)/比例(S)/样式(ST)]：

Specify start point or [Justification/Scale/STyle]：输入起点

指定下一点：

Specify next point：输入第二点

指定下一点或 [放弃(U)]：

Specify next point or [Undo]：输入第三点

指定下一点或 [闭合(C)/放弃(U)]：

Specify next point or [Close/Undo]：输入第四点

指定下一点或 [闭合(C)/放弃(U)]：

Specify next point or [Close/Undo]：C

选项含义：

(1) "对正"/Justification(J)：此选项设定多线的哪个元素用于作为对齐的要素。选择后，出现 3 个子选项。

输入对正类型 [上(T)/无(Z)/下(B)] <上>：选择对正方式。对正方式，也称为对齐方式

Enter justification type [Top/Zero/Bottom] <top>：

多线的对正方式对画线时的尺寸测量有影响，如图 12-12 所示，默认画线的对齐方式是上对齐，所以对于绘制有尺寸要求的图线时，应该注意这一点。

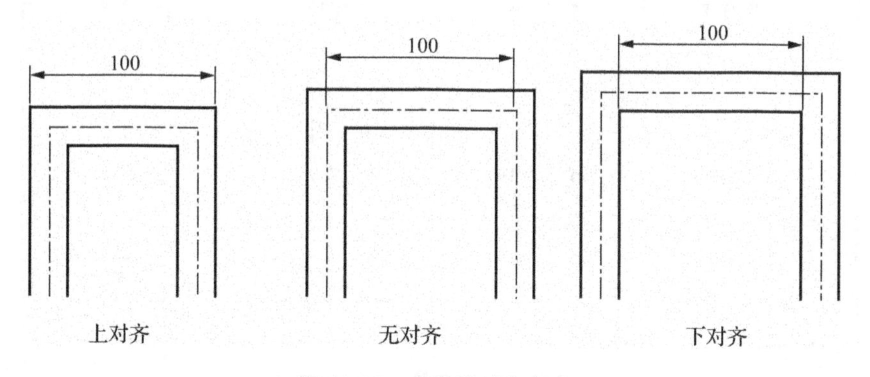

图 12-12　多线的对齐方式

(2) "比例"/Scale(S)：此选项决定了用多线绘图时多线元素的实际偏移量，实际偏移量＝设定偏移量×比例系数。

输入多线比例 <20.00>：

Enter mline scale <20.00>：

多线的比例实际决定了多线的线宽，由于定义多线时设置的总宽度是"1"，所以绘制时，欲

绘制多少宽度的线，就将比例设为多少，这就是定义为“1”的方便之处。

(3) “样式”/STyle(ST)：用来选择多线的样式来绘制当前的图形。

指定起点或 [对正(J)/比例(S)/样式(ST)]：st

Specify start point or [Justification/Scale/STyle]：st

输入多线样式名或 [?]：

Enter mline style name or [?]：

这里，可以输入多线的样式名，比如“ML1”；也可以输入“?”，则系统显示所有可用的样式名；如直接回车，则使用缺省的样式名。

12.5.3 编辑多线

编辑多线无法直接用一般的编辑命令，因此系统提供了如图 12-13 所示的编辑工具。

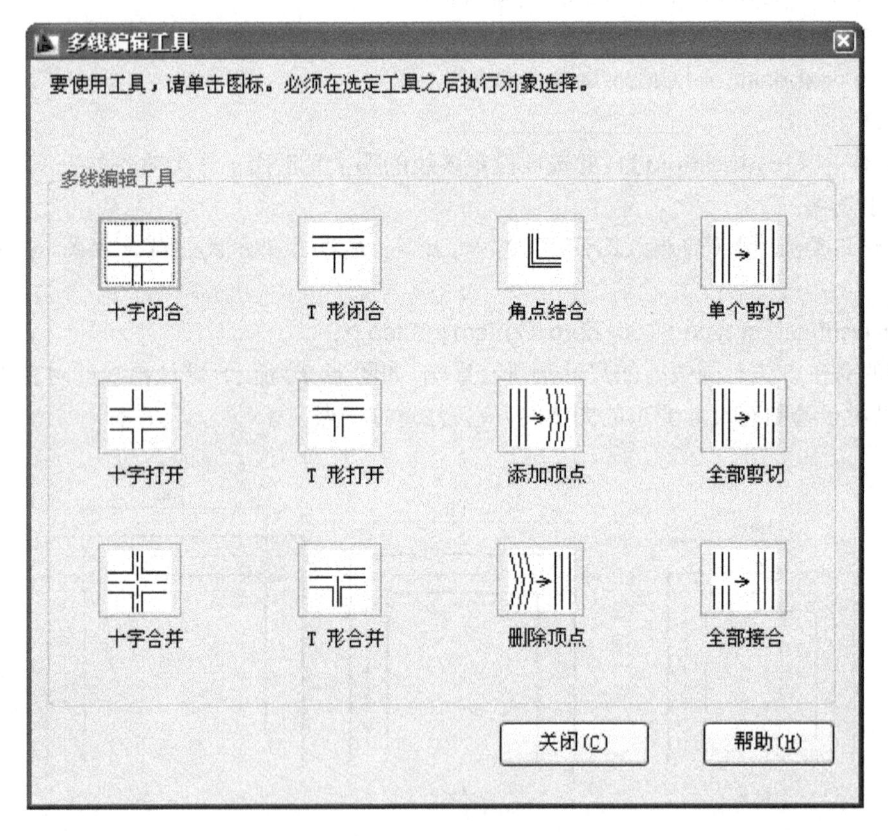

图 12-13 多线编辑工具对话框图

启动命令的方式：在命令行输入 Mledit，或点击下拉菜单“修改→对象→多线”。

下面给出如图 12-14(a)所示的将十字交叉多线从上图编辑成下图的方法。

命令：Mledit

出现对话框，点取第二行第一列的“十字打开”工具，并确定

选择第一条多线：

Select first mline：选择线 1
选择第二条多线：
Select second mline：选择线 2
Select first mline or [Undo]：回车结束
结果就完成了对多线的编辑。
图 12-14(b)，图 12-14(c)分别是“T 字打开”和“全部剪切”的例子，操作方法同上。

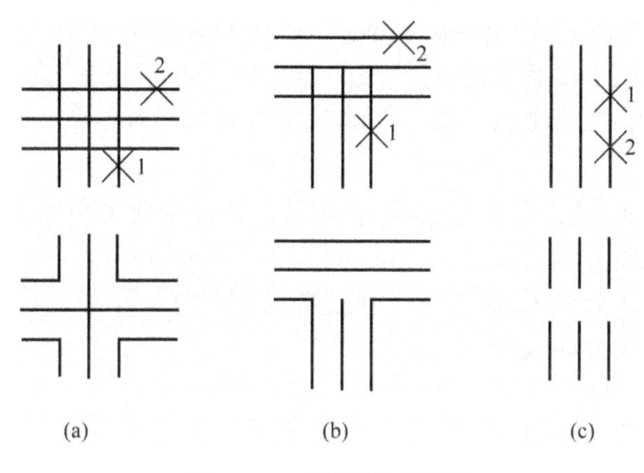

图 12-14　多线的编辑示例

多线也可以被炸开，这时它已经变成若干条独立的线段，因此可以像编辑普通线一样地去编辑了。

12.6　样条曲线(Spline)

样条曲线是通过拟合数据点得到的曲线，该命令使用的是一种非均匀有理 B 样条曲线，即是 Nurbs 曲线，例如图 12-15 就是一条样条曲线。

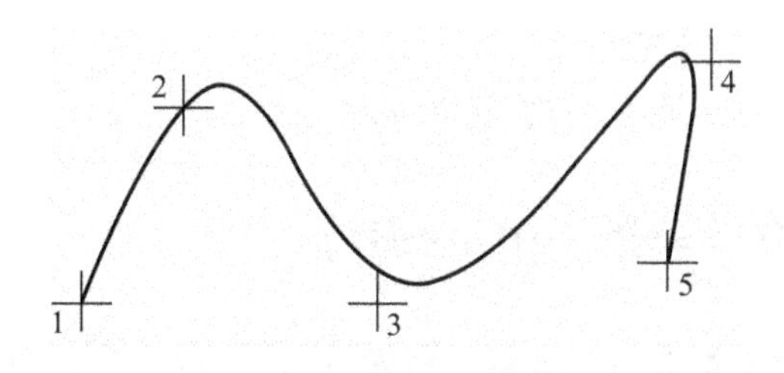

图 12-15　样条曲线

启动命令的方式：在命令行输入 Spline，或点击下拉菜单“绘图→样条曲线”/Draw→Spline，也可以点击绘图工具条上的工具 。

命令：_spline
指定第一个点或 [对象(O)]：

命令：Spline

Specify first point or [Object]：输入第 1 点

指定下一点：

Specify next point：输入第 2 点

指定下一点或[闭合(C)/拟合公差(F)] <起点切向>：

Specify next point or [Close/Fit tolerance] <start tangent>：输入第 3 点

指定下一点或[闭合(C)/拟合公差(F)] <起点切向>：

Specify next point or [Close/Fit tolerance] <start tangent>：输入第 4 点

当输入了 1、2 点后，则屏幕显示出直线段 12；但此后只要鼠标一动，则屏幕显示出光标像橡皮筋一样的动态曲线；从要求输入第 3 点开始，屏幕的提示均一样。

选项说明：

(1) "对象"/Object：用于将已经绘制的拟合多段线改变成 B 样条曲线，操作过程中系统将提示选择改变的对象。

(2) "起点切向"/start tangent：如果在上述提示后按"Enter 键"，意思就是告诉系统准备结束本样条曲线的绘制，此时提示：

指定起点切向：

Specify start tangent：如果此时输入一个点，则起点到这点的方向就决定了起点的切向；如果直接回车，则起点到第二点的方向就决定了起点的切向，图 12-15 就用的这种方法。

系统继续提示：

指定端点切向：

Specify end tangent：如果此时输入一个点，则终点到这点的方向就决定了终点的切向了；若直接回车，则终点至倒数第 2 点的方向就决定了终点的切向，图 12-15 就是这种方法。

(3) "闭合"/Close：选择此选项后，系统将把样条曲线闭合，并且要求指定切向：此时，可以指定一点，则自闭合点至该点的方向就决定了闭合点的切向，也可以直接回车，则系统计算切向绘制样条曲线。

(4) "拟合公差"/Fit tolerance：设定样条曲线相当于指定点逼近的程度。选择此项后，系统提示：

Specify fit tolerance <0.0000>：

图 12-15 输入的拟合公差是 10 个绘图单位。

12.7 样条曲线的编辑(Splinedit)

编辑样条曲线可以改变拟合点的数量及位置，端点的特征和切向，拟合公差的大小等。

启动命令的方式：在命令行输入 Splinedit，或点击下拉菜单"修改→对象→样条曲线"。

例 12.1 图 12-16(a)所示为一条由 1、2、3、4 点控制的拟合公差为 0 的样条曲线，在其中增加一个拟合点 *A* 而变成图 12-16(b)。

操作如下：

命令：Splinedit

选择样条曲线：

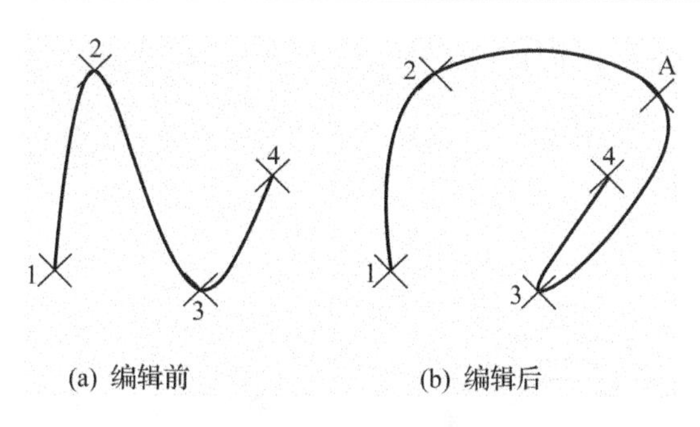

(a) 编辑前 (b) 编辑后

图 12-16 编辑样条曲线

以下是步骤：

输入选项［拟合数据(F)/闭合(C)/移动顶点(M)/精度(R)/反转(E)/放弃(U)］：f

Enter an option [Fit data/Close/Move vertex/Refine/rEverse/Undo]：f

输入拟合数据选项

Enter a fit data option

［添加(A)/闭合(C)/删除(D)/移动(M)/清理(P)/相切(T)/公差(L)/退出(X)］<退出>：a

[Add/Close/Delete/Move/Purge/Tangents/toLerance/eXit] <eXit>：a

指定控制点 <退出>：

Specify control point <exit>：选择点 2

指定新点 <退出>：

Specify new point <exit>：选择点 A

选项说明：

(1) “闭合”/Close：控制封闭选取的样条曲线。

(2) “拟合数据”/Fit data：可以通过其控制拟合点的数量、拟合公差和切线等拟合数据。

子选项含义是：

“添加”/Add：向选取的样条曲线添加拟合点。

“闭合”/Close：控制封闭选取的样条曲线。

“删除”/Delete：删除所选择的拟合点。

“移动”/Move：在拟合点中移动用来选择一个新的拟合点。

“清理”/Purge：删除所有的拟合数据。

“相切”/Tangents：改变始末点的切向数据。

“公差”/ToLerance：改变原来的拟合公差重新拟合出样条曲线。

(3) “移动顶点”/Move vertex：移动样条曲线的顶点。

(4) “精度”/Refine：允许增加控制点或调整控制点的权。

(5) “反转”/Reverse：改变样条曲线方向，交换它们的始末点位置。

12.8 阶段自测练习

按图示所给尺寸绘制图形。

分别见图 12-17、图 12-18、图 12-19。

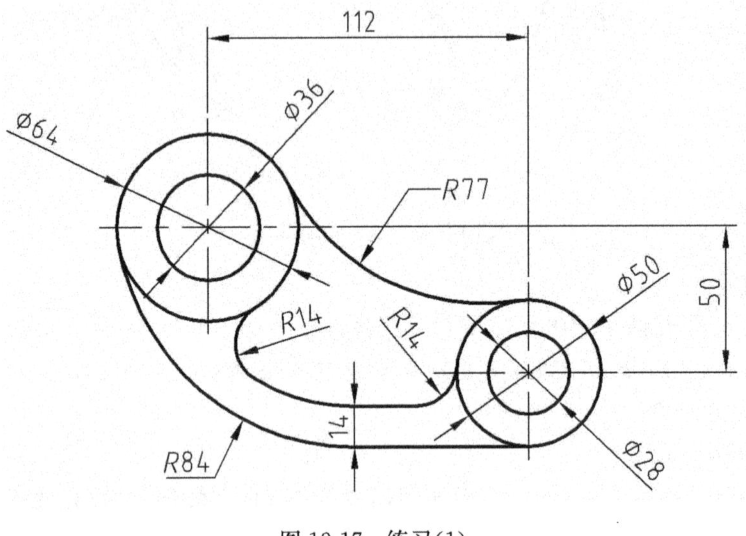

图 12-17　练习(1)

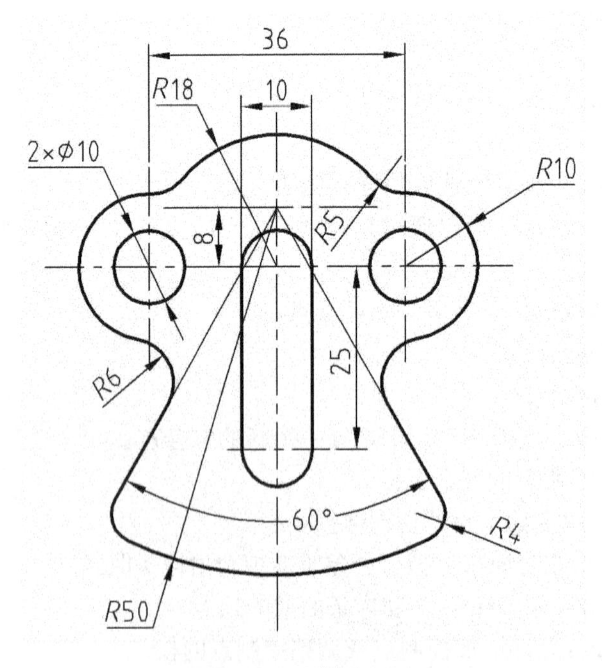

图 12-18　练习(2)

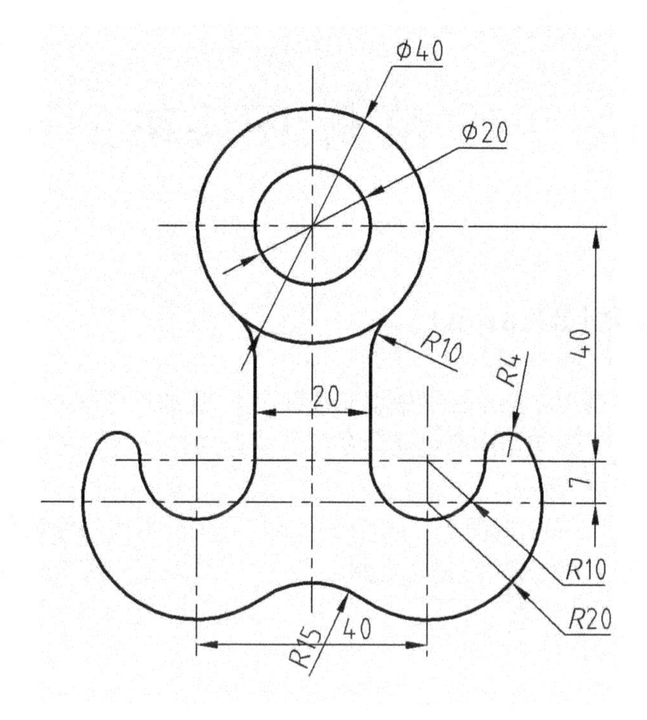

图 12-19　练习(3)

习题:

1. 在 AutoCAD 中,实体一般有哪几大共同属性?
2. 如何使用 SOLID 命令画一个实心三角形?
3. 要进行多重线的编辑,除了用多重线的编辑命令之外,还可以怎样处理?

13　图案填充、图块和文字

13.1　图案填充(BHatch)

在绘图过程中有时需要在某个区域中填充某种图案，比如机械图纸上的剖面线，装潢图纸上的地板图案、墙面图案等，应用图案填充命令可以快速地在这些区域中画出所需的图案，这也是计算机绘图的优越性之一。

在 AutoCAD 中，填充所用的图案一般都是该软件自带且事前已经定义好的，如果有特殊需要，也可以由用户通过二次开发来进行定制。

13.1.1　图案填充的一般方法

图案填充的方法是直接在命令行输入 BHATCH，或在工具条上点击工具 ，也可以点菜单“绘图→图案填充”/Draw→Hatch...，这时打开一个图案填充的对话框，如图 13-1 所示。

图 13-1　图案填充对话框

对话框上可看出有两页：图案填充 Hatch 和渐变色 Gradient。当前看到的是图案填充 Hatch 页。

在“类型”/Type 下拉列表框中可设置 3 种类型：“预定义”/Predefined，“用户定义”/User defined 和“自定义”/Custom。通常用的都是“预定义”/Predefined，即用软件自带的预定义图案，它可以满足绝大多数的需求。

在“图案”/Pattern 下拉列表框中输入图案的名称或点击旁边的按钮，打开一个“填充图案选项板”对话框，如图 13-2 所示。这里面又分为 4 页，里面有很多图案，每一项都以图标的形式形象地表示出图案的样式，选择时只需点击图标即可。在“样例”/Swatch 中显示的是当前选中图案。

图 13-2 填充样式表

在“角度”/Angle 中需要填倾斜角度，0°即保持图案当前的倾斜状况，角度可填正的或负的。

在“比例”/Scale 中需填放缩比例，如果是 1 则保持图案原比例不变，大于 1 为放大，小于 1 为缩小。比例可用来调整图案的疏密。

当选择“用户定义”/User defined 时，对话框上可设置的内容有些变化，只有“角度”/Angle 和“间距”/Spacing 可以设置，“变灰”/Scale 不能设置。而且图案只能是成角度的线，在“间距”/Spacing 中可设置线与线的间距。

当选择“自定义”/Custom 时，需要事前定义过图案文件，如果没有，则无法使用。至于如何定义图案文件，请参阅有关二次开发的书籍。

定义区域的方法有两种：一种是点击按钮“添加：拾取点”/Pick Points，在需要填充图案的区域内部点击，要求构成区域的几条边必须封闭，不一定要首尾相接，可以互相搭在一起，如图13-3(a)是未封闭的区域，无法填充；(b)和(c)都可以填充，(c)是四条边首尾相接的。

另一种方法是：点击按钮“添加：选择对象”/Select Objects，依次选择区域的几条边，要求这几条边必须要首尾相接的，如果是不封闭或未首尾相接的区域，填充后的图案将是错误的。3种情况下填充后的结果如图13-4所示。

点击按钮“查看选择集”/View Selections，可以事先看一下区域定义的情况。

点击按钮“预览”/Preview，可预览填充的情况，如果不理想可以重新修改参数。

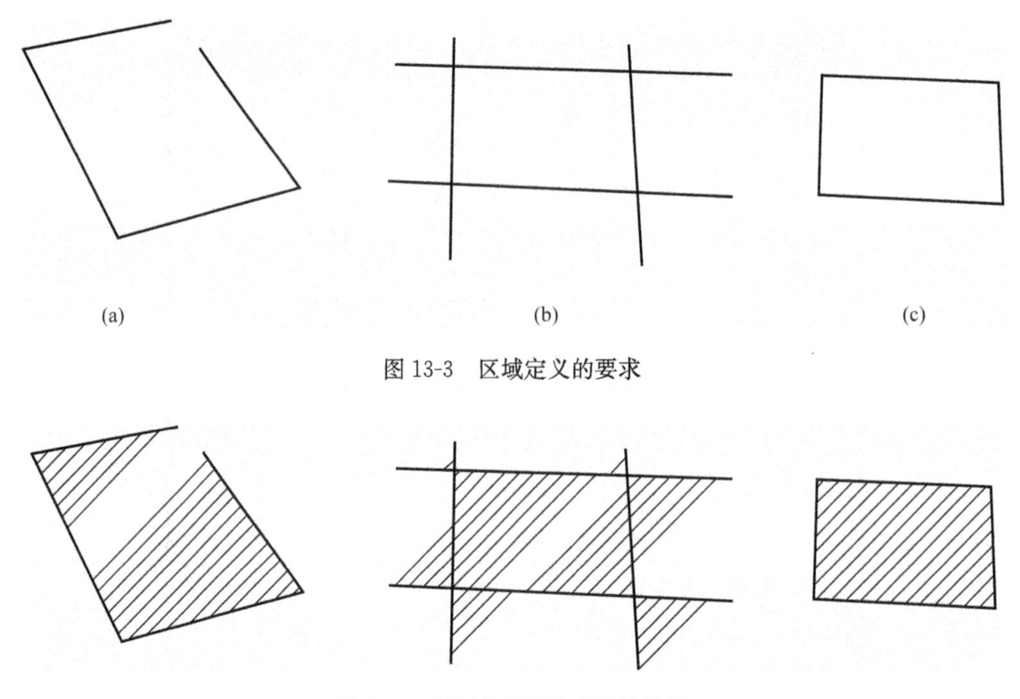

图 13-3　区域定义的要求

图 13-4　不同的区域填充后的结果

点击“继承特性”/Inherit Properties按钮，出现一个刷子状的鼠标，这时可以选择一个已经填充好的图案，有关这个图案的参数随后会出现在对话框中，这是一种快速设置参数的方法。

13.1.2　带孤岛区域的填充

有时在填充区域时，在总填充区域内部还会有一个封闭的区域，这个区域被称为岛。在填充这类区域时，情况有些复杂，特别是在岛中又有岛的时候。AutoCAD允许用户以3种方式进行填充，如图13-5。点击对话框右下角，可在右侧出现扩展部分。

(1) 普通方式(Normal)：填充时从最外面边界开始填充，碰到一条边界后停止，然后继续向内探测，在碰到一条边界后再开始填充，直到碰到另一条边界后结束，以此类推。

(2) 外部方式(Outer)：填充时从最外面边界开始填充，碰到一条边界后结束填充。

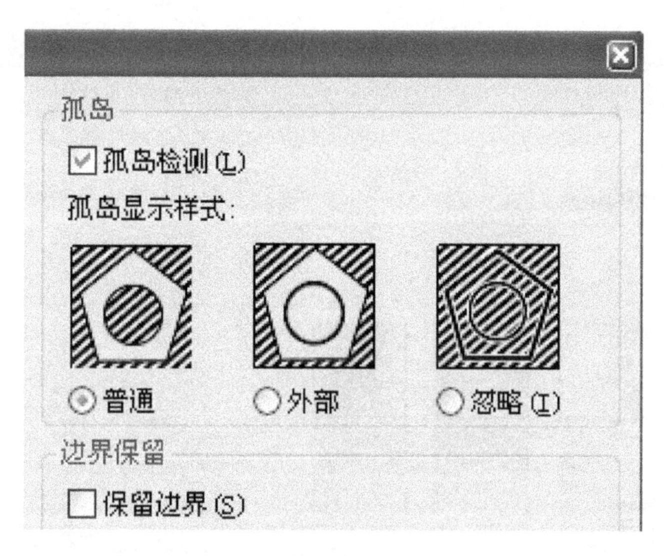

图 13-5 带孤岛时填充方式

(3) 忽略方式(Ignore):即不考虑内部的孤岛,将其全部填充。

应注意的是,在应用孤岛方式进行填充时,不同选择区域的方法可以使结果不一样,如图 13-6 所示。

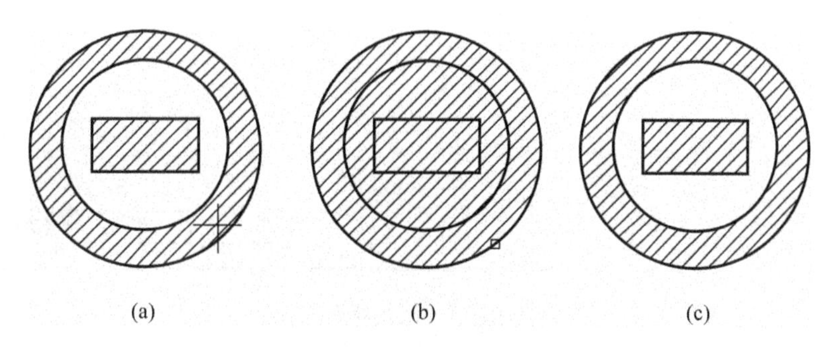

图 13-6 孤岛填充结果

这 3 种方式都是在普通方式(Normal)情况下进行的,图 13-6(a)是选择区域时用拾取点 Pick points 方法,将鼠标点击在大圆与小圆之间,这时大圆内部的小圆和矩形都被看成是大圆区域中的孤岛。图 13-6(b)是选择区域时用选择对象 Select objects 方法,只点选了外面的大圆,从图中可以看出,只将大圆作为填充区,而内部的图形全部忽略了。图 13-6(c)是选择区域时用选择对象 Select objects 方法,用窗口将全部图形选中,此时大圆内部的图形也不是孤岛,而是全部作为选区,但最后的填充结果却依据当前的孤岛探测方式。

对于内部包含有孤岛的情况,也可以点击按钮 Remove Islands,来选择去除到区域内部的某些孤岛,以达到某些特殊的情况。如图 13-6(b)的情况也可以通过去除掉内部两个孤岛的方式来得到。

13.1.3 渐变填充

渐变 Gradient 一页是 2004 版以后新增的内容,提供一种带渐变的填充。如图 13-7 所示。

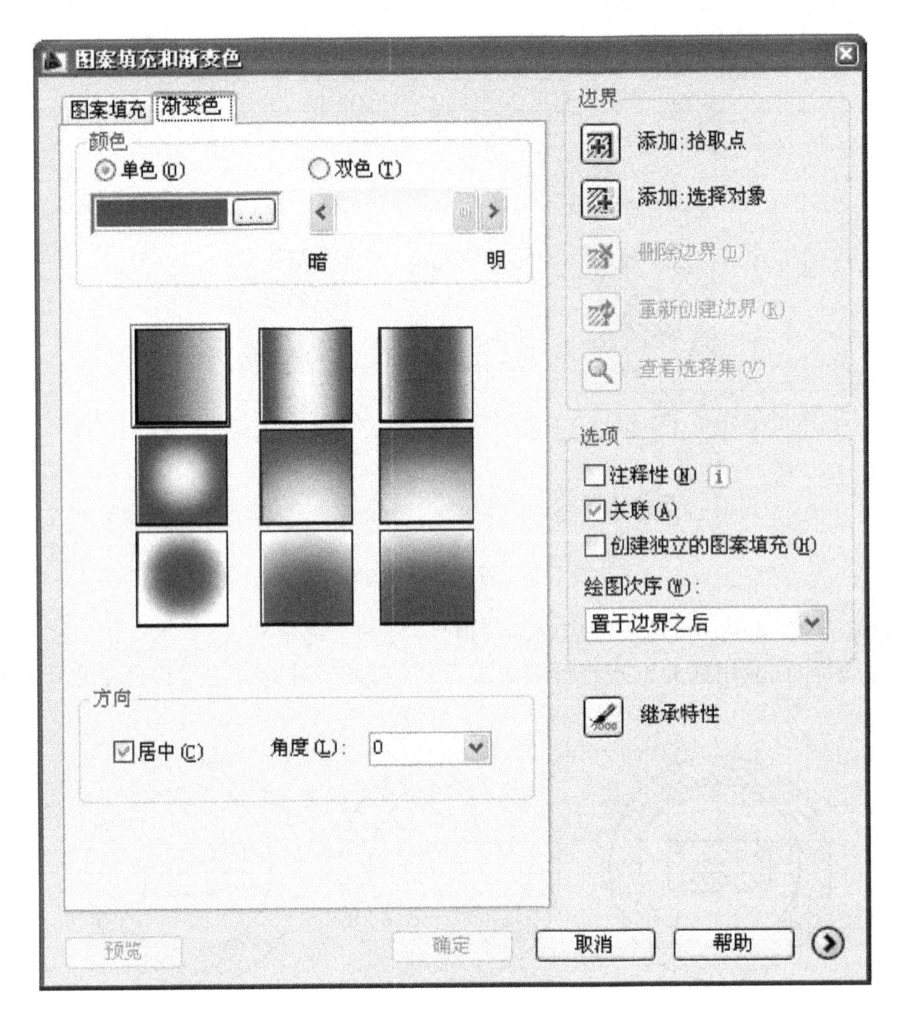

图 13-7 渐变填充

渐变的各种方式以图标菜单的形式列在页面的下部，可以通过点击单选钮“单色”/One color 或“双色”/Two color 来选择用一种颜色或两种颜色，颜色的色相可以通过点击 上的按钮打开调色板来选择。

使用“暗”/Shade 和“明”/Tint 滑块可以设定混色的方式。

使用“居中”/Centered 单选框可以设定渐变是否在中间，使用“角度”/Angle 下拉列表框可以设定渐变的角度。角度设定时可以通过它的下拉菜单来选择，也可以直接输入具体数值。

13.1.4 填充的关联性

在填充对话框上有“关联”/Associative 选择框，一般情况填充选择的都是关联，关联填充后当填充区域变大或变小，填充图案也会相应发生变化，保持对区域的完整填充，如果是非关联的话，则没有这种效果。如图 13-8 所示。

图 13-8(a)中的填充如果采用的是关联填充，则当用 Stretch 命令对其突出部分拉伸后，其效果如(b)所示，如果采用的非关联填充，则效果如(c)所示。

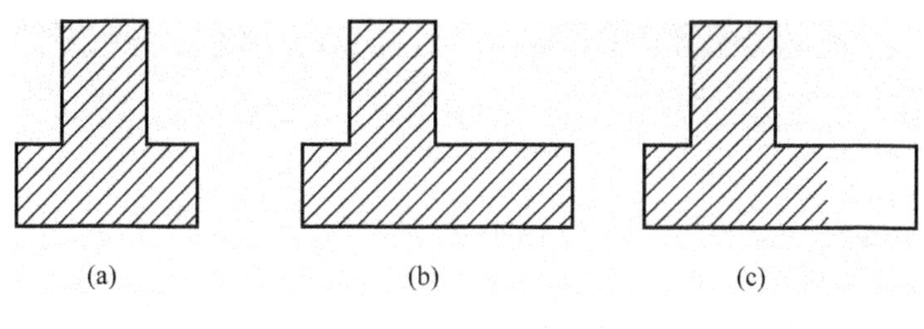

图 13-8　填充的关联性

13.2　图块(Block)

图块实际上是一组图形的集合。合理地利用图块可以大大提高绘图的效率。我们在平时绘图时，总有一些图形是重复使用的，比如机械图中的螺钉等，这些图形如果每次绘图时都重复绘制，则会浪费大量的时间，同时在图形文件中也重复占用了一部分存储空间。如果把这些图形作为一个整体也就是块进行存储，需要时再将其插入，这样不但可以节约了绘图时间，而且也避免了重复占用图形存储空间，因为当块插入时，它只是在需要处建立了一个指针，这只需要几个字节的存储空间。

使用图块还有一个好处就是可以用来建立图形库，对于某一行业的绘图者总会有一些本行业经常用到的图形，如果把它们都做成图块，将这些图块集聚成一个图形库，随着这个图形库的内容越来越丰富，使用者将会感觉越来越方便，绘图的速度也会越来越快。

使用图块后的另一个好处是，如果插入图块后发现某一处地方需要修改，比如过去绘制的螺栓需要修改，如果对一个个螺栓进行修改，当螺栓的数量比较多时显然是一个繁重的任务，可是使用图块后，只要对螺栓的图块进行一下重定义，则所有插入该螺栓的地方，其图形都相应作了修改。

图块中的图形对象可以有自己的图层、线型、颜色等属性，而且图块中的对象也可以是图块，即图块可以嵌套。

图块也是一种图元，AutoCAD 将其作为一个整体看待，可以对它进行诸如移动、拷贝、镜像等操作。

13.2.1　内部块

内部块是定义在图形文件内部的图块，只能用在当前图形文件内部，它一旦定义完毕，就和文件同时被存储和打开。在一张图中可以定义任意多个图块，为了便于管理，每个图块必须有一个名字，最好在命名时就使它具有一定的含义。

内部块的定义方法是：直接在命令行输入 BLOCK，或用菜单“绘图→块→创建”/Draw→Block→Make...，也可以在工具条上点击 ，这时打开一个对话框，如图 13-9 所示。

首先，在“名称”/Name 输入框中输入一个块名，可由字母、数字、下划线组成，长度可以达到 255 个字符。如果忘记了指定名称，系统会提示指定名称。

其次，要选择图块中包含的图形，通过点击对话框上的“选择对象”/Select 按钮，也可以点击它旁边的快速选择按钮 ，打开一个快速选择对话框，如图 13-10，通过它设置一些过滤

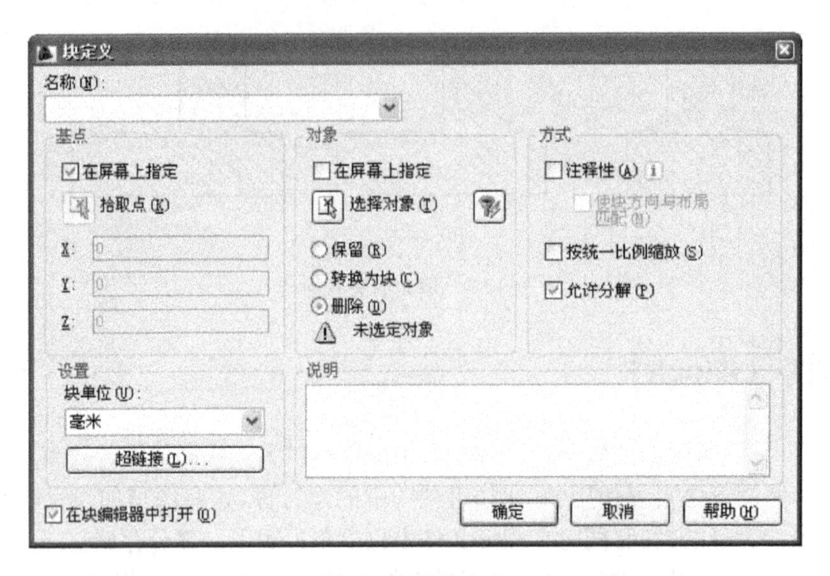

图 13-9　图块定义

图 13-10　快速选择

条件来进行选择。如果忘了选择图形，系统也会给出提示。

在选择对象按钮下方有 3 个单选钮："保留"/Retain，"转换为块"/Convert to block，"删除"/Delete。它们的含义分别如下。

"保留"/Retain：在定义完图块后，被选择的图元还依然保留在屏幕上。

"转换为块"/Convert to block：在定义完图块后，被选择的图元被转换为块。

"删除"/Delete：在定义完图块后，被选择的图元消失。

第三，指定基点。在"基点"/Base point 中输入基点的坐标，一般情况下不常用，常用的方法是点击"拾取点"/Pick 按钮，在屏幕上指定。如果未明确指定基点，默认的基点坐标是(0,0,0)。

注意：

(1) 定义图块前，应先在屏幕上将所要定义成图块的所有图形绘制出来，如一些特殊符号等。

(2) 定义图块时，指定的名称如果与已经存在的图块名称相同，系统会出现提示是否要替换图块，如图 13-11 所示，如果回答是，则原图块将被现图块所取代。原图块在文件中所插入的地方也将被新图块替换，这个过程就被称为"块的重定义"，利用这一点可以快速修改图纸。

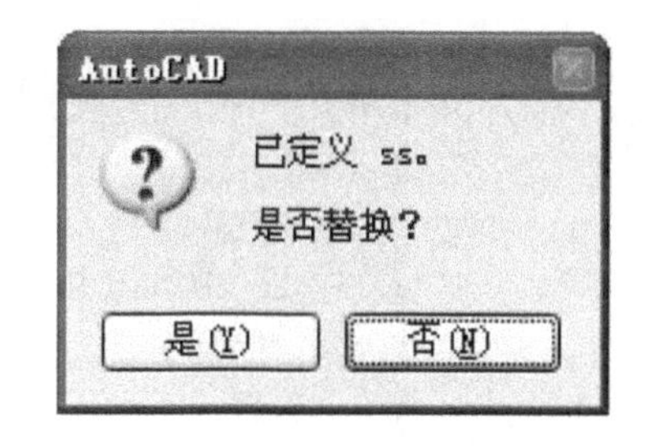

图 13-11 块的重定义

(3) 基点可以定义为图形上的任意点，但一般为了插入图块时方便起见，基点都定义在图形上的特殊位置，如圆的圆心、三角形的顶点等。

例 13.1 定义一个粗糙度符号的图块。

首先在屏幕上按照制图标准上的要求，绘制出粗糙度符号。绘制的时候，要考虑到将来使用的方便，应使符号的高度为 1 个单位高。绘制方法如图 13-12 所示。

其次绘一个任意大小的圆。用 DIVIDE 命令进行三等分，连接各等分点，成为一个等边三角形，再绘制出一条高。如图 13-12(a)。

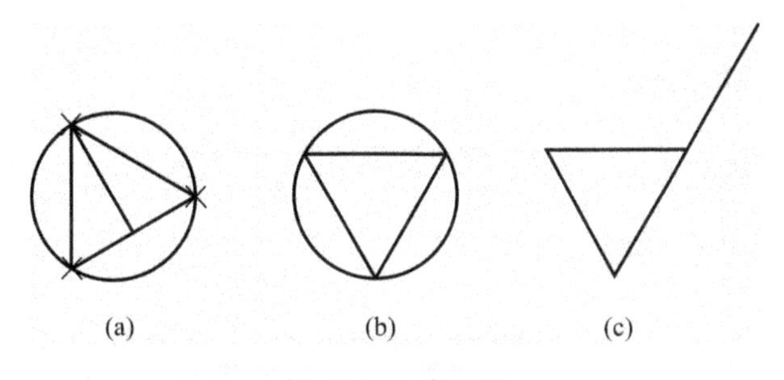

图 13-12 定义块

第三，应用放缩命令(SCALE)，使用其参照 Reference 选项，将高缩放为一个单位长。再用旋转命令(ROTATE)，将图形旋转为等边三角形的一条边为水平，也要使用参照 Reference 选项来完成。等边三角形也可以用多边形命令来完成。

第四，用拉长命令(LENGTHEN)将等边三角形的右边沿长一倍，方法是选择命令中的百分数 Percent 选项，将参数设为 200。然后将圆删除。

最后，开始定义内部块。点击块定义按钮，在名称中输入 ccd，也可以用汉字，选择所有图形，将基点定义在三角形底下的尖端，这是便于以后插入。然后按“确定”完成块的定义。

13.2.2 外部块

外部块就是将块以图形文件的形式写入磁盘，其文件后缀名仍然是“.DWG”，但它与一般的图形文件有一些不同，其内部所存储的信息要简化了许多。由于外部块是定义在当前图形文件之外，保存在磁盘上的，所以它不但可用在当前定义的图形文件中，也可以用在以后所有的图形文件中，构建图形库时所用的都是外部块。

定义外部块可以先定义成内部块，然后再将其写入磁盘转成外部块，也可以直接定义成外部块，保存在磁盘上。直接定义成外部块时，在内部也存在一个同名的内部块。

定义外部块可以用命令 WBLOCK，该命令无对应的菜单或工具按钮。输入命令后打开一个对话框，如图 13-13 所示。

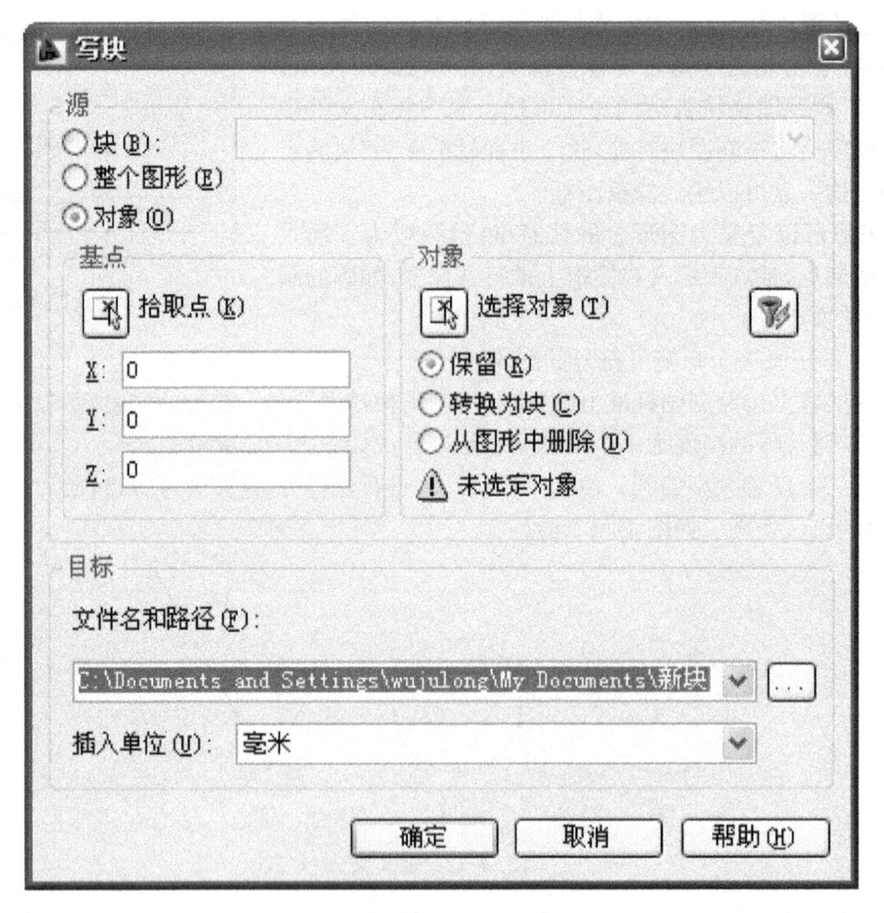

图 13-13 外部块的定义

在“源”/Source 一栏，有 3 个单选钮：

(1) “块”/Block。当已经定义有内部块时，这单选钮可用，否则为灰色。选择它可以将已经定义好的内部块转成外部块，内部块可在旁边的下拉列表框中选。选择它后，只有它下部的“目标”/Destination 栏可用。

(2)“整个图形”/Entire drawing。选择它可将整个图形文件中的所有内容定义成外部块,此时也只有它下部的“目标”/Destination 栏可用。

(3)“对象”/Objects。选择它,需要临时选择屏幕上的图形,将其直接定义成外部块。定义时可通过下部的“对象”/Objects 栏和“基点”/Base point 栏来选择图元和基点,选择方法同内部块的定义。

在“目标”/Destination 栏,可设定外部块保存的文件名和路径。可以直接在输入框中输入,也可以点击旁边的按钮,这时打开一个“浏览图形文件”/Browse for Drawing File 对话框,在这里可以很方便地设定路径和文件名。

对于文件名,系统在未设定之前,已经给出一个默认的文件名“新块. dwg”/new block. dwg,可以改名。应注意的是,如果是将已经有的内部块转成外部块,这时所取的保存外部块的文件名可以与内部块的名称相同,也可以不同。

设定结束后,按“确定”/OK,完成外部块的定义。

13.2.3 图块的属性

图块属性是包含在图块中的文字信息。一个图块可以有多个属性,当图块插入到一个图形时,作为文字信息的属性也一并插入到图形中。

13.2.3.1 定义块的属性

点击菜单“绘图→块→定义属性”,或直接输入命令 Attdef,出现对话框,如图 13-14 所示。

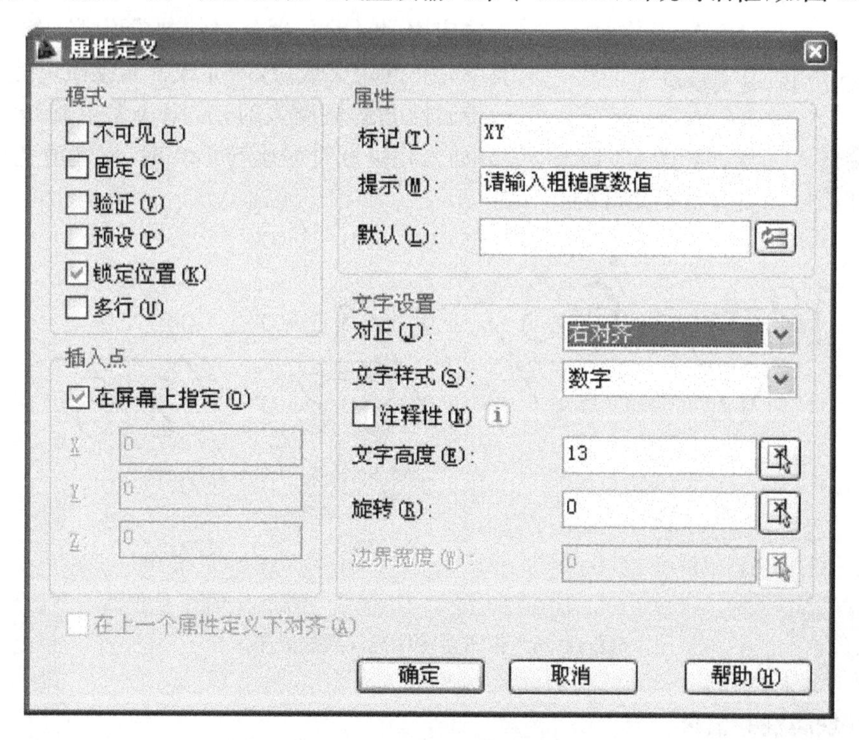

图 13-14 属性定义对话框

1)“模式”区

“不可见”:设置插入块后属性值是否可见。

“固定”:设置属性是否为固定的常数。

“验证”:设置插入块时是否系统提示验证信息,好像密码输入时的效果。

“预设”:设置是否将属性设置成默认值。

“锁定位置”:锁定属性的位置,不允许移动。

“多行”:设置是否包含多行文字。

2)“属性”区

“标记”:用于输入属性标记,可看成能被赋予属性值的变量,如“XY”。

“提示”:用于当插入块时,在需要输入属性值时出现的提示信息。

“默认”:用于输入属性的默认值。

3)“文字设置”区

设置文字的各种特征。

4)“插入点”区

定义插入属性在块中哪个位置。

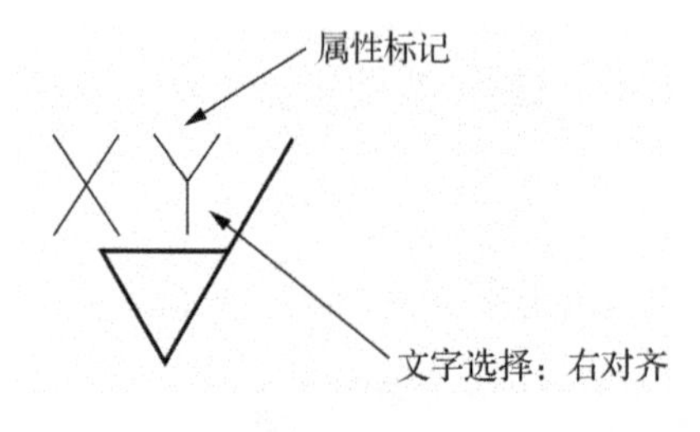

图 13-15 定义属性

下面以定义粗糙度符号的属性为例。在定义粗糙度符号块之前,先定义属性,对话框中参数设置如图 13-15 所示。文字对正选择“右对齐”,这样当插入粗糙度符号时,不论粗糙度值有多长,均不会与图形的右边相抵触,如图 13-16。

再应用 BLOCK 命令对块进行定义,如将图 13-15 所有图元一起定义成块,即完成带属性值块的定义。

带属性的图块插入时,若图块发生旋转,属性值的效果将不会使人满意。如图 13-16 所示,当插入粗糙度符号旋转 180°时,属性值变成头朝下,这在粗糙度符号标注时是不允许的。

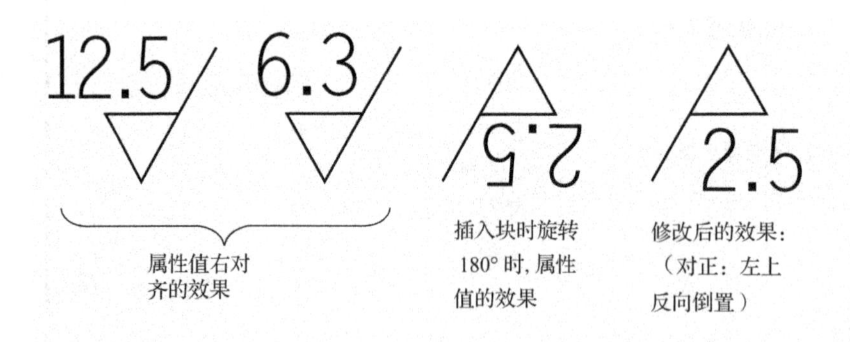

图 13-16 带属性图块插入后的效果

13.2.3.2 块属性的编辑

在插入图块上双击,即可打开“增强属性编辑器”对话框,在其中可修改属性值及文字选项等。如上例粗糙度符号插入时问题,可通过修改解决,设置的参数见图 13-17。

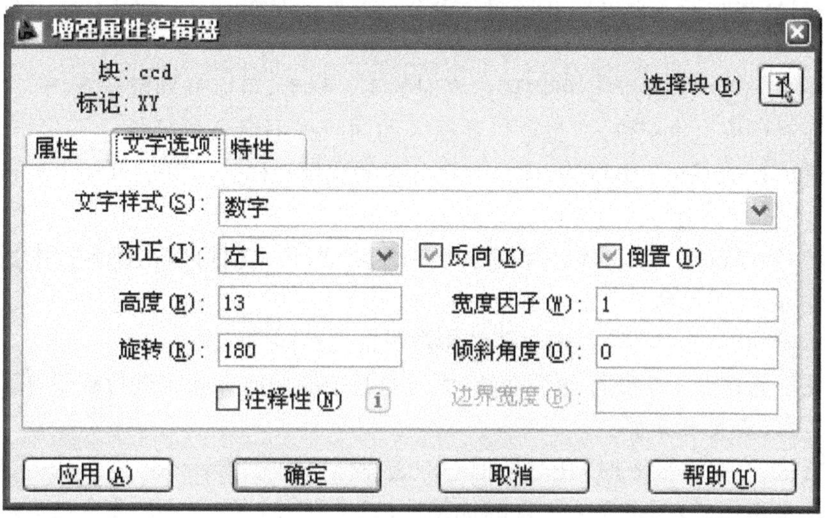

图 13-17 属性编辑

13.2.4 图块的插入

图块在定义完成后，在使用时需要将其插入到当前图形文件中。插入的方法是在命令行输入 INSERT，或用菜单“插入→块”/Insert→Block...，也可以用工具条上的按钮。

这时出现一个对话框，如图 13-18 所示。在“名称”/Name 中可输入内部块的名称，也可以点击箭头在下拉列表框中选择；如果是外部块，需点击“浏览”/Browse... 按钮，找到保存外部块的文件夹，选择外部块的文件即可。

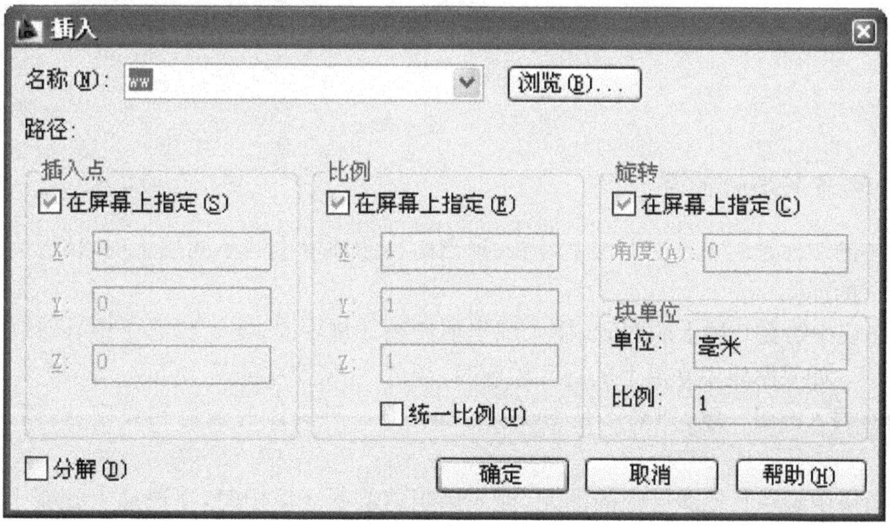

图 13-18 图块插入对话框

“插入点”/Insertion point：就是要插入块的地方，它是与定义块时的基点相对应的，插入块的过程可以形象的看成是抓着块上的基点把它放到插入点上。在“屏幕上指定”/Specify

On-screen 上打钩表示插入点可以在屏幕上指定，如果去掉钩，可以在输入框中直接输入 X、Y、Z 坐标。

"比例"/Scale：插入块的大小可以跟定义时的不一样大，可以分别设定 X、Y、Z 3 个分量的比例。可以在对话框上直接输入，也可以在插入的同时根据命令行的提示一步步输入。如果"统一比例"/Uniform Scale 中打钩，表示 3 个分量的比例一样。比例也可正可负，负的比例相当于翻转。

"旋转角"/Rotation：插入的块可以选择转一定角度，角度值可以在命令行中指定，也可以在对话框中输入，可正可负。

插入块示例如图 13-19 所示，通过调整参数可得到不同的结果。

插入的图块是作为一个整体而存在的，无法对其中的任何一条线进行编辑，如果想要修改块中的内容，可以先将其分解。

分解的方法：一是在插入时，在对话框中的选择框"分解"/Explode 中打钩，这样插入的图块就不再是一个整体了，但也失去了块的优越性；二是应用 EXPLODE 命令，也可以点击工具条上的 或 ，然后选择已插入的块，回车后即将其分解。

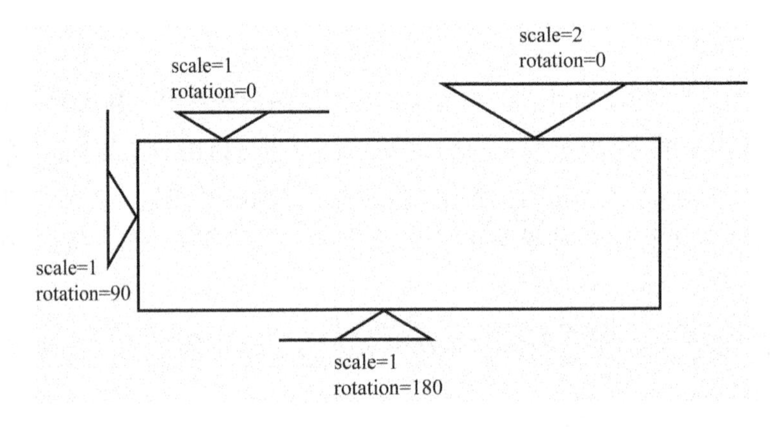

图 13-19　插入方法

13.2.5　块与图层的关系

当块中的图元是绘在不同图层上，插入到当前绘图环境中的不同层上时，情况有点复杂。它遵循如下的原则：

(1) 图块中绘在 0 层上的图元，插入到当前绘图环境中时，插入到哪个层，图块中的对象就到哪个层。如果图块中 0 层上的图元绘制时，颜色、线型使用的是 Bylayer，则插入后，颜色、线型与当前插入的层一致；如果不是 Bylayer，而是某一种具体的颜色和线型，则插入后保持不变。

(2) 图块中绘在其他图层中的图元，插入到当前绘图环境中时，不论插入到哪个图层，均保持其图层不变。如果当前绘图环境中有与图块中同名的图层，则同名图层中的图元仍到同名的图层中；没有同名图层的，则自动创建一个新的图层。

说明：

一个块中由以下几个层组成。

0 层,内容为圆,颜色为 Bylayer,线型为 Bylayer;

A 层,内容为矩形,颜色为 Bylayer,线型为 Bylayer;

B 层,内容为椭圆,颜色为 Bylayer,线型为 Bylayer。

当前绘图环境为:

0 层,颜色为红色,线型为 Bylayer;

A 层,颜色为绿色,线型为点划线。

下面分几种情况来看结果:

(1) 块插入到 0 层,则圆到 0 层,颜色为红色,线型为 Bylayer;矩形到 A 层,颜色为绿色,线型为点划线;环境中将新建一个 B 层,椭圆在 B 层,颜色为 Bylayer,线型为 Bylayer。

(2) 块插入到 A 层,则圆到 A 层,颜色为绿色,线型为点划线;矩形到 A 层,颜色为绿色,线型为点划线;环境中将新建一个 B 层,椭圆在 B 层,颜色为 Bylayer,线型为 Bylayer。

(3) 如果块中圆的颜色不是 Bylayer,而是蓝色,则不论是插入到 0 层,还是插入到 A 层,其颜色仍是蓝色,对线型的结果也是一样。

13.3 文字(Text)

在工程图纸上离不开文字的标注,AutoCADR14 及以前的版本不支持中文标注,无法输入汉字,现在 WINDOWS 下的 AutoCAD 已经能很好地支持中文的输入,支持各种 TrueType 字体,所以今日的图纸上面,多种字体争相斗艳。虽然可用的字体很多,但作为一张规范的正规图纸,不应使用过多的字体,应遵守国标的规定。

13.3.1 文字样式

输入文字首先应该确定文字样式。文字样式是由字体、字高及宽高比、放置方式三方面组成。如果没事先设置好文字样式,系统会采用默认的文字样式(STANDARD),它是一种单线字体,无法显示中文。

设定文字样式可以输入命令 STYLE,或用菜单"格式→文字样式"/Format→Text Style...,打开文字样式对话框,如图 13-20 所示。

在"样式"/Style Name 中,选择样式的名字,默认情况下是 Standard,如果要创建新的样式可按"新建"/New...按钮,在对话框中输入新的名字,或采用系统给的默认的名字"style1"。对于已存在的样式可在样式名上点击右键,选择"重命名"/Rename...改名,也可以点击"删除按钮"/Delete 删除。

新建只是创建了一个新的样式名,字体并没有变,因此采用它后在图纸上并不会看出有什么变化,哪怕你将样式的名字写成"仿宋体",也不会自动变成仿宋体的。

关键的是要在"字体"/Font 一栏中改变字体。在"字体名"/Font Name 中选择具体字体,这里的字体一部分是 AutoCAD 自带的,一部分是 WINDOWS 系统中的,也可以是用户自行安装的。在"字体样式"/Font Style 中选择字体风格,默认是"常规"/Regular。在"高度"/Height 中可设置字高,如果这里给出了具体的数值,则每次使用该文字样式时,输入的文字自动采用这个高度,如果不输入具体的高度,即保持其为 0,每次在使用该文字样式时,系统会提示用户临时输入字的高度。因此这里的"0"的含义,并不是指输入文字的高度是 0。

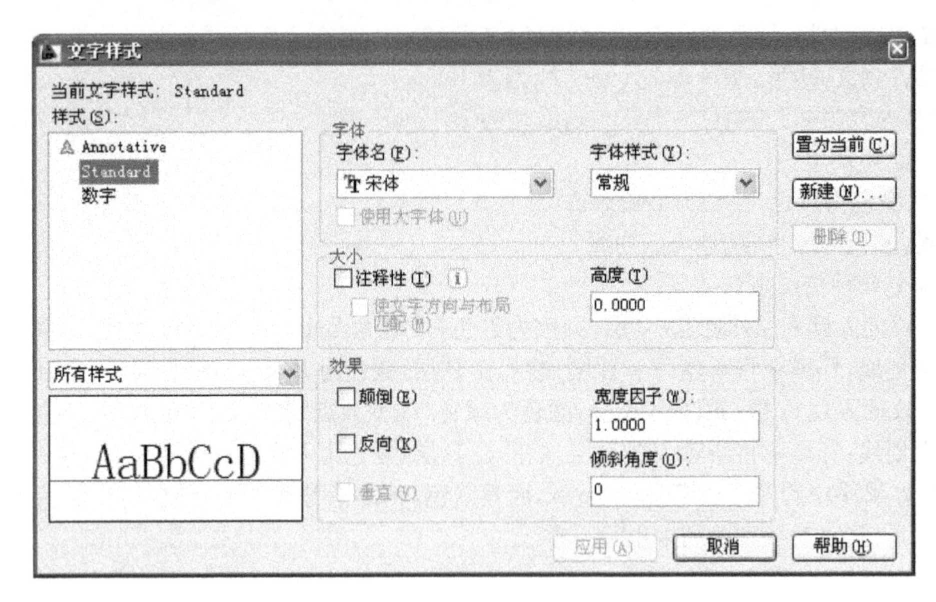

图 13-20　文字样式定义

在“效果”/Effects 一栏中，可输入字的其他效果。“宽度因子”/Width Factor 中输入宽度系数，它是指字的宽与高的比值，默认为 1，即不改变原定义字的宽与高的比例关系；如果小于 1，则字会变窄，当我们在图纸上想要得到长仿宋体时，可将系数设为 0.7。

在“倾斜角度”/Oblique Angle 中输入倾斜角度，这样可得到斜体字。

对于“颠倒”/Upside down、“反向”/Backwards、“垂直”/Vertical 的效果，读者只需自己设定一下，在预览(Preview)中即可看出它的效果。

13.3.2　两种基本输入文字的方法

13.3.2.1　TEXT 命令

TEXT 命令是 AutoCAD 中输入文字最基本的命令，它在 AutoCAD 所有版本中都可以使用的。以前版本中该命令只能输入单行文本，但在 2004 版以后与另一个命令 DTEXT 合二为一了，DTEXT 是用来进行多行文本的输入的。DTEXT 这个命令在新版本中依然可以用。

该命令没有相应的工具条和菜单项，在菜单“绘图→文字→单行文字”/Draw→Text→Single Line Text... 或绘图工具条上的 A ，所对应的实际上是 DTEXT 命令。

在命令行输入 TEXT 命令后，出现提示：

命令：text

当前文字样式：Standard　文字高度：2.5000 注释性：否

指定文字的起点或 [对正(J)/样式(S)]：

指定高度 <2.5000>：如果在定义样式时已经设置了某一高度值，则无此提示

指定文字的旋转角度 <0>：

Current text style：“Standard” Text height：2.5

Specify start point of text or [Justify/Style]：

在提示中显示出当前的文字样式是 Standard，文字高度为 2.5，这个高度不一定是已经设

定的高度，而是前一次使用过的高度，系统会自动将上次用过的高度保存。

若想改变文字样式，需选择选项“样式”/Style，再输入已经定义过的文字样式名称。

文字起始点的含义是在文字的四周可看成围绕着一个高度等于字高的矩形，一般这个矩形的左下角点就是文字的起点。

Specify height <2.5000>：输入文字高度，如果回车将采用尖括号里的默认的高度。这个提示只有当定义文字样式时，在高度一栏中设为 0 时才出现，如果设的不是 0，则系统自动采用已经输入的高度。

Specify rotation angle of text <0>：指定文字行的旋转角度，默认是水平放置的。

接下来输入文字内容，若回车将会换行，可继续输入文字内容，如果要结束命令应回两次车。

选择“对正”/Justify 选项，则进行对齐方式的设定，此项设定应在输入文字之前进行。对齐方式对应的选项提示为：

输入选项[对齐(A)/布满(F)/居中(C)/中间(M)/右对齐(R)/左上(TL)/中上(TC)/右上(TR)/左中(ML)/正中(MC)/右中(MR)/左下(BL)/中下(BC)/右下(BR)]：

Enter an option [Align/Fit/Center/Middle/Right/TL/TC/TR/ML/MC/MR/BL/BC/BR]：

这里的若干种对齐方式，其效果如图 13-21 所示。

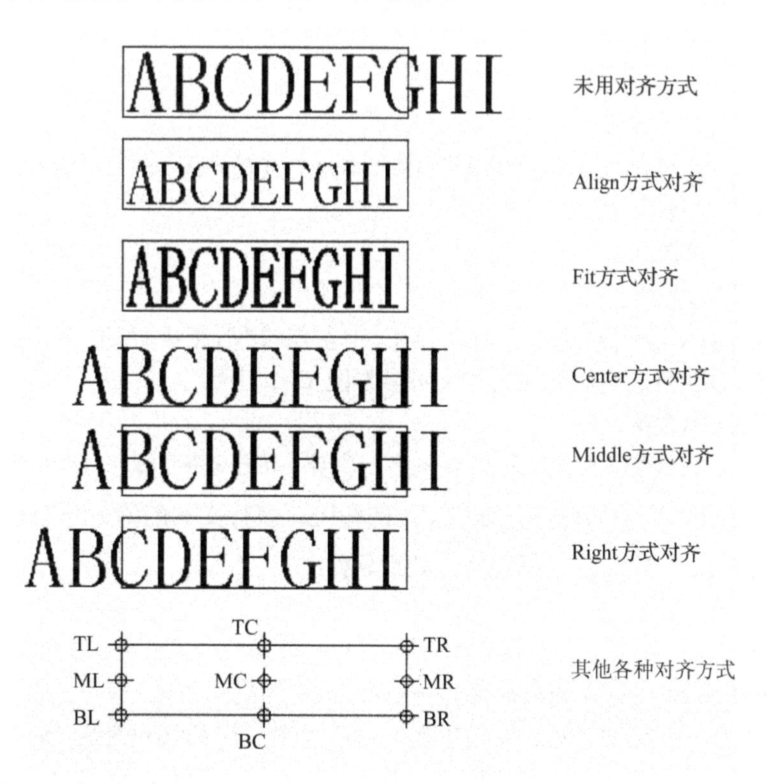

图 13-21　几种对齐效果

未用对齐方式时，其实默认都是以左下角对齐的，因为输入文字时要确定的文字的起始点默认就是指文字的左下角点。在向格子里填文字时，文字的高度也可以用鼠标点两点的方式来确定，因为具体的高度可能很难知道。

当所输入的文字已经超出了格子，或在格子里所处的位置有对齐的要求时，这时就要选择对齐方式了。

1）“对齐”/Align 方式

系统提示：

指定文字基线的第一个端点：

Specify first endpoint of text baseline：输入文字基线的第一点，可指定格子的左下角点，或格子里面的一点。

指定文字基线的第二个端点：

Specify second endpoint of text baseline：输入文字基线的第二点，可指定格子的右下角点或格子里面的一点。

从图中可看出，这种方式是通过降低文字高度的方法来将文字放进格子中的。如果不想降低文字的高度，那应采用“布满”/Fit 方式。

2）“布满”/Fit 方式

系统提示与“对齐”/Align 相同，接着提示输入文字高度，这一点与“对齐”/Align 不同，“对齐”/Align 的高度是自动调节的。

从图中可看出，这种方式是将文字挤扁放进格子里的。

3）“居中”/Center 方式

以文字行底线中点对齐。

4）“中间”/Middle 方式

以文字行中心，即同时是宽度方向和高度方向的中点对齐。

5）“右对齐”/Right 方式

以文字行右下角点对齐。

6）其他几种对齐方式

TL，左上角；TC，上中点；TR，上右角；ML，中左点；MC，正中；MR，右中点；BL，左下角；BC，中下点；BR，右下角。它们具体的含义可参看图 13-21 所示。

13.3.2.2 MTEXT 命令

直接输入命令或用菜单“绘图→文字→多行文字”/Draw→Text→Multiline Text...，也可以点击工具条上的 A ，即可进行多行文本的输入。多行文本的输入是创建一个文本输入的环境，该环境类似于 WORD 这样的文字处理软件。

系统出现提示：

指定第一角点：

Specify first corner：指定矩形区域的一个角点

指定对角点或［高度(H)/对正(J)/行距(L)/旋转(R)/样式(S)/宽度(W)/栏(C)］：

Specify opposite corner or [Height/Justify/Line spacing/Rotation/Style/Width]：指定这个区域的对角点，这两点就确定了一个文字的输入范围

在给出另一个角点之前，可以选择选项来设定有关参数，它们是：

“高度”/Height：文字的高度；

“对正”/Justify：对齐方式；

“行距”/Line spacing:行距;

“旋转”/Rotation:文字行的角度;

“样式”/Style:文字样式;

“宽度”/Width:文字区域的宽度。这里是通过输入一个具体的数值来确定。

虽然两点确定了一个文字的矩形范围,实际上只是确定了宽度范围,长度范围随着文字行的增加,还会延伸。

最后在屏幕上出现一个文字输入区域,如图 13-22 所示。

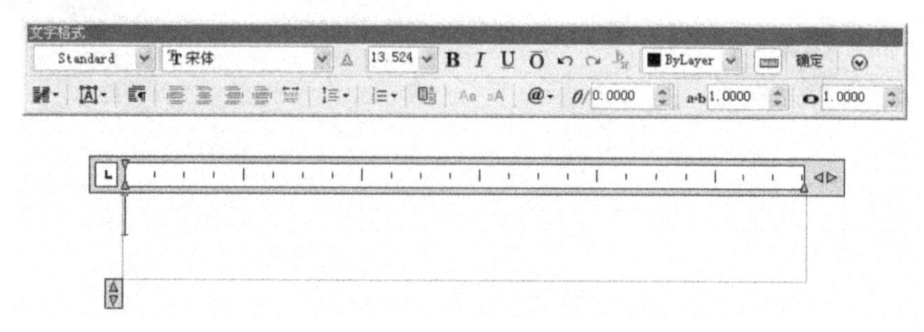

图 13-22 Mtext 文本输入

图 13-23 Mtext 对话框的标题栏

在如图 13-23 所示,细长的对话框中可设置字的样式、字体、字的高度、字的颜色,可以使所输入的字符加粗、倾斜、加下划线,前进、后退,堆叠字符。

使字符加粗、倾斜、加下划线时,应先选择要改变的字符,然后按对话框上面的相应按钮。

在文字输入区,可以像在 WINDOWS 常见的文字编辑器中那样输入文字,将鼠标放在区域的右边或左下边的调整按钮上可以改变区域的宽度或高度,如图 13-24 所示。

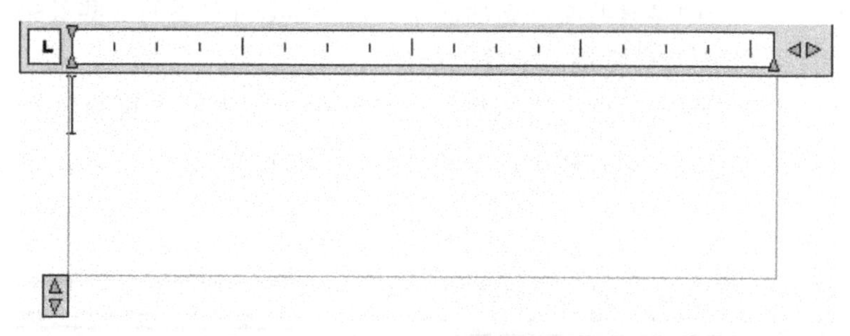

图 13-24 Mtext 的输入区

在鼠标放在标尺上按住,可以移动输入区,改变它在屏幕上的位置。移动标尺上的滑块可以设定首行缩进及整段缩进的大小。也可以在标尺上点击鼠标右键,出现一个弹出菜单,如图 13-25。在此可以设置段落标记,重新设置输入文本块的宽度和高度。

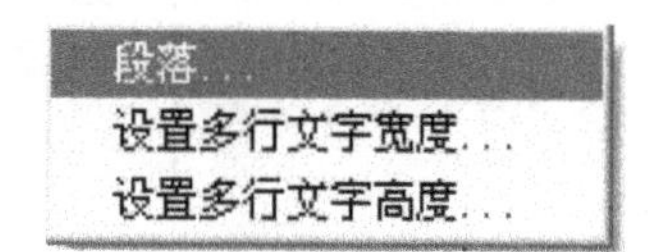

图 13-25 输入区弹出菜单

在文字输入区中输入完文本后，可点击“确定”/OK 结束，也可以直接点击在输入区的外边，系统会自动结束输入。想修改时直接双击刚输入的文本，则又会重新打开输入界面。

13.3.3　文字的操作

在输入区选中所输入的文字后点击鼠标右键，将弹出一个菜单，如图 13-26 所示，在这个菜单上列出插入字符、改变大小写等操作，也可以在标题栏上选择所需的操作。

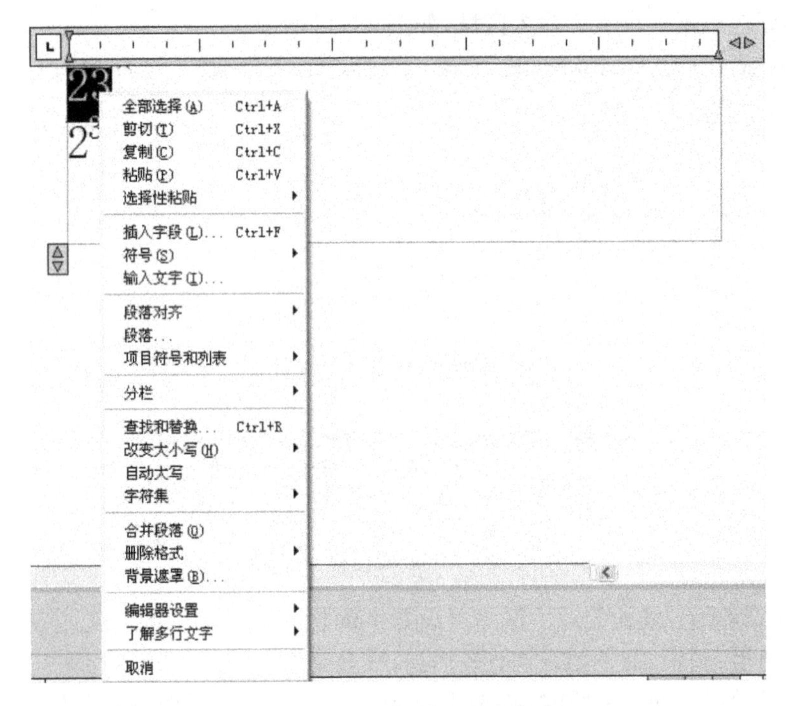

图 13-26　文字操作弹出式菜单

13.3.3.1　堆叠操作的方法

堆叠操作就是在一行中将某些文字叠加起来，以达到我们需要的一些效果。通过多行文本输入的方法，可得到下面几种常用的堆叠效果：

(1) 分数形式。将字符之间加上“/”，将所有欲放在分子上的字符与分母上的字符包括“/”选中，如图 13-27，点击细长对话框上的堆叠按钮 $\frac{a}{b}$ ，即可完成。分数的堆叠不仅限于数

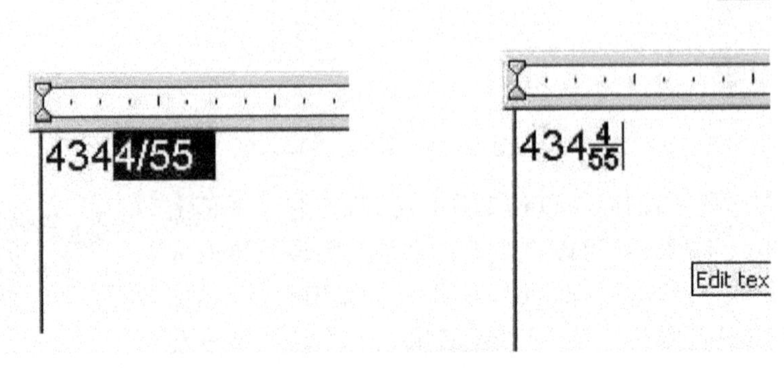

图 13-27　分数堆叠

字,可以是任何字符。堆叠后的字符默认是以文字原高度的 70%显示,如果不合适也可以单独设置它的高度。

(2) 指数形式。将数字与作为指数的数字写在一起,在指数数字后面加上"∧"符号,如要输入 200 的 3 次方,可写成:2003∧,然后将指数数字与该符号选中,即将 3∧选中,如图 13-28,再点击堆叠按钮。

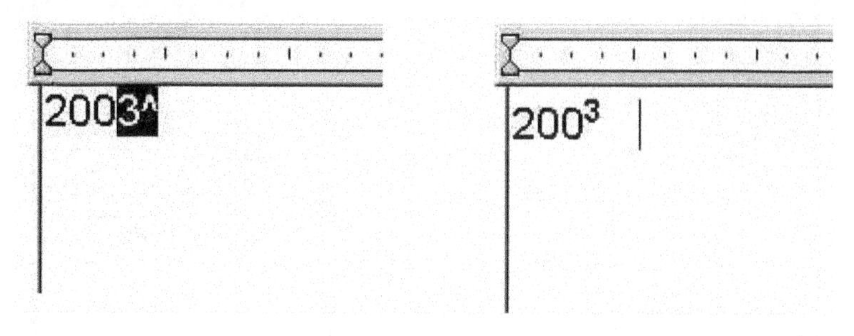

图 13-28 指数堆叠

(3) 公差形式。公差的标注在工程图纸上是少不了的,公差的标注可以用几种方法进行,这里是其中一种。比如标注基本尺寸是 500,上偏差是+0.02,下偏差是−0.01,可在输入区写成:500+0.02∧−0.01 的形式,然后将+0.02∧−0.01 选中,再按堆叠按钮。如图 13-29 所示。

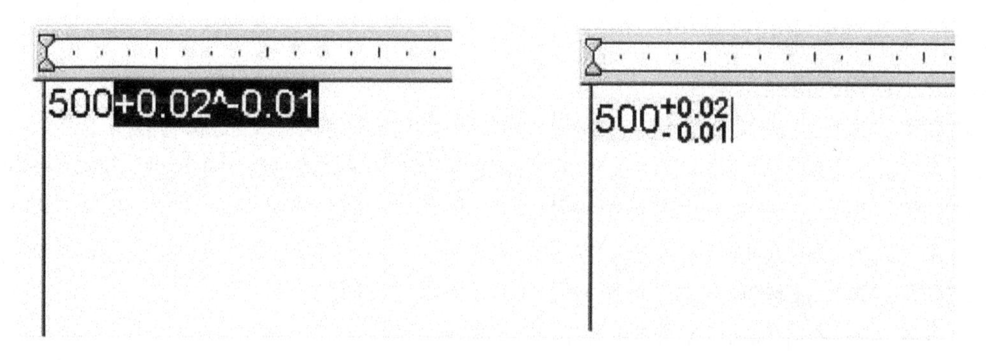

图 13-29 公差堆叠

(4) 斜杠式分数。在字符与字符之间加上符号"#",然后将它们一起选中后再按堆叠按钮。如图 13-30 所示。

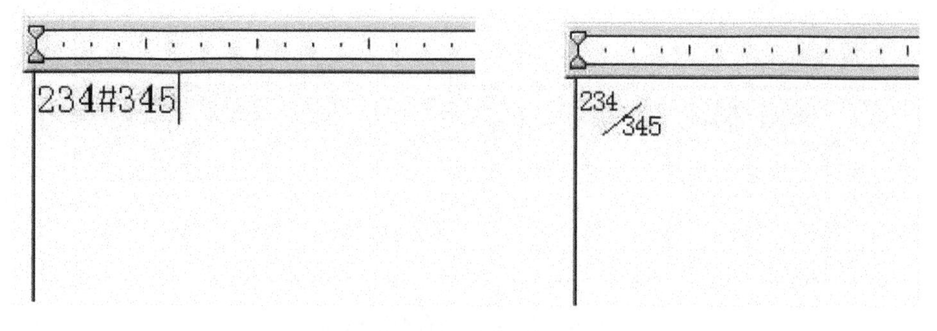

图 13-30 斜杠堆叠

在已经堆叠了的文字上点击鼠标右键，弹出一个如图 13-26 的菜单，在上面会多出一项“堆叠特性”/Properties...，点击之后出现一个对话框，如图 13-31。

图 13-31 对堆叠进行属性修改

在上面可修改文本的内容，也可以修改它的外观。在“样式”/Style 中可将一种堆叠形式变成另一种堆叠形式；在“位置”/Position 中可修改对齐方式；在“大小”可将默认的堆叠后的高度 70%修改成其他的高度。

13.3.3.2 字符的查找与替换

在文字输入区点击鼠标右键，在弹出的菜单上点击菜单项“查找和替换”/Find and Replace...打开一个对话框，如图 13-32。在“查找内容”中输入欲查的内容后，点击“查找下一个”按钮，就可以在整个输入的内容中查找了，每点击一次就向下找一个，直到没有匹配的字符为止。在“替换为”输入框中输入欲替换的内容，点击“替换”按钮，可将查到的内容替换为当前内容，也可以按“全部替换”按钮，将所有查到的字符都进行替换。

在下部还有“全字匹配”和“区分大小写”选择框供选择。

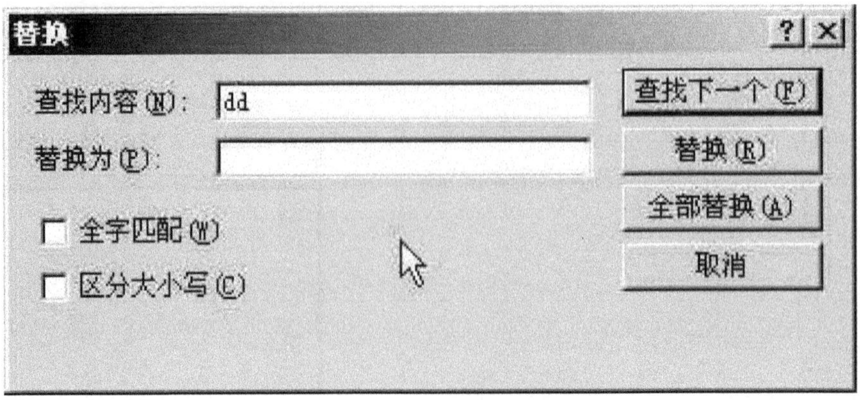

图 13-32 查找与替换对话框

13.3.3.3 输入特殊字符和符号

同样在弹出式菜单中点击“符号”/Symbol，可输入一些特殊符号，如度的符号、正负号和直径符号。

这些符号也可以通过在输入字符时直接输入控制码来输入，如要得到±0.03，可在输入文字时输入%%P0.03。常用的控制码见表 13-1。

表 13-1 常用符号的控制码

控 制 码	功 能
%%P	“±”号
%%C	直径符号“Φ”
%%D	角度符号“°”
%%O	打开或关闭上画线
%%U	打开或关闭下画线
%%NNN	标注任一 ASCII 字符，NNN 为 ASCII 码

应注意的是，这些控制码在 AutoCAD 中，与 WINDOWS 中的 TrueType 字体是不兼容的，因此当我们如果在文字样式中定义字体为某种汉字体后，在输入文字时，如果其中夹杂有这些控制码，则最终显示会出现方框或问号。

如果当前字样式是 Standard，字体是 txt，则如果在文字中输入汉字时，汉字也将显示为问号或方框。

在弹出菜单中，如果点击“符号→其他”/Symbol→Other.... 则会出现一个字符映射表，如图 13-33 所示。可以在这个表里寻找想要插入的字符。

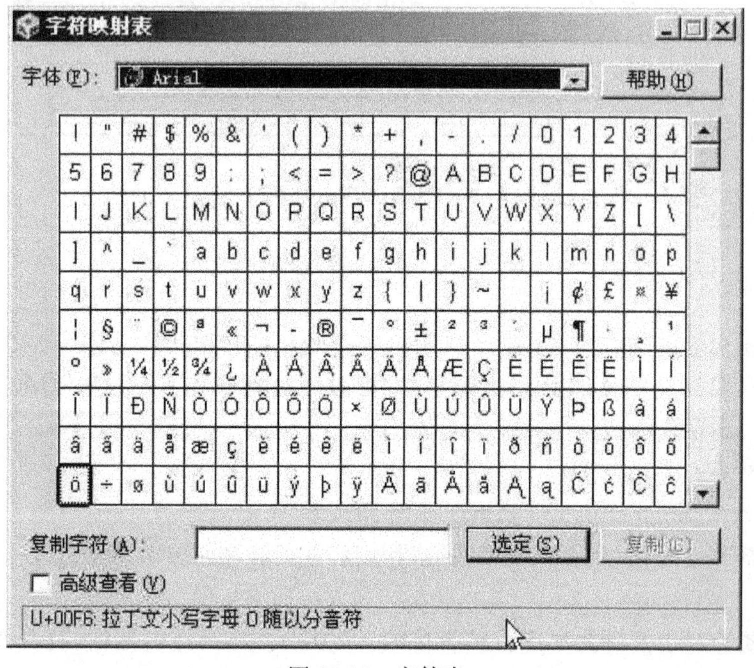

图 13-33 字符表

13.3.3.4 文本的批量输入

在弹出式菜单中点击“输入文字”/Import Text...,可将保存在文本文件中的整个文本一次性全部输入进来,但只能是两种格式的文件,一个是.txt 文件,另一个是.rtf 文件。点击后打开一个选择文件的对话框,从中可以找到事先准备好的文件。

13.3.4 文字的编辑

输入的文本在 AutoCAD 中是以两种图元存在的,一种是 Text,一种是 MText。Text 是最基本的文本图元,如果将 MText 文本用 EXPLODE 命令炸开的话,它就会变成 Text 文本。

对已经输入的文本进行修改可以有几种方法:

(1) 在所输入的文本上双击鼠标。对于两种文本图元分别会出现两种对话框,如图 13-34 及图 13-35 所示。

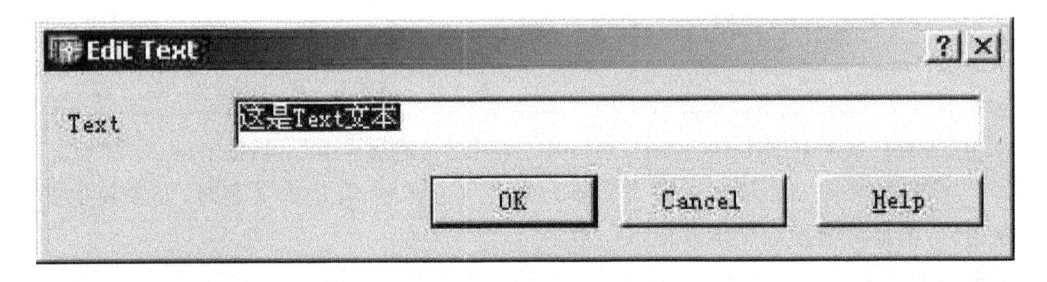

图 13-34 修改文字

图 13-35 Mtext 的文本修改

在对话框里可修改文本内容,对于 MText 文本还可以修改更多的内容。

(2) 直接输入命令 DDEDIT,可选择菜单“修改→对象→文字→编辑”/Modify→Object→Text→Edit...,出现提示:

选择注释对象或[放弃(U)]:

Select an annotation object or [Undo]: 选择文本

选择不同的文本对象,也会出现不同的对话框,在对话框中可编辑修改文本内容。对话框形式同前述。

(3) 应用属性对话框对文本进行编辑修改。选择文本后,点击按钮,打开属性对话框,如图 13-36,在对话框中可修改文本的内容、字体、对齐方式、字高等内容。

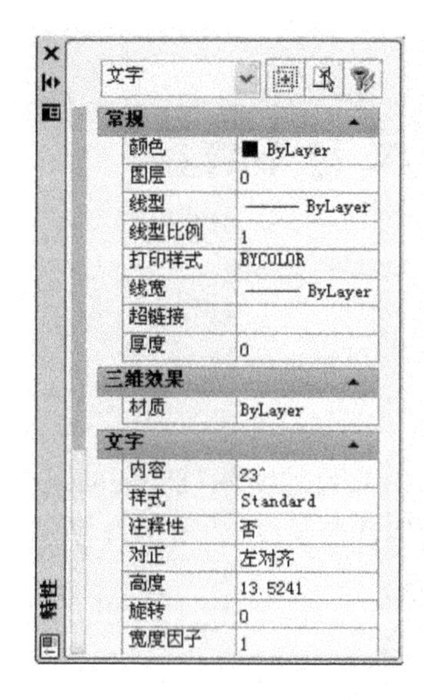

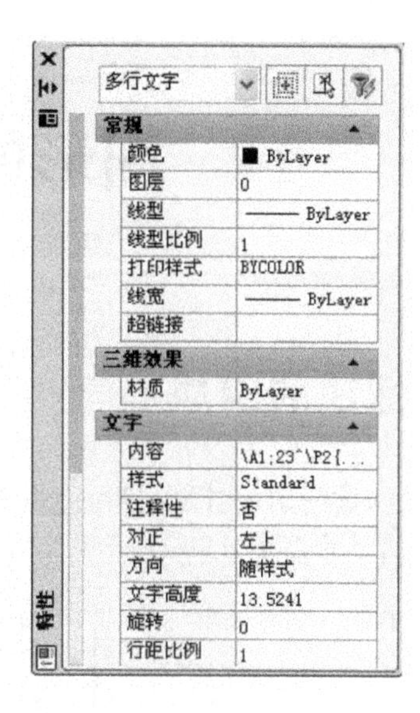

图 13-36 对属性对话框进行文字修改

习题:

1. 用 TEXT 命令书写文本时,要在文本下加一下画线,应使用________。
   A) %%d　　B) %%p　　C) %%c　　D) %%u
2. 简述内部块与外部块的异同。
3. 使用 MTEXT 命令会有什么好处?
4. 用 BLOCK 命令建立的图块是外部块还是内部块?

14 图形的尺寸标注

14.1 尺寸标注的组成

一个完整的尺寸标注由尺寸线(Dimension Line)、尺寸文本(Dimension Text)、尺寸界线(Extension Line)和尺寸箭头(Dimension Arrow)四部分组成(如图 14-1 所示)。

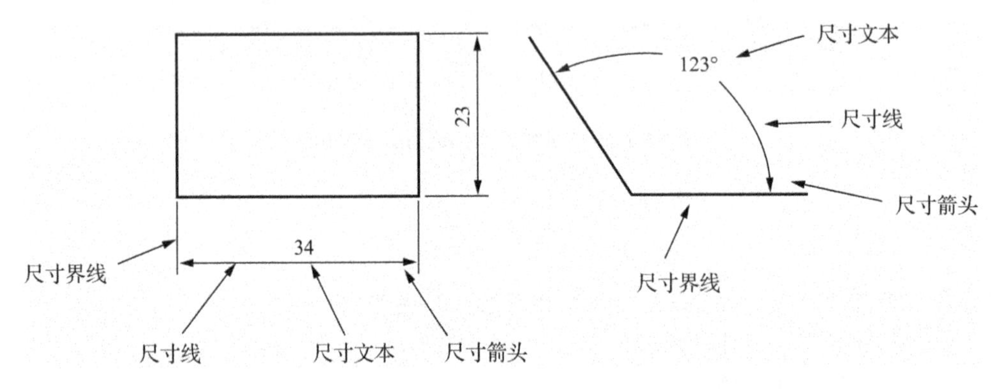

图 14-1 尺寸标注的组成

14.2 尺寸标注的关联性

AutoCAD 用变量 DIMASO 控制尺寸标注的关联性,当 DIMASO=1 时,标注的尺寸为关联性尺寸;当 DIMASO=0 时,标注的尺寸为非关联性尺寸。

如果标注的尺寸为关联性尺寸,使用 Explode 命令对其分解后,将变成非关联性尺寸。

关联性的尺寸会随着被标注的图形尺寸变大或缩小时,尺寸数字也会自动发生改变;非关联性的尺寸则没有这一特性。

14.3 尺寸标注样式管理器

尺寸标注样式是用来控制尺寸标注的外观,使尺寸标注的外观符合技术制图(或绘图者)的要求。在 AutoCAD 中,尺寸样式是由尺寸标注变量来控制的,每种尺寸标注样式大约有 60 个左右的尺寸变量。在 AutoCAD 2000 以后,通过尺寸样式管理器以对话框方式方便、直观地设置尺寸标注样式(尺寸标注变量)。如图 14-2 所示。

点击菜单"标注→标注样式"/Dimension→Style... 或"格式→标注样式"/Format→Di-

图 14-2　尺寸标注工具条

mension Style，或点击工具条上的 ，也可以在命令行直接输入命令 Dimstyle，弹出如图 14-3 所示的“标注样式管理器”/Dimension Style Manager 对话框。

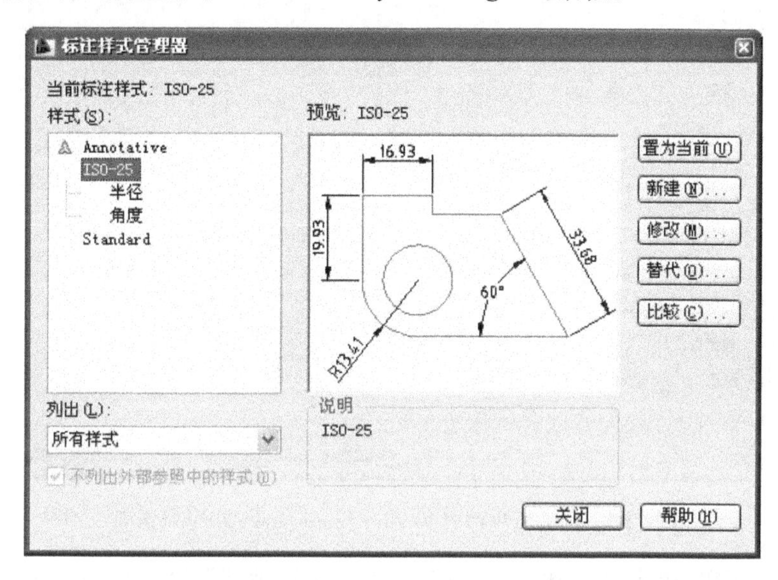

图 14-3　标注样式管理器 Dimension Style Manager 对话框

对话框中各按钮的含义如下：

(1) 当前标注样式/Current Dimstyle：显示当前尺寸标注样式名。

(2) 样式/Styles 列表框：显示图形中已设置的标注样式。

(3) 列出/List 下拉列表框：控制在样式/Styles 列表框中显示哪些尺寸样式名。

(4) 不列出外部参照中的样式/Don't List Sytle in Xref 复选框：控制是否显示在外部参照图形中的标注样式，选中该复选框为不显示。

(5) 预览/Preview of ... 显示框：显示在 Styles 列表框中选择的尺寸标注样式的示例图。

(6) 置为当前/Set Current 按钮：将列表框中选定的标注样式置为当前尺寸标注样式。

(7) 新建/New... 按钮：建立一个新的尺寸标注样式。

(8) 修改/Modify... 按钮：修改已定义的尺寸标注样式。单击该按钮，弹出如图 14-4 所示修改标注样式/Modify Dimension Styles 对话框，用以修改在 Styles 列表框中选中的尺寸标注样式。

(9) 替代/Override... 按钮：用于设置临时尺寸标注样式代替当前尺寸样式的相应设置，但并不改变当前尺寸标注样式的设置。新建、修改、替代打开的对话框均与图 14-4 的对话框相同。

(10) 比较/Compare... 比较两种尺寸标注样式之间的差别。单击该按钮，弹出比较标注样式/Compare Dimension Styles 对话框，如图 14-5 所示，用以比较已定义过的两种尺寸标注样式之间的差别。

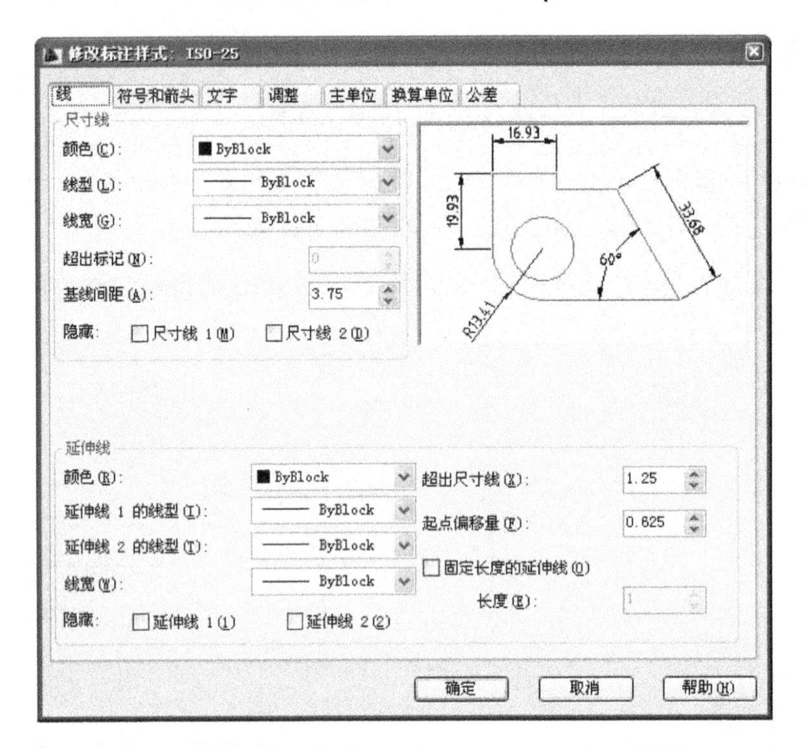

图 14-4　修改标注样式 Modify Dimension Styles 对话框

(11) Close 按钮：单击该按钮，则关闭“标注样式管理器”/Dimension Style Manager 对话框。

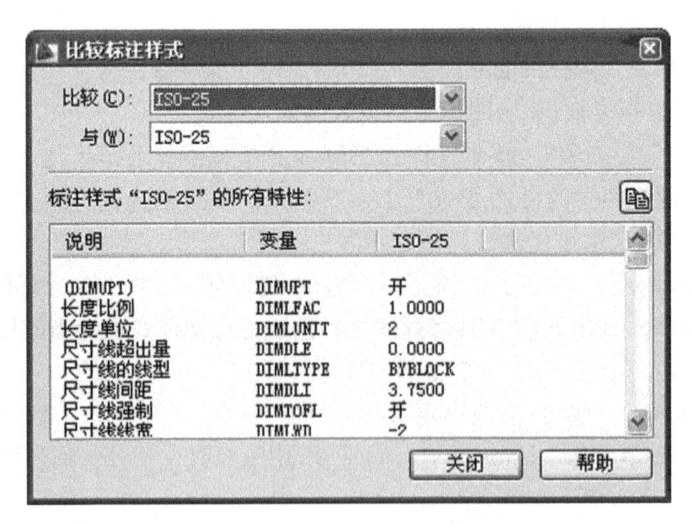

图 14-5　比较标注样式 Compare Dimension Styles 对话框

注意：修改与替代打开的对话框虽然一样，但效果是截然不同的。用修改方法改变了尺寸标注的样式后，不但影响后续的标注，对已经标注好的尺寸也会做相应地改变；用替代方法改变了尺寸标注样式，只会影响后续的尺寸标注，对已经标注好的尺寸不受影响。因此我们经常用替代的方法对尺寸标注的后续效果做一些微调，而不怕影响已经有的标注效果。

14.4 设置新的尺寸标注样式

在图 14-3 所示的“标注样式管理器”/Dimension Style Manager 对话框中单击按钮“新建”/New... 即可设置新的尺寸标注对话框。弹出如图 14-6 所示“创建新标注样式”/Create New Dimension Style 对话框。

图 14-6 创建新标注样式 Create New Dimension Style 对话框

(1) “新样式名”/New Style Name 文本框：显示新的尺寸标注样式名。

(2) “基础样式”/Start with 下拉列表框：显示新样式继承参数的老样式名。

(3) “用于”/User for 下拉列表框：确定新样式适用的尺寸标注类型。

“所有标注”/All dimensions：该尺寸标注样式用于所有的尺寸标注类型。

“线性标注”/Linear dimensions：该尺寸标注样式用于长度型尺寸标注。

“角度标注”/Angular dimensions：该尺寸标注样式用于角度型尺寸标注。

“半径标注”/Radius dimensions：该尺寸标注样式用于半径型尺寸标注。

“直径标注”/Diameter dimensions：该尺寸标注样式用于直径型尺寸标注。

“坐标标注”/Ordinate dimensions：该尺寸标注样式用于坐标型尺寸标注。

“引线和公差”/Leaders and Tolerances：该尺寸标注样式用于引线型尺寸标注和形位公差标注。

该对话框设置过程中，若单击“取消”/Cancel 按钮，放弃刚才所作的设置；若单击“继续”/Continue 按钮，弹出新建尺寸标注样式对话框，该对话框与图 14-4 的修改标注样式对话框是一样的。

在新建标注样式/New Dimension Style 对话框中，共有 7 个选项卡，分别用于设置尺寸标注样式的 7 个方面：

1) “线”选项卡

如图 14-7，是针对尺寸线和延伸线(尺寸界线)的有关设置。

(1) 超出标记：指当尺寸箭头用了斜线等符号时，尺寸线超出尺寸界线的长度。如图 14-8 所示，显示超出标记不同值时的效果。

(2) 基线间距：指当使用基线尺寸标注进行尺寸标注后，尺寸与尺寸间的距离。如图 14-9 所示。

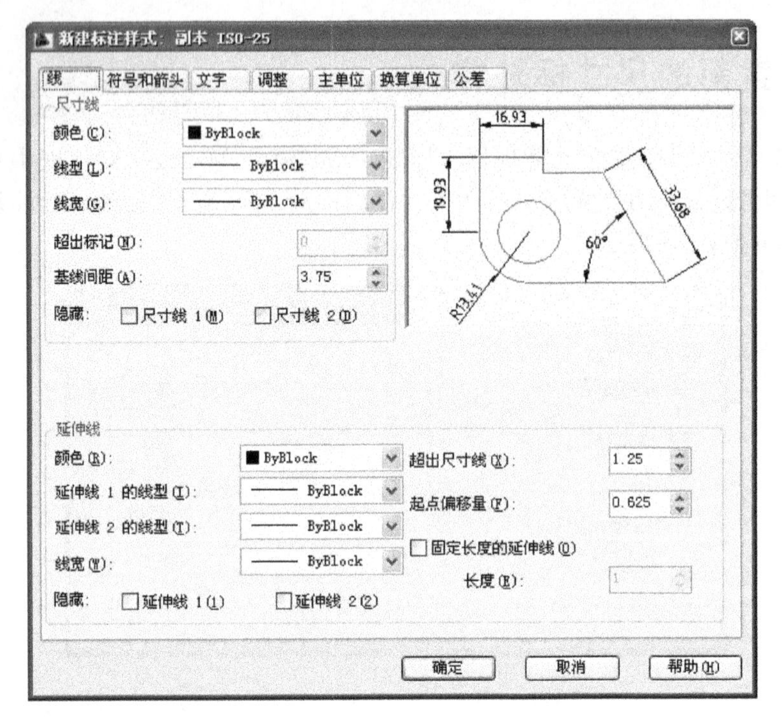

图 14-7　线选项卡内容

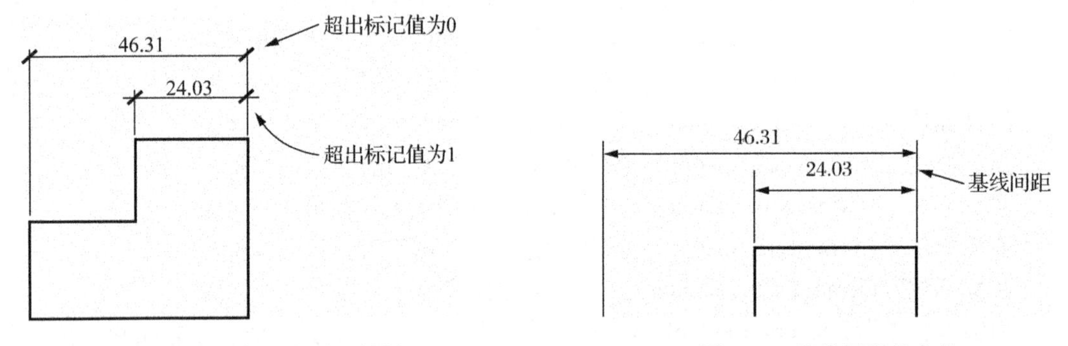

图 14-8　对超出标记的设置效果　　　　图 14-9　基线间距的含义

(3) 隐藏尺寸线 1、尺寸线 2：尺寸线被尺寸文本分成两段，其中一段是尺寸线 1，另一段是尺寸线 2，至于哪一段是尺寸线 1，由标注尺寸时先点击的位置来决定，如图 14-10 所示。

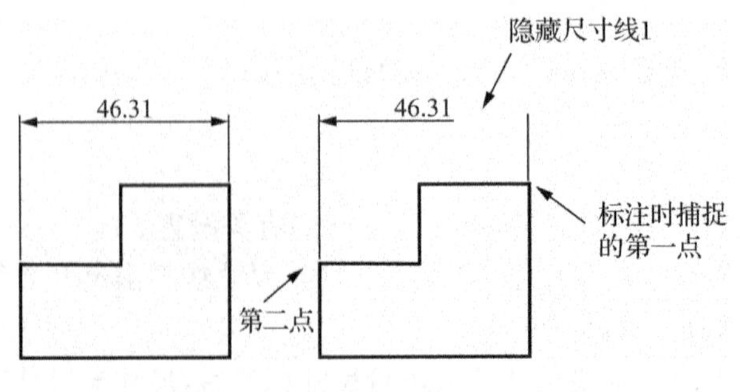

图 14-10　隐藏尺寸线 1 的效果

(4) 超出尺寸线:定义的是延伸线(尺寸界线)超出尺寸线的长度。如图 14-11 所示。

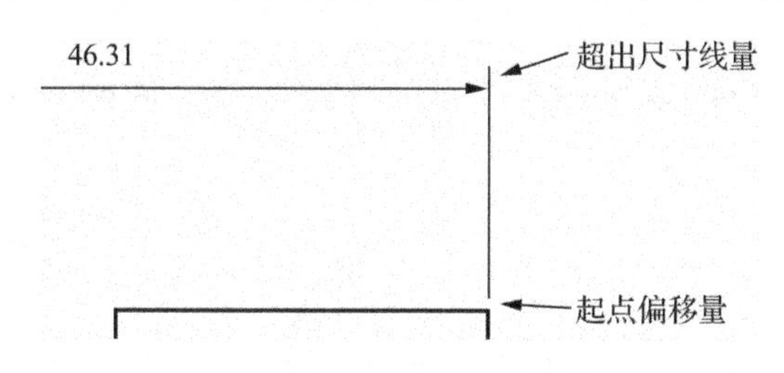

图 14-11　超出尺寸线、起点偏移量含义

(5) 起点偏移量:定义延伸线(尺寸界线)离开标注对象的距离。如图 14-11 所示。

(6) 隐藏延伸线 1、延伸线 2:延伸线(尺寸界线)也分为 1 和 2,其定义的方式与尺寸线类似,隐藏后的效果如图 14-12 所示。

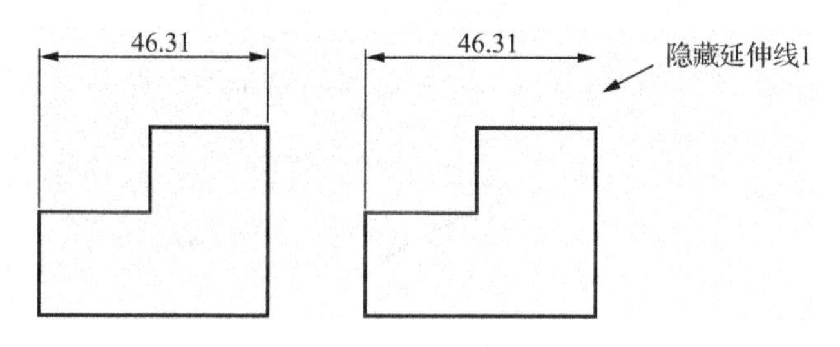

图 14-12　隐藏延伸线(尺寸界线)1 的效果

2) "符号与箭头"选项卡

设置尺寸箭头的样式、大小及圆心标记等内容如图 14-13 所示。

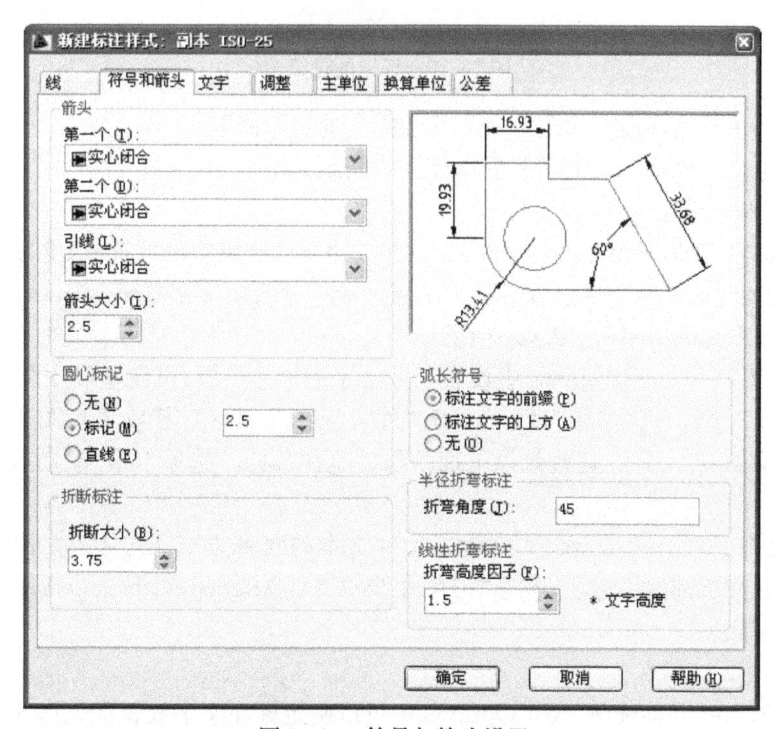

图 14-13　符号与箭头设置

(1) 在箭头(Arrowheads)区中设置尺寸箭头样式及尺寸箭头的大小,尺寸箭头可设置为两端不一样。

(2) 圆心标记(Center Marks for Circles)的设置,在圆或圆弧上加注中心符号,其 3 种情况见图 14-14。

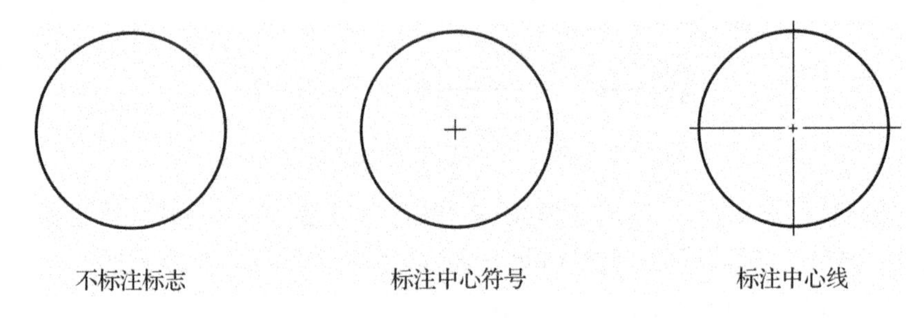

图 14-14 圆与圆弧的中心符号的设置

(3) 弧长符号的设置、半径折弯标注的设置、线性折弯标注的设置。如图 14-15。

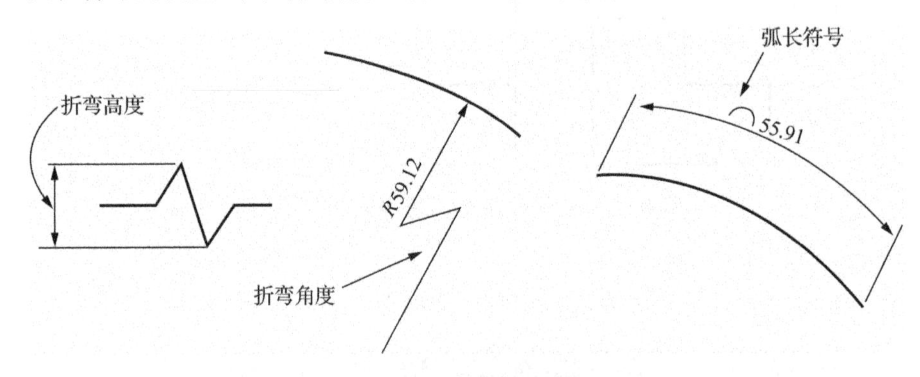

图 14-15 标记的设置

折弯高度因子与文字高度的积定义了线性折弯的折弯高度。

折弯大小定义了显示和设置用于折断标注的间距大小。

3) “文字”Text 选项卡

见图 14-16,在 Text Appearance 中设置尺寸文本外观,包括尺寸样式、文字颜色、文字高度、分数高度的比例因子及是否在文字四周绘框。当在“绘制文字边框”/Draw frame around text 中打钩的效果见图 14-17 左边第一个图。

在“文字位置”/Text Placement 中设置尺寸文字的标注位置,可设置尺寸文字在垂直方向的位置,共有“上”/Above、“居中”/Centered、“外”/Outside 几种,其效果见图 14-17。水平方向的位置其效果见图 14-18。这些效果出现的条件是在“调整”选项卡中“手动放置文字”选择框未被打钩。

在“文字对齐”/Text Alignment 中设置尺寸文本的对齐方式。选中“水平”/Horizontal,则所有方向尺寸文字都水平标注;若选“与尺寸线对齐”/Aligned with dimension line,则尺寸文字与尺寸线一致。

4) “调整”/Fit 选项卡

见图 14-19。在“调整选项”/Fit Options 中可以确定标注文字放置优先形式。

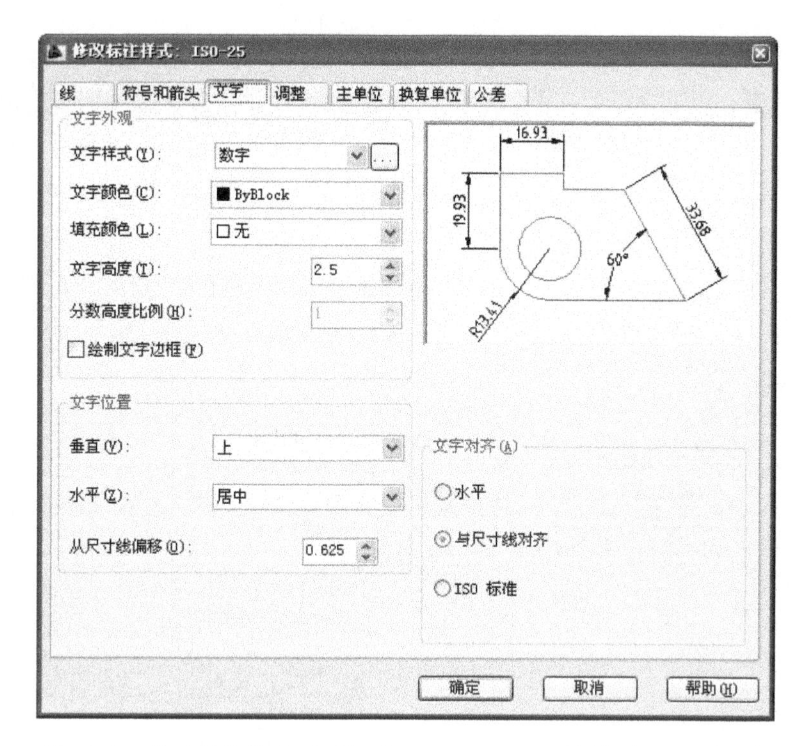

图 14-16 修改标注样式 Modify Dimension Styles 对话框的 Text 选项卡

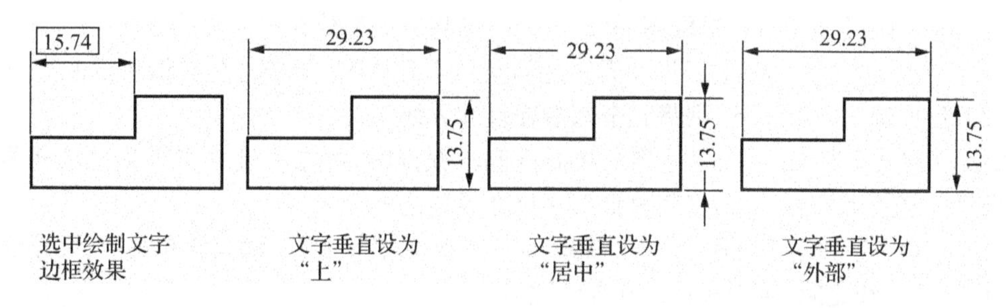

图 14-17 Text 选项卡中的文字位置“垂直”/Vertical 中的设置效果等

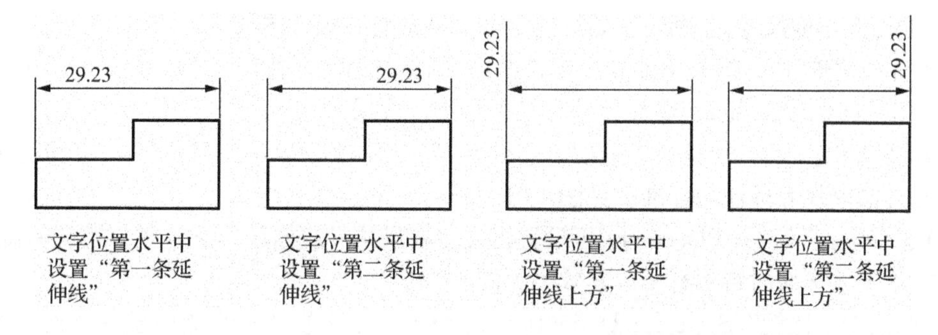

图 14-18 Text 选项卡中的“水平”/Horizontal 中的设置效果

选中“文字或箭头(最佳效果)”/Either the text or the arrows, whichever fits best,系统将自动设置尺寸线与箭头和尺寸文字的位置;如果空间允许,则将尺寸文字、尺寸线及箭头放在尺寸界线之间,否则只将尺寸文字放在尺寸界线之间;如果放不下尺寸文字,则只将尺寸线

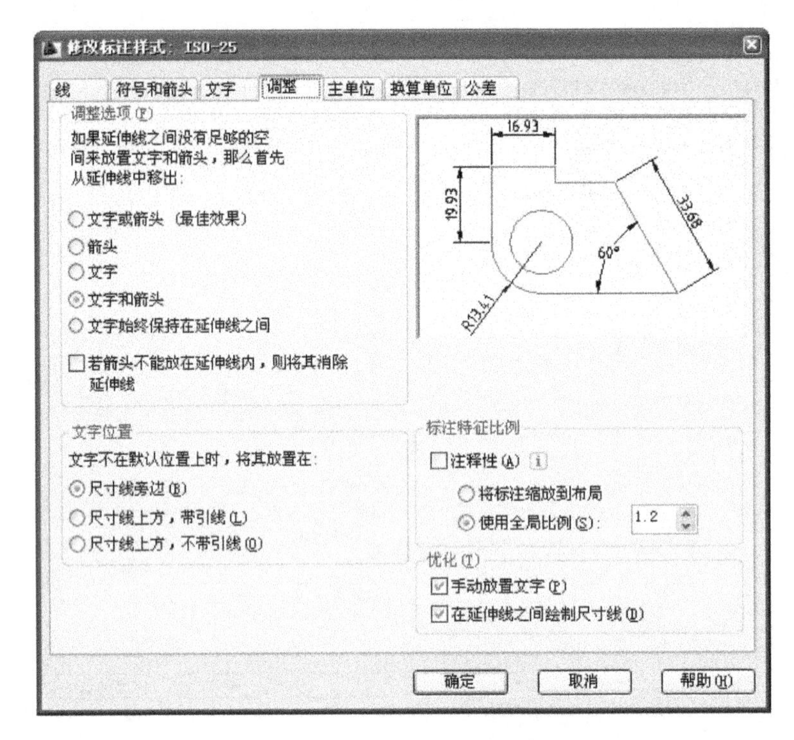

图 14-19 “调整”Fit 选项卡

及箭头放在尺寸界线之间；如果放不下尺寸箭头，则将它们都放在尺寸界线之外。

(1) 选中“箭头”/Arrows，当尺寸界线之间空间不允许时，优先将尺寸箭头放在尺寸界线之间，如果尺寸箭头也放不下，则将其全部放在尺寸界线之外。

(2) 选中“文字”/Text，当尺寸界线之间空间不允许时，优先将尺寸文字放在尺寸界线之间，如果尺寸箭头也放不下，则将其全部放在尺寸界线之外。

(3) 选中“文字和箭头”/Both text and arrows，如果空间允许，则把尺寸文字、尺寸线及箭头放在两尺寸界线之间，否则放在尺寸界线之外。

(4) 选中“文字始终保持在延伸线之间”/Always keep text between ext lines，如果空间允许，对于线性及角度尺寸标注而言，始终将尺寸文字放置在尺寸界线内。

(5) 选中复选框“若箭头不能放在延伸线内，则将其消除延伸线”/Suppress arrows if they don't fit the extension lines，则在尺寸界线外绘制尺寸线。

当标注圆的直径时，应选中“箭头”/Arrows 或“文字”/Text，也可以是“文字和箭头”，这样才能符合国家尺寸标注的标准。见图 14-20。

在“文字位置”/Text Placement 可设置当文字在尺寸界线内放不下时文字摆放的位置，这在标注某些狭小区域时特别有用。其效果见图 14-21。

在“标注特征比例”/Scale for Dimention Features 可设置尺寸的全局显示比例。当尺寸在图纸上标注显示得太小或太大时，可通过这个比例来调整，但应注意这个比例不会改变尺寸标注的尺寸数值的大小，只改变显示的大小。

在“优化”/Fine Tuning 中可设置在标注尺寸时是否手动放置尺寸文字；在尺寸界线间是否总是绘出尺寸线。见图 14-22。

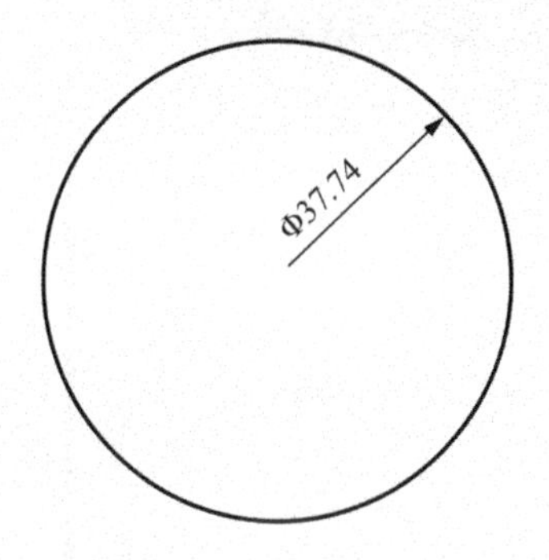

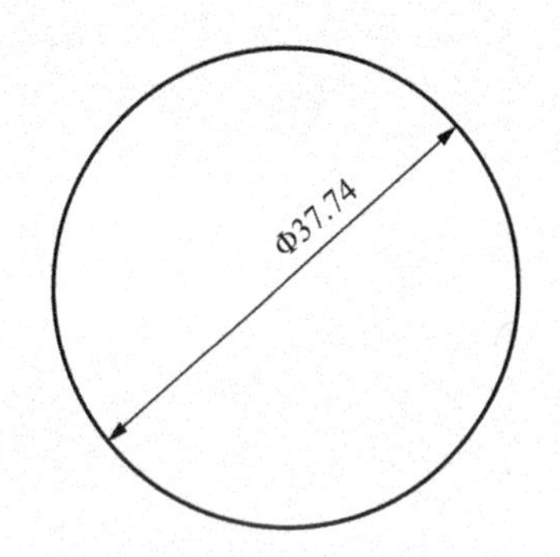

选中“文字或箭头（最佳效果）”时的效果

选中文中所介绍的选项时的效果

图 14-20　直径标注的不同效果

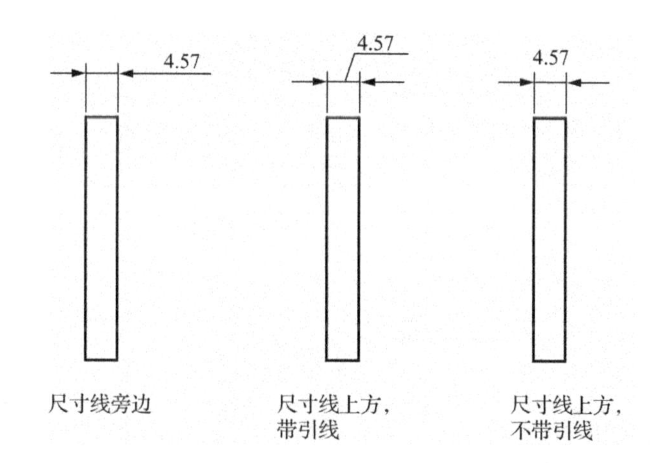

图 14-21　“文字放置”/Text Placement 区对尺寸文本的影响

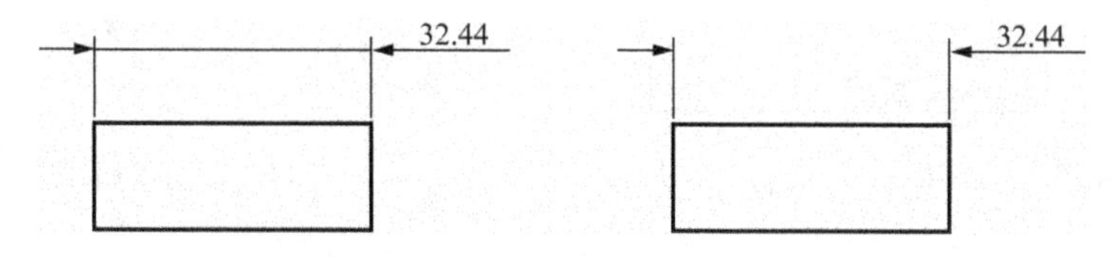

图 14-22　是否选中“在延伸线之间绘制尺寸线”/Always draw dim line between ext lines 复选框的区别

5）“主单位”/Primary Units 选项卡

设置尺寸标注的主单位。见图 14-23。

在“线性标注”/Linear Dimensions 中各项含义：

(1) “单位格式”/Unit format：选择尺寸标注的尺寸类型共有 5 种类型，如图 14-24，各种单位格式的使用效果如图 14-25。

(2) “精度”/Precision：选择尺寸标注时的尺寸精度，如图 14-26 所示。

(3) “前缀”/Prefig：添加尺寸标注时尺寸前缀。

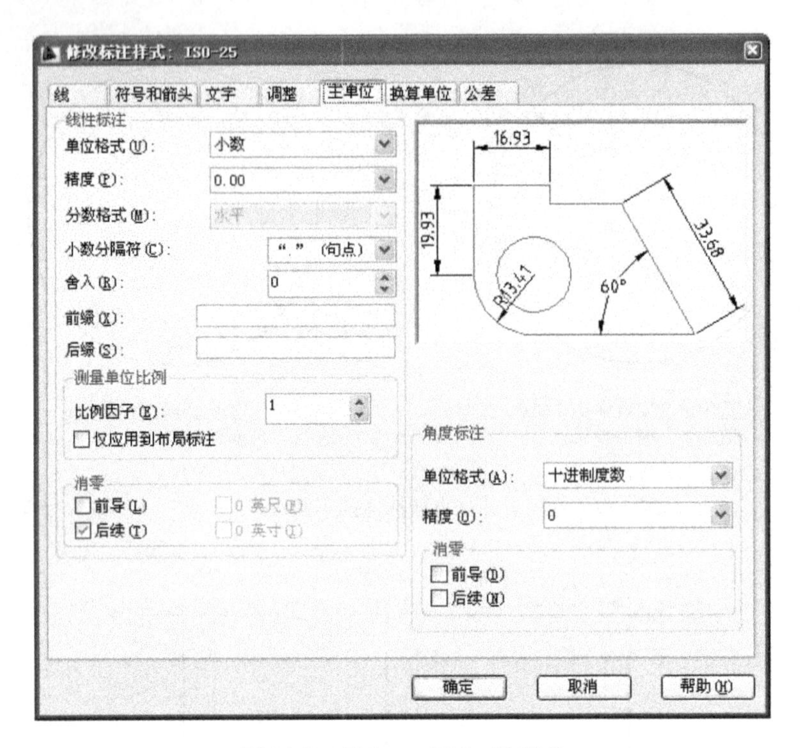

图 14-23　Primary Units 选项卡

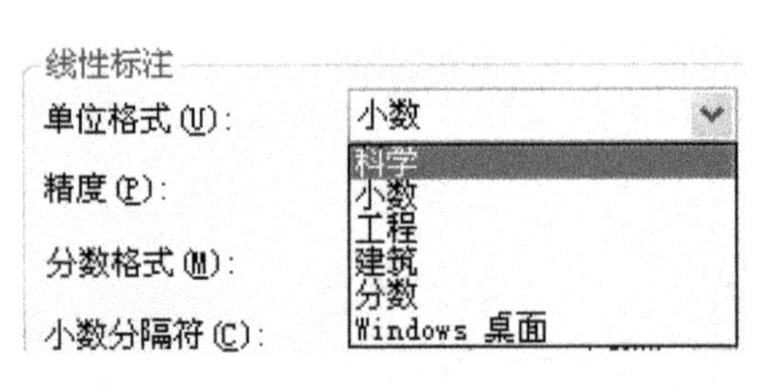

图 14-24　“单位格式”/Unit format 的选择类型

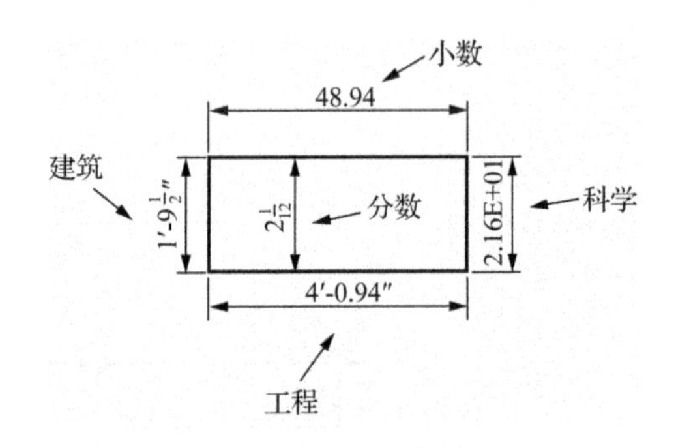

图 14-25　不同单位格式使用效果

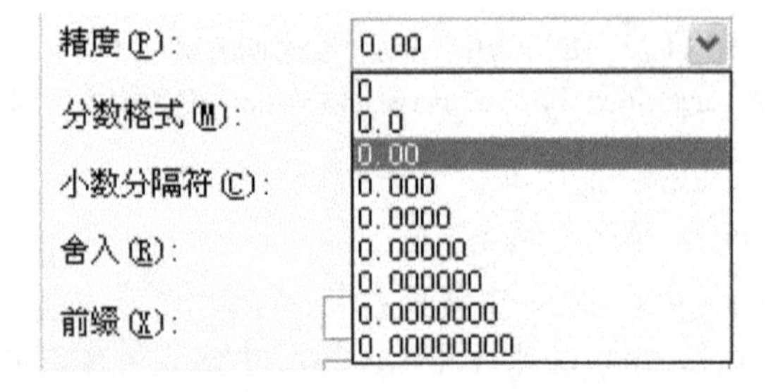

图 14-26　“精度”/Precision 的精度选择类型

(4)“后缀”/Suffix：添加尺寸标注时尺寸后缀。

(5)“测量单位比例”/Measuement Scale 中“比例因子”/Scale factor：尺寸标注时所选用

的比例，该比例的作用是将标注时自动测量出的尺寸乘上这个比例值。

(6)“角度标注”/Angular Dimensions(见图 14-27 和图 14-28) 中各项含义：

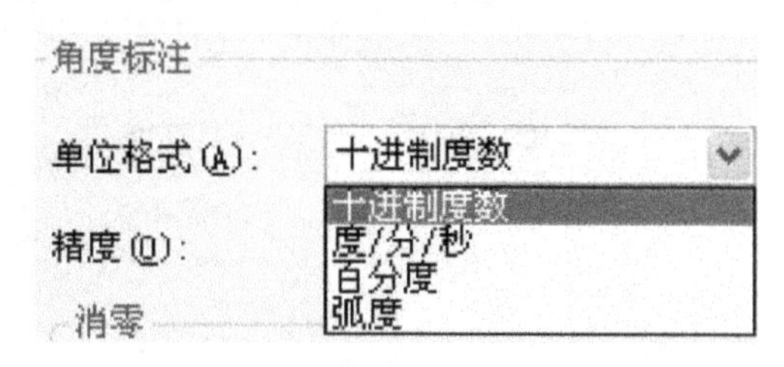

图 14-27　“角度标注”/Angular Dim 中“单位格式”/Unit format

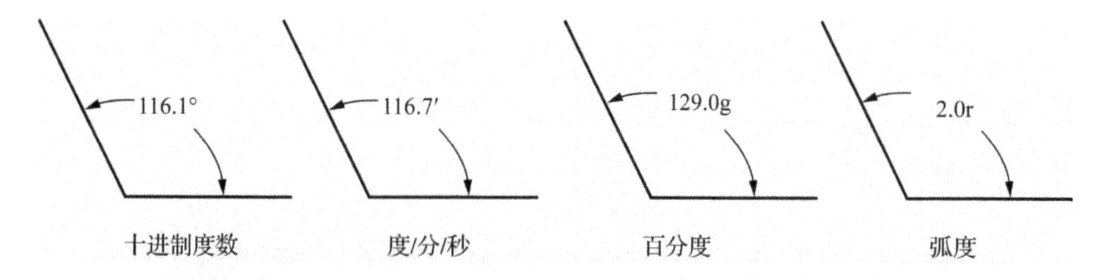

图 14-28　Angular Dim 中 Unit format 选择不同角度标注类型的效果

“单位格式”/Unit format：角度标注时的类型。

“精度”/Precision：角度标注时的精度。

6) “换算单位”/Alternate Units 选项卡

设置尺寸标注的换算单位。见图 14-29。在复选框“显示换算单位”/Display alternate units中打钩，可设置另一种标注单位，并同时出现在尺寸标注的文字中。

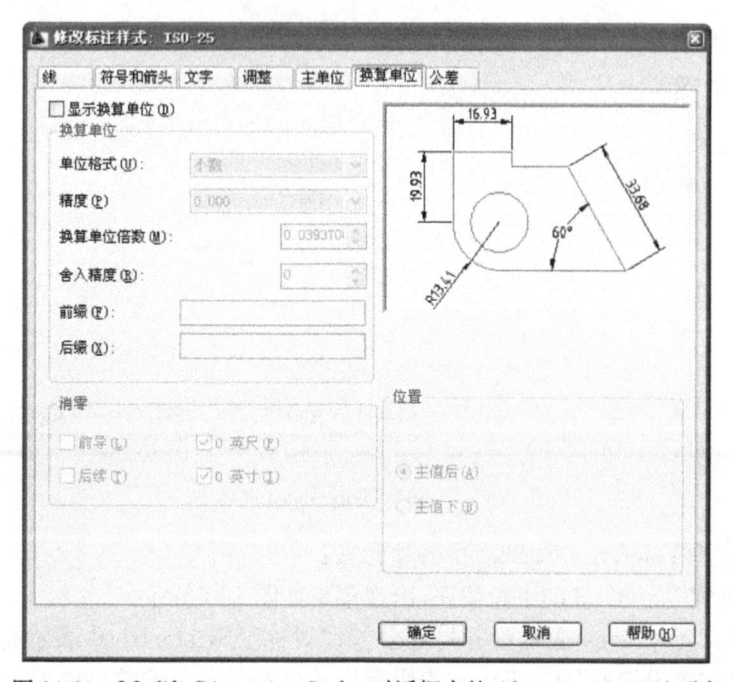

图 14-29　Modify Dimension Styles 对话框中的 Alternate Units 选项卡

如果需要同时显示“英寸”制下的尺寸，可以在换算单位倍数中输入 0.039，即 25.4 的倒数。为了能表示出是英寸制，可以在“后缀”中填入“inch”字样，其效果如图 14-30 所示：

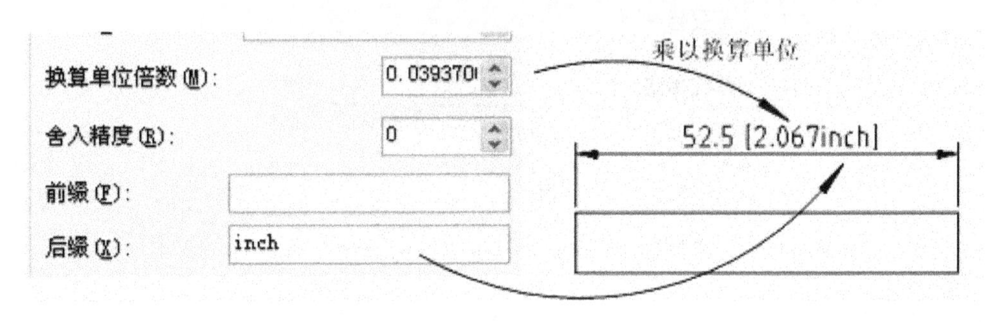

图 14-30 换算单位的效果

7）“公差”/Tolerances 选项卡

设置尺寸标注的公差，见图 14-31。

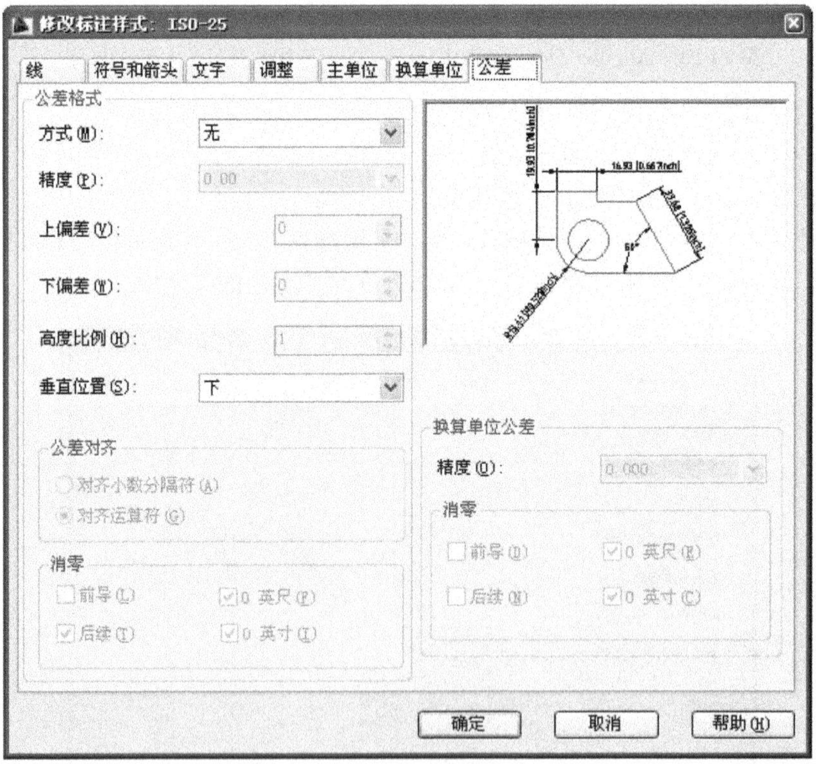

图 14-31 “公差”Tolerances 选项卡

在“公差格式”/Tolerance Format 中各项含义：

(1) 点击“方式”/Method 的下拉按钮，出现菜单如图 14-32 所示。

有 5 种选择：“无”/None 表示没有尺寸公差；“对称”/Symmetrical 表示有尺寸公差且上下偏差数值相等；“极限偏差”/Deviation 表示有尺寸公差且上下偏差可由用户自定，在 Auto-

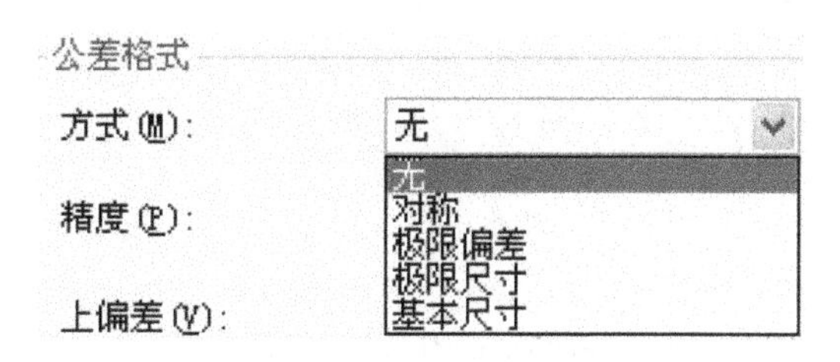

图 14-32　“方式”的下拉按钮

CAD 中上偏差默认为正，下偏差为负，因此下偏差如需正，在设置下偏差数值时前加负号；“极限尺寸”/Limits 表示只设置尺寸的最大、最小极限尺寸；“基本尺寸”/Basic 表示基本尺寸。如图 14-33 所示。

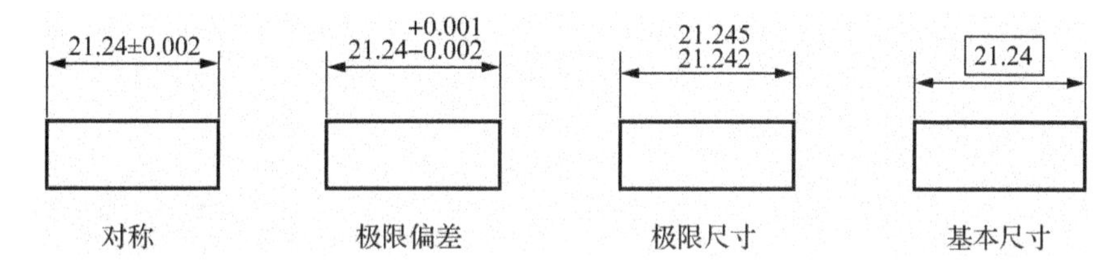

图 14-33　公差形式

(2) “精度”/Precision：选择尺寸公差标注时的精度。

(3) “上偏差”/Upper value：设置尺寸标注的上偏差数值。

(4) “下偏差”/Lower value：设置尺寸标注的下偏差数值。默认为负，欲显示正值，应输入负值。

(5) “高度比例”/Scaling for height：尺寸标注的上、下偏差字高与基本尺寸字高之间的比例。一般可设置为“0.7”。

(6) “垂直位置”/Vertical 的下拉列表框，如图 14-34 所示。其中有 3 种选择，定义了基本尺寸数值与尺寸偏差数值在垂直方向的对齐方式。选择不同位置时的尺寸公差标注效果如图 14-35 所示。

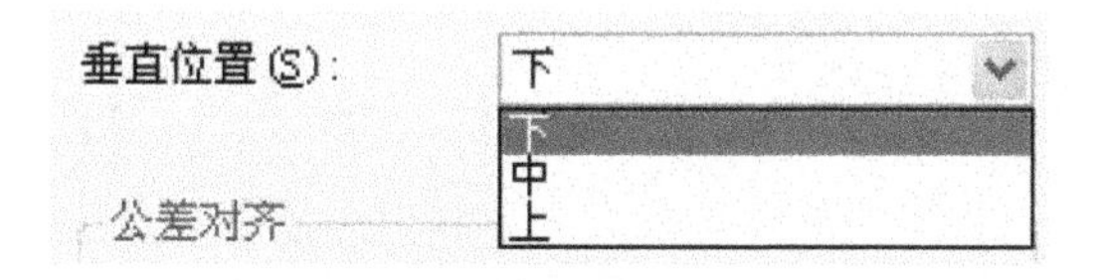

图 14-34　垂直位置 Vertical 的下拉按钮

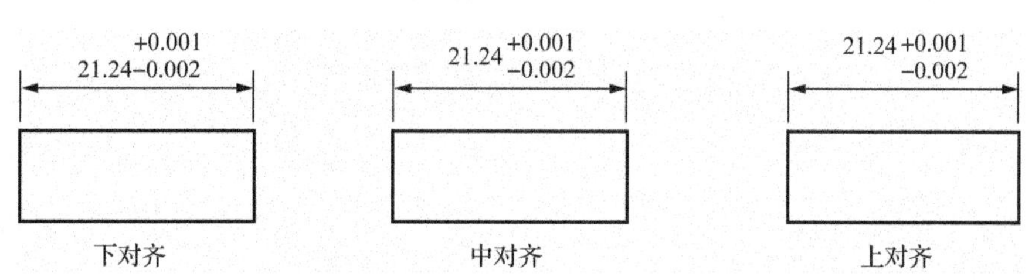

图 14-35　选择不同的 Vertical 类型公差标注时的效果

习题：

1. 通过“修改”/Modify... 按钮和“替代”/Override... 按钮，修改尺寸样式时有什么异同？

2. 基线型尺寸标注和连续型尺寸标注有什么不同？

3. 在尺寸标注样式设置对话框中，Fit 页与 Primary Units 页中都有“比例”可以设置，它们有什么不同？

4. 何谓尺寸标注的关联性？

15　标注尺寸的方法

15.1　标注尺寸

AutoCAD将尺寸标注分为：线性尺寸标注、角度尺寸标注、半径尺寸标注、直径尺寸标注、基线与连续尺寸标注、坐标标注等类型。自2004版之后又增加了诸如折弯标注等类型。

15.1.1　标注水平尺寸和垂直尺寸

启动命令方式：点击下拉菜单“标注→线性”/Dimension→Linear，或在尺寸工具条上点击 ，或在命令行输入Dimlinear，出现提示：

指定第一条延伸线原点或 <选择对象>：

Specify first extension line origin or <select object>：指定第一个尺寸界线的起点

指定第二条延伸线原点：

Specify second extension line origin：指定第二个尺寸界线的起点

指定尺寸线位置或

[多行文字(M)/文字(T)/角度(A)/水平(H)/垂直(V)/旋转(R)]：

Specify dimension line location or [Mtext/Text/Angle/Horizontal/Vertical/Rotated]：输入一点确定尺寸线的位置或选择某一选项

则AutoCAD标注指定两点之间的距离，距离的长度由系统自动测量出来。

[多行文字(M)/文字(T)/角度(A)/水平(H)/垂直(V)/旋转(R)]：

Specify dimension line location or [Mtext/Text/Angle/Horizontal/Vertical/Rotated]：提示中各选项含义：

(1) “多行文字”/Mtext选项：表示将通过对话框输入尺寸文本。AutoCAD打开多行文字编辑器/Multiline Text Editor对话框(该对话框详见标注多行文本命令)，并自动根据两尺寸界线起始点之间的距离和用户在尺寸样式/Dimension Style中所确定的“尺寸比例系数”/Measuremrnt Scale计算出相应的尺寸数字，并用“<>”表示自动标注时的尺寸数字。用户可以在此对话框中修改标注的尺寸数字，修改完毕后单击“确定”/OK按钮表示确认，返回原提示。

(2) “文字”/Text选项：表示将通过命令行输入尺寸数字。出现提示：

输入标注文字 <63.38>：

Enter dimension text <缺省值>：输入新的尺寸文本

返回原提示。

(3) “角度”/Angle选项：表示将输入尺寸文本的旋转角度。出现提示：

指定标注文字的角度：

Specify angle of dimension text：输入尺寸文本的旋转角度

返回原提示，效果如图 15-1 所示。

(4) “水平”/Horizontal 选项：表示将标注水平尺寸。

(5) “垂直”/Vertical 选项：表示将标注垂直尺寸。

(6) “旋转”/Rotated 选项：表示将确定尺寸线的旋转角度。出现提示：

指定尺寸线的角度 <0>：

Specify angle of dimension line <缺省值>：输入尺寸线的旋转角度

返回原提示。如图 15-1 所示。

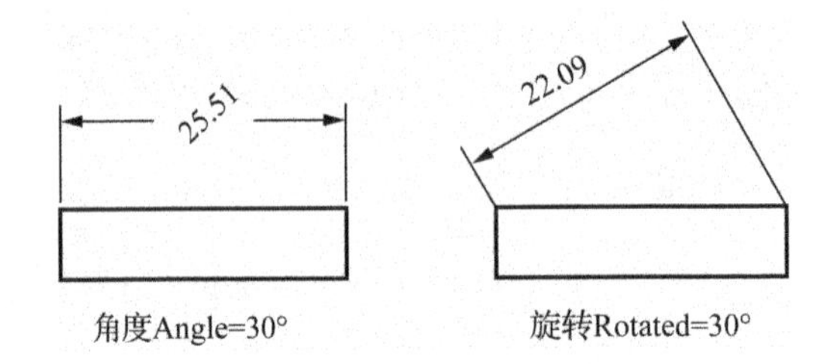

图 15-1 长度型尺寸标注提示中 Angle 与 Rotated 的区别

(7) 公差与配合的标注：公差标注除了可以用上一章讲过的方法设置后进行标注，还可以选择 Mtext 选项后，用堆积控制码的方法来标注，参考第 12 章。如图 15-2 至图 15-5 所示。

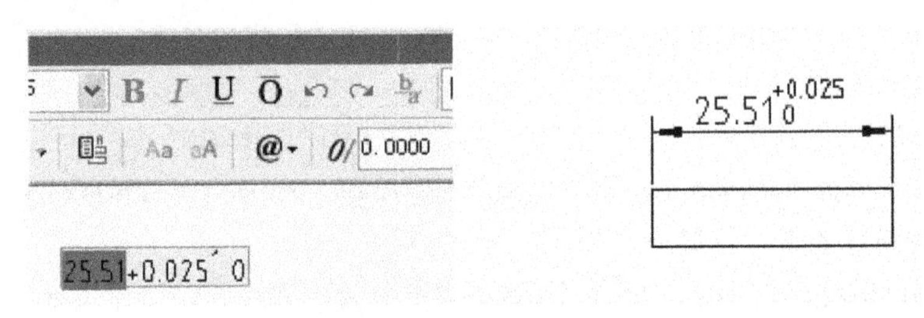

图 15-2 使用字符堆积标注示例一

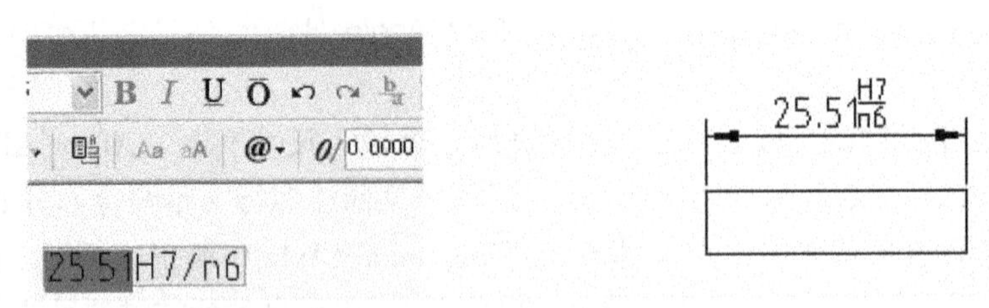

图 15-3 使用字符堆积标注示例二

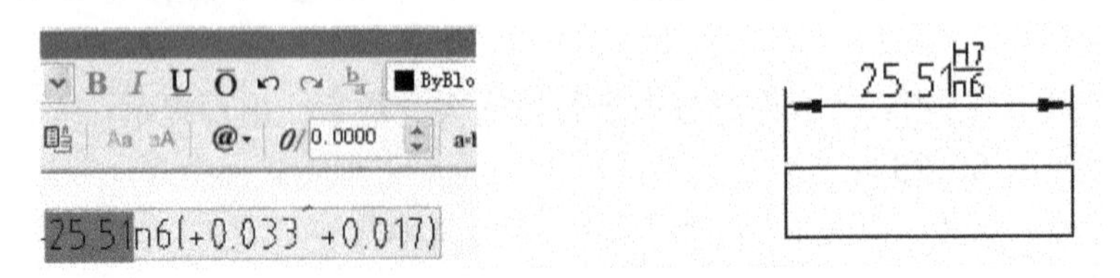

图 15-4 使用字符堆积标注示例三

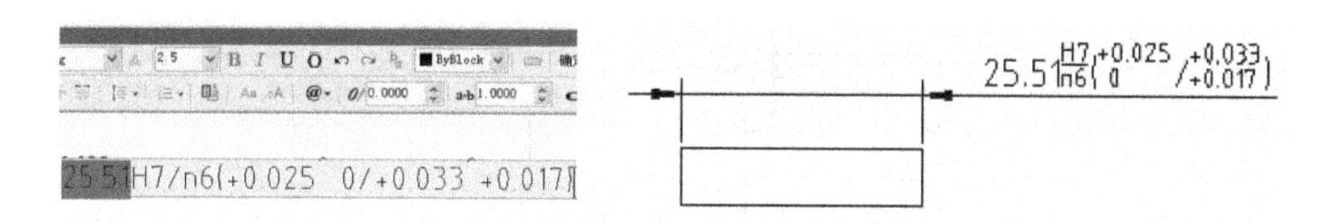

图 15-5 使用字符堆积标注示例四

15.1.2 标注连续尺寸

标注连续尺寸(如图 15-6 所示)即本次尺寸标注的第一条尺寸界线与前次尺寸标注的第二条尺寸界线重合,因此,在标注连续尺寸之前,必须先进行水平尺寸、垂直尺寸或平齐尺寸标注。

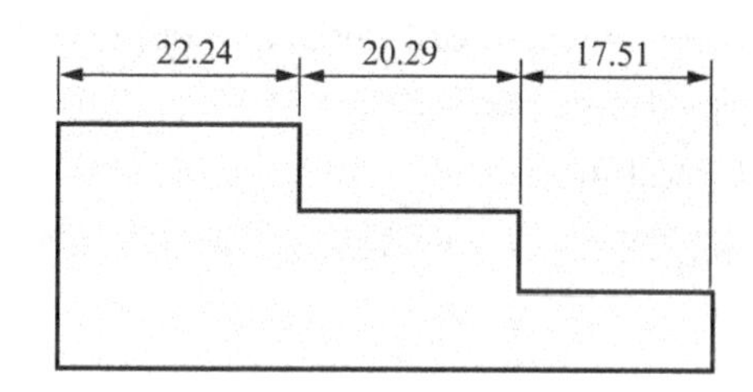

图 15-6 连续尺寸标注

输入命令方式:点击下拉菜单"标注→连续"/Dimension→Continue,或在工具条上点击 ,也可以在命令行输入 Dimcontinue,出现提示:

指定第二条延伸线原点或[放弃(U)/选择(S)]<选择>:

Specify a second extension line origin or [Undo/Select] <Select>:

这时可以看到系统直接将前一尺寸的第二条尺寸界线,作为当前尺寸的第一条尺寸界线,所以此时直接给出第二条尺寸界线就可以了。该提示反复出现,直到回车结束。

如果在执行该命令之前未标注尺寸,则会先出现提示:

选择连续标注:

Select continued dimension:选择连续标注的先继尺寸

如果在提示:指定第二条延伸线原点或[放弃(U)/选择(S)]<选择>:Specify a second extension line origin or [Undo/Select] <Select>:直接回车,相当于选择选项"选择"Select,则同样出现提示:选择连续标注:Select continued dimension:,选择好先继尺寸后,出现:

指定第二条延伸线原点或[放弃(U)/选择(S)]<选择>:

Specify a second extension line origin or [Undo/Select] <Select>:

选项 Undo:选取该选项,输入"U",表示取消上一次的连续标注

15.1.3 标注基线尺寸

标注基线尺寸(如图 15-7 所示)即本次尺寸标注的第一条尺寸界线与前次尺寸标注的第一条尺寸界线重合。

输入命令方式:点击下拉菜单"标注→基线"/Dimension→Baseline,或在工具栏点击

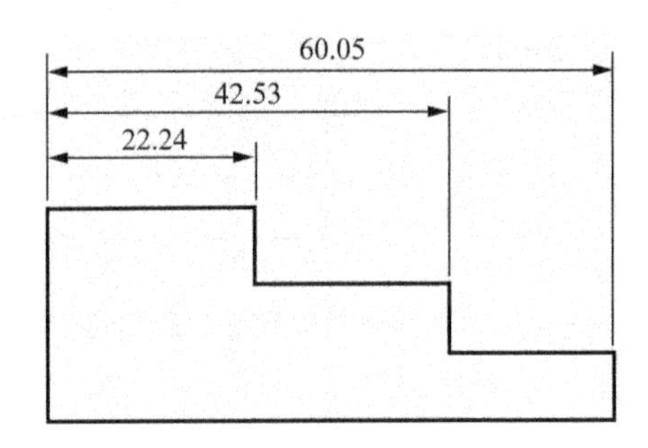

图 15-7 基线尺寸标注

，或直接在命令行输入 Dimbaseline，出现提示：

指定第二条延伸线原点或［放弃(U)/选择(S)］<选择>：

Specify a second extension line origin or [Undo/Select] <Select>：

这时可看出系统自动将前一尺寸的第一条尺寸界线作为当前尺寸的第一条尺寸界线，所以当前直接给出第二条尺寸界线即可。

如果在执行该命令之前未标注尺寸，其后续操作与连续尺寸标注类似。

15.1.4 标注对齐尺寸

对齐尺寸是指尺寸线与两个尺寸界线起始点的连线相平行的尺寸（如图 15-8 所示）。

输入命令方式：点击下拉菜单“标注→对齐”/on→Aligned，或在工具条上点击 ，或在命令行直接输入 Dimaligned，出现提示：

指定第一条延伸线原点或 <选择对象>：

Specify first extension line origin or <select object>：

指定第二条延伸线原点：

Specify second extension line origin：

指定尺寸线位置或

［多行文字(M)/文字(T)/角度(A)］：

Specify dimension line location or [Mtext/Text/Angle]：

该提示与水平尺寸标注相同。

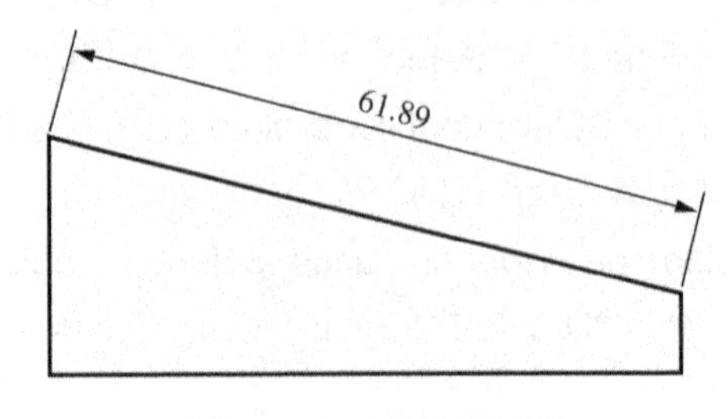

图 15-8 对齐尺寸标注

15.1.5 标注半径尺寸

点击下拉菜单“标注”/Dimension→Radius，或在工具条上点击 ，可在命令行输入

Dimradius，出现提示：

选择圆弧或圆：

Select arc or circle：选择一条弧或圆后，出现提示：

Dimension text = 测量值

Specify dimension line location or [Mtext/Text/Angle]：选择一点确定尺寸线的位置或选择某一选项

通过增加一些设置，可以达到需要的效果，如图 15-9 所示。

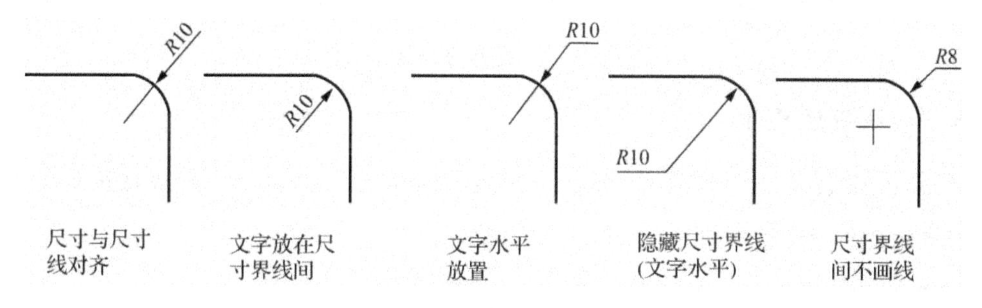

图 15-9　标注半径尺寸

15.1.6　折弯半径的标注

该标注方法在 2004 版中没有。该标注一般用在圆心在很远处的大圆弧的半径标注。点击菜单"标注→折弯"，或打入命令 Dimjogged，出现提示：

选择圆弧或圆：

指定图示中心位置：朝圆心的方向示意性的点击

标注文字 = 56.86

指定尺寸线位置或 [多行文字(M)/文字(T)/角度(A)]：确定半径线放置的位置

指定折弯位置：折弯处在半径线上的位置

如图 15-10 所示。

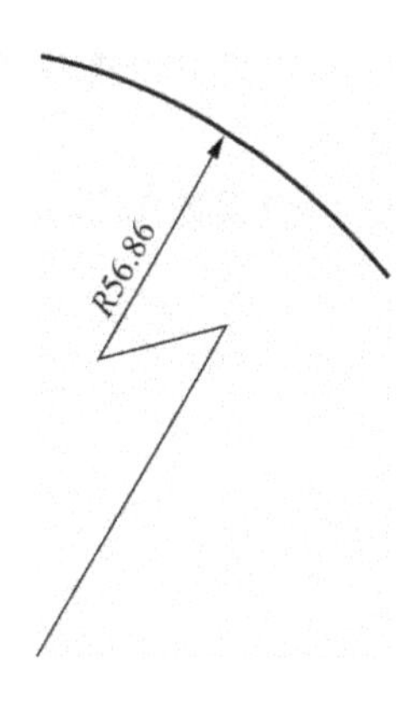

图 15-10　折弯标注

15.1.7　标注直径尺寸

输入命令方式：点击下拉菜单"标注→直径"/Dimension→Diameter，或在工具条上点击 ，或在命令行输入 Dimdiameter 出现下面提示：

选择圆弧或圆：

标注文字 = 33.9

Select arc or circle：选择弧或圆

Dimension text = 测量值

指定尺寸线位置或 [多行文字(M)/文字(T)/角度(A)]：

Specify dimension line location or [Mtext/Text/Angle]：选择一点确定尺寸线的位置或选择某一选项

效果如图15-11所示。

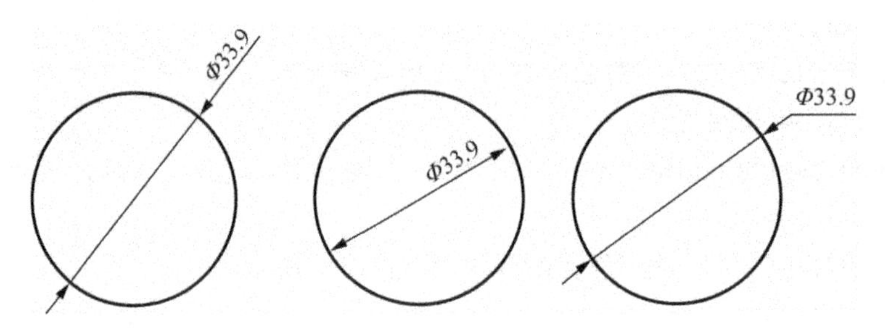

图15-11 标注直径尺寸

15.1.8 标注角度尺寸

输入命令方式：点击下拉菜单“标注→角度”/Dimension→Angular，或在工具条上点击 ，或直接在命令行输入Dimangular，出现提示：

选择圆弧、圆、直线或＜指定顶点＞：

Select arc，circle，line，or ＜specify vertex＞：选择圆弧、圆、角的某一边或直接按回车键后选择三点标注角度。

选择第二条直线：选择圆弧、圆、角的第二条边

指定标注弧线位置或[多行文字(M)/文字(T)/角度(A)/象限点(Q)]：点在不同的位置效果不同

效果如图15-12所示。

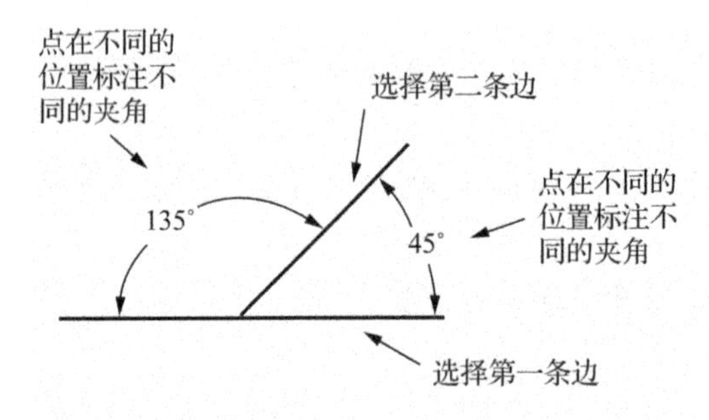

图15-12 标注角度尺寸

15.1.9 标注坐标尺寸

输入命令方式：点击下拉菜单“标注→坐标”/Dimension→Ordinate，或在工具条上点击 ，或在命令行输入Dimordinate，出现提示：

指定点坐标：

Specify feature location：选择标注部位

指定引线端点或[X基准(X)/Y基准(Y)/多行文字(M)/文字(T)/角度(A)]：

Specify leader endpoint or [Xdatum/Ydatum/Mtext/Text/Angle]：指定引线的位置

该标注实际上是标出选择部位的坐标值。

选项 X 基准、Y 基准决定是标出 X 方向坐标值还是 Y 坐标值。如图 15-13 所示。

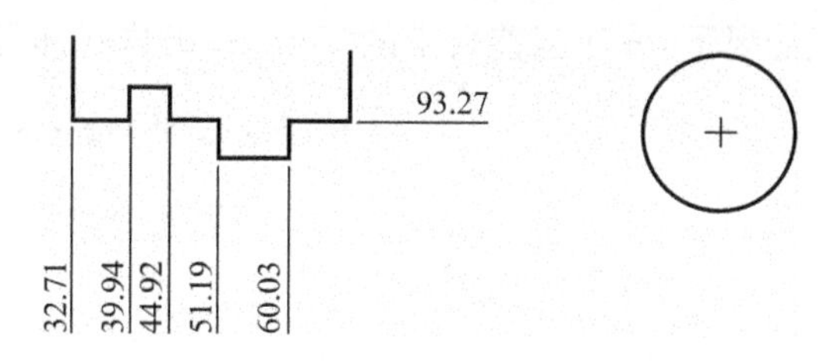

图 15-13　坐标标注及圆心符号标注

15.1.10　标注中心符号

输入命令方式：点击下拉菜单"标注→圆心标记"/Dimension→Center Mark，或在工具条上点击 ⊕ ，或直接在命令行输入 dimcenter，出现提示：

选择圆弧或圆：

Select arc or circle：选择圆弧或圆

将在圆心位置出现一个十字符号。

15.2　指引线标注

指引线的标注自 2008 版以后有一些不同，以前的版本是点击下拉菜单"标注→引线"，或在命令行输入 Qleader。2009 版在标注菜单上对应的是"标注→多重引线"，对应的命令是 Mleader。下面先介绍多重引线，然后再介绍 Qleader。

15.2.1　多重引线(Meader)

15.2.1.1　多重引线样式设置

菜单："格式→多重引线样式"，打开"多重引线样式管理器"。如图 15-14 所示。

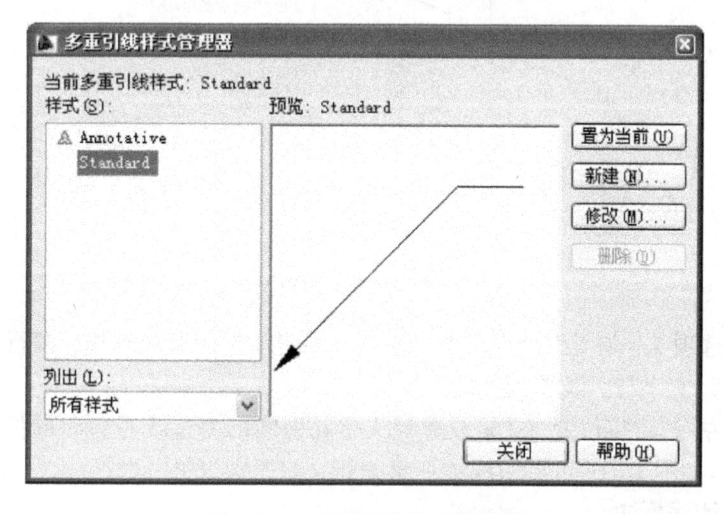

图 15-14　多重引线样式管理器

点击“新建”、“修改”均打开相同的设置对话框，如图 15-15 所示，完成新建引线样式或修改现有的引线样式。一般情况下，修改当前自带的“Standard”样式即可。

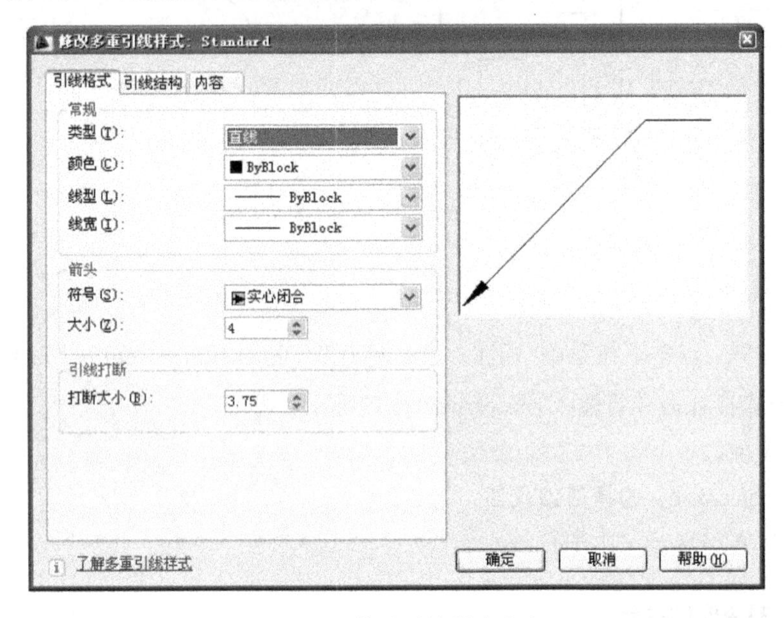

图 15-15 修改引线样式内容

(1)“引线格式”选项卡：设置引线的类型、颜色、线型等。“打断大小”是设置用折断标注时打断的大小。

(2) 引线结构选项卡：设置引线的转折次数等。“最大引线数”即是设置转折段数。

“基线的设置”等含义参见图 15-16。

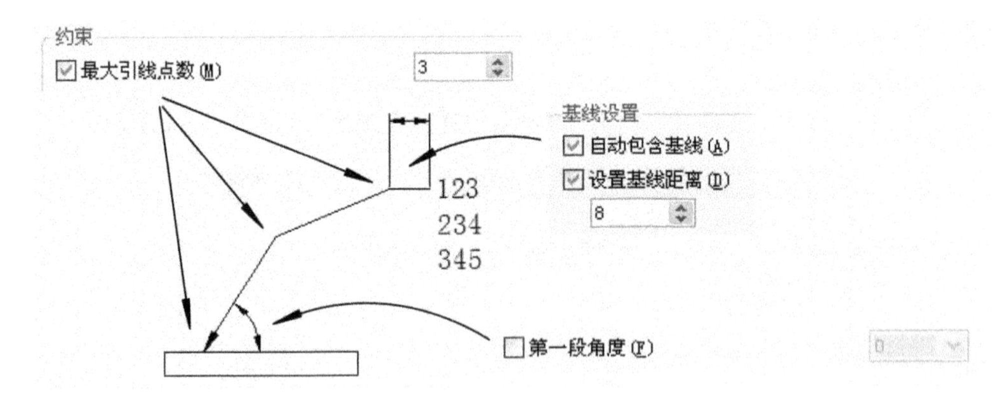

图 15-16 引线结构的设置

(3)“内容”选项卡：是对引线旁的文字内容的设置，包括引线类型：多行文字或块等；文字的样式、高度等；文字与引线相接处的位置等。

“连接位置-左”、“连接位置-右”是设置当文字在引线的左边或右边时的位置，默认是连接在第一行的中间，如图 15-16 可见引线接在第一行文字“123”的中间。

15.2.1.2 多重引线标注

标注菜单：“标注→多重引线”，或直接打入命令 Mleader。出现提示：

命令：_mleader

指定引线箭头的位置或［引线基线优先(L)/内容优先(C)/选项(O)］<选项>：

在屏幕上点击直至出现输入文字提示。

在提示后面按回车，相当于选择选项，出现提示：

输入选项［引线类型(L)/引线基线(A)/内容类型(C)/最大节点数(M)/第一个角度(F)/第二个角度(S)/退出选项(X)］<退出选项>：

提示中的内容与前述设置内容相同，在此不再赘述。

"引线基线优先"、"引线箭头优先"、"内容优先"含义如图15-17所示。

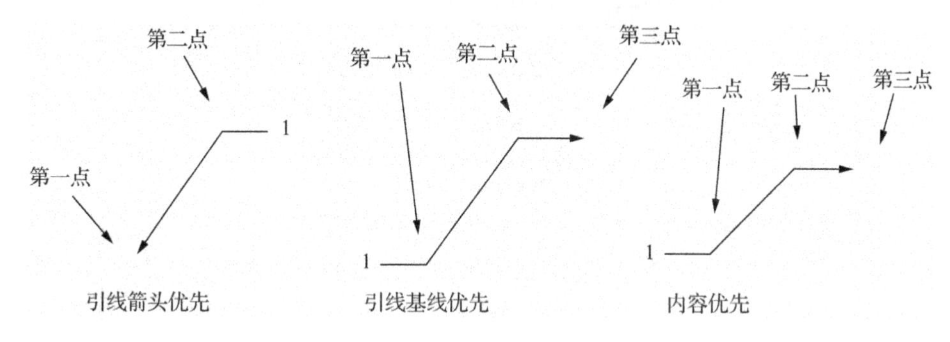

图15-17　选项内容含义

15.2.2　引线(Qleader)

15.2.2.1　引线样式设置

菜单："标注→引线"，或在命令行输入Qleader，出现提示：

命令：qleader

指定第一个引线点或［设置(S)］<设置>：按回车出现设置对话框

Specify first leader point，or[Settings]<Settings>选择"Settings"选项

直接回车，AutoCAD弹出如图15-18所示的"引线设置""Leader Settings"对话框。该对

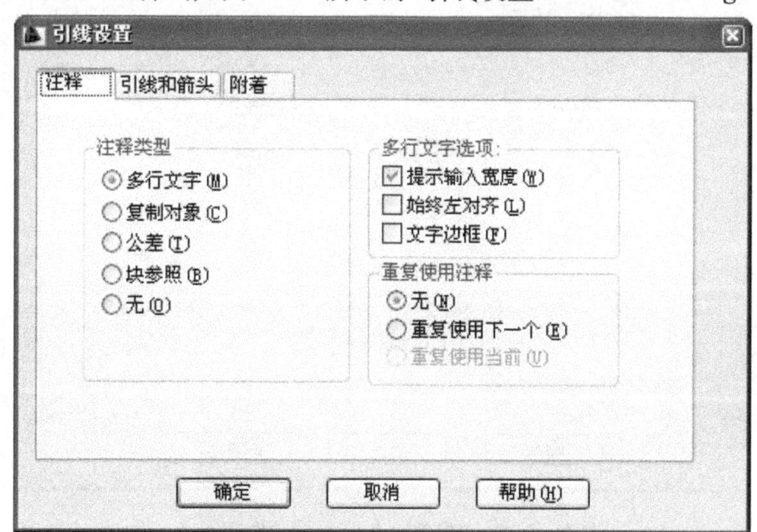

图15-18　"注释"/Annotation选项卡

话框当注释内容是文本时有 3 个选项卡。

(1)“注释”/Annotation 选项卡：注释即为跟在引线旁边的内容，在此可以设置注释的类型和位置(如图 15-18 所示)。它们可以是文本、块，也可以是公差，此处的公差是指形位公差。这一项功能对于标注形位公差非常方便。

(2)“引线和箭头”/Leader Line & Arrow 选项卡：设置指引线的形状和指引线终端的样式(如图 15-19 所示)。

图 15-19 “引线和箭头”/Leader Line & Arrow 选项卡

(3)“附着”/Attachment 选项卡：设置指引线注释与指引线末端的相对位置关系(如图 15-20 所示)。

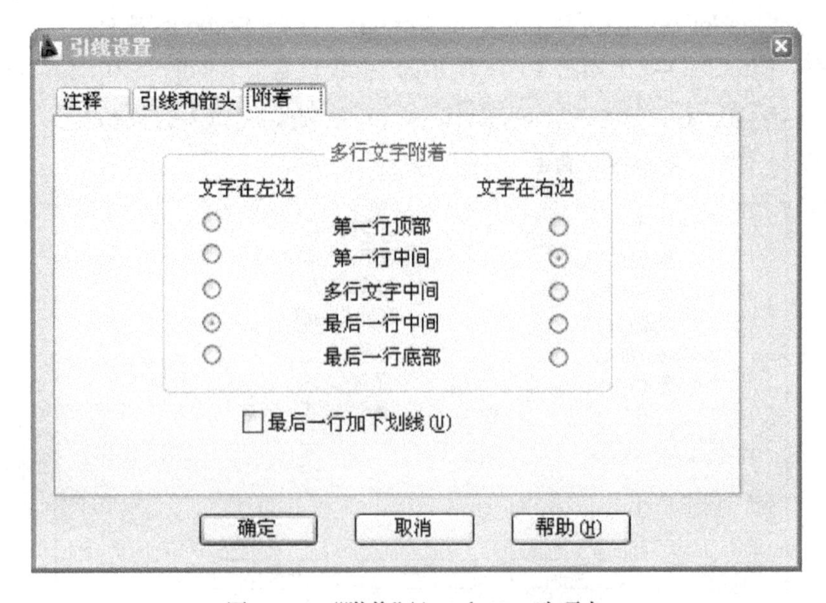

图 15-20 “附着”/Attachment 选项卡

15.2.2.2 引线标注

1）标注注释

输入指引线标注命令后，出现提示：

指定第一个引线点或［设置(S)］<设置>：

Specify first leader point, or [Settings]<Settings>：直接回车，进行指引线标注设置，设置：注释为“多行文字”，箭头为“点”。

指定第一个引线点或［设置(S)］<设置>：

Specify first leader point, or [Settings]<Settings>：点取标注起点

指定下一点：

Specify next point：点取转折点

指定下一点：

Specify next point：点取第三点

指定文字宽度 <0>：

Specify text width <0.0000>：12 输入指引线注释的宽度，该宽度还可以调整

输入注释文字的第一行 <多行文字(M)>：

Enter first line of annotation text <Mtext>：厚 0.5mm 输入注释文本

上面的宽度也可以不输入，此时按回车打开多行文字编辑器输入。效果如图 15-21 所示。

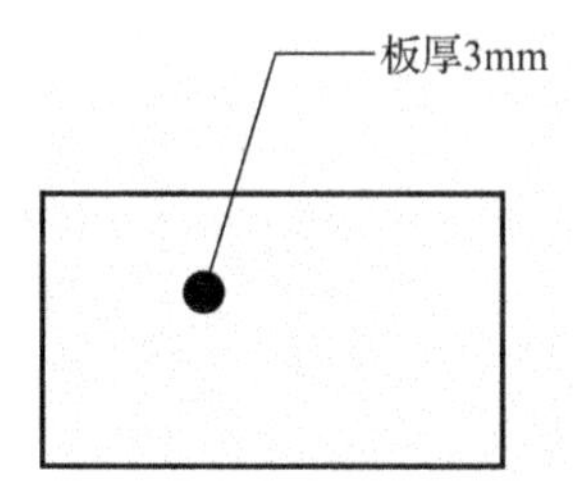

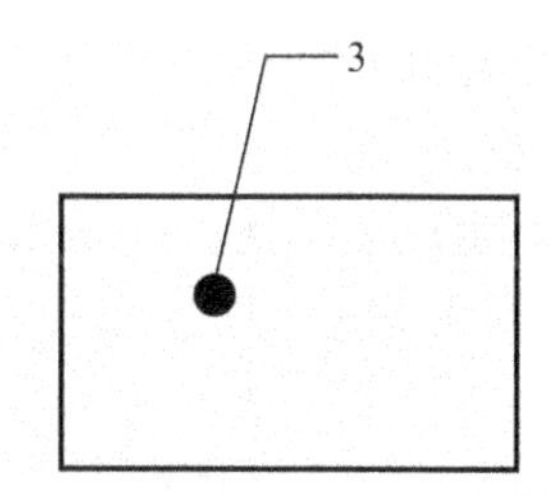

图 15-21　用指引线标注注释和零件序号

2）标注零件序号

输入指引线标注命令后，出现提示：

指定第一个引线点或［设置(S)］<设置>：

Specify first leader point, or [Settings]<Settings>：输入“S”或直接回车，进行指引线标注设置，设置同前。

指定第一个引线点或［设置(S)］<设置>：

Specify first leader point, or [Settings]<Settings>：点取标注起点

指定下一点：

Specify next point：点取转折点

指定下一点：

Specify next point：直接回车，结束绘制指引线

指定文字宽度 <0>：

Specify text width <0.0000>：4 输入指引线注释的宽度

输入注释文字的第一行 <多行文字(M)>：

Enter first line of annotation text <Mtext>：3 输入注释文本

3）标注形位公差

如图 15-22 所示，其中同轴度形位公差的标注方法是：

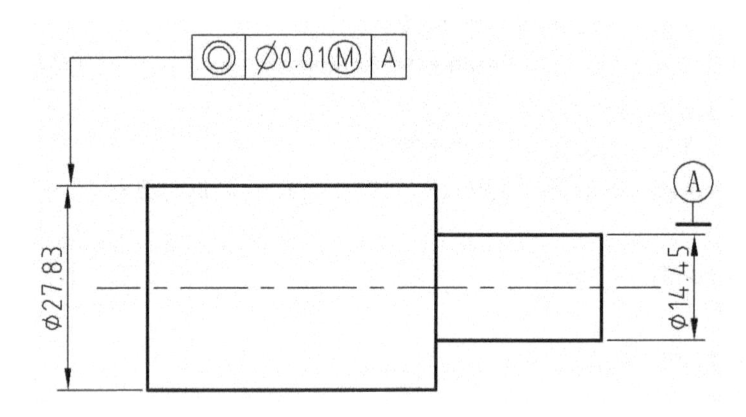

图 15-22 用指引线标注形位公差

输入指引线标注命令后，出现提示：

指定第一个引线点或［设置(S)］<设置>：

Specify first leader point，or [Settings]<Settings>：输入“S”或直接回车，进行指引线标注设置，设置注释类型为“公差”。

指定第一个引线点或［设置(S)］<设置>：

Specify first leader point，or [Settings]<Settings>：捕捉直径尺寸 Φ27.83 上面一个尺寸箭头的端点作为指引线的标注起点

指定下一点：

Specify next point：点取转折点

指定下一点：

Specify next point：朝右延长方向点取第三点

AutoCAD 自动弹出如图 15-23 所示的“几何公差”/Geometric Tolerance 对话框。

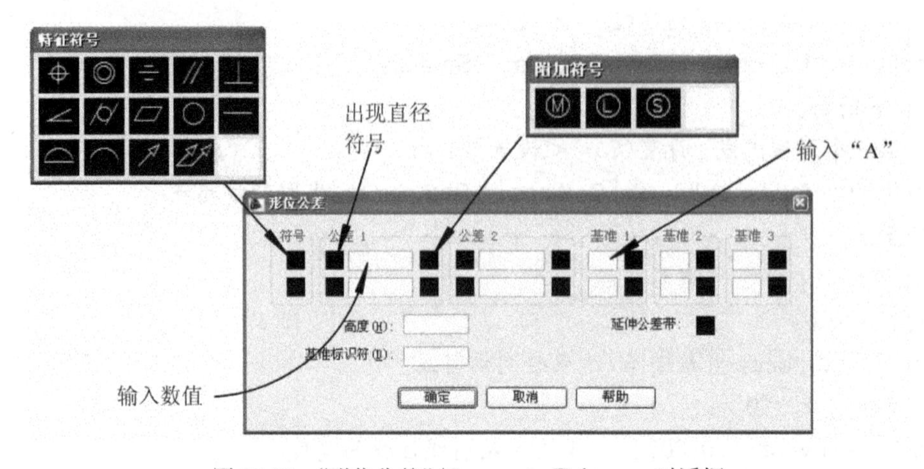

图 15-23 “形位公差”/Geometric Tolerance 对话框

单击对话框中的“符号”/Sym 项，弹出如图 15-23 所示的“特征符号”/Symbol 对话框。在其中选择所需的形位公差项目，如果点击右下角的空白区，则是“无”的意思。

在“公差 1”/Tolerance 1 区设置公差值，该区左侧小黑框是直径符号“ϕ”的开关键，用来设置公差值中的直径符号。单击右侧小黑框，弹出的“附加符号”/Material Condition 对话框，用来设置材料条件符号。

在“基准 1”/Datum 1 区输入形位公差的基准字母。

可设置叠加在一起的两个形位公差，每个形位公差可有两个公差值、三个公差基准。

设置完毕，单击“确定”/OK 按钮，标注结束。得到如图 15-22 所示的图形。

在尺寸 Φ14.45 上的基准表示符号需要另绘。

形位公差对话框可以单独出现，点击菜单“标注→公差”，或直接在命令行打入命令 Tolerance。

15.2.3　尺寸标注的编辑

15.2.3.1　用 Dimedit 命令编辑尺寸标注

该命令可以移动、旋转和替换现有尺寸文本，调整尺寸界线与尺寸线的夹角，如图 15-24 所示。

启动命令方式：点击工具条上 ，或在命令行输入 Dimedit，出现提示：

输入标注编辑类型［默认(H)/新建(N)/旋转(R)/倾斜(O)］<默认>：

Enter type of dimension editing[Home/New/Rotate/Oblique] <Home>：

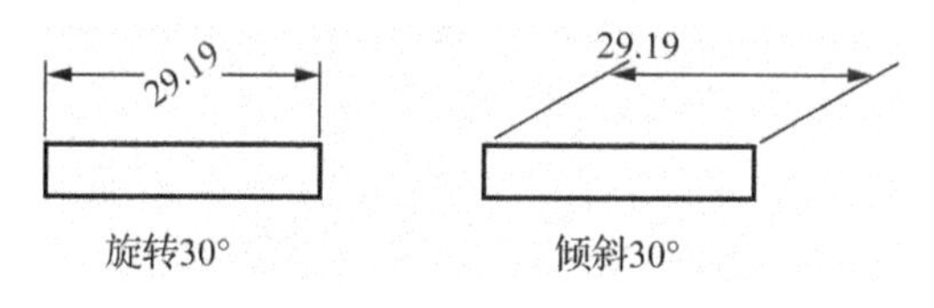

图 15-24　用 Dimedit 编辑后的效果

该倾斜效果可以用菜单“标注→倾斜”来编辑，实质上该菜单项只是用了该命令中“倾斜”选项的功能。

菜单“标注→对齐文字→默认”是用了该命令的“默认”选项。

15.2.3.2　用 Dimtedit 命令修改尺寸线、尺寸文本的位置

使用 Dimtedit 命令可以修改尺寸线、尺寸文本的位置。

点击菜单：“标注→对齐文字→……”/Dimemsion\Align Text\...

直接输入命令：Command：Dimtdeit

选择标注：

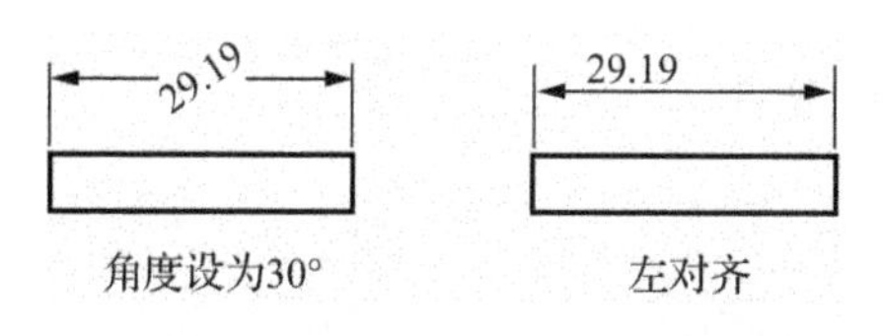

图 15-25　“角度”和“左对齐”的效果

Select Dimension：选中某一尺寸后，可很自由地重新放置它的位置

为标注文字指定新位置或［左对齐(L)/右对齐(R)/居中(C)/默认(H)/角度(A)］：

Specify new location for dimension text or [Left/Right/Center/Home/Angle]：

选项“角度”和“左对齐”的效果，如图 15-25 所示。

15.2.3.3　用 Ddedit 命令修改尺寸数值

输入命令：下拉菜单“修改→对象→文字→编辑”/Modify→Object→Text→Edit...，或在

命令行输入 ddedit，出现提示：

选择注释对象或[放弃(U)]：

Select an annotation object/<Undo>：

选择一个尺寸文本后，AutoCAD 弹出“多行文字编辑器”/Multiline Text Editor 对话框，在该对话框中，用户可以修改尺寸文本。该提示继续出现，可以继续修改其他尺寸，直到回车结束。如图 15-26。

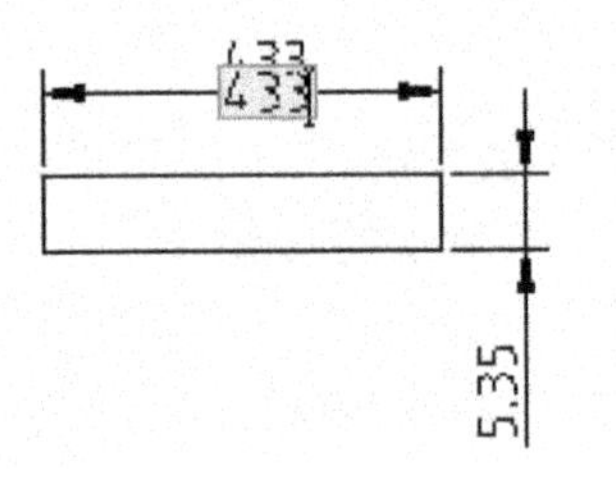

图 15-26　Ddedit 修改尺寸

15.2.3.4　用 Properties 命令修改尺寸标注特性

输入命令：下拉菜单“工具→选项板→特性”，或“修改→特性”/Modify→Properties，或在“标准”/Standard 工具条上点击 或 ，也可以直接输入命令 properties。

若选择的实体为尺寸标注，则 AutoCAD 弹出如图 15-27 所示的 Properties 窗口，关于特性的操作在前面章节已有介绍，在此不再赘述。

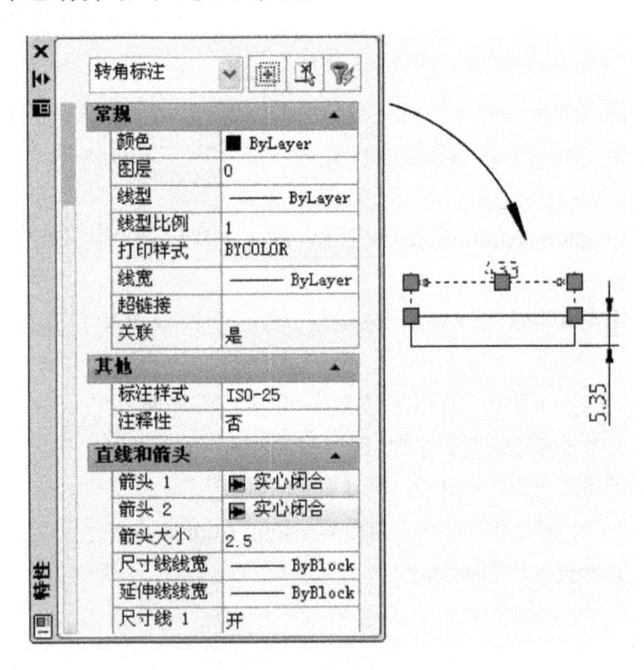

图 15-27　选取尺寸时的 Properties 窗口

15.3　操作举例：标注平面图形尺寸

(1) 启动 AutoCAD，建立一个新图形文件。

(2) 设置绘图极限(0,0)(420,297)。

(3) 设置所用单位与精度。

(4) 设置所用图层及图层线型、图层颜色等。

层名	颜色	线型	线宽	用途
Center	Red	Center	0	绘制中心线
Cushixian	Blue	Continuous	0.3mm	绘制粗实线
Xishixian	Cyan	Continuous	0	绘制细实线
Text	Magenta	Continuous	0	标注文本
Dim	green	Continuous	0	标注尺寸

(5) 绘制如图 15-28 所示的图形。

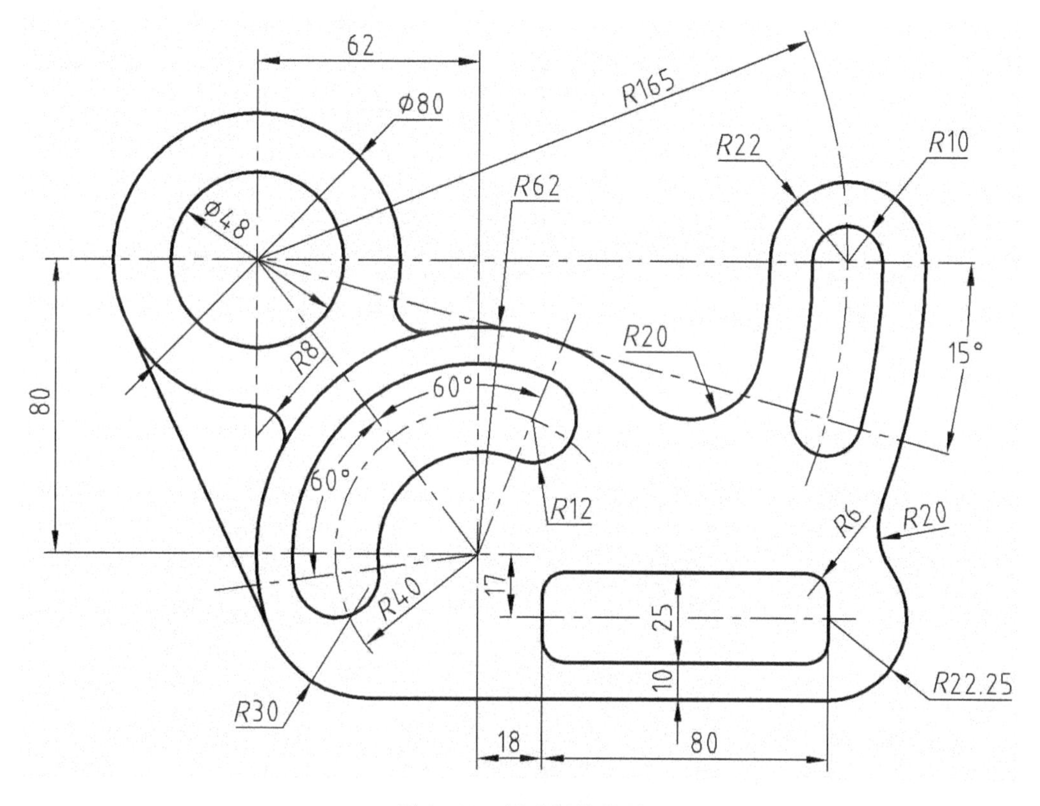

图 15-28 尺寸标注练习

(6) 设置尺寸标注样式：将 ISO-25 标注样式设为当前，若是 AutoCAD2004 版本，可以直接用 Standard 样式为基础来进行修改。

点击修改按钮，需修改的选项卡有：

"文字"：重新建一种文字样式，其中字体应为适宜于标注尺寸用的字体；可以在格式菜单中定义文字样式后，在此选择这种字样。"文字对齐"中选对与尺寸线对齐。

"调整"：选择"文字和箭头"、"手动放置文字"和"在延伸线间绘制尺寸"。

"主单位"：选择精度、小数标点为"句点"。

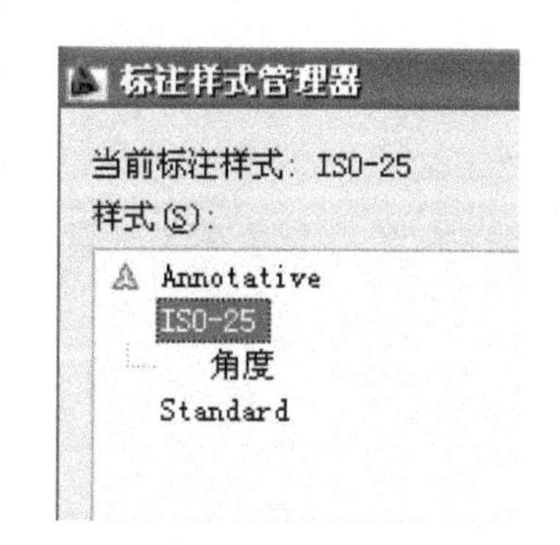

图 15-29 修改并新建尺寸样式

(7) 新建"角度"尺寸标注样式：如图 15-29，以 ISO-25 为基准尺寸，在角度尺寸样式，将"文字对齐"设为水平。这是因为角度尺寸在任何情况下都应是水平的。新建角度尺寸样式的好处是当标注到角度尺寸时会自动采用该样式。

(8) 标注各尺寸。得到如图 15-28 所示的图形。以文件名"尺寸练习. dwg"存盘。

习题：

1. 标注尺寸公差有些什么方法?

2. 在进行尺寸标注以后，发现不能看到所标注的尺寸文本，这是什么原因引起的? 应如何解决?

3. 在进行尺寸标注时，如果临时要在尺寸文字前加上直径符号，应如何做?

16　三视图的绘制

16.1　练习内容

本练习利用实例来介绍如何利用 AutoCAD 的一些常用命令来绘制图 16-1 所示三视图。

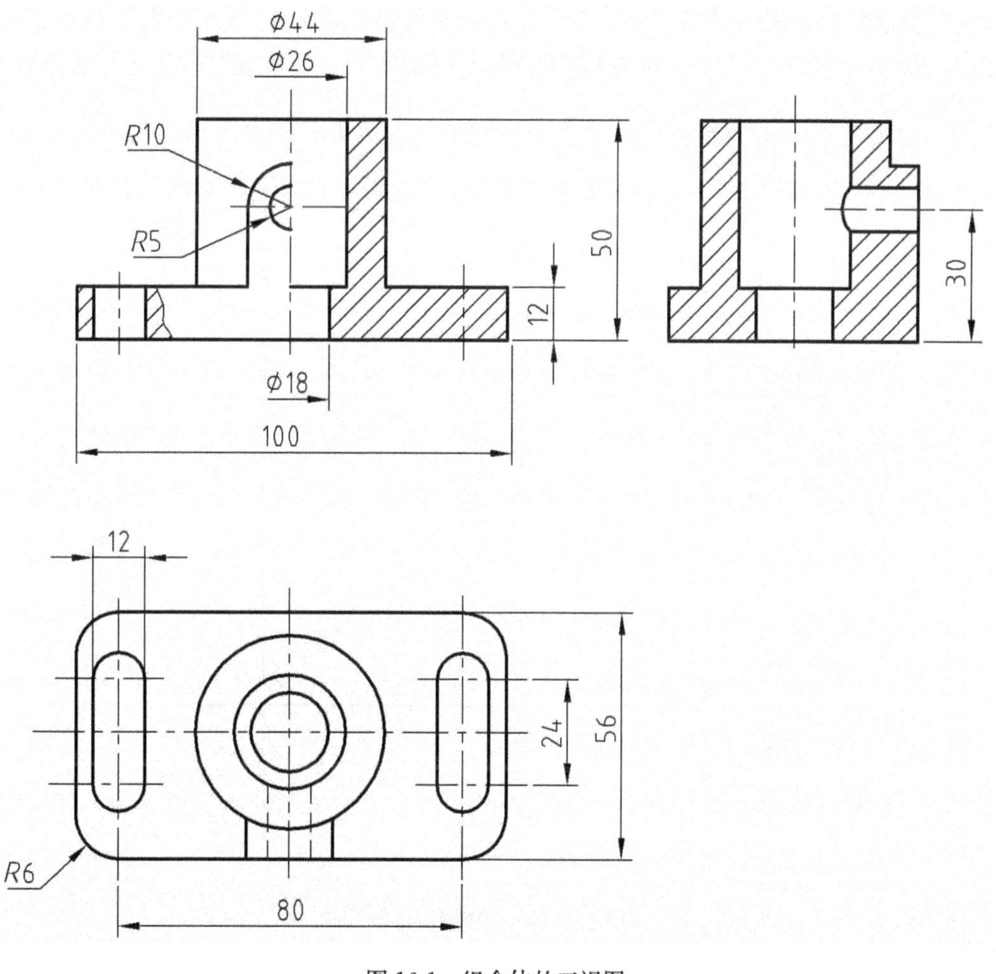

图 16-1　组合体的三视图

绘图分成 3 个部分：首先，绘制该组合体的轮廓图；其次，利用 Bhatch 命令对轮廓图进行剖面填充；最后，标注尺寸。

16.2 练习指导

16.2.1 绘制图形

（1）设置图层命令(Layer)。这里设置的图层有：点画线、粗实线、虚线、点画线、尺寸线及剖面线等。设置各图层的线型以及颜色。

（2）执行绘图界限(Limits)。设置范围为(420,297)，尔后执行图形缩放命令 Zoom，使图形全部显示在屏幕中间。

（3）设置对象捕捉(Osnap)。可用的对象捕捉方式：端点、圆心、象限点、交点。

（4）绘制主视图、俯视图和左视图的定位基准线。绘图步骤与手工绘制三视图步骤相同。

画这些线条时，一般使用正交(Ortho)方式或极轴方式来实现直线的水平与垂直控制。左视图的定位基准线用一个 45°的辅助线来实现左视图与俯视图宽相等的对应关系。如图 16-2 所示。

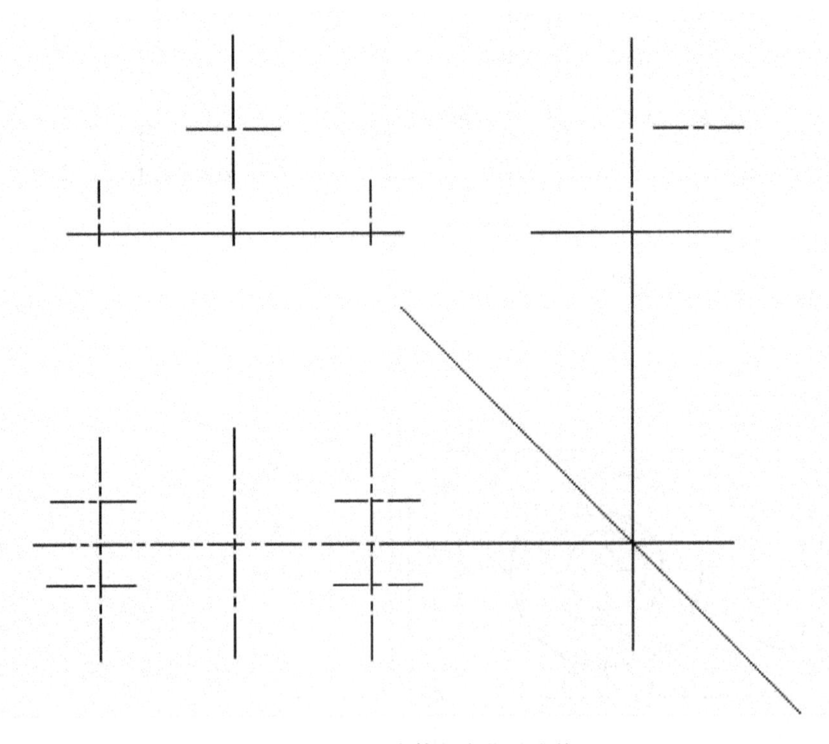

图 16-2 绘制组合体的定位基准线

（5）按形体分析的结果来进行绘制。首先绘制底板。左视图可借助 45°线来进行绘图。如图 16-3 所示。

（6）绘上面的圆柱及里面的孔。绘图时，先从俯视图的圆画起，再根据投影关系画其他视图。高度 50 的线是利用底面最下面的线进行偏移复制得到。如图 16-4 所示。

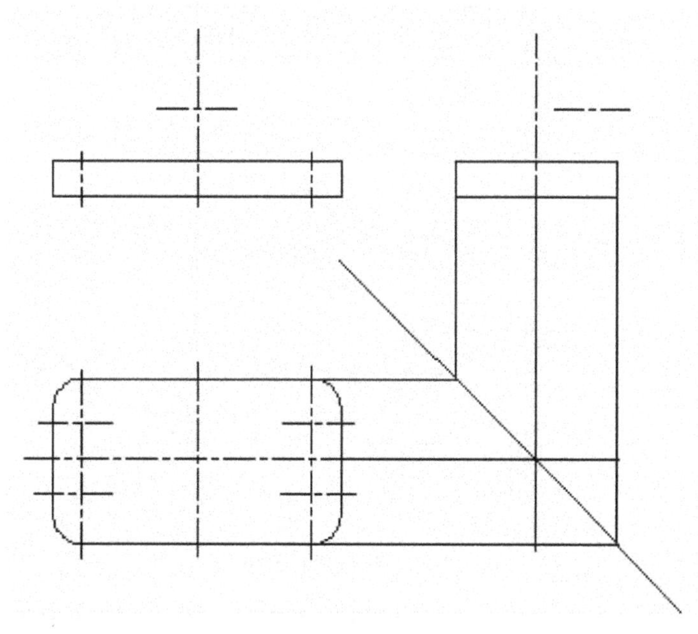

图 16-3　底板的绘制

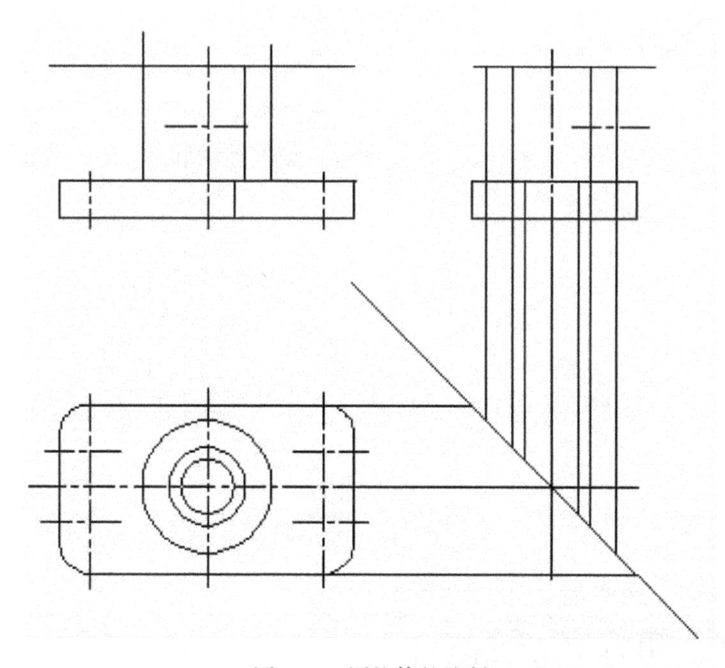

图 16-4　圆柱体的绘制

(7) 再进行修剪，将能完成的部分完成。由于是绘剖视图，所以剖视部分应想好要做何种剖视，一次性画到位。然后再画其他部分。左视图上孔的相贯线可以用圆弧线来代替。如图 16-5 所示。

(8) 绘底板上的长圆孔。先从画圆开始，再结合修剪来完成，如图 16-6 所示。然后再用

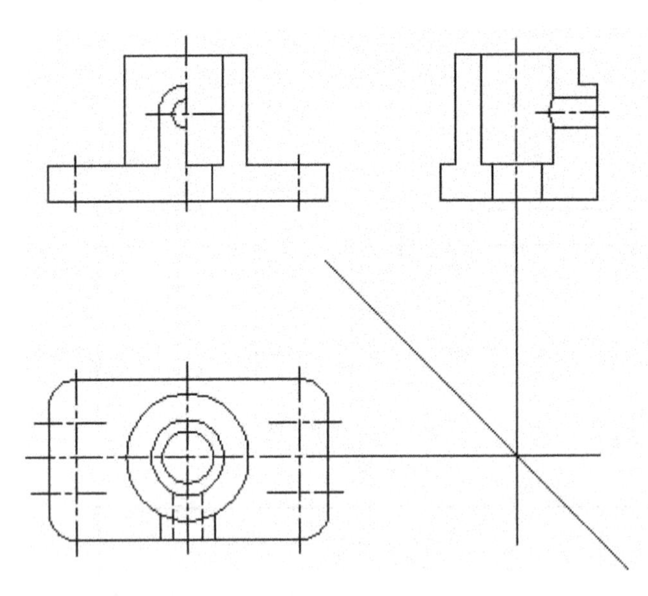

图 16-5 绘制其他部分

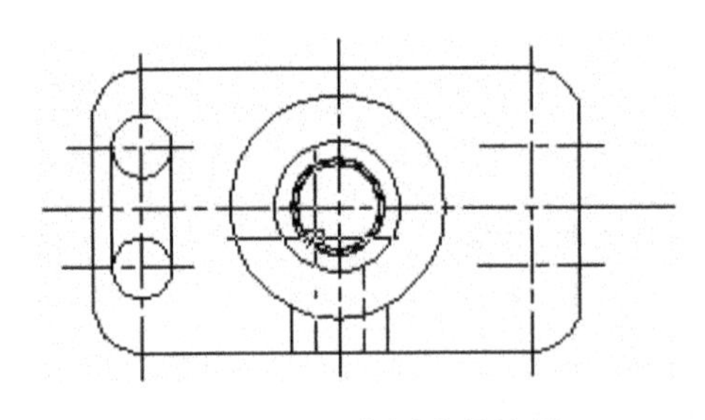

图 16-6 长圆孔的绘制

镜像命令完成另一个，主视图根据投影关系完成。由于主视图是局部剖，断裂线的画法是用样条曲线 Spline 曲线来绘制。

(9) 绘剖面区域添加剖面线。点击 ，图案为 ANSI31，比例为 1、角度为 0 。详细步骤请参考前面有关章节。删去辅助线，完成结果如图 16-7 所示。

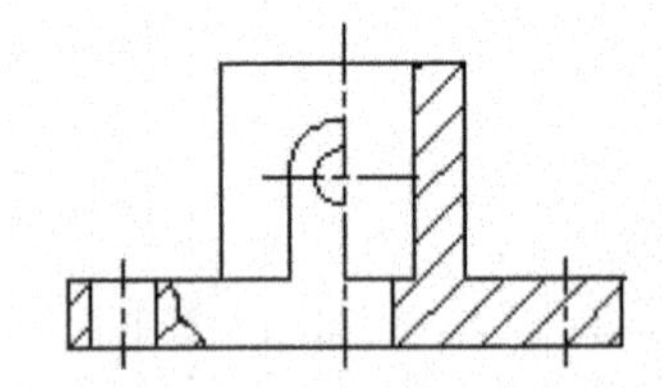

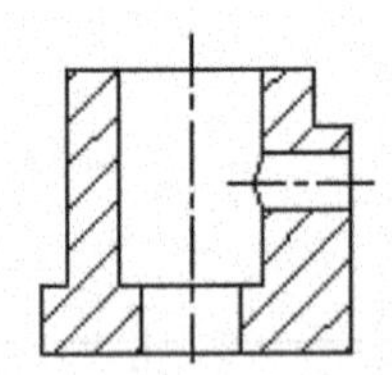

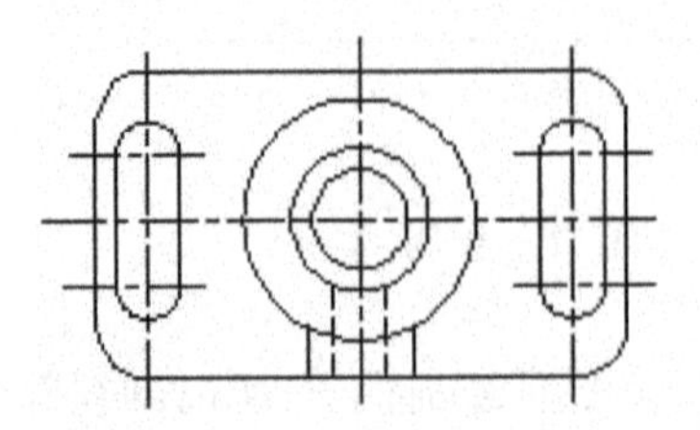

图 16-7 完成结果

16.2.2 尺寸标注

(1) 水平尺寸的标注。绘制主视图上的 Φ44、Φ26、Φ18 及 100，俯视图上的 80、12。标注的方法同前面章节，这里不再赘述。

(2) 垂直尺寸的标注。绘制主视图上的 12、50，俯视图上的 24、56 以及左视图上的 30。

(3) 半径、直径的标注。绘制主视图上的 R10、R5 以及俯视图上的 R10。

(4) 尺寸的编辑。绘制好上述尺寸后，部分尺寸的数值和位置等还需进行调整，如主视图上的尺寸 44 和 26，标注的时候并不会有直径符号，此时需通过编辑尺寸在数字前面添加"Φ"。主视图上 Φ26 和 Φ18 两个尺寸，是半剖处的标注，标注时可以采取隐藏"尺寸界线"和"尺寸线 2"的方法来标，也可以假想的标注好后，再通过分解，删除不要的部分、修改尺寸数字来达到需要的效果。

完成后的图应如题图 16-1 所示。

习题：

1. 按尺寸绘出已知图 16-8 的两个视图，补充第三个视图，并标注尺寸。

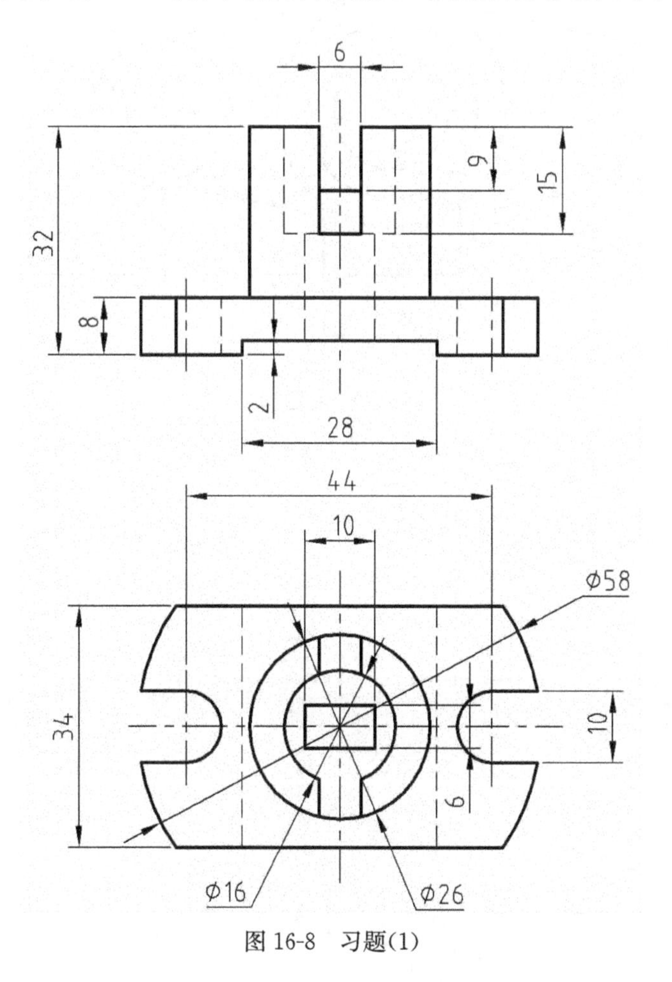

图 16-8 习题(1)

2. 按尺寸绘出已知图 16-9 的两个视图，补充第三个视图，并标注尺寸。

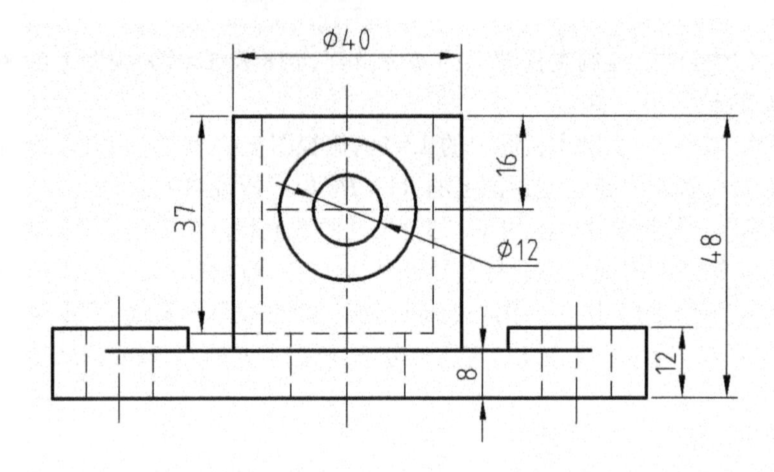

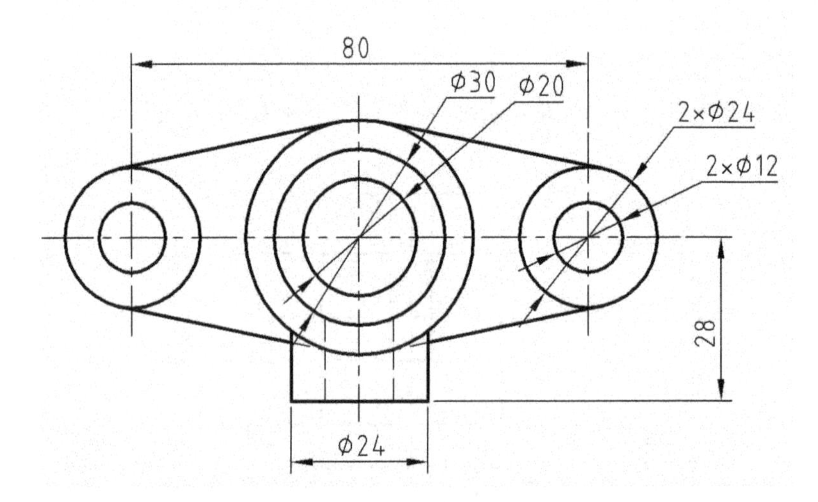

图 16-9 习题(2)

17　标准件的绘制与应用

标准件是工业工程常用的零件，它们在绘制时按照国家制图标准的规定进行了简化，体现了符号化、示意性的特点，但即便是这样，由于它们在机器中使用的数量庞大，尺寸规格很多，因此在手工绘图中仍感到很不方便，很浪费时间。

计算机绘图为我们绘制这类零件提供了很大的方便。根据这类零件画法固定、只是尺寸不同的特点，我们可以应用图块的方法来方便地解决这类问题。

17.1　练习内容

本例以螺栓、螺母、垫圈这 3 个螺栓紧固件为例，来介绍如何将标准件定义成块，以及如何应用在实际的绘图中。对于其他的标准件可以以此类推。

国家制图标准中规定的螺栓、螺母、垫圈的画法如图 17-1 所示。它是以公称直径 d 为基数，乘以不同的系数得到各部位的尺寸来绘出图形的。

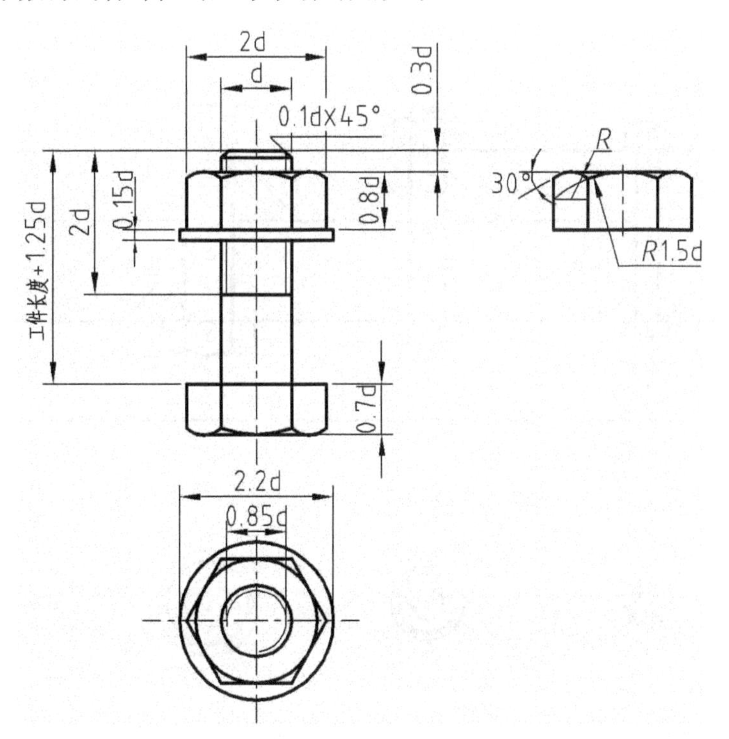

图 17-1　螺栓连接画法

练习任务：在如图 17-2 所示的工件上，分别用公称直径为 M20、M30、M40 的螺栓进行连接，最后完成的结果应如图 17-3 所示。

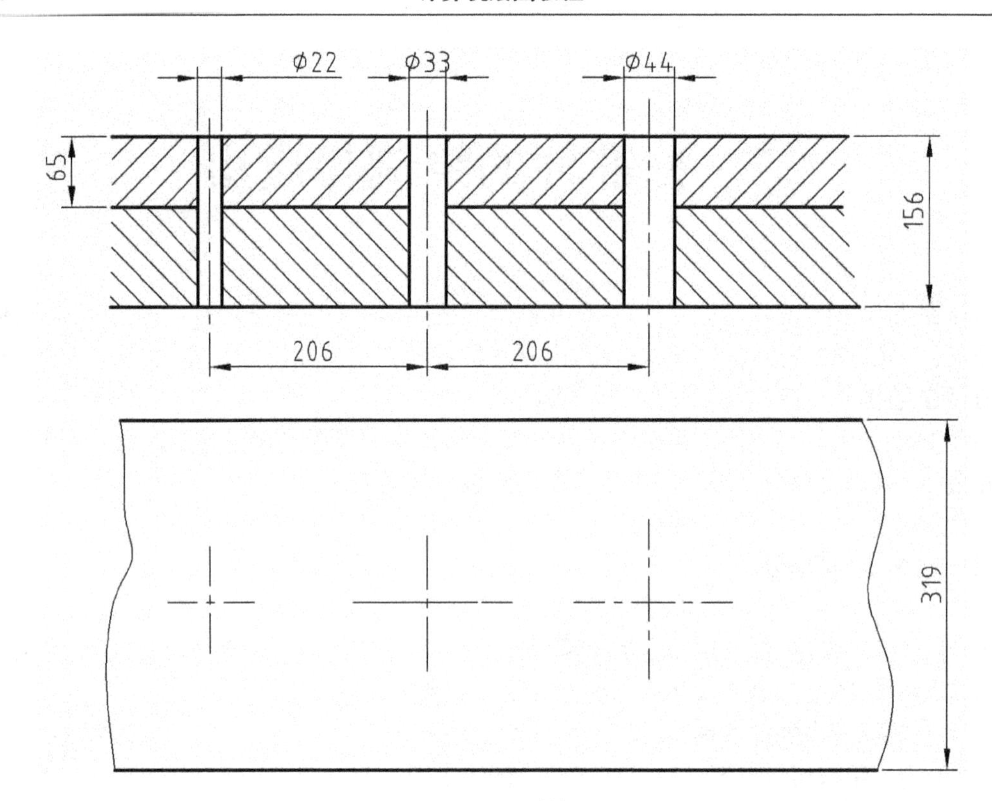

图 17-2 工件图

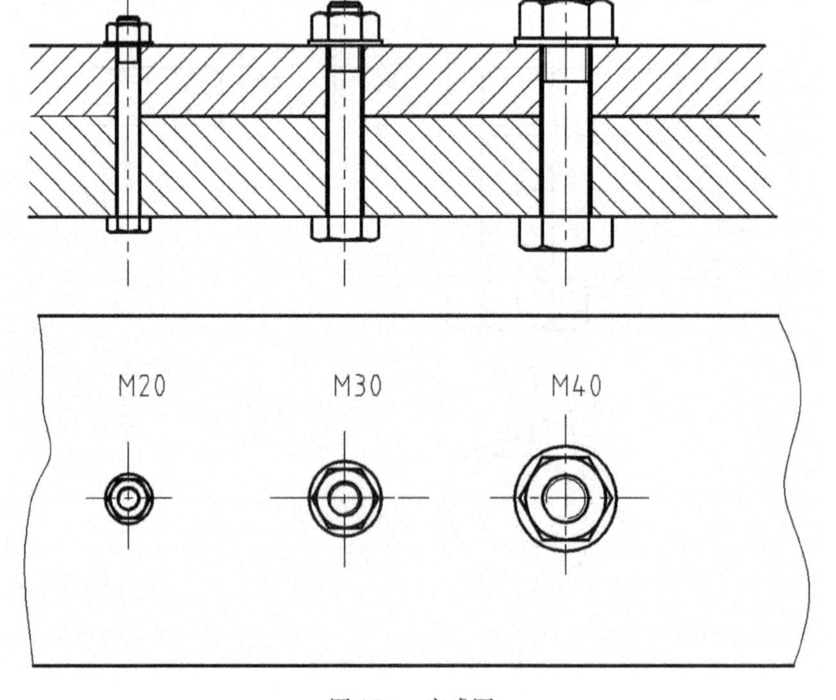

图 17-3 完成图

17.2 练习指导

17.2.1 分别定义螺栓、螺母、垫圈图块

(1) 绘制螺栓、螺母、垫圈主、俯视图。为了方便定义图块及以后使用方便，将 d 设为 1，螺栓有效工作长度设为 $3d$。

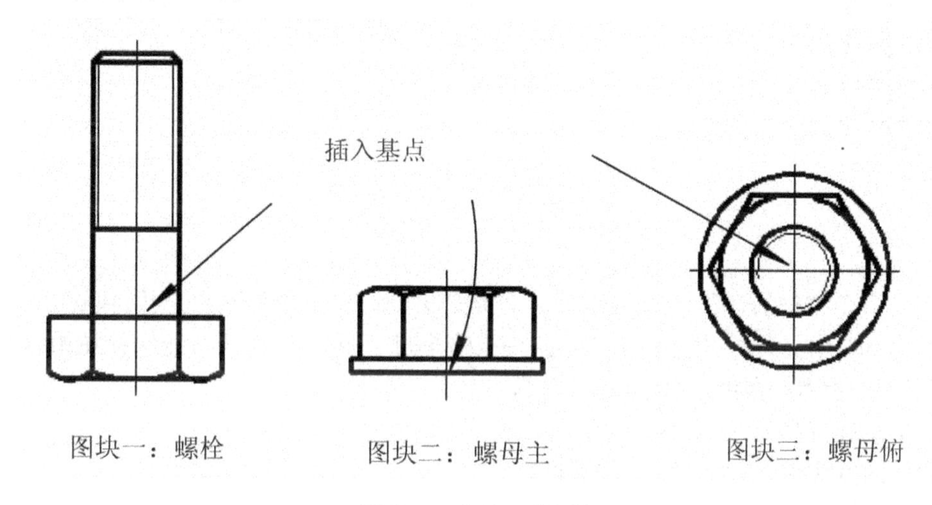

图 17-4 定义 3 个图块

螺母在绘制时可以和垫圈合二为一，因为垫圈很少有单独使用的情况。它们具体的绘制方法请参阅有关制图教材。图形线宽的解决方法：一是可以先不带宽度，定义成块后，插入使用的时候，再一条线一条线地修改，这样做的缺点是使用时比较麻烦；二是直接将图线设置成某种线宽，使用时的缺点要视插入的图纸而定，如果不能一致，仍需一条线一条线地修改；三是定义一个图层，将所有宽度的线放在此图层上，插入使用时该图层也会随块插入到图纸中，修改时则比较方便，因此推荐使用第三种情况。若图形比较简单，也可以前两种。

(2) 定义内部块和外部块。经过分析定义成 3 个图块比较实用，如图 17-4 所示。块的名字也如图所示。注意“螺母俯”的图形并不是真正单个螺母的俯视图。

用 BLOCK 命令定义内部块，具体的方法请参阅前面章节。定义块时应注意插入基点的定义，如定义得合适可以方便以后的使用。

输入 WBLOCK 命令，将内部块转成外部块。文件名可自定，名字可与内部块名相同，也可以不同。最好定义在一个新建的专用文件夹中，便于以后查找和使用。

17.2.2 插入图块

(1) 按照图 17-2 所给尺寸绘制工件图。

(2) 先插入 M20 的螺栓。输入插入图块命令，打开插入图块对话框，在块名中找到“螺栓”，输入比例为 20，3 个方向均一样；旋转角为 0。用同样的方法插入“螺母主”，结果如图 17-7(a)所示。

可以看出此时长度还不够，下面用 STRETCH 命令将其拉长。但要注意：块是无法用

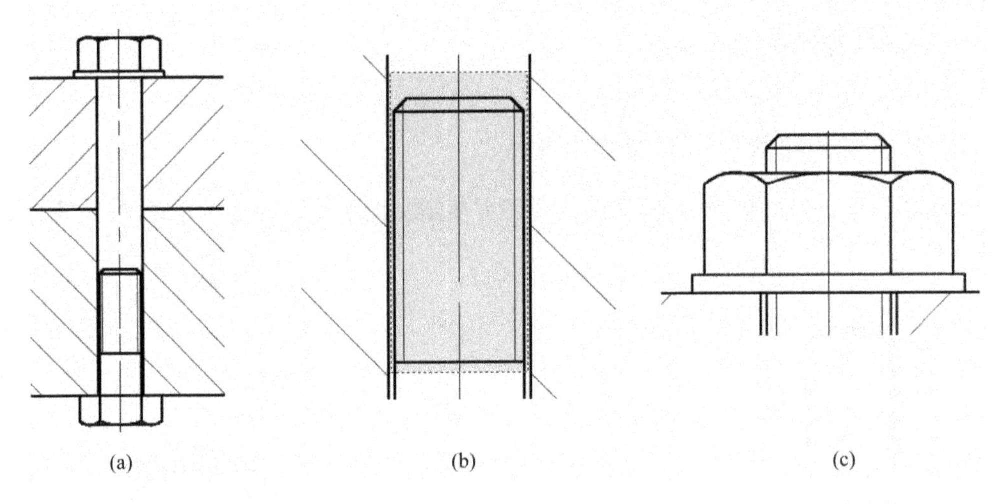

图 17-5 插入图块

STRETCH 命令拉长的，所以首先应将插入的块炸开，炸开后散开的图元会回到 0 层。

将螺栓下部用交叉窗口选中，将其拖上去，整个过程见图 17-5(b)，让螺栓尾端伸出头部 0.3d，可以事先设置一段线，以便于拉伸放置。

再对尾端进行修剪，去除不要的尾端的线，结果如图 17-5(c)。

以同样的方法插入 M30、M40 的螺栓。

17.2.3 检查结果

如图 17-6，要注意该螺栓与孔的缝隙处应有线，需要补上，有时由于缝隙很小，可能会看不出来，可是作为正确的绘图还是应该补上。

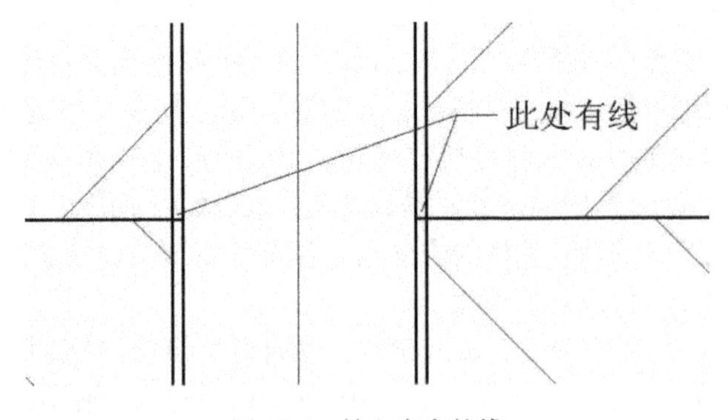

图 17-6 补上应有的线

有一点要注意：定义块时，中心线可以不画，但在插入的图形上还是要画出；如果块中已经有了，则插入的图形上可以不画，如果两者上面都有点画线，它们将会重叠在一起，可能会使点画线看不出来。应该删去其中一条。

习题：

按尺寸画出图 17-7 的图形。

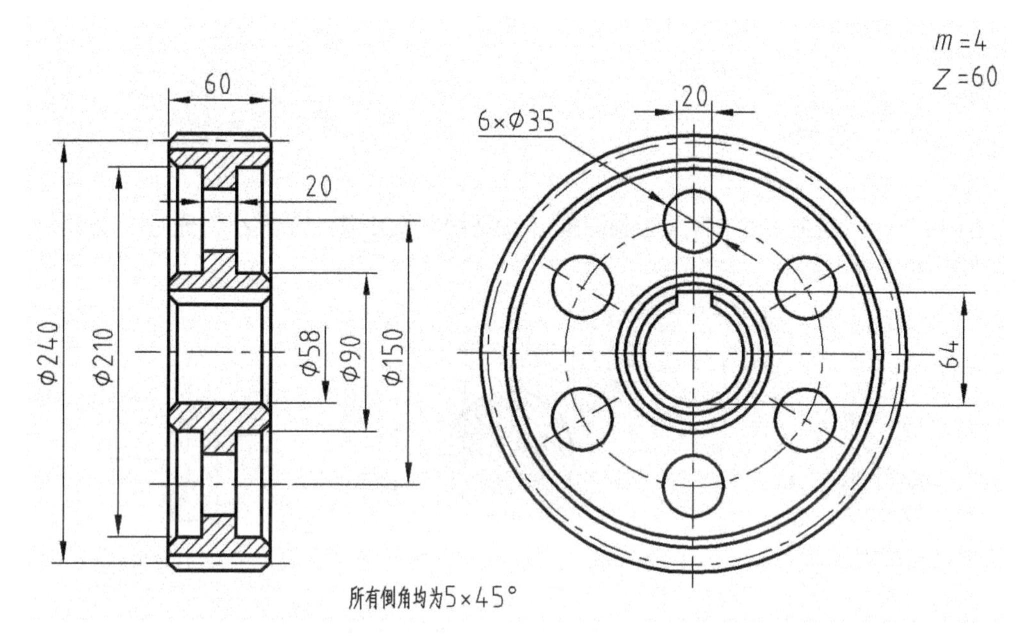

图 17-7　习题

18　零件图的绘制

18.1　练习内容

按图 18-1 所示绘制零件图，并绘制图框、标题栏等，图纸按 A3 大小。通过本例介绍绘制一幅零件图的完整过程。

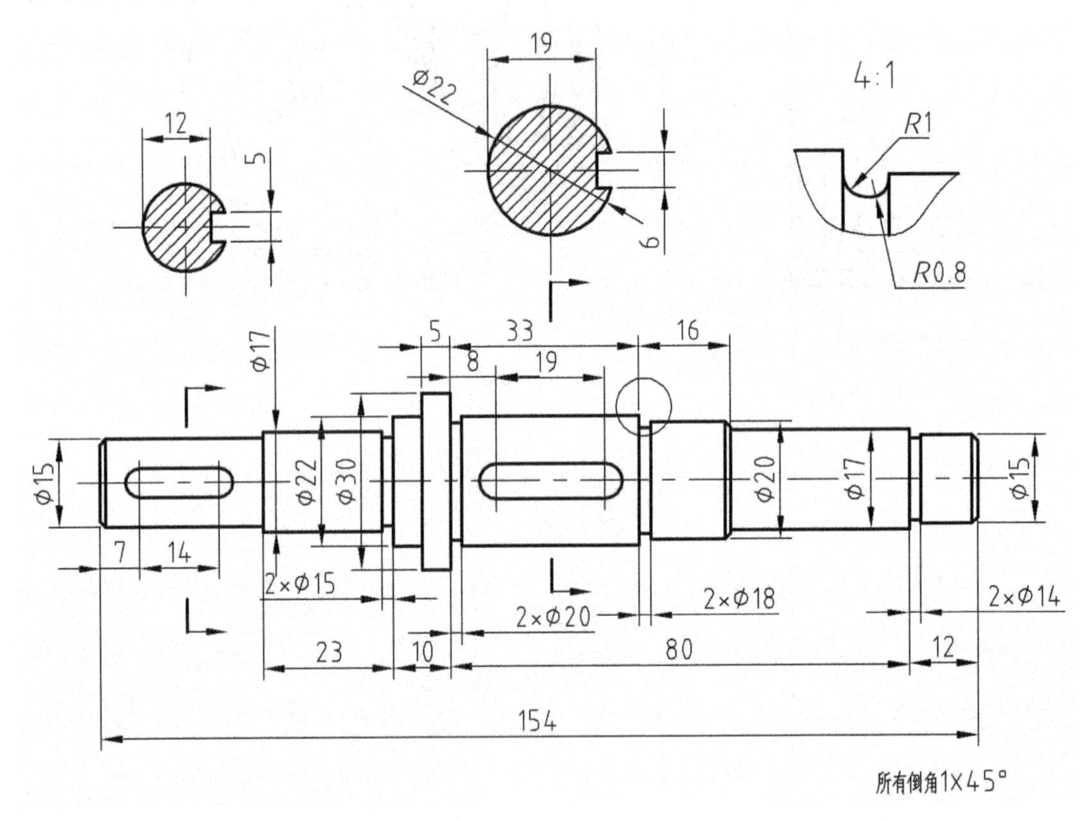

图 18-1　零件图绘制内容

18.2　练习指导

1）绘图准备工作

（1）根据图形的大小设置绘图界限，本例可设置为 200×200。用 ZOOM 调整屏幕显示范围，使整个绘图界限全部显示出来。

（2）装载线型。点击菜单“格式→线型”，打开线型管理器，加载点画线，选择 CENTER 线型。如果用到虚线、假想线，则选择 DASHED、PHANTOM。

(3) 设置文字样式。如图 18-2 所示，新建一种字样专门用于尺寸标注，本例命名为“数字”。其中字体选择“isocp. shx”，并使用大字体文件“gbcbig. shx”，这样在标注时可以使用单线体的中文。

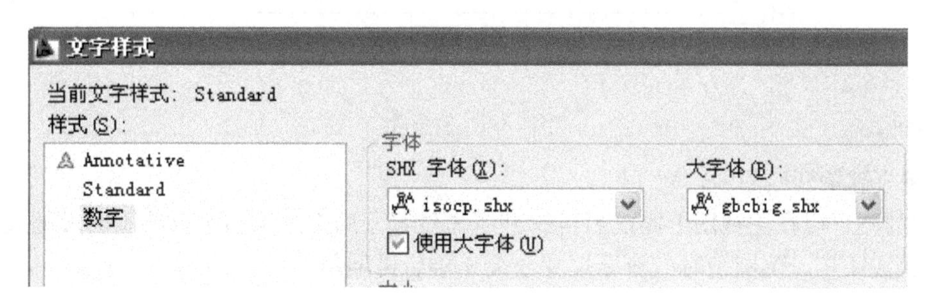

图 18-2　设置字体

(4) 设置图层。新建用于放置点画线、粗实线、尺寸线、剖面线的图层，层名自定。对于粗实线层，将颜色设为“蓝色”，线宽可设置为“0. 3”。

(5) 设置标注样式。点击菜单“格式→标注样式”。标注样式的修改在尺寸标注的有关章节中已经有所介绍，在此不再赘述。请记住应该为角度尺寸标注新建一种尺寸样式。

2) 绘制中心线、布置图纸

绘线的时候，可以先将状态栏上的线宽显示关闭，这样不影响观察图线。

根据水平方向尺寸 154、12、80、10、23，用偏移复制命令绘制竖线，长度可以略长，如图18-3所示。水平线可以利用中心线向上、下偏移。如图左轴的端部，在偏移的水平点画线基础上再用实线描画，然后再删去偏移的点画线。

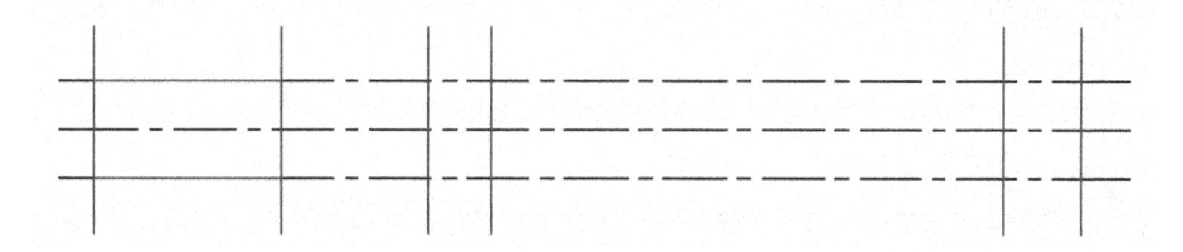

图 18-3　绘基准线

3) 通过修剪及继续偏移等方法完成轴的轮廓图样

如图 18-4 所示。

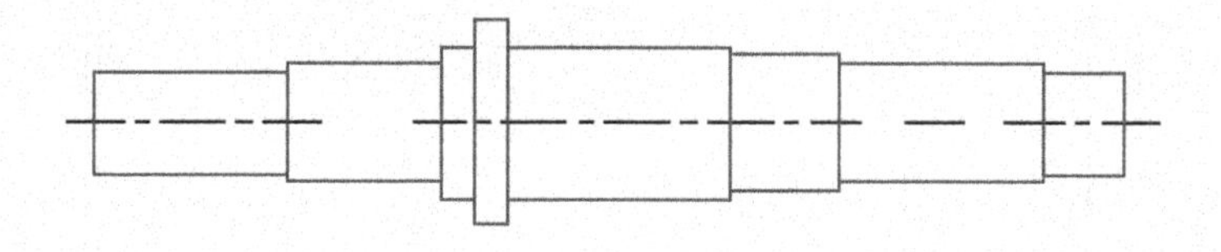

图 18-4　完成轮廓

4）完成上图的退刀槽、倒角、键槽等结构图样

如图 18-5 所示。

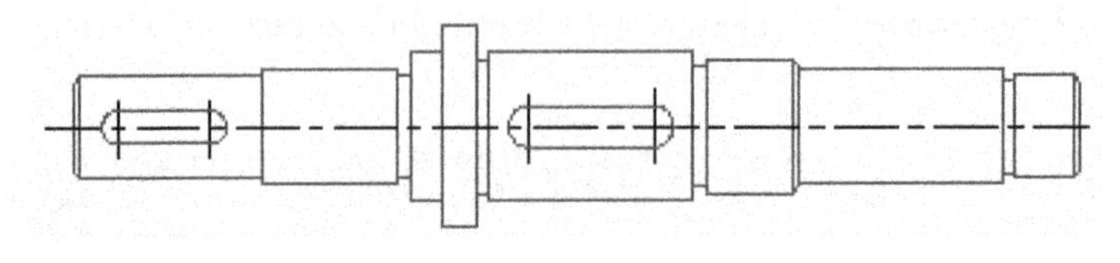

图 18-5　倒角等

5）完成键槽断面图的轮廓

所需的圆可以在主视图上画出后再移到所需位置。局部放大图可以将画圆圈的地方拷贝出来，再放大 4 倍。倒圆角时应将原尺寸放大 4 倍后再倒角。

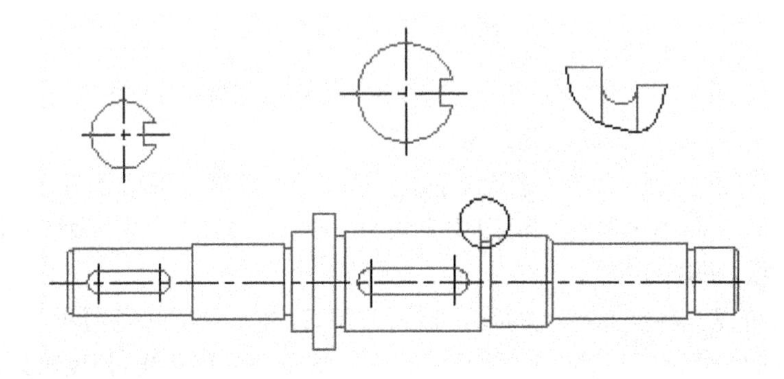

图 18-6　完成断面图、局部放大图

6）标注尺寸

完成图应如图 18-1 所示。

7）绘制图框

A3 图纸大小是 420×297。图内框装订边留 20，其余留 5，如图 18-7 所示。标题栏采用学生用的标题栏，其尺寸大小如图 18-8 所示。

图 18-7　图框

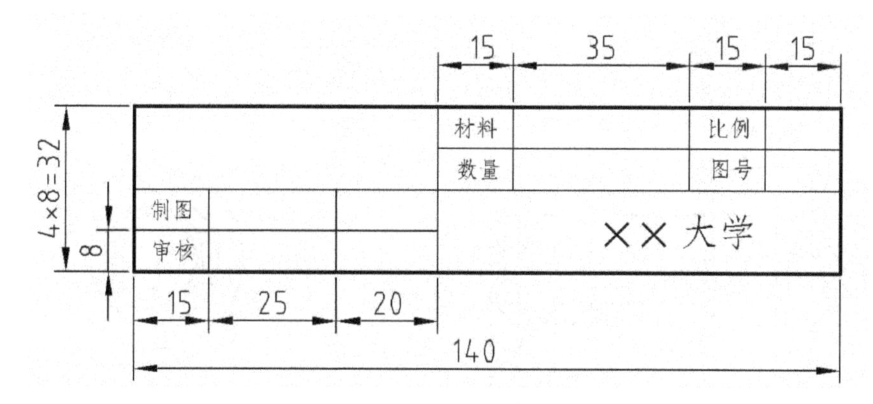

图 18-8　标题栏尺寸

8）确定打印比例

显然图框要比所绘图形大得多，为了将图形放进图框，注意不要将图形放大，因为这样所标注的尺寸会改变，而是应将图框缩小，在打印出图的时候，缩小的倍数的倒数就是其绘图的比例。如本例，将图框缩小 0.5，则将来打印出图至 A3 图纸，其绘图比例就是 1∶2。

9）最后调整图面

比如文字的内容可以考虑放在其他合适的位置。将线宽显示打开，检查一下是否粗实线都正确、尺寸标注是否正确。如图 18-9 所示。

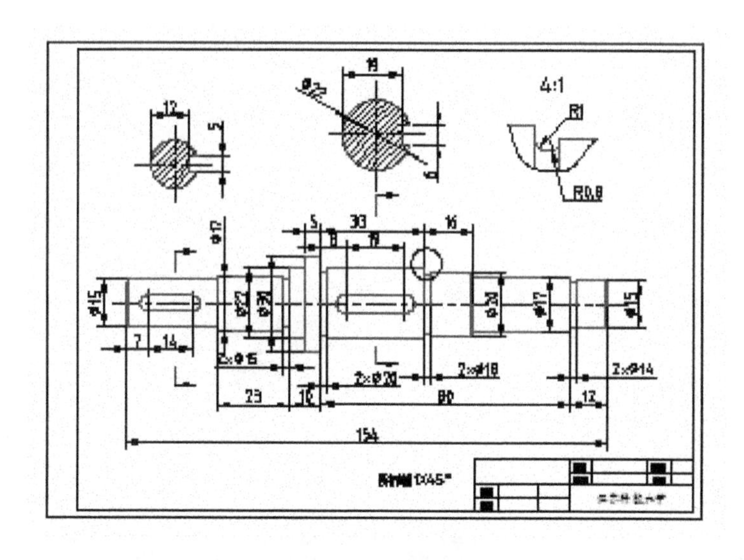

图 18-9　完成后结果

习题：

以 A4 纸为幅面，绘制如图 18-10 的零件图，并绘制标题栏、图框。

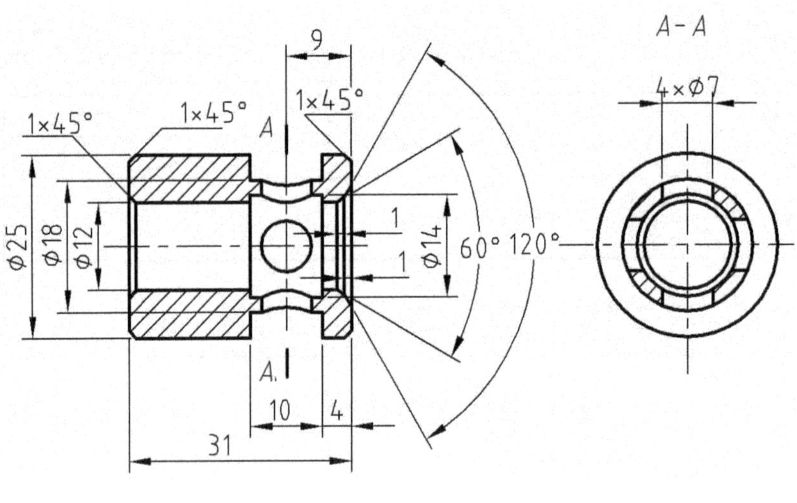

图 18-10 习题

19　装配图的绘制

装配图是用来表达机器或部件工作原理和装配关系的图样。装配图的画法理论在工程图学或机械制图教材中都会有介绍，在此不准备去重复讲述那些理论。根据那些理论，直接用计算机去代替手工绘制装配图是完全可以的，但是计算机绘图有其优越的地方，本章通过一个千斤顶的实例介绍具体的画法。

本例一共有 5 个零件及两个标准件，如图 19-1～19-5 为 5 个自制零件的零件图，作为绘制零件图练习的延续，可以先将这 5 个零件图全部绘出来，同时也为本章练习作准备。

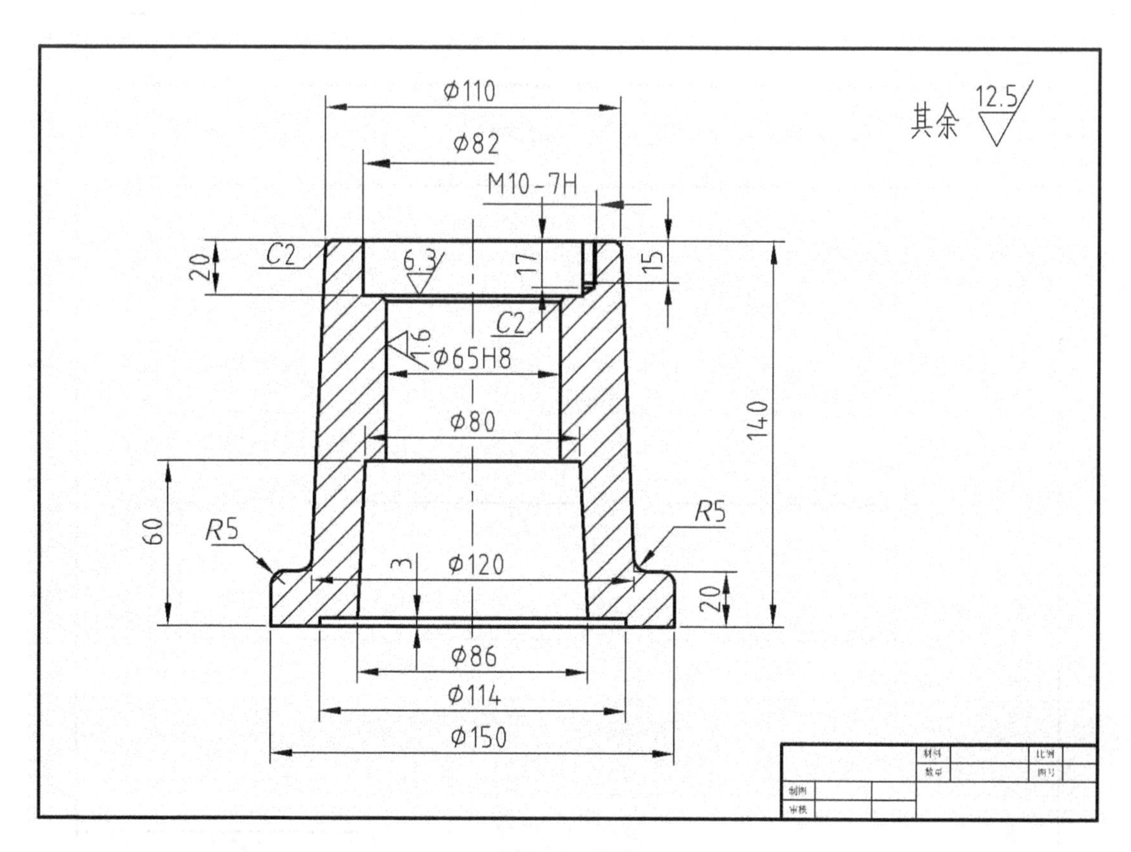

图 19-1　底座

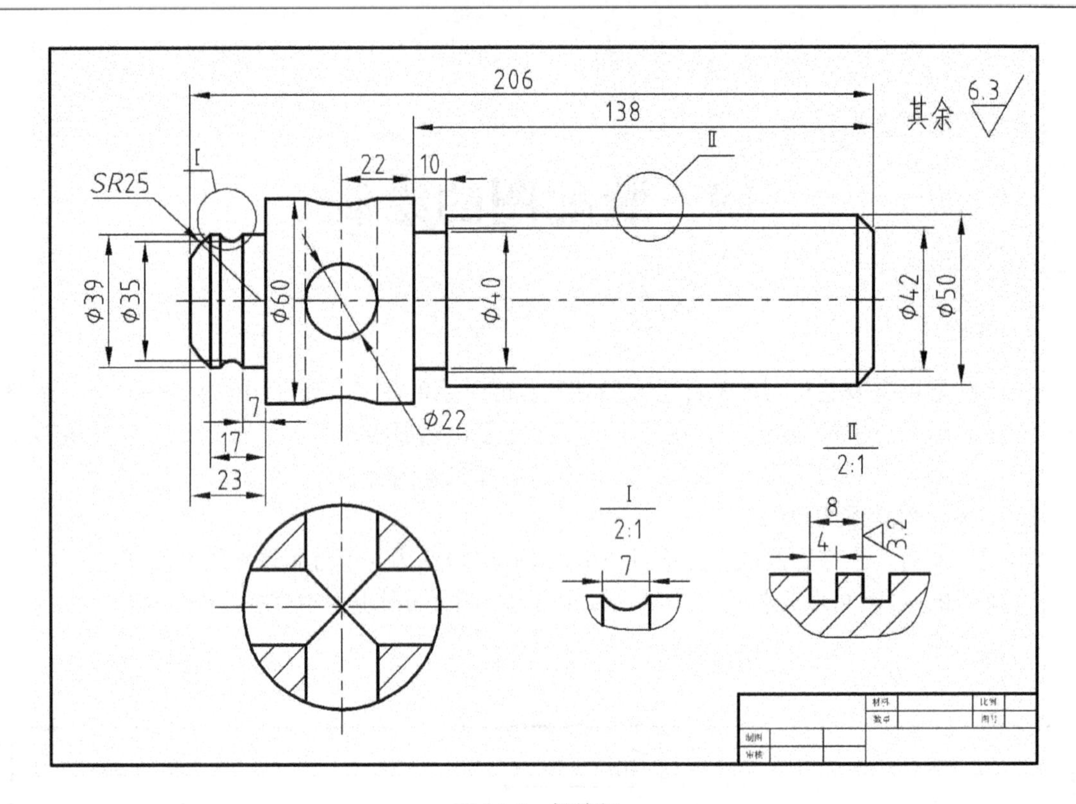

图 19-2 螺旋杆

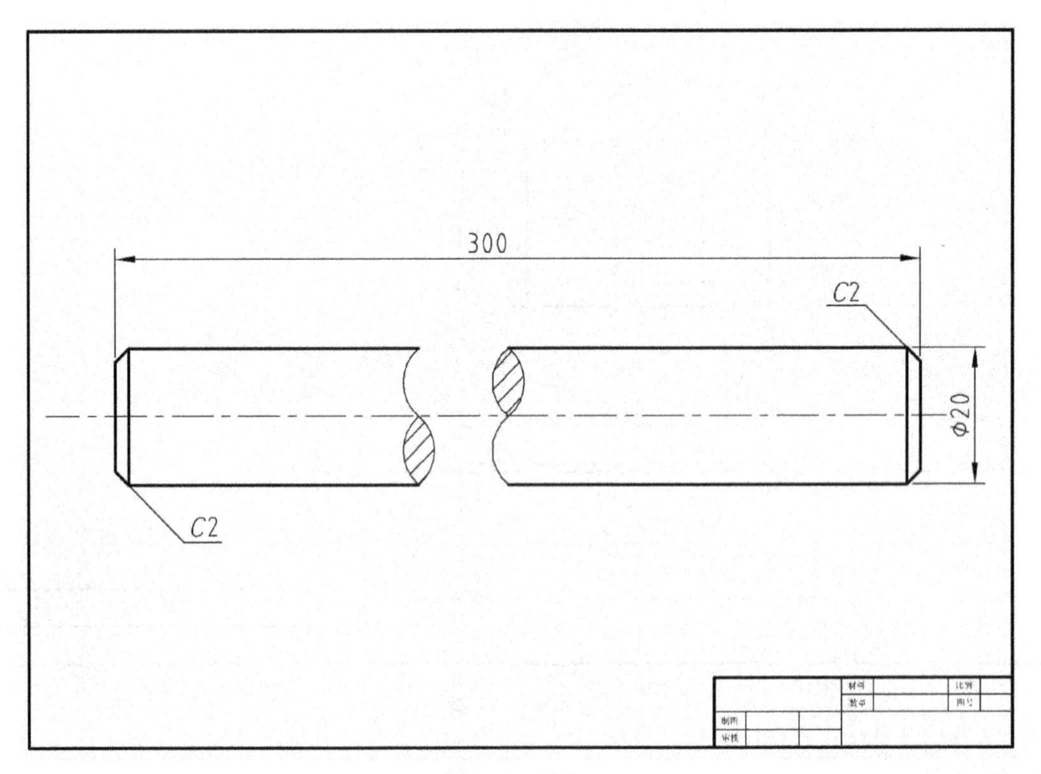

图 19-3 绞杠

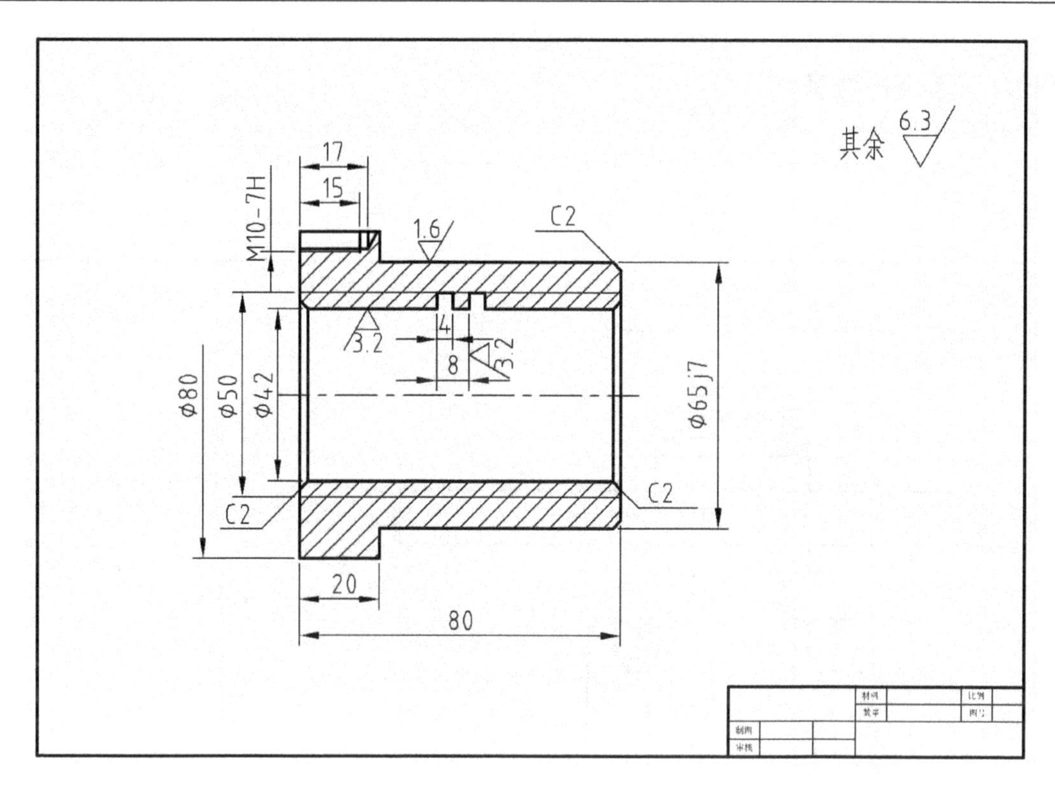

图 19-4 螺旋套

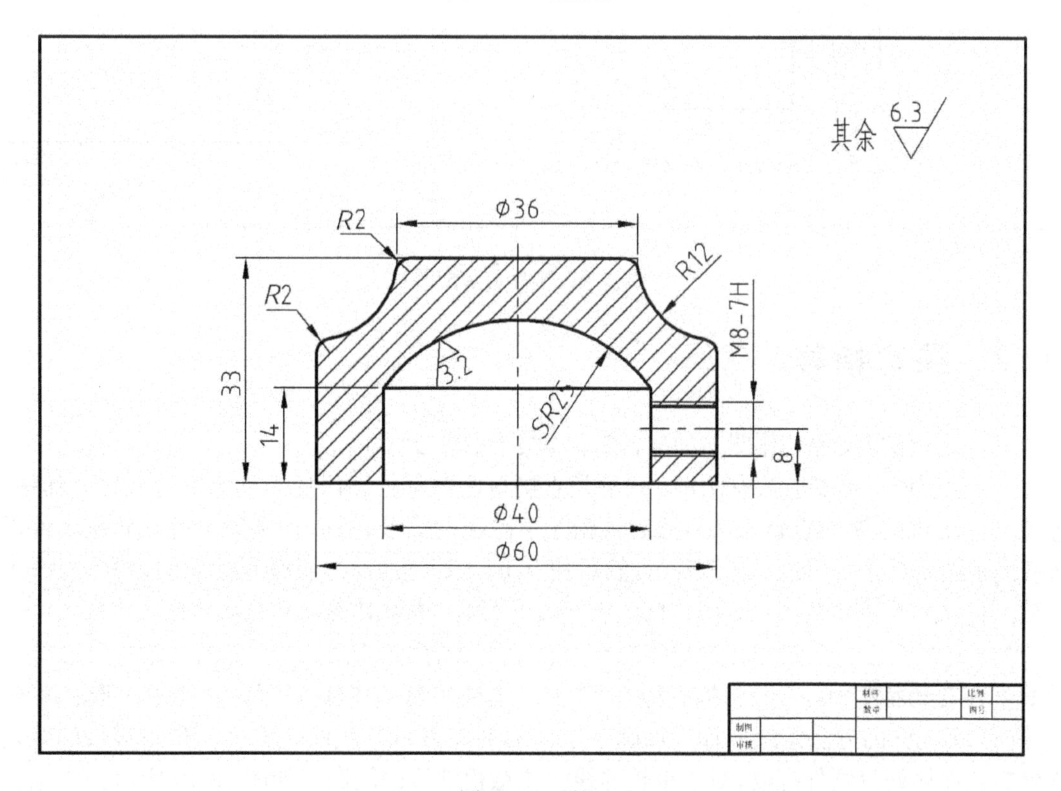

图 19-5 顶垫

19.1 练习内容

在A3图纸上根据千斤顶的零件图绘制如图19-6所示装配图,并标注尺寸,绘标题栏、明细栏。

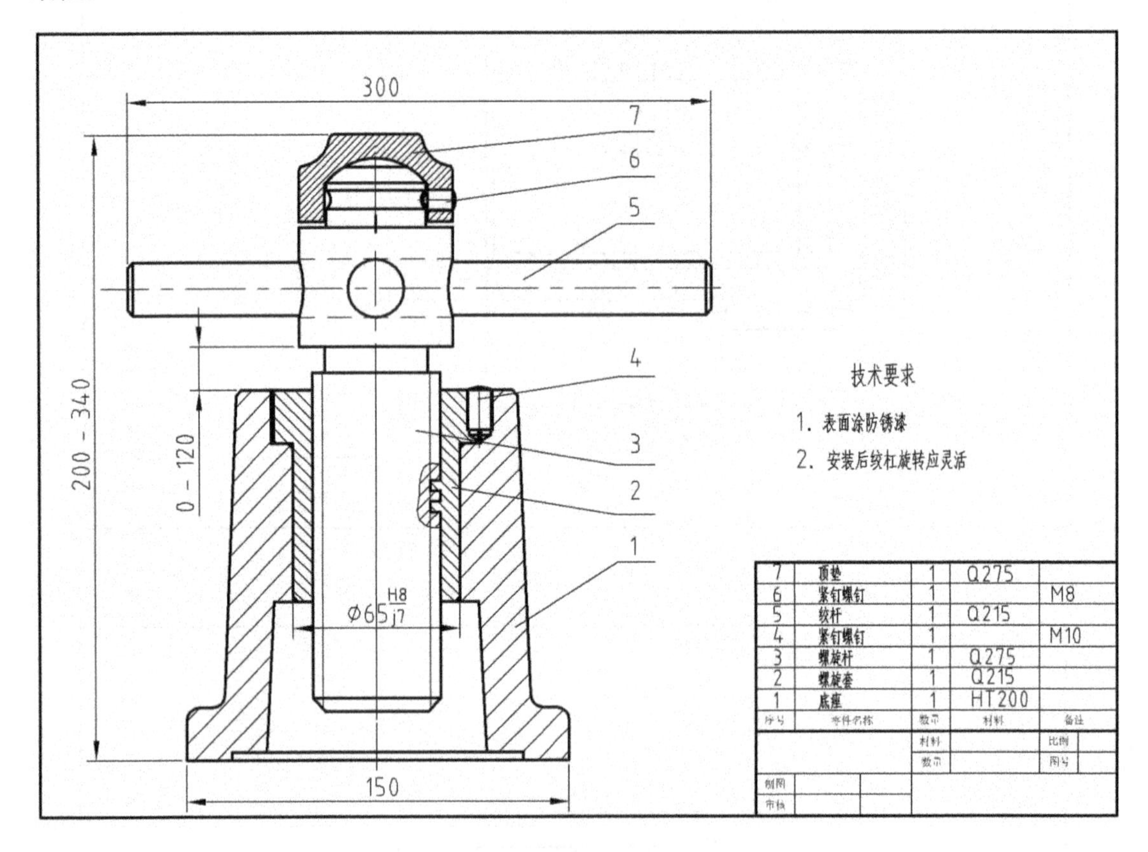

图19-6 千斤顶装配图

19.2 练习指导

(1) 新建图形文件。作图前的准备工作同零件图。此处略。

(2) 绘底座。绘制方法有两种:一种是直接将底座零件图以插入外部块的方式全部插入进来,这时的插入基准点是(0,0),然后再删除不需要的图线;另一种是同时打开底座零件图,将底座视图全部选中,如图19-7所示,然后按"Ctrl+C"拷贝,再切换到装配图,按"Ctrl+V"粘贴。删除掉不需要的图线,如尺寸线、粗糙度符号等,再将其移动到合适的位置。

(3) 绘螺旋套。以同样的方法将螺旋套插到装配图中,如图19-8所示。删去尺寸等,旋转90°,移动到底座中,注意移动时基点的选择。结果如图19-9(b)所示。再作进一步的修剪。

(4) 用同样的方法绘螺旋杆。加画一个局部剖在表示牙型的位置上。删去多余的线,在内外螺纹连接处只画外螺纹,对于重叠的线应注意粗细线的问题。如图19-10所示。

(5) 绘顶垫。插入顶垫图形后,删除多余的线,移动至螺旋杆顶端。移动时,以顶垫内部

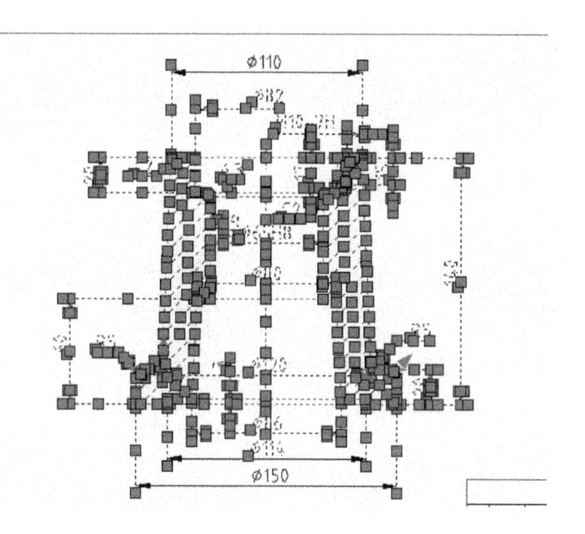

图 19-7　拷贝底座零件图

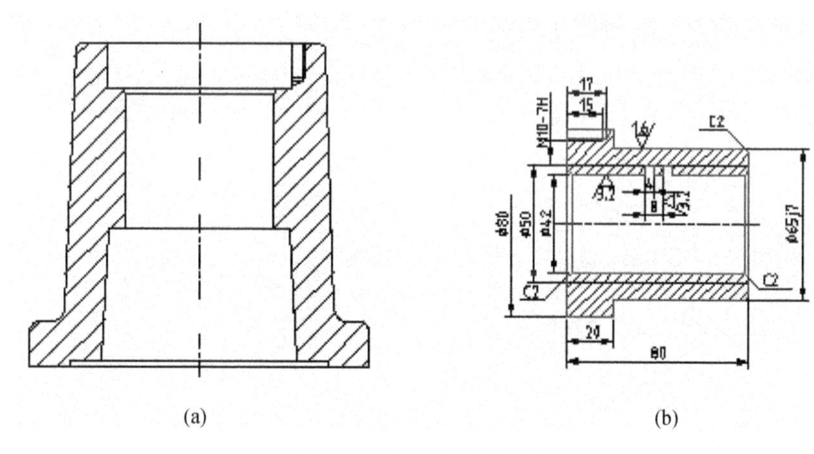

(a)　　(b)

图 19-8　插入螺旋套零件

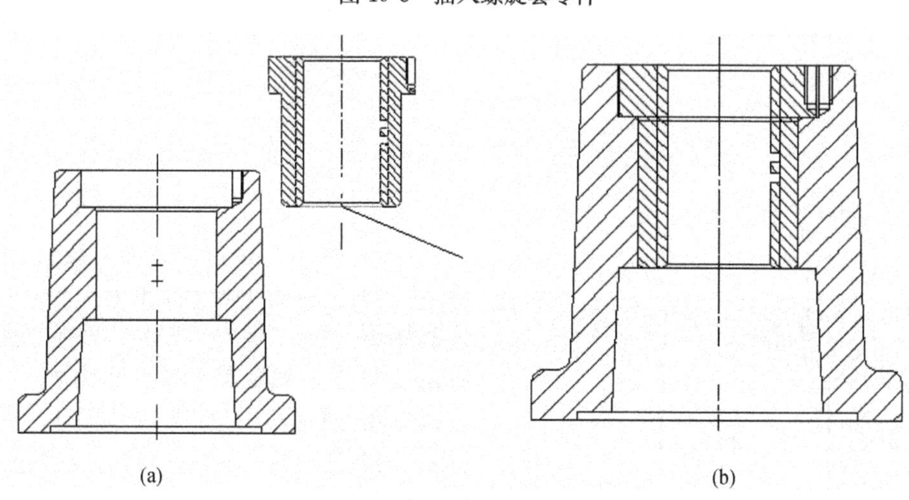

(a)　　(b)

图 19-9　移动螺旋套零件

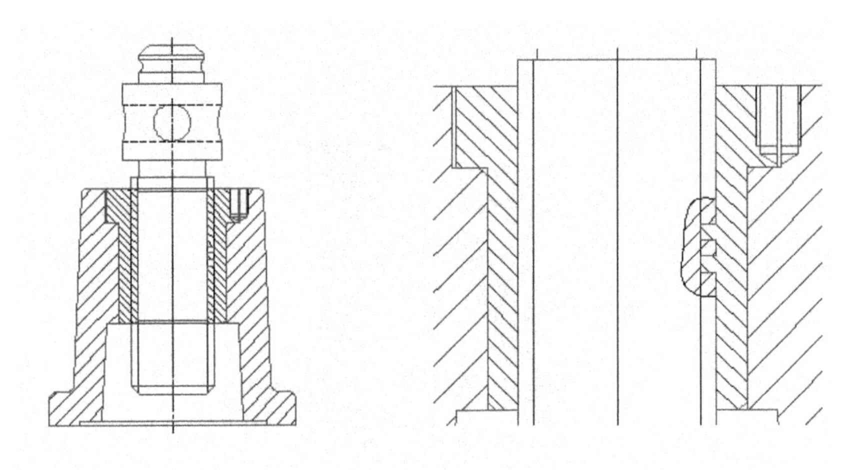

图 19-10 加入螺旋杆

SR25 圆弧的圆心为基点，与螺旋杆上面 SR25 圆弧同心。如图 19-11 所示。

(6) 加入绞杆。绞杆零件图采用的是简化画法，因此插入后，要重新修改绘制。如图 19-12 所示。

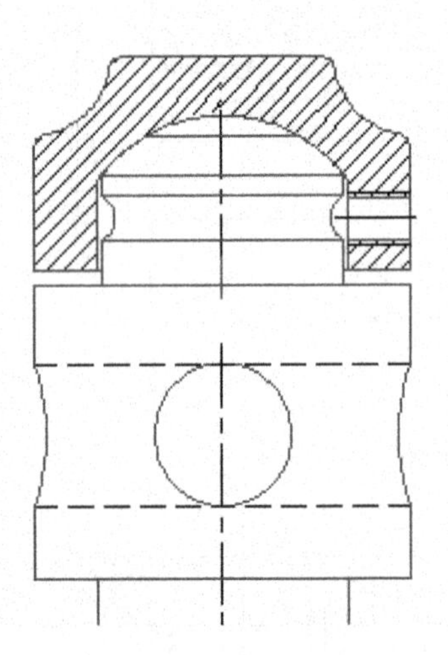

图 19-11 加入顶垫

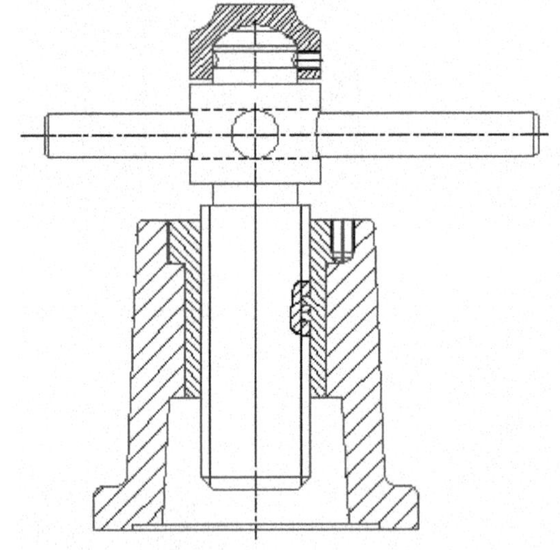

图 19-12 加入绞杆

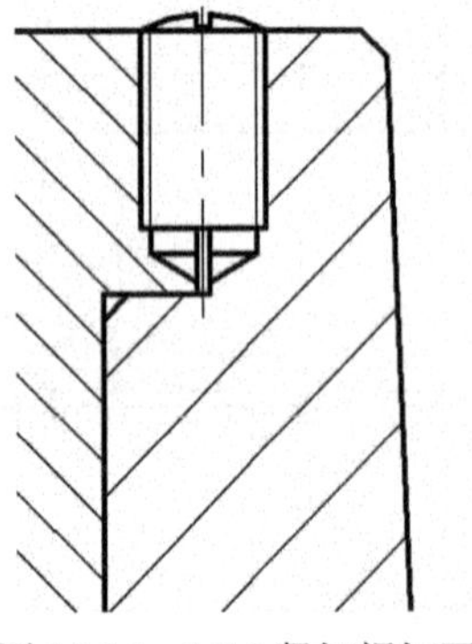

图 19-13 *M*10 紧钉螺钉画法

(7) 加绘 M8 和 M10 的紧钉螺钉。特别注意 M10 紧钉螺钉的画法，如图 19-13 所示，底座和螺旋套配作螺钉孔 M10，在它们之间有 1mm 的间隙。如果零件图上没有画准，这时两半螺钉孔可能分开得过大，不能形成一个完整的孔，因此需要仔细修改。同时要注意粗细线的变化。

(8) 标注尺寸,对零件进行编号,填写明细栏,列写技术要求等。完成。

习题:

请读者自己在机械制图或工程图学习题集中找一例含零件图的装配体进行练习。

20　模型空间与图纸空间

20.1　模型空间与图纸空间

AutoCAD 为用户提供了两种页面空间，即模型空间与图纸空间。用户是在模型空间中进行零部件的设计和工程图样的绘制；在图纸空间进行图纸大小的设置、图纸页面的布局等。模型空间是一个三维空间，其缺省的高度、厚度设置为 0。用户可以在缺省状态下进行二维模型的构造、图样的绘制。也可以通过设置高度、厚度或者输入点的三维坐标的方式来构造三维模型。

用户如需在同一图形文件中组合不同比例的图形，例如在楼层平面中加入一个单元平面的放大图形，可以通过 AutoCAD 提供用户的图纸空间模式来完成。利用图纸空间，用户在一张图纸上可以创建和显示所建模型的多个视图。每一个被称作为“视口”的视窗像一个独立的屏幕。每个“视口”可以反映模型的各个不同部分，也可以从不同的方向观察模型。每个视口图层的可见性可被单独地控制，这样能显示图形中同一区域的不同视图。还可以移动、拷贝、延伸甚至叠加视图区。

对图纸空间的理解可以这样想象：在模型空间前面竖着一块绘图板，这个绘图板就是图纸空间或称为页面。在图纸空间里本来是看不到所绘的图形或模型，如果在上面开一个方孔，这时就可以看见所绘的图形或模型了，这个方孔就是视口。透过视口我们也可以操作图形，如果在视口上蒙一层透明的塑料纸，则我们不能操作图形，只能在图纸上画图了，包括在这层塑料纸上画图。

模型空间与图纸空间的大小、比例是无关的。因此，用户可以在图纸空间中独立地绘制标题栏，进行文本注释等不属于模型本身内容的工作。可以将图形的不同视图“粘贴”起来，并加入边框、标题块和其他类型的图形数据和文本数据。

20.2　模型空间与图纸空间的转换

系统变量 Tilemode 用来控制当前是在模型空间还是图纸空间中进行绘图工作。当系统变量 Tilemode 为 1(On)时，系统切换到模型状态，绘图区与命令栏交界处的选项卡标签“模型/布局”/Model/Paper 显示为“模型”/Model，用户是在模型空间中工作；而当 Tilemode 为 0 时，系统切换到布局状态，选项卡标签“模型/布局”/Model/Paper 显示为“布局”/Paper，此时是在图纸空间中工作。用户可以从键盘中直接输入变量名，并用新值取代原来的变量值，从而在模型空间与图纸空间进行切换。也可以直接点击选项卡标签进行切换，还可以点击状态栏上的按钮 模型 来进行切换，切换后显示 图纸 。系统变量切换过程如下：

命令：Tilemode

输入 TILEMODE 的新值 ＜1＞：

Enter new value for TILEMODE ＜1＞：0

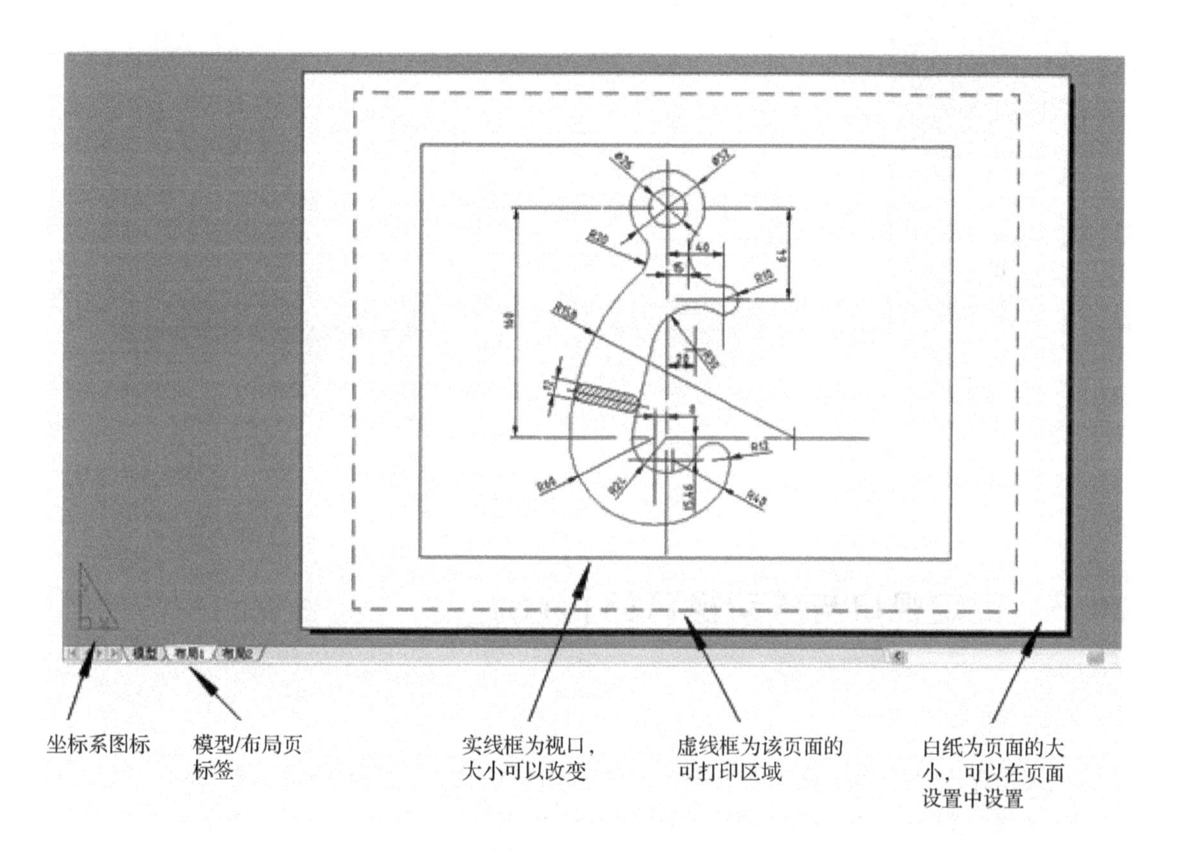

图 20-1　图纸空间

结果如图 20-1 所示，图纸空间特有的三角形坐标系图标显示在绘图区域的左下角。在图纸空间，用户若单击选项卡“模型”/Model 标签，则系统切换到模型空间。

应注意：在布局选项卡标签下单击状态栏中的“模型/图纸”按钮，系统并不是返回到模型空间，而是从视口进入到模型空间，这就好比将蒙在视口上的塑料纸拿开，此时，状态栏中的图标按钮“模型/图纸”/Model/Paper 显示为“模型”/Model，而选项卡标签则显示为“图纸”/Layout，表明系统仍处于图纸空间，但可以透过视口在模型空间绘图或操作图形，如图 20-2 所示。

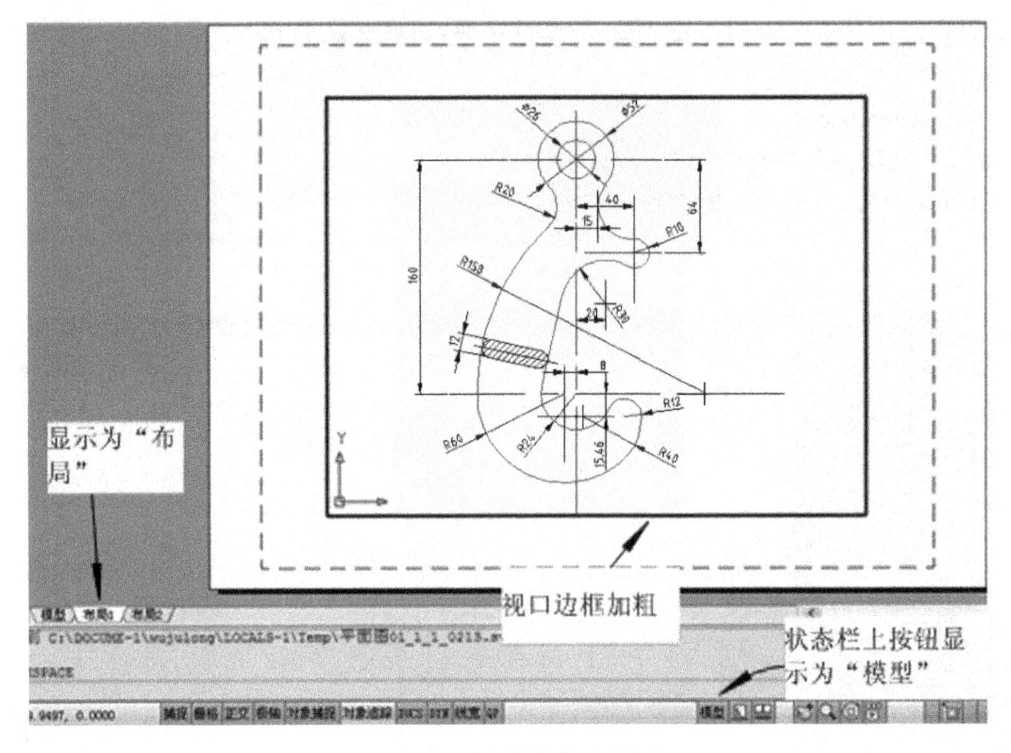

图 20-2　图纸空间中的模型空间视口

20.3　固定视口与浮动视口(Vports)

20.3.1　固定视口

到现在为止，我们都是在一个视图窗口(视口)中进行图形绘制的，这个视口就是屏幕的整个图形区域。实际上，AutoCAD 允许用户在屏幕上同时定义多个视口。用户可以在每一个视口中显示模型的不同部分，或在当前视口中对某一放大了的局部图进行编辑、绘制等工作。

在模型空间创建的视口，一旦创建，其大小位置就不能发生变化，因此称为固定视口。创建好的所有视口将占满整个绘图屏幕。

20.3.1.1　固定视口的创建方法

在命令行输入 Vports，或点击菜单“视图→视口”/View→Viewports，在子菜单中点击各选项，如图 20-3 所示。也可以在视口工具条上点击 。视口工具条默认是关闭的。

AutoCAD 在执行视口命令后将显示“视口”对话框，如图 20-4 所示。

如果在命令提示下输入“－Vports”，即在 Vports 命令前加一个减号，将不显示该对话框，只在命令行显示提示。可通过选择不同的选项来进行操作。

如图 20-3 所示，在命令前加一个加号，即输入＋Vports，则会出现提示：

选项卡索引 <0>：

如果输入“0”，则打开第一个选项卡；输入“1”，则打开第二个选项卡。

1）用对话框创建视口

在如图 20-3 所示的菜单中点击“命名视口”/Named Viewports 菜单项，会打开视口对话框的第二页选项卡“命名视口”，若点击“新建视口”菜单项，会打开第一页选项卡。在新建视口选项卡上面，可以在“新名称”/New name 右边的输入框内为固定视口配置指定名称，系统将以用户指定的名称保存该配置。若不输入名称，则创建的配置只能使用而不能保存，也不能在布局中使用。如图 20-4 所示。

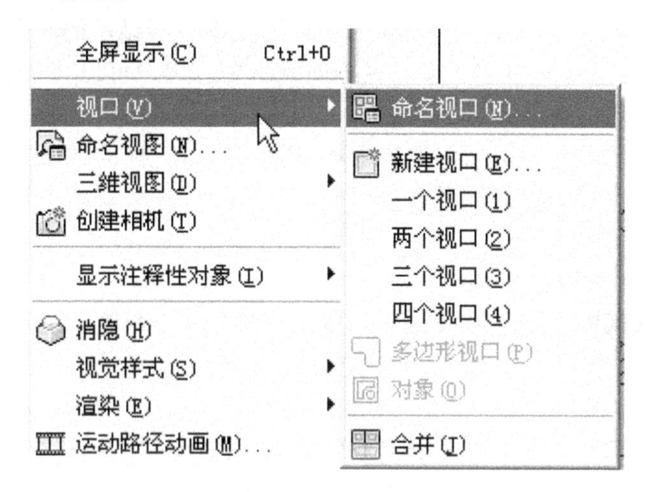

图 20-3　视口 Viewports 子菜单

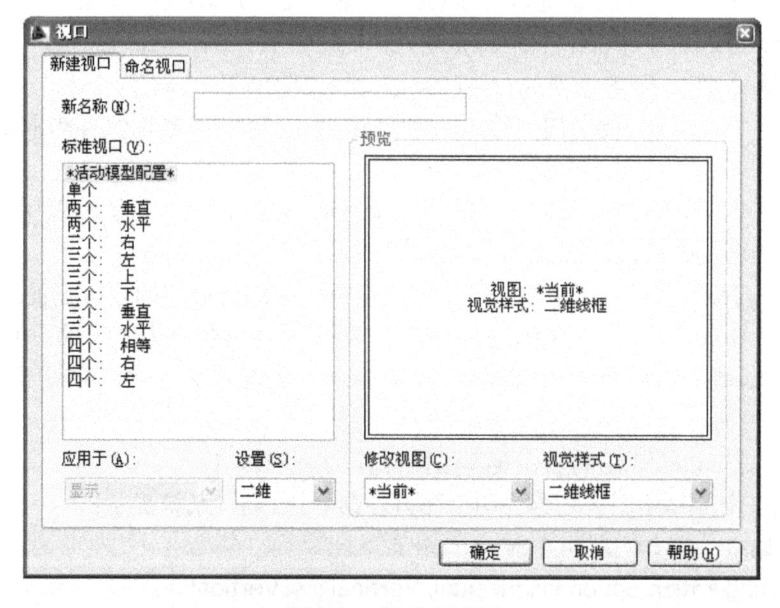

图 20-4　视口对话框

在“标准视口”/Standard viewports 列表框中，AutoCAD 列出可用的标准视口配置，其中包括“当前”/Current 的活动模型配置。

在“预览”/Preview 区，AutoCAD 显示用户选定视口配置的预览图像，以及在配置中被分配到每个独立视口的缺省视图。

在选项“应用于”/Apply to 下拉列表框中，允许用户选择将新建的固定视口配置应用到整个绘图区域还是仅当前视口。若选择“显示”/Display，则系统将把整个绘图区域按用户指定的方式建立固定视口配置；若选择“当前视口”/Current viewports，则系统将把当前视口按用户指定的方式进一步细分。

选项“设置”/Setup 的功能是指定用户定义的视口配置是按二维还是按照三维设置。若选择“2D”，则在所在视口中使用当前视图来创建新的视口配置，并允许用户在“修改视图”/Change views as 下拉列表框中选择已经命名的视口配置，以取代原先的视口配置；若选择“3D”，则用户在“修改视图”/Change views as 下拉列表框中所显示的 6 个基本视图及 4 个方向的正轴侧投影图中，选择其中之一显示在当前视口中。用户可以在“预览”/Previews 区内单击鼠标左键来切换当前视口。

在“命名视口”/Named viewports 选项卡中，用户可以在“标准视口”/Standard viewports 列表框中选择系统已保存的视口配置，选择“确定”/Ok 键后，系统将把该配置恢复在当前屏幕上。

2）用命令行提示创建视口

用户在命令输入区输入命令“－Vports”，则系统将在命令行显示提示，并通过命令行执行该命令。

命令：－vports

输入选项［保存(S)/恢复(R)/删除(D)/合并(J)/单一(SI)/? /2/3/4］<3>：

Enter an option [Save/Restore/Delete/Join/Single/? /2/3/4] <3>：

输入配置选项［水平(H)/垂直(V)/上(A)/下(B)/左(L)/右(R)］<右>：

Enter a configuration option [Horizontal/Vertical/Above/Below/Left/Right]

该命令共有 9 个选项，各选项的功能和操作过程说明如下：

(1) “保存”/Save(S)：要求用户输入一个名称，系统将以该名称保存当前屏幕上的视口配置。

(2) “恢复”/Restore(R)：要求用户输入一个已有的视口名称，系统将以用户指定的视口配置取代当前屏幕上的视口配置。

(3) “删除”/Delete(D)：用来删除一个用户不再使用的已命名的视口配置。

(4) “合并”/Join(J)：用户利用该命令将两个相邻的视口合并为一个单一的视口，系统对其有一定的要求，就是该两个视口既要相邻，又要合并后能成为一个大的矩形，否则系统会报错。

(5) “单一”/Single(SI)：将整个屏幕绘图区作为一个视口。

(6) 2：把整个屏幕绘图区划分为两个视口。命令执行后，系统提示：

输入配置选项［水平(H)/垂直(V)］<垂直>：

Enter a configuration option [Horizontal/Vertical] <Vertical>：

若选择“水平”/Horizontal，则把整个屏幕绘图区划分为上下两个视口；若选择“垂直”/Vertical，则把整个屏幕绘图区划分为左右两个视口。

(7) 3：把整个屏幕绘图区划分为三个视口。

(8) 4：把整个屏幕绘图区划分为四个视口。

(9) ?：查询视口配置。系统提示：

输入要列出的视口配置的名称 <*>：

Enter name(s) of viewport configuration(s) to list ＜*＞：

用户可以输入要了解的视口配置名，也可以直接回车，系统将列出所有已命名的视口配置以及当前的视口状况。

图 20-5 所示为将当前屏幕绘图区划分为四个视口的情况。

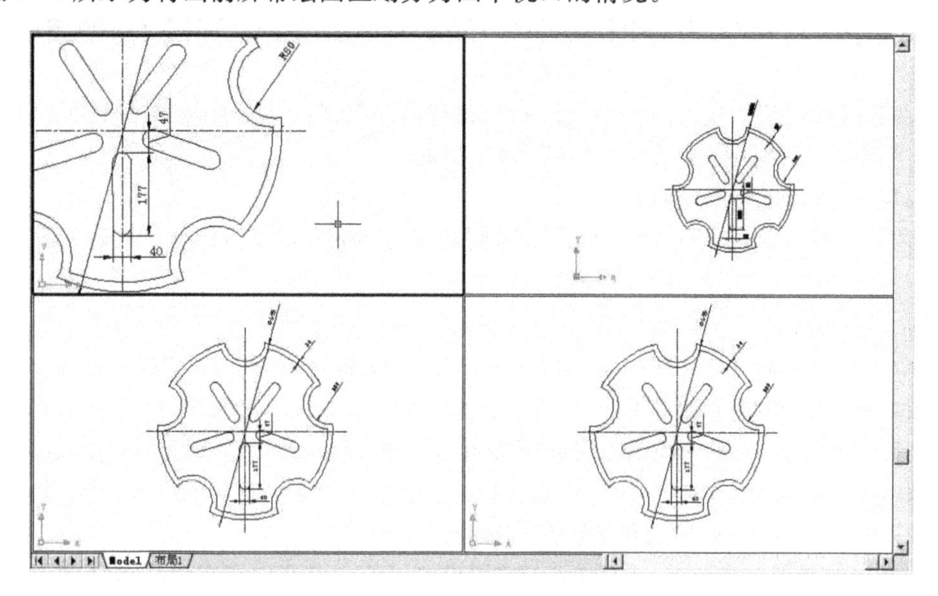

图 20-5　创建四个固定视口的情况

20.3.1.2　固定视口的操纵方法

固定视口虽然可以创建多个，但每次只能激活一个，激活的方法是用鼠标直接在要激活的视口中点击，这时鼠标的形状也发生了变化，由箭头变成了十字符。

绘图和编辑图形只能在激活的视口中进行，绘图或编辑后的结果在所有视口中都会显示出来。

每个视口可以用 ZOOM 命令单独进行图形显示的放缩，对三维图形也可以观察立体图不同的部位。

如果欲将多视口变回到单个视口，可以先激活某一个选定的视口，然后点击菜单“视图→视口→单个视口”/View→Viewports→1 Viewport。

20.3.2　浮动视口

系统进入图纸空间后，用户可以在图纸上创建一个或多个浮动视口，每个视口均可以显示出在模型空间所绘的图形，通过切换，可以由浮动视口直接进入模型空间，继续绘制图形，或对其进行编辑、注释等工作。当用户通过浮动式视口进入模型空间后，模型空间的坐标系图标出现在每个浮动视口中，就好像一下子同时多次打开了该文件。

在图纸上未创建视口之前，用户是无法看见模型空间的实体的。一旦创建了视口，它可以布置在图形屏幕的任何地方，如果有多个视口，甚至可以重叠，因此在图纸空间生成的视口称为浮动视口。

20.3.2.1　浮动视口的创建方法

同固定视口一样，用户可以用视口对话框也可以使用命令行来创建浮动视口。

1) 用视口对话框创建浮动视口

首先要把系统转换到图纸空间，点击菜单“视图→视图→创建视口”Viewports→New Viewports；也可以在命令行中输入Vports，打开视口对话框。其设置与模型空间的视口配置基本一致。但有所区别的是：

(1) 不能保存和命名在布局中创建的视口配置，而只能保存在模型空间中创建的固定视口配置。

(2) 在布局中创建的视口配置中，有一个“视口间距”/Viewsport space的选项，用来选择各个配置浮动视口的间距。其余各项与图20-4相同。

2) 用视口命令创建浮动视口

用户在命令输入区输入命令“－Vports”，则系统将在命令行显示提示，并通过命令行执行该命令。

命令：－vports

指定视口的角点或［开(ON)/关(OFF)/布满(F)/着色打印(S)/锁定(L)/对象(O)/多边形(P)/恢复(R)/图层(LA)/2/3/4］<布满>：

Specify corner of viewport or [ON/OFF/Fit/Shadeplot/Lock/Object/Polygonal/Restore/2/3/4] <Fit>：

该命令共有10个选项，各选项的功能和操作过程说明如下：

(1) “视口的角点”/Corner of viewport：用户可以使用该选项在图形屏幕任何位置，以指定点为对角点的矩形区域，建立单个浮动式视口。

(2) ON：该选项用于打开已用“OFF”选项关闭了的视口，使它的对象可见。

(3) OFF：该选项用于关闭用户指定的视口。视口关闭后，屏幕上将不再显示该视口中的图形。

(4) “布满”/Fit(F)：创建充满全屏幕的单一视口。如果图纸背景是关闭的，则视口充满整个显示区域。

(5) “着色打印”/Shadeplot(S)：该选项的功能是，在图纸空间打印输出图形时，设定视口中的图形可消除隐藏线输出。应注意的是，该选项对屏幕显示图形没有影响。命令执行后，系统提示：

是否进行着色打印？［按显示(A)/线框(W)/隐藏(H)/视觉样式(V)/渲染(R)］<按显示>：

Shade plot? [As displayed/Wireframe/Hidden/Rendered] <As displayed>：再输入相应的选项。

(6) “锁定”/Lock(L)：锁定选择视口的图形显示。执行命令后，系统提示：

视口视图锁定［开(ON)/关(OFF)］：

Viewport View Locking [ON/OFF]：以“On”或“Off”回答后，系统提示用户：

选择对象：

Select objects：

可以选择一个或者多个视口。若用户以“On”响应提示，那么在以后的操作中，被选定视口中的图形，系统不会接受“Zoom”或“Pan”对其进行放大、缩小或者移动等操作。

(7) “对象”/Object(O)：指定封闭的多段线、椭圆、样条曲线、面域或圆来转换成视口。

选择的对象必须是建立在图纸空间中的实体。系统将把用户根据提示指定的实体对象转换为视口。

(8) “多边形”/Polygonal(P)：用户指定一组能形成多边形的点来创建不规则形状的视口。需要注意的是：组成不规则形状视口的图形必须是封闭的，若用户绘制的图形不封闭，则系统自动把最后一点和第一点连接起来组成一个封闭的视口。

“多边形”/Polygonal与“对象”/Object都是用来创建一个非矩形浮动视口，区别是前者由用户直接在图纸空间中绘制封闭的图形作为要建立的浮动视口的边界，后者将用户已绘制的封闭图形转换为浮动视口。

(9) “恢复”/Restore(R)：该选项要求系统在图纸空间建立与指定的固定视口配置相同的浮动视口，同时系统将把该固定视口中的图形对应插入所建立的浮动视口。应注意，用户指定的固定视口配置必须是已经使用“保存”/SAVE命令在模型空间保存过。

(10) 2/3/4：这3个选项是分别将当前视口拆分为两个、三个或者四个浮动视口。它与固定视口的相应选项的区别是：在选择随后的Fit(F)后，系统将把整个屏幕划分为设定的二、三或者四个浮动视口，而不管当前屏幕上是否已存在视口。

当切换到布局的时候，系统已经默认创建了一个视口，如图20-1所示。

例20.1　在已有视口的基础上再创建一个视口：

切换到如图20-1所示布局，点击菜单“视图→视口→新建”，打开对话框后，在“标准视口”中选择“单个”，点“确定”。出现提示：

指定第一个角点或［布满(F)］＜布满＞：

在屏幕上适当的区域点两个点，即创建了一个视口，如图20-6所示。

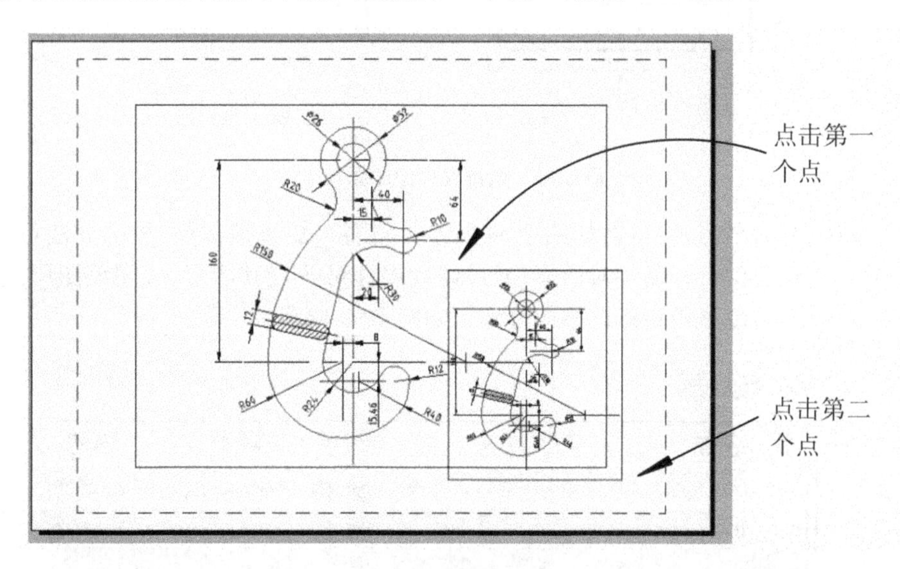

图20-6　创建浮动视口

20.3.2.2　浮动视口的操纵方法

对浮动视口可以进行拷贝、删除、移动等编辑操作，操作时如同操作图元一样，选用相应的命令进行。如果要删除前述的视口，只需点击 ，或输入删除命令，再选择该视口，即可被删除。但是应注意该视口在删除的时候不能被改变成浮动模型空间，也就是视口的边没有显示加粗的情况。

浮动视口的大小也可以进行调整，可以用 SCALE 命令，也可以直接用鼠标点在视口上，当四角出现夹点时，点在夹点上用鼠标拖动。

当多个视口叠加的时候，视口黑线框彼此重叠显得有点乱，我们可以使它消失，方法是新建一个图层，将要隐藏的边框都放到这个图层中，然后将图层关闭即可。通过这一点可以完成一个局部放大图。

例 20.2 接例 20.1。点击状态栏上 图纸 可以切换到浮动模型空间，可以看出其中一个视口边框呈加粗状态，点击在不同的视口，相应的视口就会变粗，表示被激活。

将新创建的视口激活，用实时放缩看图工具 和 ，将图形需要的局部放大。再点击状态栏上 模型 ，切换到图纸空间。如图 20-7 所示。

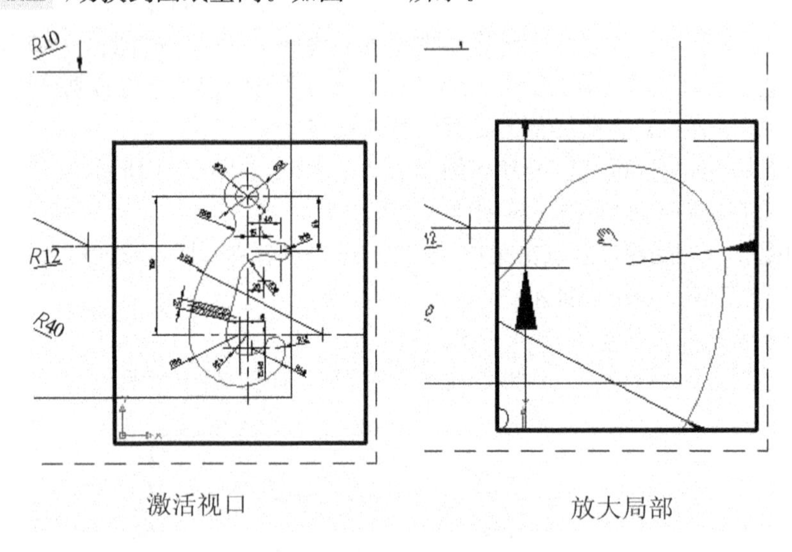

图 20-7 操作视口中的图形

新建一个图层，命名为"视口"，如图 20-8 所示。将视口放进该图层，放的方法可以这样：点击视口边框后，点右键打开属性对话框，通过修改属性可改变其图层、关闭该图层。再调整主视口的视口大小，可以采用夹点调整的方法。如图 20-9 所示。

状.	名称	开	冻结	锁..	颜色	线型	线宽
	0				白	Contin...	——
	Defpoints				白	Contin...	——
	视口				白	Contin...	——

图 20-8 新建一个图层，命名为"视口"

可以看见在局部放大的视口中，还显示出来一些不完整的尺寸线等，显得比较杂乱。可采取以下办法让它不显示出来：激活模型空间，将尺寸线全部放进一个图层，如果已经放在一个图层中，可省略此步。切换到图纸空间，激活局部放大的浮动视口，如果浮动视口重叠在一起

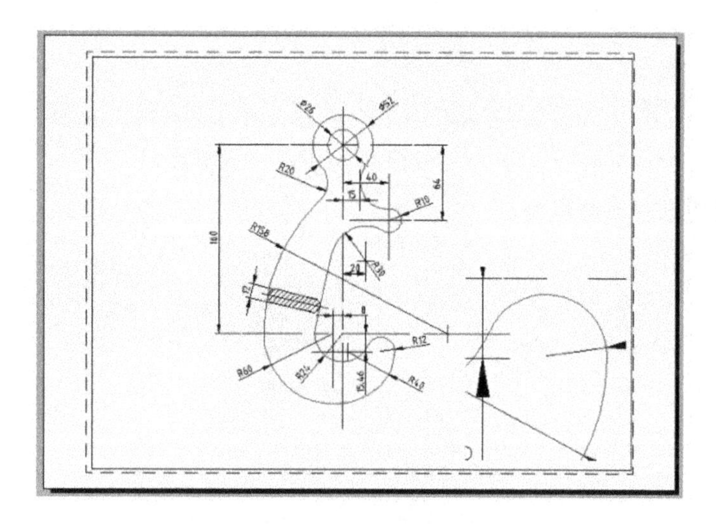

图 20-9 调整后的效果

不容易被选中，可以先将其移出来一点，再激活，便于选择，操作结束后，再将其移进去。将图层管理器打开，将尺寸所在图层“视口冻结”（图 20-10）。然后重复前述步骤，结果如图 20-11 所示，与图 20-9 对比，可看出其不同。

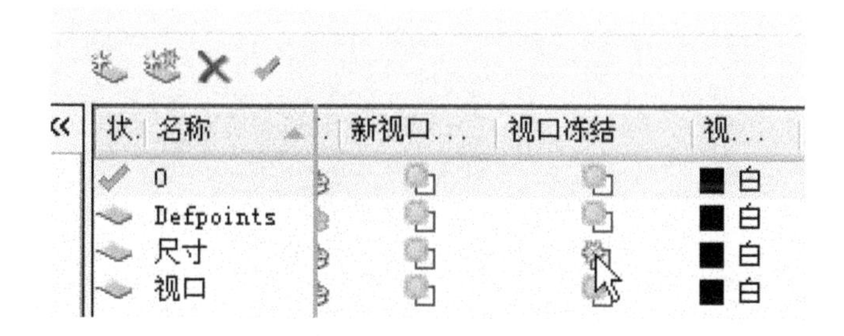

图 20-10 将图层冻结

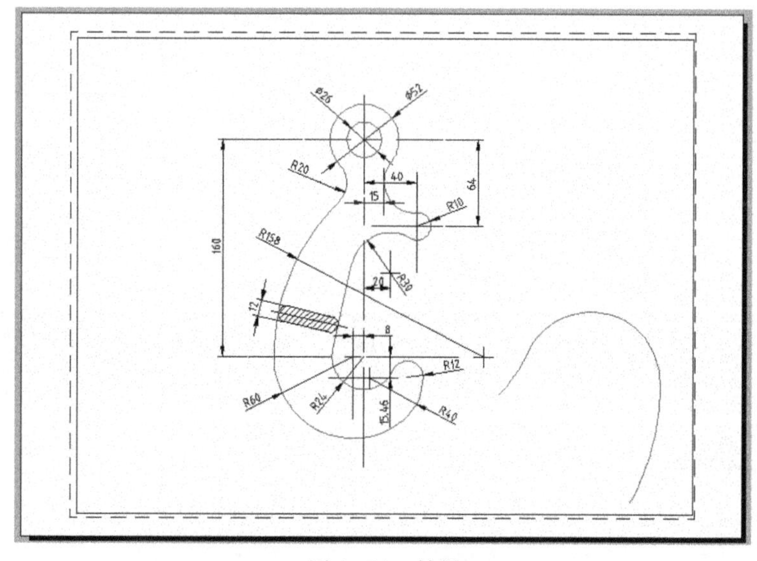

图 20-11 结果

习题：

1. 在模型空间创建的视口与在图纸空间创建的视口有何异同?
2. 试述你对图纸空间的理解。

21 打印输出

将所绘的图形输出成为图纸在目前依然是一项重要的工作，在工厂的实际生产中，目前还不能做到无图纸加工，还需要技术人员将计算机绘出的图纸打印出来，发给生产工人作为生产的依据。再者，计算机绘图应用的领域非常广，在许多场合，设计人员还是需要将有关的图纸打印出来进行交流。在 AutoCAD 中要完成一个理想的打印输出，需要做好三方面的工作：一是对打印绘图的设备进行配置，包括设备的选择及端口的设置等；二是设定打印样式，为了实现一些打印效果，需要选择打印样式表或重新设定打印样式表来实现；三是对打印参数的设置。

21.1 打印设备的配置

对于打印设备的设置是通过绘图仪管理器来进行的。点击菜单“文件→绘图仪管理器”/File→Plotter Manager...，打开一个 Plotters 文件夹，如图 21-1 所示，在这里可完成添加打印设备及对已有的配置文件进行编辑。

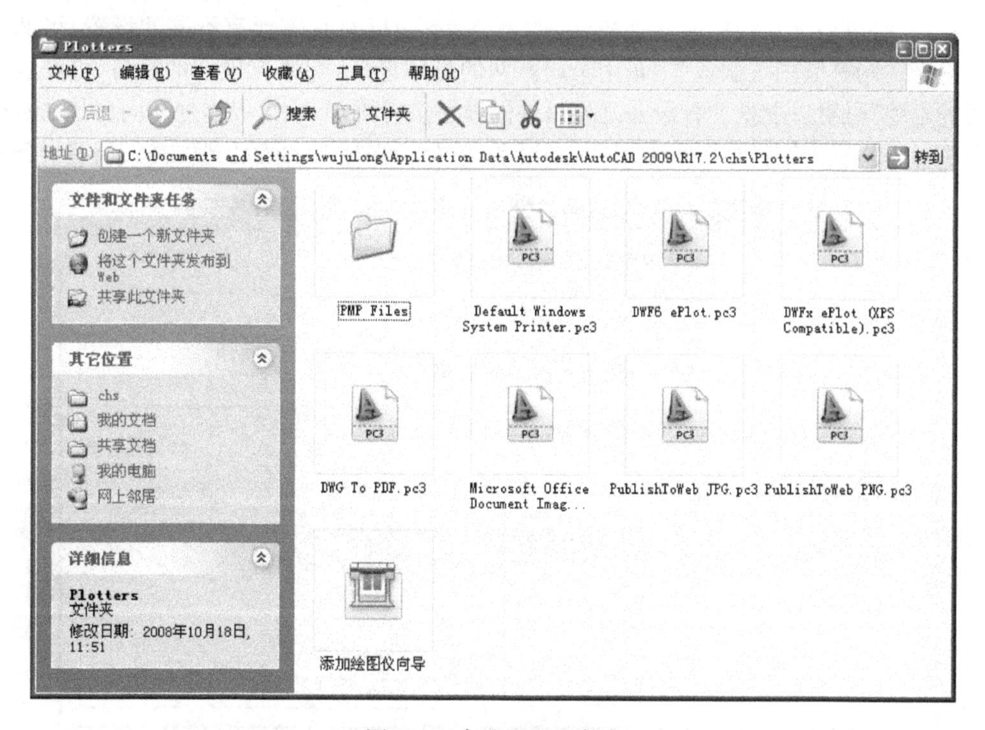

图 21-1 打印配置文件夹

21.1.1 添加打印机

在文件夹中双击“添加绘图仪向导”/Add-Plotter-Wizard 的图标，弹出一个“添加绘图仪”对话框，如图 21-2 所示。这里是向导的第一步，对“添加绘图仪向导”作了简要的说明。

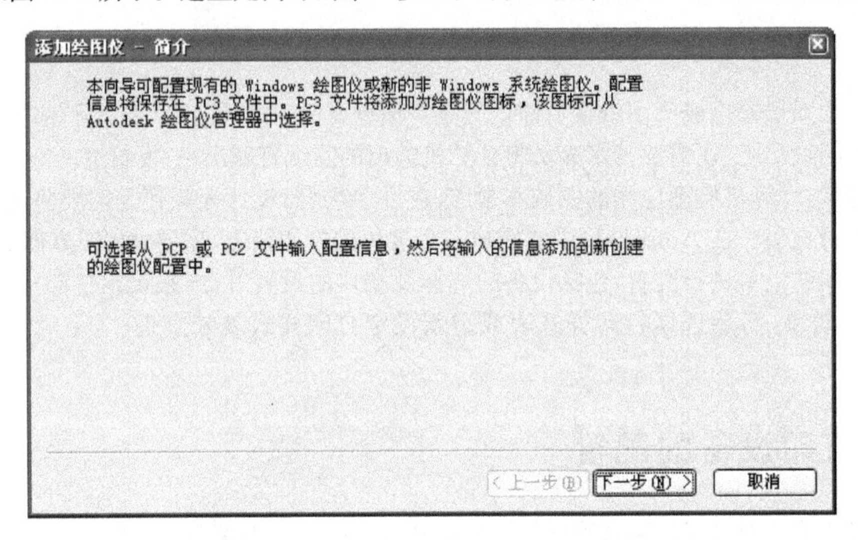

图 21-2 添加打印机步骤一

按“下一步”按钮，弹出如图 21-3 对话框。在这里可选择添加打印机的方式，有“我的电脑”、“网络绘图仪服务器”、“系统打印机”三种选择。“系统打印机”是指由 WINDOWS 配置的打印设备，同时可用于系统中的其他软件，如果 AutoCAD 对它需要有不同的设置，可选择最后一项进行；“网络绘图仪服务器”是用于局域网的打印设备，如果有这样的设备，可在这里配置；“我的电脑”是对以上这两种设备之外另外的设备进行添加，它可以添加不同型号的打印机或绘图机，绘图机是带有绘图笔的一种绘图设备，它分为平板式和滚动式两类。这些设备在进

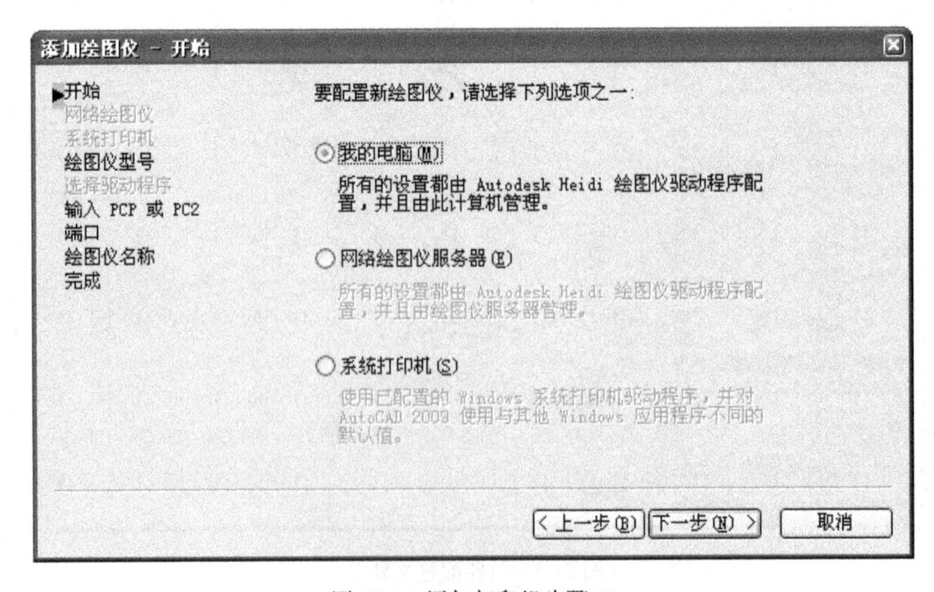

图 21-3 添加打印机步骤二

行配置前应已经正确安装了驱动程序。

在这里我们以选择“我的电脑”为例进行后续的配置。点击“下一步”后，如图 21-4 所示。

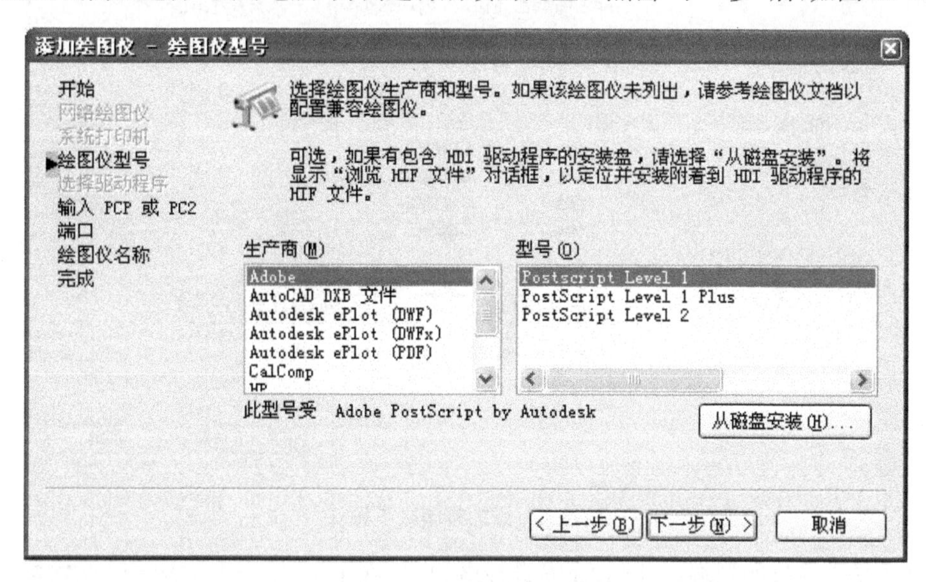

图 21-4 添加打印机步骤三

在“生产商”/Manufacturers 中列出设备的制造商，如果已经安装过某种绘图设备的驱动程序，在这里应该能找到制造商的名称。如以选择惠普公司为例，在右边选择一个型号，再点击“下一步”，如图 21-5 所示。

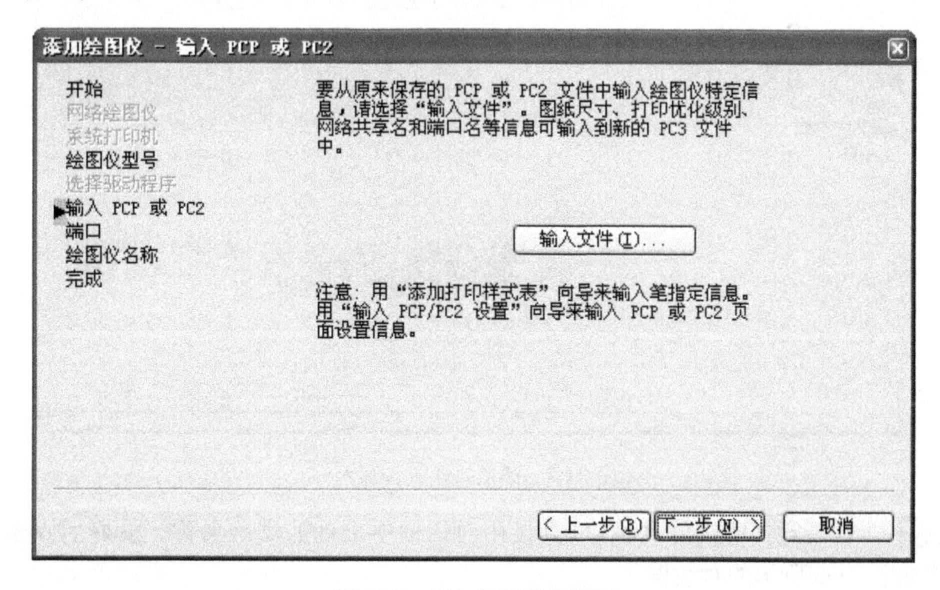

图 21-5 添加打印机步骤四

在这里可导入 PCP 或 PC2 文件，这两种文件是曾经配置好并保存的配置文件，要导入时可直接点击按钮“输入文件”/Import File...，打开一个选择文件的对话框，找到保存过的文件即可。如不导入可直接点击“下一步”，出现对话框如图 21-6 所示。

在这里可设置将图形打印到什么位置，有“打印到端口”、“打印到文件”和“后台打印”三种

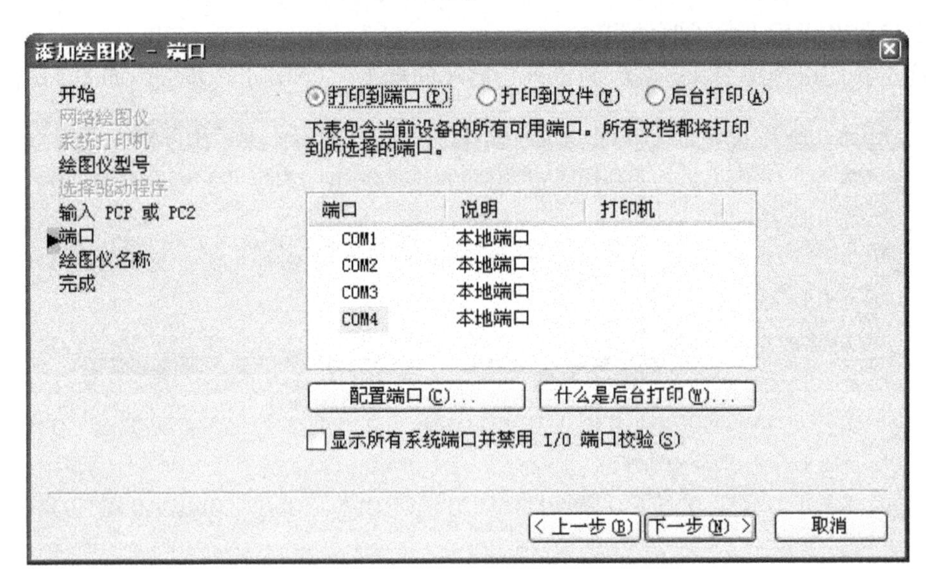

图 21-6　添加打印机步骤五

选择。默认是选择打印到端口,同时还需选择端口号,在下部还可以点击端口配置按钮,对端口进行进一步的配置。再点击“下一步”,出现如图 21-7 所示的对话框。

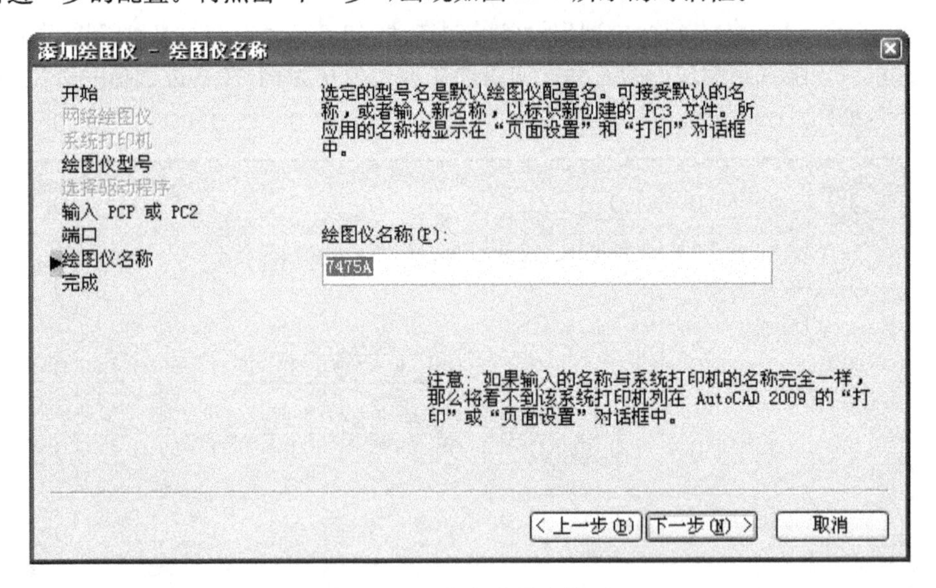

图 21-7　添加打印机步骤六

在这一步需指定打印机的名称,可直接用对话框中出现的默认名称。设好后点击“下一步”出现如图 21-8 所示的对话框。

这是最后一步,可选择继续编辑打印机配置文件,也可以选择校准打印机。校准打印机或绘图机对于初次使用这个设备是比较重要的,因为如不校准,打印输出的图形可能会有些变形,比如将圆打印成椭圆,将正方形打印成长方形,或者输出的尺寸不准等。

校准打印机时,只要按照向导一步步去做就可以了。它采取这样的方法进行校准:先绘出一个某个边长的正方形,然后将其输出,用户在图纸上量取一下它输出后的长度,看与设定

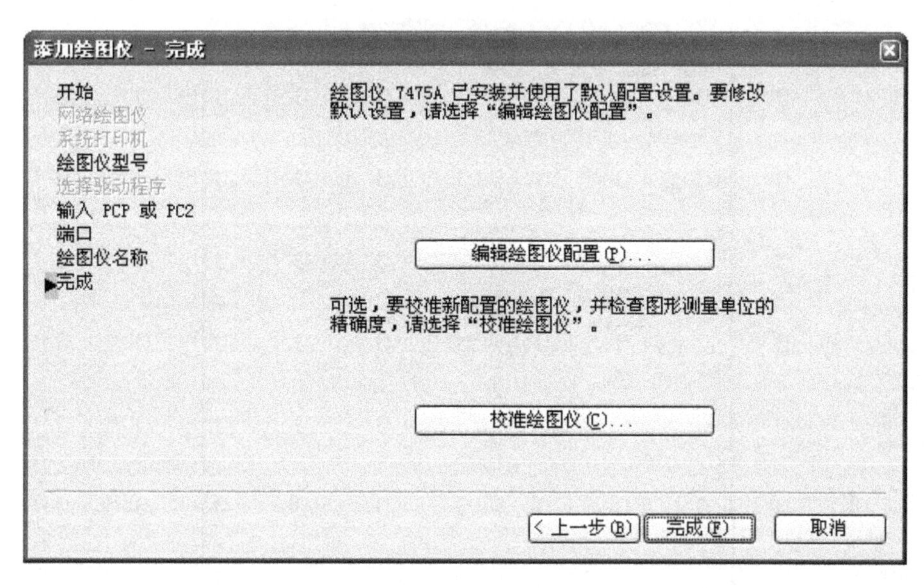

图 21-8 添加打印机步骤七

值是否相同，然后输入实际长度，系统会自动对其进行调整。

最后按“完成”按钮结束绘图设备的添加。

21.1.2 编辑打印配置

已经存在的打印配置文件，会保存在如图 21-1 所示的文件夹中，如图 21-9 在文件夹中多了一个“7475A. pc3”文件，双击它将弹出如图 21-10 所示的打印配置编辑器对话框。

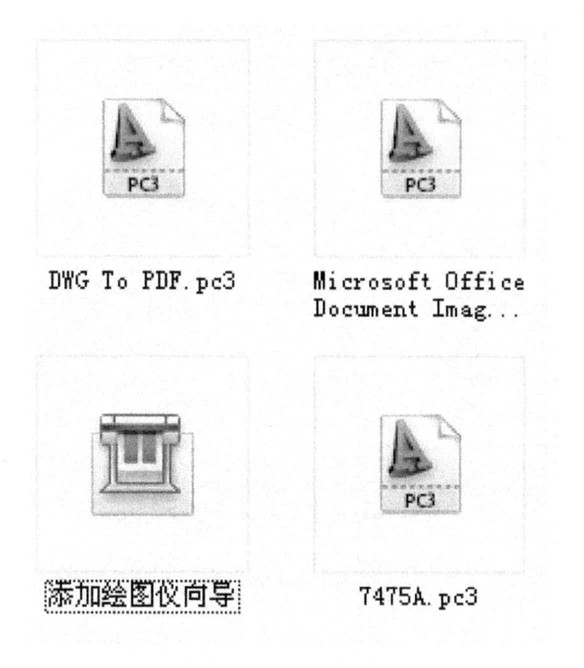

图 21-9 增加了一个打印配置文件

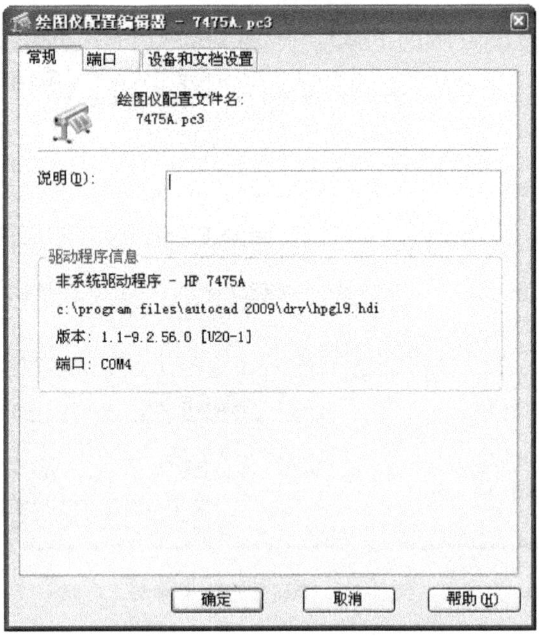

图 21-10　打印配置编辑一

它是由“常规”/General、“端口”/Ports 和“设备和文档设置”/Device and Document Settings 三项组成。

在“常规”/General 页中，主要显示的是打印机配置的基本信息。如图 21-10 所示，在“说明”/Description 中可由用户输入一些说明的文字。

在“端口”/Ports 页中，可配置打印机的端口，用户可在此重新配置图形的输出位置、所使用的端口等，如图 21-11 所示。

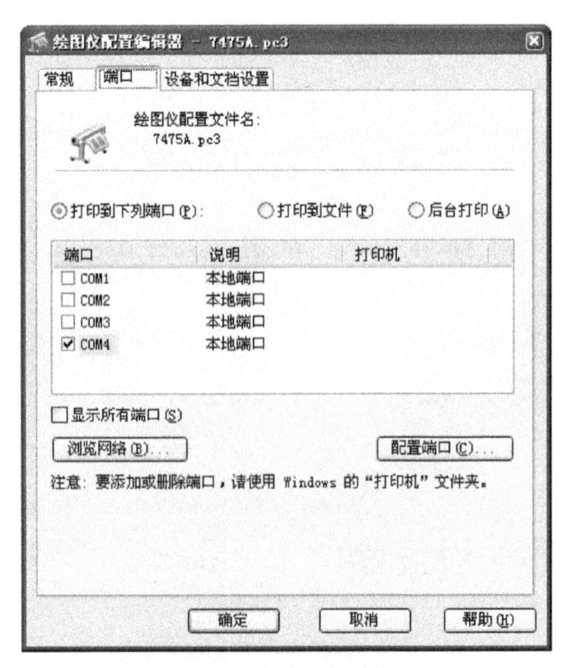

图 21-11　打印配置编辑二

在“设备和文档设置”/Device and Document Settings 页中，可对打印所使用的介质和文档等进行配置，主要是有以下几个方面：

(1) “自定义特性”/Custom Properties：选择这一项后，会在下部出现一个“自定义特性”/Custom Properties... 长按钮，点击后会根据不同的设备出现不同的内容。如果编辑的是系统配置，这时出现的是一个 WINDOWS 中打印机的属性对话框。如图 21-12 所示。

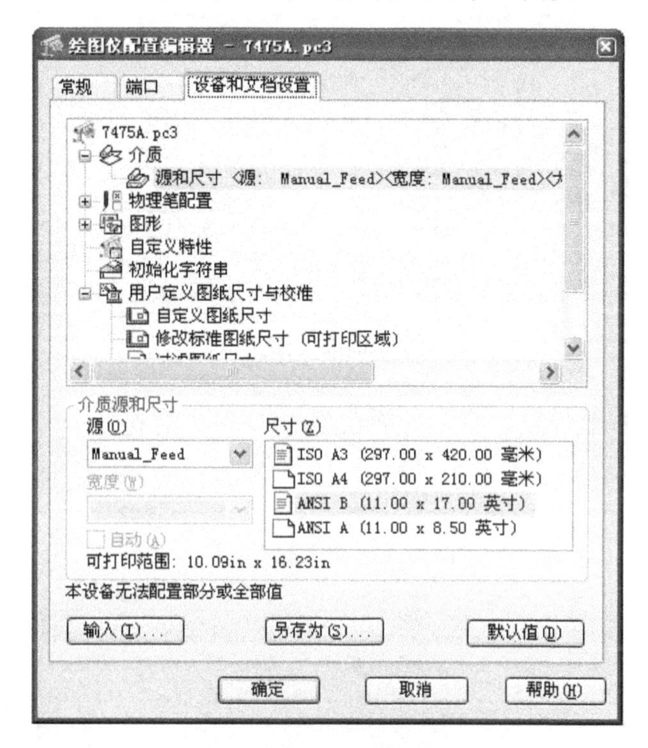

图 21-12 打印配置编辑三

(2) “自定义图纸尺寸”/Custom Paper Sizes：选择这一项可以自定义图纸尺寸，但对于一些系统打印机，可能会不起作用，因为它们不允许在这里自定义图纸尺寸，只允许选用已存在的图纸大小。如图 21-13 的对话框是对 PublishToWeb JPG. pc3 进行编辑时的情况，在下部出现了图纸定义的有关内容，点击“添加”/Add... 进行添加一种图纸；点击“删除”/Delete 删除掉一种图纸的定义；点击“编辑”/Edit... 对某一个定义进行修改。

(3) “修改标准图纸尺寸”/Modify Standard Paper Sizes：对于不可以自定义图纸的设备可通过这一项对已知大小图纸的可打印区域进行修改，而对于可自定义图纸的设备这项不可用。

图 21-14 是对系统打印机配置进行编辑的情况。在列表框中可选择这种打印机可打印的图纸，点击旁边“修改”/Modify... 按钮，出现如图 21-15 所示对话框，可通过调整“上”/Top、“下”/Bottom、“左”/Left、“右”/Right 中的数值来调整可打印区域离图纸的边距。

(4) “绘图仪校准”/Plotter Calibration：选择这项可对打印设备重新进行校准。

对于重新设置好的内容，可以按对话框下部的“另存为”/Save as... 按钮将其保存成配置文件，可保存成新的文件也可以替换掉老的文件。

如果按下“输入”/Import... 按钮可将 AutoCAD 其他版本下的配置文件导入到当前 AutoCAD 中。

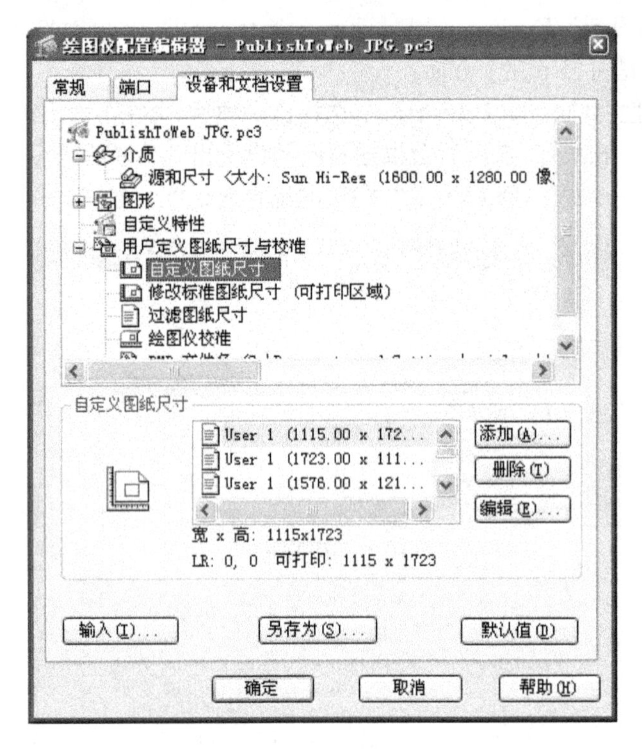

图 21-13 定义图纸大小

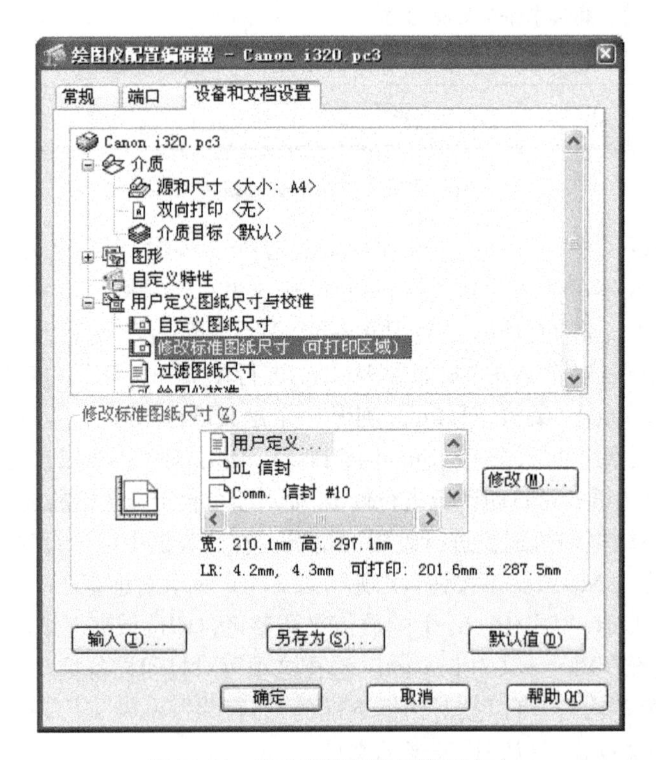

图 21-14 修改系统打印机图纸大小

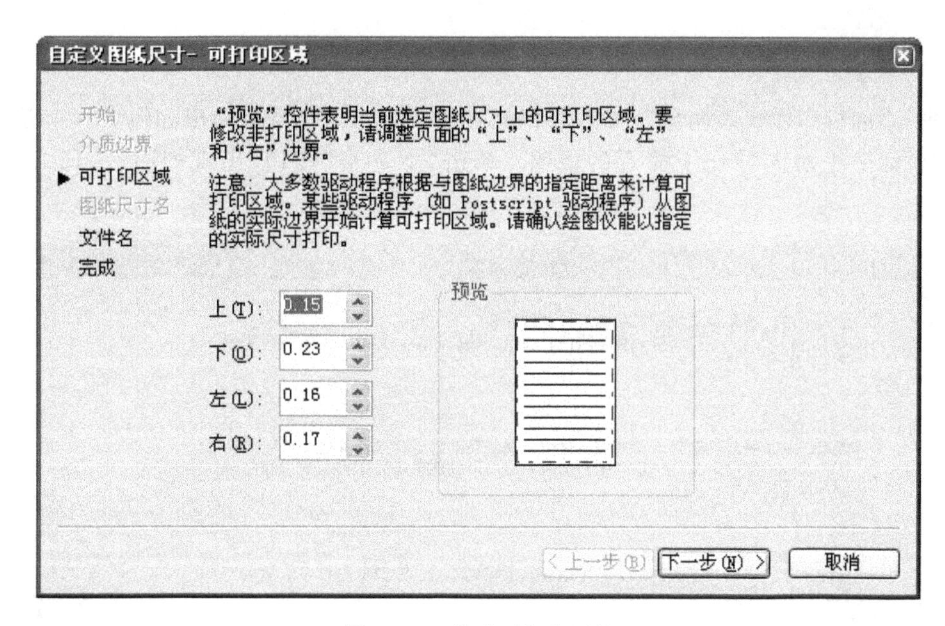

图 21-15 修改可打印区域

21.2 设定打印样式

添加或编辑打印样式是通过打印样式管理器来进行的。点击菜单"文件→打印样式管理器"/File→Plot Style Manager...，打开一个文件夹，如图 21-16 所示。

图 21-16 打印样式文件夹

21.2.1 创建打印样式表

双击“添加打印样式表向导”/Add-A-Plot Style Table Wizard，弹出如图 21-17 所示对话框，在此对话框中对向导作了简要的说明。单击“下一步”按钮，出现如图 21-18 所示的对话框。

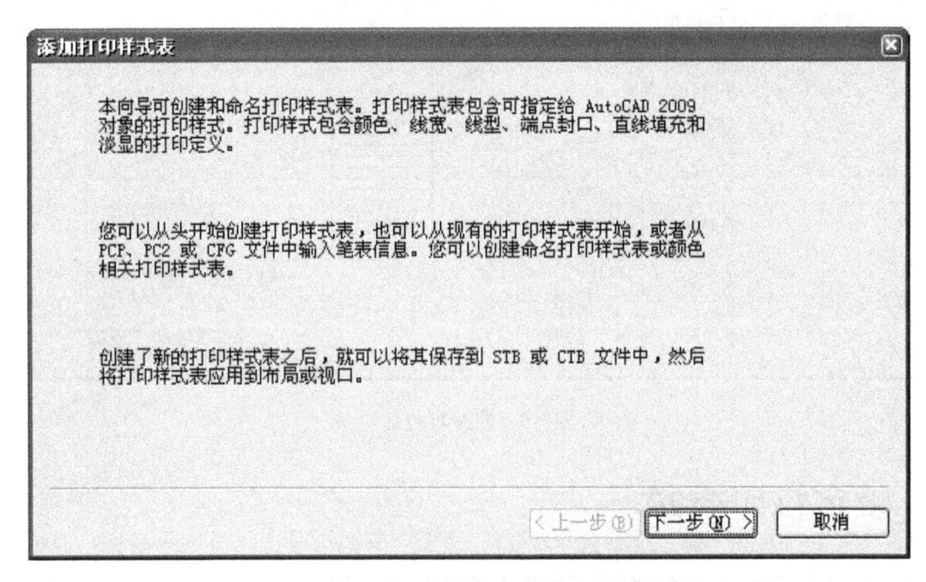

图 21-17 创建打印样式步骤一

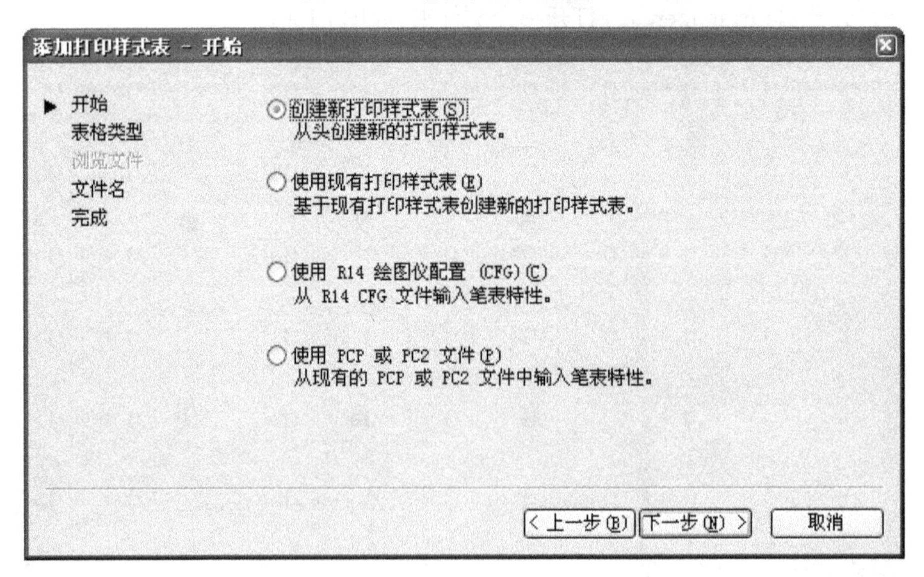

图 21-18 创建打印样式步骤二

在此对话框中可选择创建打印样式表的方式：①从头创建新打印样式表；②使用现有的打印样式表创建打印样式表；③使用 R14 绘图仪配置；④从 PCP 或 PC2 文件中输入笔的特性。

下面以创建新打印样式表为例，其他几种方式直接看向导就可以理解。点击“下一步”后出现如图 21-19 所示对话框。在这里可创建两种打印样式：一种是“颜色相关的打印样式

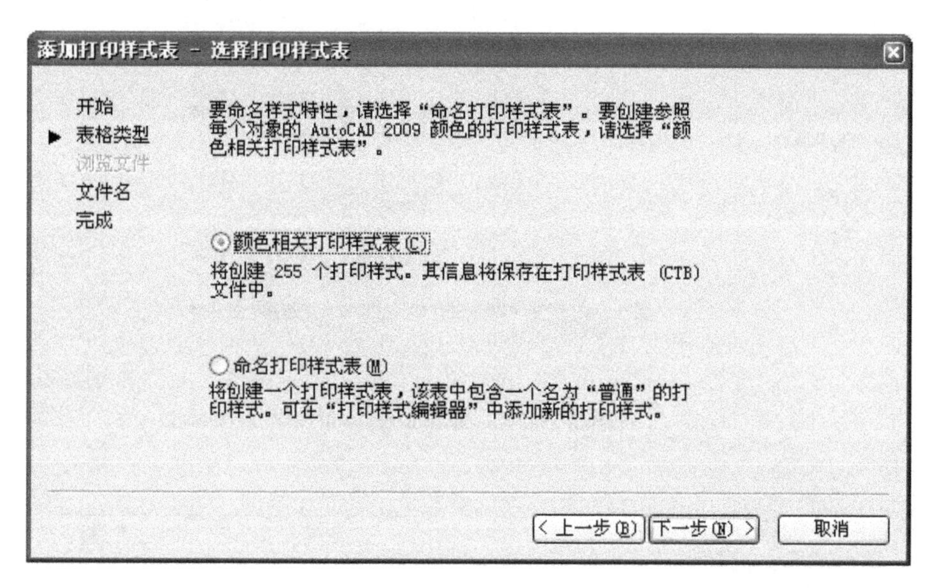

图 21-19　创建打印样式步骤三

表”，另一种是“命名打印样式表”。

“颜色相关的打印样式表”是将打印线宽等属性与某种颜色的笔相关，一旦设定好后，如要某种图形有某种属性，只要在绘图时采用某种颜色即可。

“命名打印样式表”是与颜色无关的，直接与当前绘图时所采用的属性有关。

再按“下一步”按钮，得到如图 21-20 对话框，在此为新创建的样式确定一个名称。再按“下一步”按钮得到如图 21-21 所示对话框。

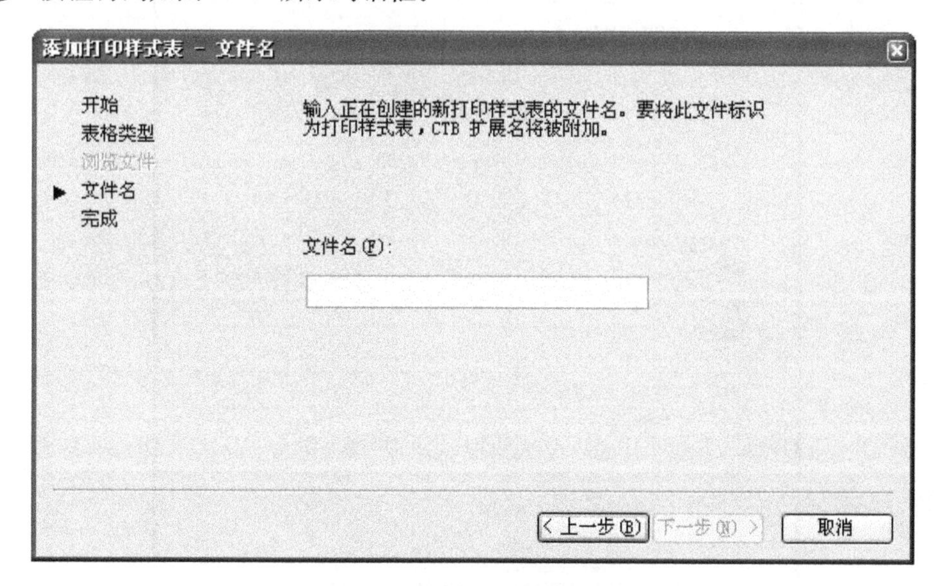

图 21-20　创建打印样式步骤四

点击“打印样式表编辑器”/Plot Style Table Editor... 按钮，可对打印样式表进行具体的编辑，编辑的方法将在下面进行介绍。

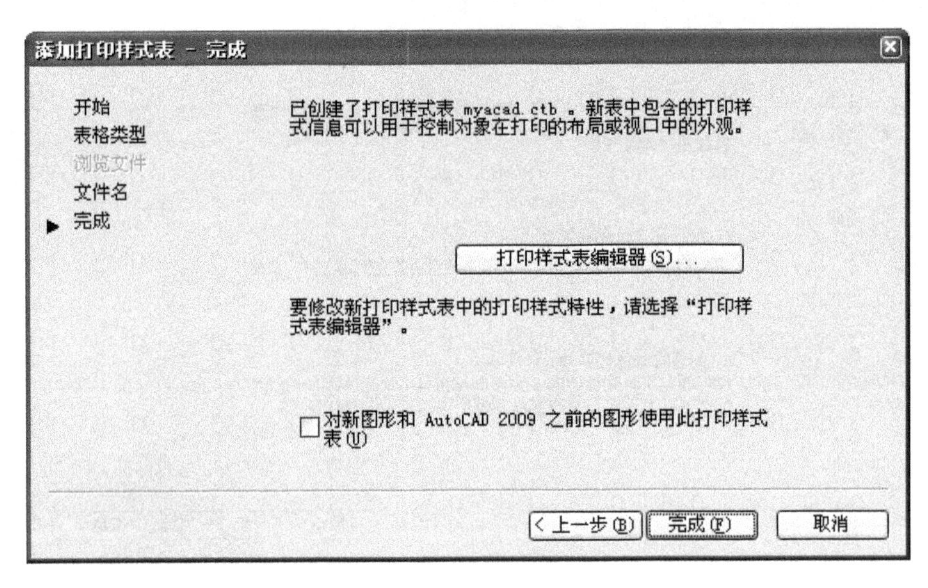

图 21-21 创建打印样式步骤五

21.2.2 编辑现有的打印样式表

双击某个已有的打印机样式表，系统会弹出如图 21-22 所示的“打印机样式表编辑器”对话框，它由“常规”/General、“表视图”/Table View、“表格视图”/Form View 三项组成。

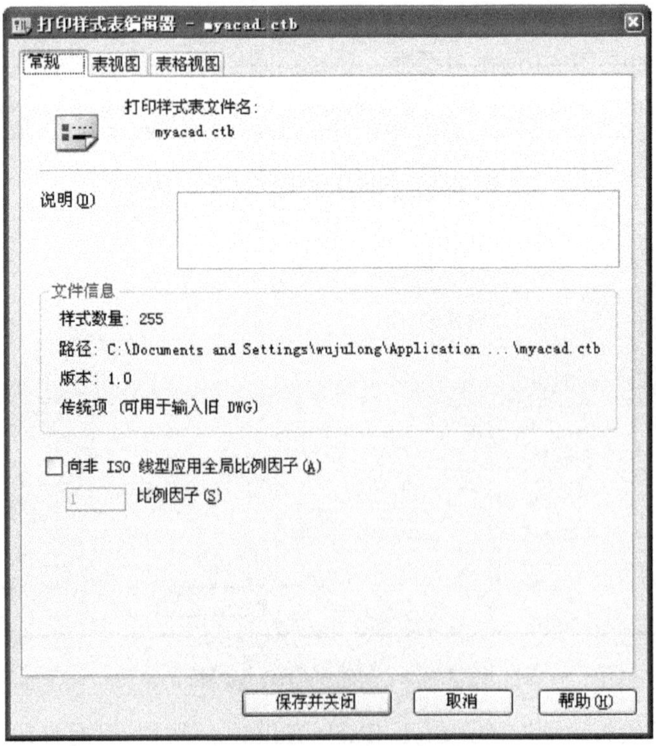

图 21-22 打印样式编辑一

“常规”/General 页显示打印样式表的基本信息，在“说明”/Description 编辑框中可输入说明文字。

在“表视图”/Table View 和“表格视图”/Form View 页，列出了打印样式表中全部样式以及对它们的详细设置，如图 21-23 和图 21-24 所示。这两页所设置的内容其实是一样的，只是显示的方式不一样。从哪一页进行设置，完全看设置时的方便和用户自己的喜好。

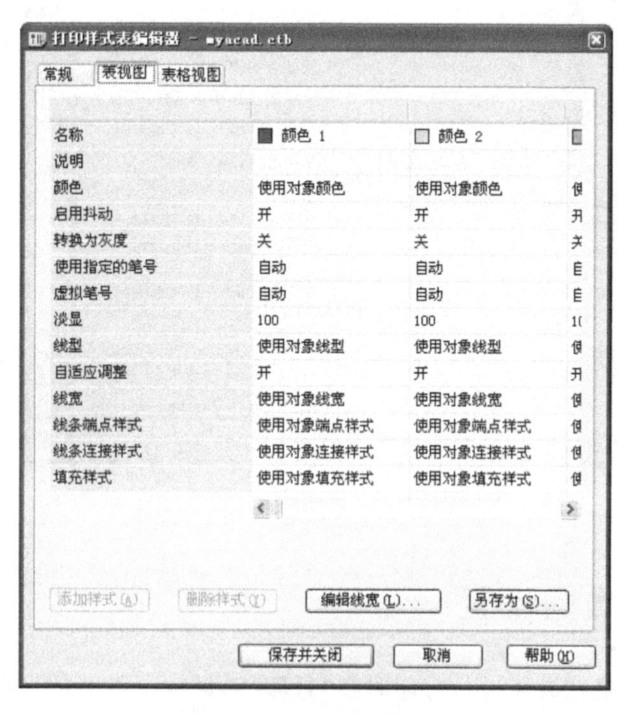

图 21-23 打印样式编辑二

这里所显示的是编辑与颜色相关打印样式表的情况，如果编辑的是“命名打印样式表”，这两页的显示内容会有所不同。

在进行详细设置时，这两种样式表的设置中以设置与颜色相关打印样式表较复杂，所以下面以它为例进行介绍。

图 21-24 左面是绘图时所用的各种颜色，右边列出的是与每一种颜色相对应的打印属性。可以设置的内容很多，主要有：

(1) 设置打印出来线条的颜色。在“颜色”/Color 下拉列表框中如果显示的是“使用对象颜色”/Use object color，则打印出来线条的颜色与绘图时所用颜色一致；如果设定的是某种颜色，则打印出来的将是这种颜色。图中所示设置的是红色时的情景，可将其打印色设为黑色，所以即使用户绘图使用了红色，打印出来的也是黑色。

(2) 设置打印出来的线条线宽。在“线宽”/Lineweight 中可设置打印出来线条的宽度，如果显示的是“使用对象线宽”/Use object lineweight，则打印出来的线宽与绘图时所用的线宽一致。

(3) 设置打印出来的线型。在“线型”/Linetype 中设置，方法同线宽。

设置完成后点击按钮“保存并关闭”/Save & Close，保存并关闭该对话框。

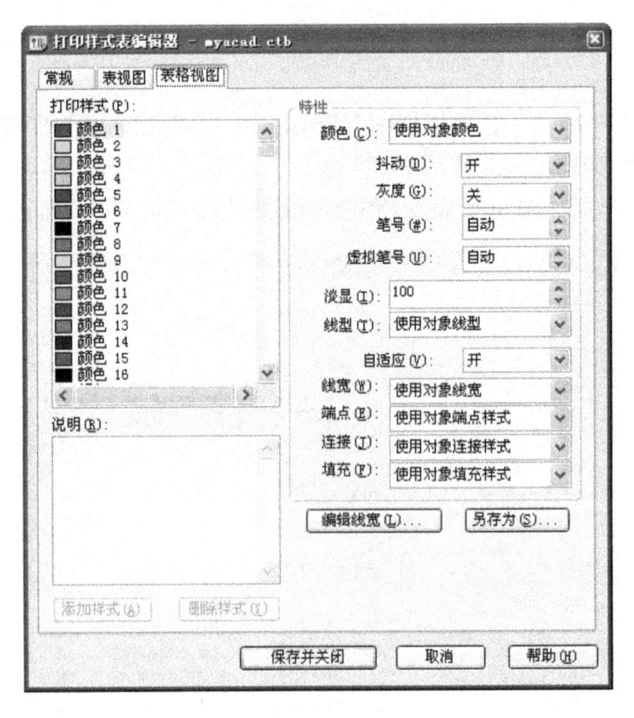

图 21-24　打印样式编辑三

21.3　打印参数的设置

打印参数的设置是在具体进行打印时在“打印”对话框上设置的。点击菜单“文件→打印”/File→Plot...，出现打印对话框，如图 21-25 所示。

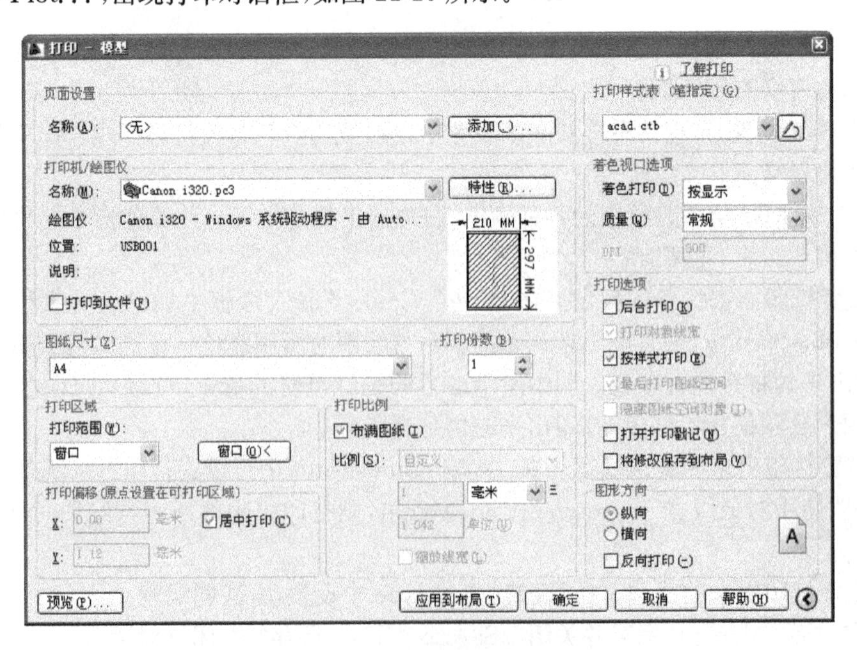

图 21-25　打印参数的设置一

对话框中的内容由左、右两部分组成，右下角的小箭头可以将右边部分收起或展开。

21.3.1　打印设备设置

主要由以下几个方面组成：

(1) “打印机配置”/Plotter configuration，在下拉列表框中选择一种打印机配置文件（见图 21-26）。这里的配置文件是前述打印机配置中已经配置好并保存的文件。按“特性”/Properties...按钮还可对其进行修改。

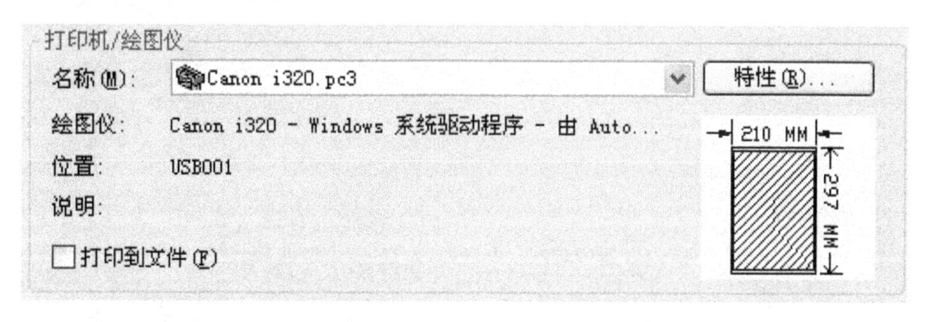

图 21-26　打印机配置

“打印到文件”/Plot to file 单选框，如在其中打钩，则输入成打印格式文件。

(2) “打印样式表”/Plot style table，在下拉列表框中选择一个样式表，这里的样式表也是在前述设置打印样式中设置好并保存的文件。按 [编辑按钮] 可对其进行编辑，点击下拉菜单下部的“新建”可创建新的样式表。如图 21-27 所示。

(3) “打印戳记”/Plot stamp。可选择是否打开打印戳记。如图 21-28 所示。

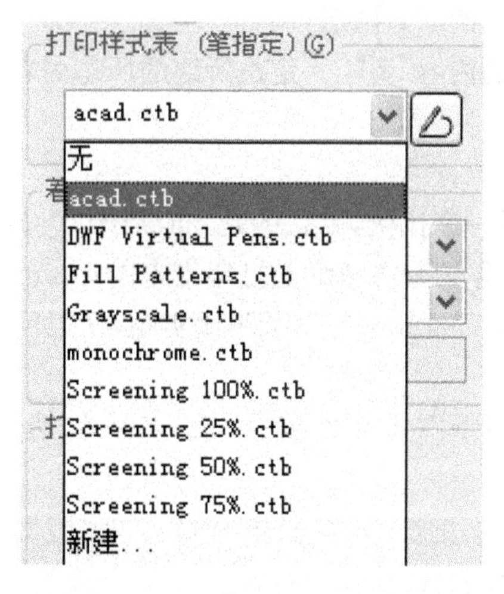

图 21-27　打印样式表的选择与编辑

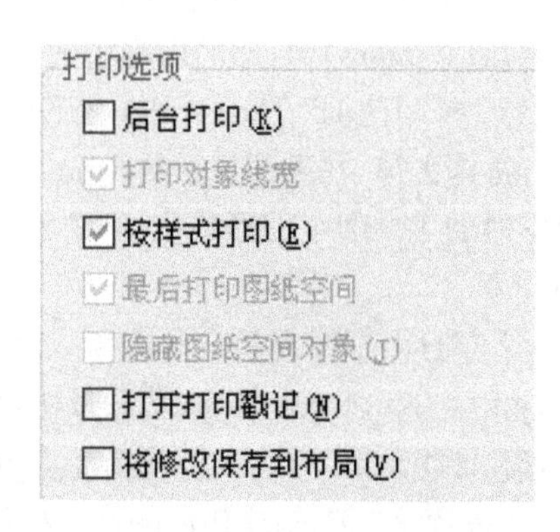

图 21-28　打印其他选项

(4) 打印的份数。在其中可设置打印的份数。

21.3.2　打印设置

主要由以下几个方面组成：

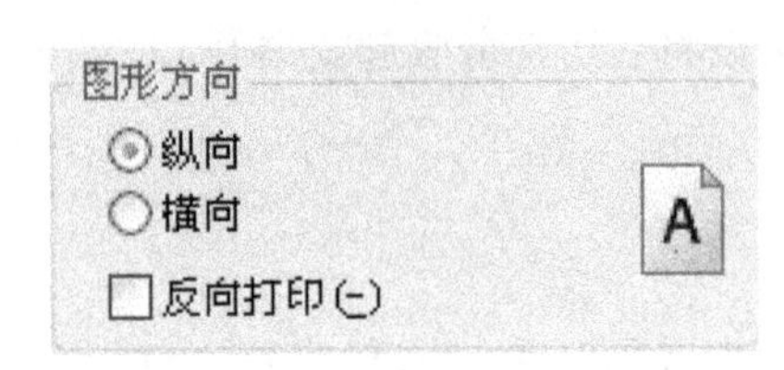

图 21-29 图形方向

(1) “图纸的幅面和单位”/Paper size and paper units。在下拉列表框中可选择与当前所选打印机相配的纸的幅面大小。在下部可选择的单位是英寸或毫米。

(2) “图形方向”/Drawing orientation，在下部可选择纵向打印还是横向打印。如图 21-29 所示。

(3) “打印区域”/Plot area，通过选项组可选择打印的区域，如图 21-30。设定的方式有：

图 21-30 打印设置

图形界限(Limits)：打印的区域为绘图时所设定的 LIMITS 范围；

内容范围(Extents)：打印的范围是当前屏幕上所绘的所有图形；

显示(Display)：打印的区域是当前屏幕上所显示的内容，但不一定是所绘的所有内容；

视图(View)：打印的内容是保存过的视图；

窗口(Window)：打印的内容可通过窗口来指定。

(4) “打印比例”/Plot scale，在下拉列表框中选择一个比例，默认的是“布满图纸”/Scaled to Fit，将钩去掉，在下部显示的 1mm=1.042units，其含义是在图纸上打印出来的 1mm，代表了绘图时的 1.042 个图形单位，则绘图的比例就是 1∶1.042，相当于图距比实距，所以比例是缩小。

(5) “打印偏移”/plot offset。设定打印区域到图纸左下角的偏移量。如果在“居中打印”/Center the plot 中打钩，则使打印自动在中央。

(6) 打印预览。点击 预览(P)... 按钮可进行真实图形打印效果的预览；2004 版本还有一个“部分预览”/Partial Preview... 按钮，可进行只显示打印区域的预览。

21.4 模型空间与图纸空间的打印

打印一幅图纸，在 AutoCAD 中既可以在模型空间中打印，也可以在图纸空间中打印，在 21.3 节显示的是在模型空间中打印时的打印参数设置，在图纸空间打印时，打印参数的设置与此类似。

虽然在打印图形时，从模型空间打印或从图纸空间打印都可以，但两种打印方式在具体将图形打印到某一号图纸(比如 A4)上的时候，如何得到美观的打印效果，应采取多大的比例输出到图纸上，这两种打印方式的处理方法是不同的。

下面以一个零件图为例来说明这两种打印方式处理的方法。

例 21.1　如图 21-31，该零件直径为 1000mm，将它的零件图输出到一张 A4 纸上，说明如何才能得到一幅布置合适的图纸？还有图框、标题栏应如何处理？输出的比例如何确定？

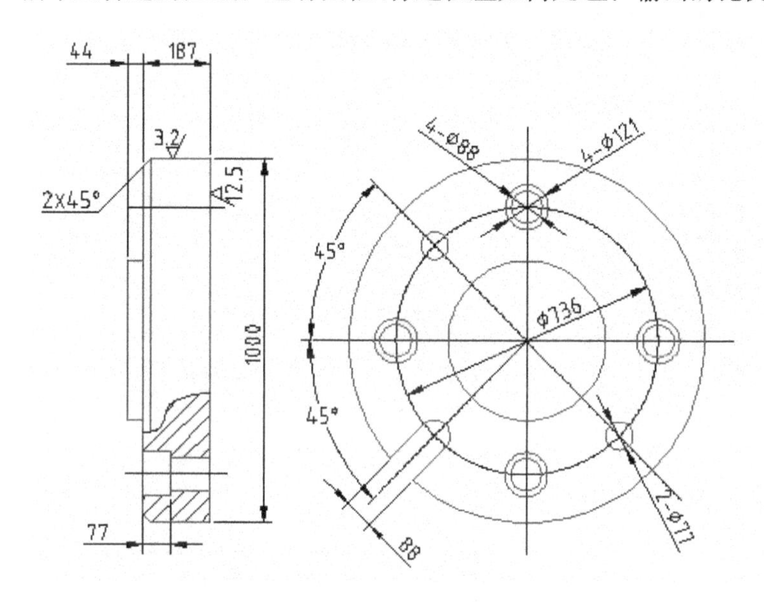

图 21-31　示例零件

21.4.1　在模型空间中打印

在模型空间中打印操作步骤如下：

(1) 在屏幕空白区域按照 A4 纸的大小即长是 297mm、宽是 210mm 的可打印区域 287×201 绘一个矩形图框。可打印区域的大小可以按前述打印设置的方法来看到，如图 21-32 所示。在图框中绘出标题栏，标题栏长为 140mm，宽为 32mm。

(2) 由于零件图的大小大大超过图框的大小，此时应放大图框而不是零件图，因为缩小零件图即意味着改变图形本身的尺寸，改变了尺寸会连同改变其上关联尺寸的大小。放大图框时用 SCALE 比例缩放命令，比例值的大小确定要试探着进行，应取机械制图国标中推荐的数值。在这里我们取放缩比例系数为 10。

(3) 将图框所有内容移到零件图的外围，调整它的位置。

(4) 点击菜单“文件→打印”/File→Plot... 出现打印对话框，设置好各项参数，图纸大小选 A4，在打印比例一栏设为 1=10，如图 21-33 所示。刚才是将图框放大了 10 倍，现在打印时将其缩小 10 倍。图形也同时缩小了 10 倍。

(5) 以窗口 Windows 方式选择打印的区域，捕捉内图框对角来输入第一角和第二角坐标，点击预览可观察打印效果，如图 21-34 所示。

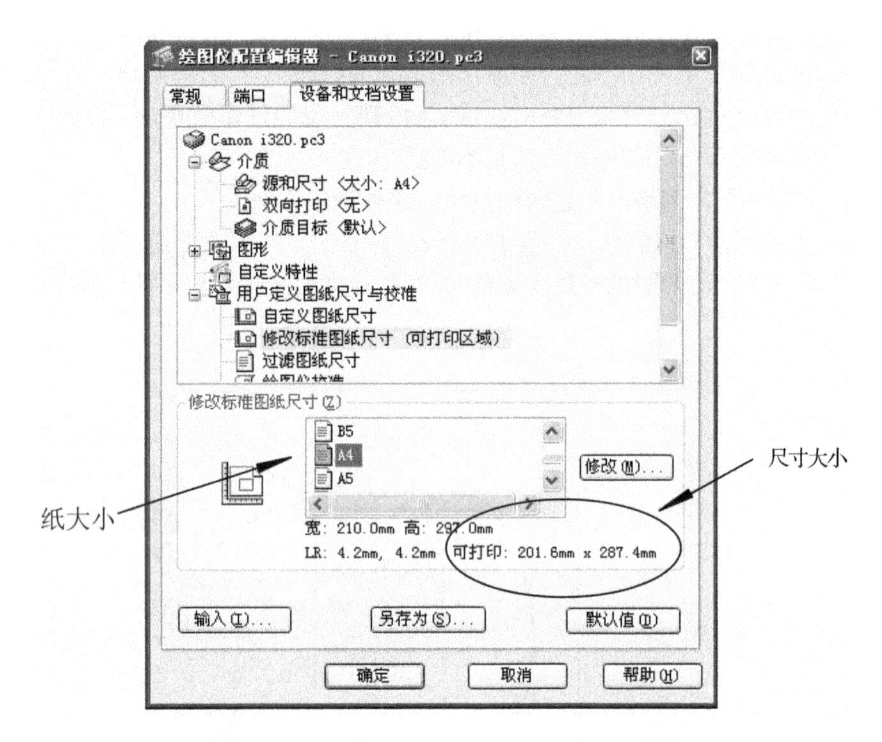

图 21-32 查看该打印机配置下的可打印区域

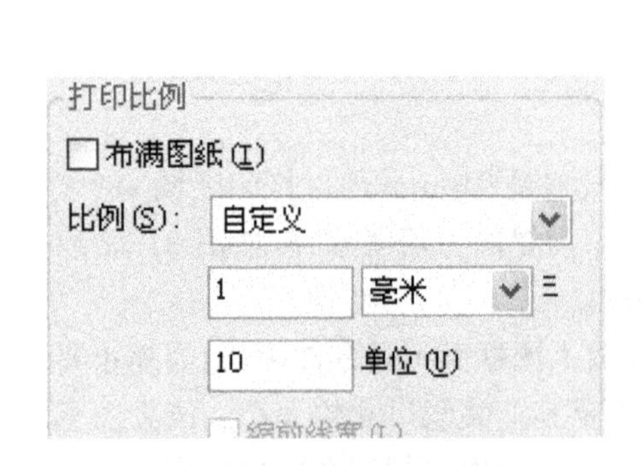

图 21-33 设置打印比例

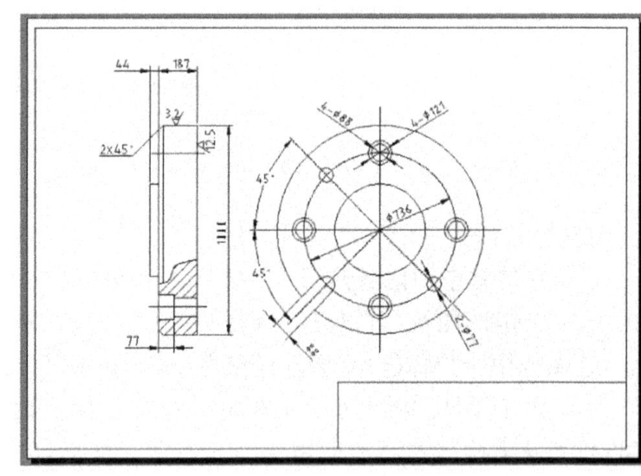

图 21-34 预览

21.4.2 在图纸空间中打印

在图纸空间打印就是以布局的方式进行打印。在绘图区域下部已有"布局 1"/layout1、"布局 2"/layout2 两个布局卡,布局卡名字上点击右键,可以对布局卡进行新建、删除、重命名等操作。

(1) 点击任一布局卡,如"布局 1"/layout1,将切换到布局页。点击菜单"文件→页面设置管理器”，打开页面设置对话框，如图 21-35 所示。选择“布局 1”，点击“修改”。出现对话框，如图 21-36 所示。

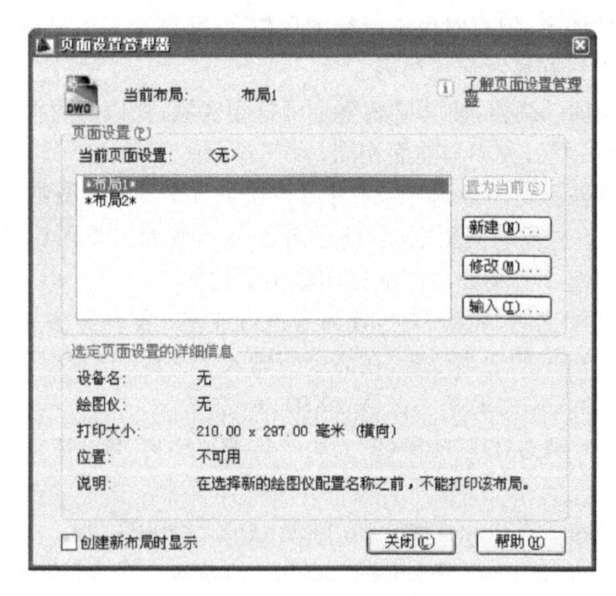

图 21-35 页面设置管理器

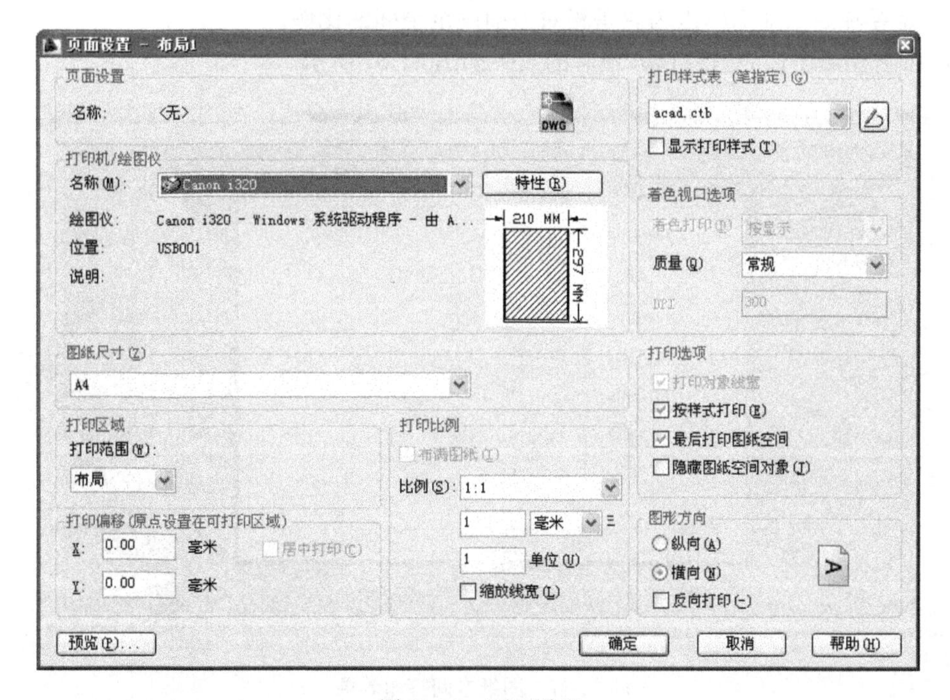

图 21-36 页面设置

页面设置对话框可看出与前面所述的打印对话框基本一样。在页面设置时，主要要设置的内容是：选择打印设备和图纸大小，其余参数一般不用设置。在比例一栏中，应始终保持其为 1∶1。这里的比例应理解为是将整个图纸按 1∶1 打印到真实图纸上，但图纸上的图形输出后不一定是 1∶1。

(2) 当页面设置完成后,如果还没有视口,要创建视口。页面上的虚线框表示当前可打印区域,但如果没有视口,所绘的图形不会显示出来。创建视口的方法,参见前面章节有关内容。

这时可看到所绘的图形,但有时由于所绘图形较大,可能会看不见或只看见一部分。一般情况下会看见整个图形正好显示在视口内。

(3) 视口的大小应加以调整,使其撑满整个可打印区域,视口的边框可以当作图纸的边框来使用。在其上绘制标题栏,大小与前面相同。

(4) 如果整个图形显示得不够理想,这时可点击状态栏上的“图纸”/PAPER 按钮,变成“模型”/MODEL,这时进入浮动模型空间,通过各种显示放缩工具可调整图形显示的大小和显示的位置。但这样调整不容易知道图形打印输出的比例。

如果要想知道确切的比例,应用 ZOOM 命令进行放缩。操作方法如下:

先将图形拖至视口可见的适当位置,在命令行输入 ZOOM,出现提示:

指定窗口的角点,输入比例因子 (nX 或 nXP),或者

[全部(A)/中心(C)/动态(D)/范围(E)/上一个(P)/比例(S)/窗口(W)/对象(O)] <实时>: 1

Specify corner of window, enter a scale factor (nX or nXP), or

[All/Center/Dynamic/Extents/Previous/Scale/Window] <real time>: 1

输入“1”表示先变成原大,再次应用该命令,此时输入“0.1xp”,即 1/10,表示当前比例是 1∶10,一定要在后面加 XP,因为它是相对当前图纸空间的比例。

(5) 回到图纸空间,选择打印,最后的效果如图 21-37 所示。

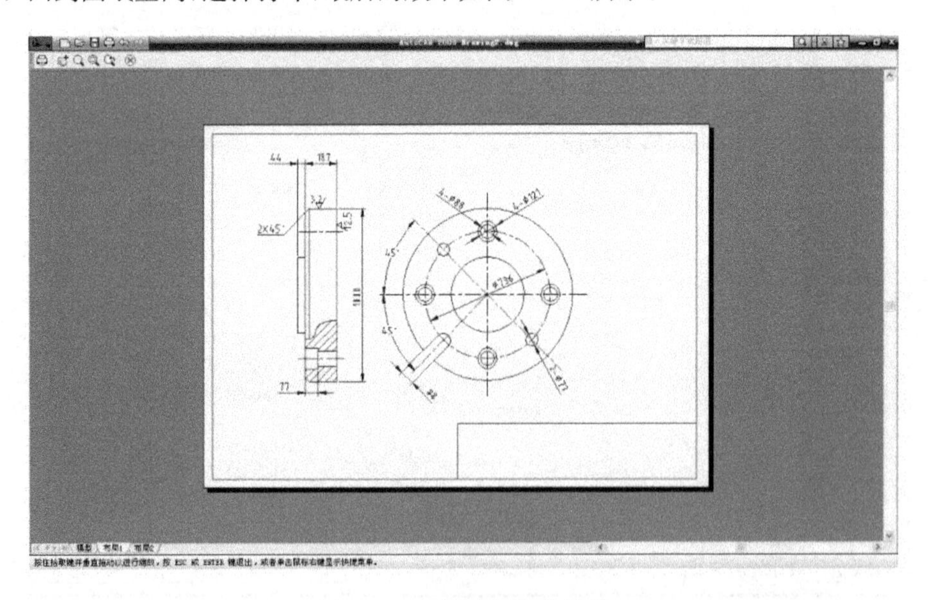

图 21-37 图纸空间打印效果

在图纸空间中进行打印是最符合 AutoCAD 设置的,通过布局可创建针对不同大小图纸的页面,一种图形可方便地打印到不同幅面的图纸上,却又不会影响模型空间中所绘的图形。而在模型空间进行打印时,所绘的图框等是作为真实的图元与所绘的图形放在一起的,这样不便于管理。

习题：

1. 在模型空间和图纸空间都可以打印输出，但在图纸空间打印输出有一定的优越性，说明有什么优越性？

2. 在打印比例中显示：1 mm=3 units，表示什么意思？

3. 要想重新设定打印图纸的边界，应如何设置？

22　三维建模基础

从本章开始我们要向读者介绍 AutoCAD 三维建模的基本知识和方法。首先介绍三维建模的基础，在这一章中所介绍的知识，对 AutoCAD 三维建模是十分重要的，同时对于其他的三维建模软件程序也是大同小异的，因此读者如能很好地掌握它对于掌握其他的三维建模软件也会有很大的帮助。

22.1　三维坐标系

在 AutoCAD 中，坐标永远是三维的，只不过在前面进行二维绘图时是将图形绘在 XY 平面上，XY 平面是默认的绘图平面，在其上进行绘图时，如果输入的坐标不加 Z 坐标，则默认 Z 坐标为 0。

AutoCAD 中默认的坐标系统称为世界坐标系（WCS），它在屏幕上显示的坐标系图标如图 22-1 所示。当坐标符号显示在坐标原点时，其符号是在 XY 交叉处有一个方框，方框中间有十字叉，如图 22-1(a)所示；当不显示在原点时，如图 22-1(b)所示；在三维空间显示时，其坐标符号如图 22-1(c)、(d)所示。

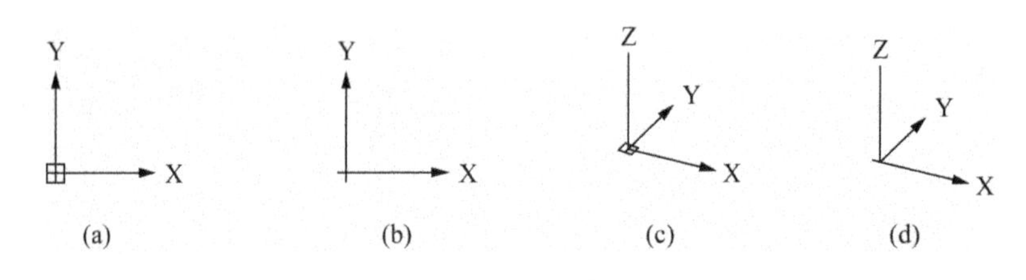

图 22-1　坐标系符号

22.1.1　右手法则

在三维空间由于观察物体角度的不同，坐标轴的正向经常是变化的，知道了其中两个坐标轴的正向，就可以根据右手法则判断出另一个轴的正向。

右手法则的定义如图 22-2(a)所示，伸开右手，将拇指指向 X 轴的正向，食指指向 Y 轴的正向，弯曲中指使与食指垂直，则中指的指向就是 Z 轴的正向。当要判断绕某个轴旋转的正向时，将右手握住轴，并使拇指指向该轴的正方向，四指弯曲的方向就是旋转的正方向，见图(b)。

这个法则对二维空间同样适用。通过判断可知，在二维空间时，Z 轴的正向是从屏幕内部指向外面的。旋转的正向正好是我们以前所讲的逆时针方向。

该法则在几乎所有的三维绘图软件中都是适用的。

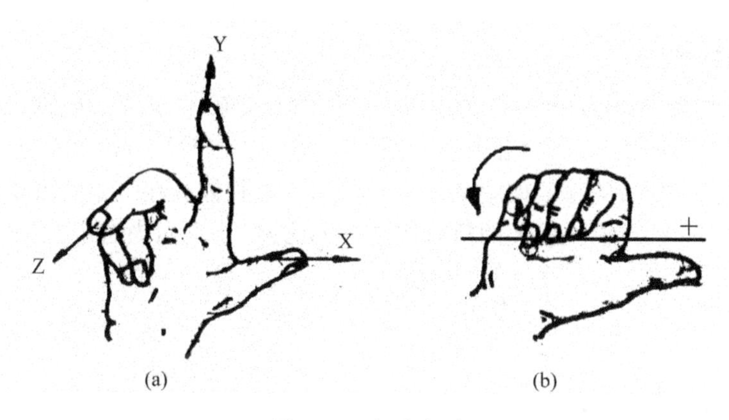

图 22-2 右手法则

22.1.2 坐标格式

AutoCAD 的三维坐标有 3 种：直角坐标、柱坐标和球坐标。每一种坐标中又都有绝对坐标和相对坐标之分。绝对坐标与相对坐标的含义与二维坐标的相同。

(1) 直角坐标。直角坐标的格式：绝对坐标为(x,y,z)，相对坐标为(@x,y,z)。

(2) 柱坐标。柱坐标可理解为空间一点在 XY 平面投影的极坐标，再加 Z 坐标来构成，如图 22-3 的 A 点，其绝对柱坐标可表示为(R<θ,z)，R=|oa|，θ 角为 oa 与 X 轴正向的夹角。相对柱坐标格式为(@R<θ,z)。

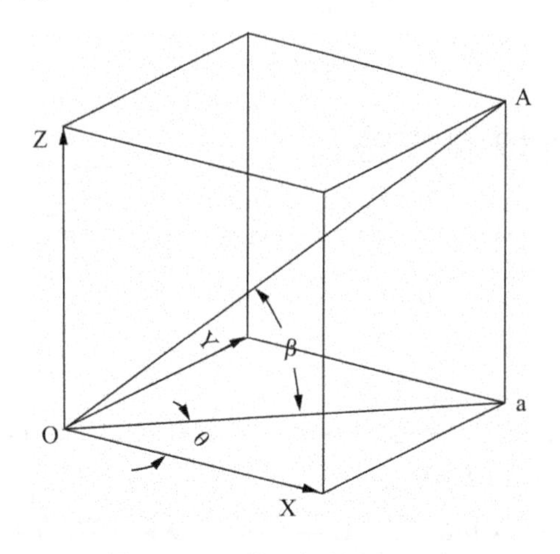

图 22-3 三维坐标的含义示意

例如“5<60,20”表示空间一点在 XY 平面的投影到原点距离为 5，投影与原点的连线与 X 轴正向夹角为 60°，该点的 Z 坐标为正 20。

(3) 球坐标。球坐标由 3 个参数构成，空间一点到原点的距离(相对球坐标是指到前一点的距离)；点与原点的连线在 XY 平面内的投影与 X 轴正向的夹角；点与原点的连线与 XY 面的夹角。它的格式为 (R<θ<β)，此处 R=|OA|。

例如，“8<60<30”表示空间一点到原点的距离为 8，该点与原点的连线在 XY 平面内的投影与 X 轴正向的夹角为 60°，与 XY 面的夹角为 30°。

22.1.3 坐标的方位关系

坐标的方位关系一般指两种：一是上下、前后、左右关系；二是东、南、西、北关系。方位关系会影响到观察立体图的方向，也会影响三视图的形成，正确掌握方位关系是十分重要的。

(1) 上下、前后、左右关系。如图 22-4(a)所示，一个物体放在一个三维坐标系中，Y 轴的负方向这一面是前，正方向为后；X 的负方向这一面为左，正方向为右；Z 的正方向为上，负方向为下。

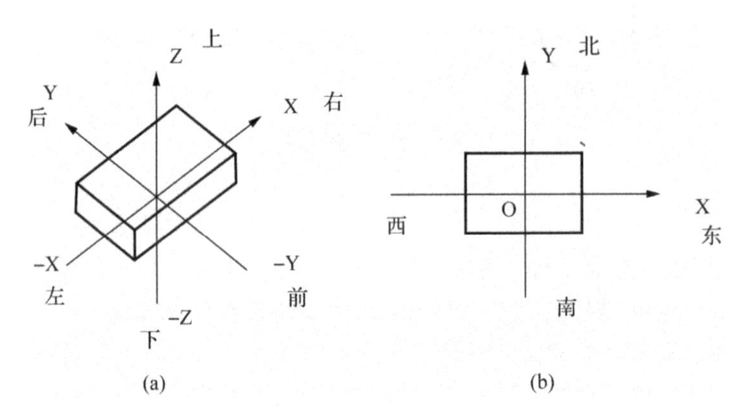

图 22-4 方位关系

(2) 东南西北关系如图(b)所示。如果把 XY 平面看成是大地，那么 X 正方向为东方，负方向为西方；Y 的正方向为北方，负方向为南方。

22.2 观察三维模型的方法

观察三维模型的方法有多种，它们主要集中在菜单“视图”/View 及有关的工具条中，下面按照常用程度及方便程度的顺序来进行介绍。

22.2.1 视图的方法

视图的方法里包括基本视图与等轴测视图。它们在菜单上的位置如图 22-5 所示，集中在菜单“视图→三维视图”/View→3D Views。

在工具条上点击右键，可以调出视图工具条，有关视图方法的工具都列在上面。如图 22-6 所示。

(1) 6 个基本视图。俯视图(Top)是从 Z 轴的正方向朝负方向看；仰视图(Bottom)是从 Z 轴的负方向朝正方向看；左视图(Left)是从 X 轴的负方向朝正方向看；右视图(Right)是从 X 轴的正方向朝负方向看；主视图(Front)是从 Y 轴的负方向朝正方向看；后视图(Back)是从 Y 轴的正方向朝负方向看。

(2) 4 个等轴测视图。SW 西南等轴测，是从 X 负方向、Y 负方向、Z 正方向这个象限 45°角的方向观察对象；SE 东南等轴测，是从 X 正方向、Y 负方向、Z 正方向这个象限 45°角的方向观察对象；NE 东北等轴测，是从 X 正方向、Y 正方向、Z 正方向这个象限 45°角的方向观察对象；NW 西北等轴测，是从 X 负方向、Y 正方向、Z 正方向这个象限 45°角的方向观察对象。

图 22-5　6 个基本视图的位置

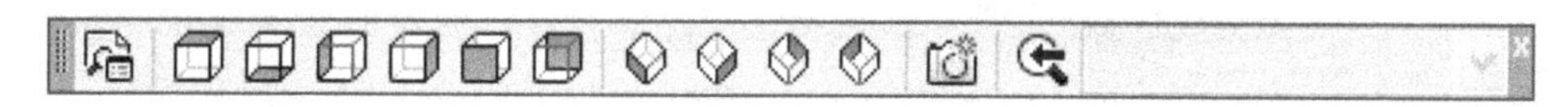

图 22-6　视图工具条

一般在绘制三维模型时，可以通过这几种等轴测图快速切换到立体状态进行观察。Z 为正说明是从立体的上方看下来的，如果是负的就是从底部朝上看了。

22.2.2　三维动态观察器

三维动态观察器是动态观察立体最有力的工具，它可以像将立体拿在手里把玩一样地来观察立体。如果能熟练掌握它的看图方法，就可以做到想看哪里就看哪里。点击菜单“视图→动态观察→自由动态观察”，这时在绘图区出现一个如图 22-7 所示的圆，鼠标的形状也变了样。它的使用方法如下：

(1) 将鼠标放在圆圈的内部时，鼠标变成图 22-8(a)的样子，按住鼠标拖动，可以看到立体可以向各个方向进行翻转。

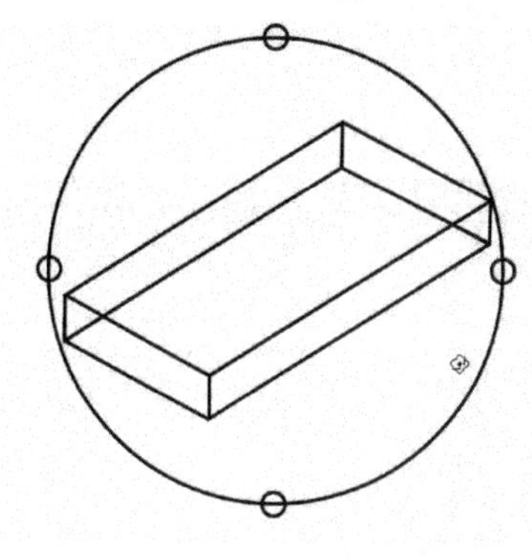

图 22-7　三维动态观察器

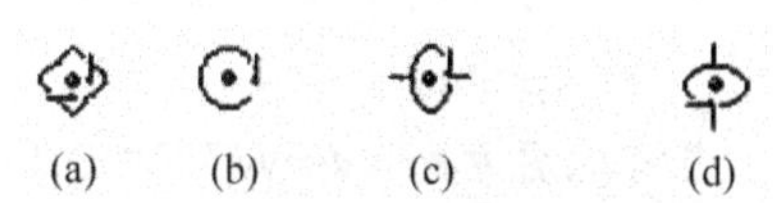

图 22-8　动态观察时各种鼠标的样式

(2) 将鼠标放在圆圈外部时，鼠标变成图 22-8(b)的样子，按住鼠标拖动，可看出立体绕着圆圈中心旋转，这个圆圈中心就是视点，视点是可以调整的。

(3) 将鼠标放在圆周上垂直方向上的两个小圆上的时候，鼠标变成图 22-8(c)的样子，按住鼠标上下拖动，可看出立体绕着水平轴在翻转。

(4) 将鼠标放在圆周上水平方向上的两个小圆上的时候，鼠标变成图 22-8(d)的样子，按住鼠标左右拖动，可看出立体绕着垂直轴在翻转。

在动态观察器状态下点击鼠标右键，弹出一个菜单，如图 22-9 所示，在菜单上有“平移”/Pan、“缩放”/Zoom 菜单项，用“平移”/Pan 可以拉动图纸，用“缩放”/Zoom 可放缩图形的大小。预设“视图”/Preset Views 菜单项右边还有一个子菜单项，上面列出的是基本视图和等轴测视图看图的方法，所以在不结束动态视图的情况下，可以直接切换到基本视图和等轴测视图。

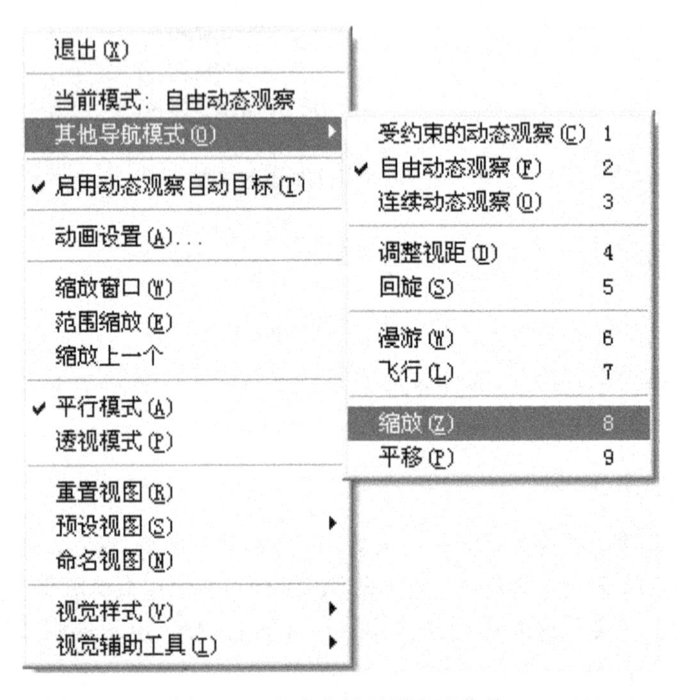

图 22-9 点击右键时弹出式菜单

点击此菜单上的“退出”/Exit 按钮或直接按 ESC 键结束动态观察。

22.2.3 设置视点的方法

这种方法是通过给出一个向量或夹角来设定观察立体视线的方向，从而可以观察到立体不同的部位。它又可分为 4 种方式。

22.2.3.1 给出视线的向量

在命令行打入 VPOINT 命令，出现下列提示：

命令：vpoint

当前视图方向：VIEWDIR=0.0000,0.0000,1.0000

Command：vpoint

Current view direction：VIEWDIR＝－45.0034，－39.5033，41.0149

指定视点或[旋转(R)]＜显示指南针和三轴架＞：

Specify a view point or [Rotate] ＜display compass and tripod＞：

在提示后面可以输入如“1，1，1”表示的X、Y、Z 3个方向的分量。这3个分量的数值可以是任意的，但由于它表示的只是矢量的分量，因此“1，1，1”与“20，20，20”的效果是一样的。

分量的数值可正可负，X、Y不同的正负组合决定了从不同的象限去观察，Z的正负决定了从上还是从下观察。

X、Y、Z分量的数值不一定全相等，全相等表示的是从一个很特殊的角度看过去的，如“1，1，1”表示是在第一象限中与X轴夹角是45°，并且俯视视线与XY面夹角也为45°的情况。通过调整这几个参数相对数值的大小可以调整不同的视线方向。

22.2.3.2　给出视线的角度

提示：指定视点或[旋转(R)]＜显示指南针和三轴架＞：

Specify a view point or [Rotate] ＜display compass and tripod＞：后输入R，选择Rotate选项，这时出现下面的提示：

输入XY平面中与X轴的夹角＜270＞：

Enter angle in XY plane from X axis ＜45＞：输入视线在XY面投影与X轴正向的夹角，可正可负，范围是0°～360°

输入与XY平面的夹角＜90＞：

Enter angle from XY plane ＜35＞：输入视线与XY面的夹角，此夹角也可正可负，范围是0°～90°。正角度为俯视，负角度为仰视。

可以看出输入角度方式改变视线比输入分量的方式调整视线要容易，但必须正确地理解这两个角度的含义。

22.2.3.3　罗盘方式

提示：指定视点或[旋转(R)]＜显示指南针和三轴架＞：

Specify a view point or [Rotate] ＜display compass and tripod＞：后回车

这时在屏幕上出现如图22-10的罗盘和一个表示坐标系的三轴架。

在罗盘上，十字中心是北极，小圆是赤道，大圆是南极。十字线划分出了4个象限，横线是X轴，竖线是Y轴，X轴向右为正，Y轴向上为正。鼠标在小圆内表示从上朝下看，在小圆与大圆区域之间表示是从下向上看。

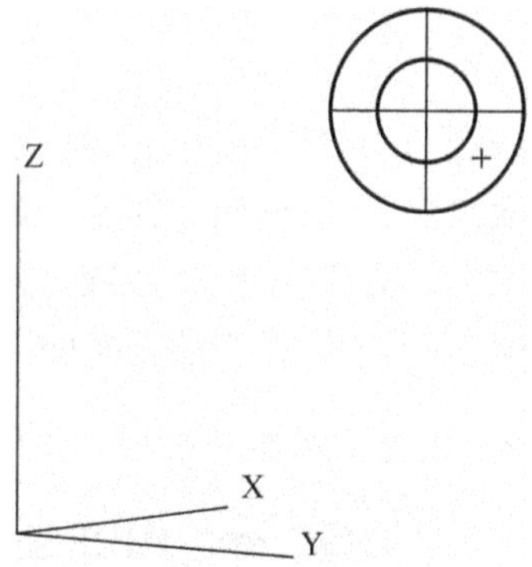

图22-10　罗盘方式观察

此方法并不常用。

22.2.3.4　视点预置方式

点击菜单“视图→三维视图→视点预设”/View→3D Views→Viewpoint Presets...，弹出一个对话框，如图22-11所示。

该对话框可以看成是设置视线角度的一种便捷方式。在中间图上左边设置的是视线在XY面投影与X轴正向的夹角，右边设置的是视线与XY面的夹角。

设置的时候可以直接用鼠标在图上点击，也可以在下部的编辑框中输入具体数值。结束

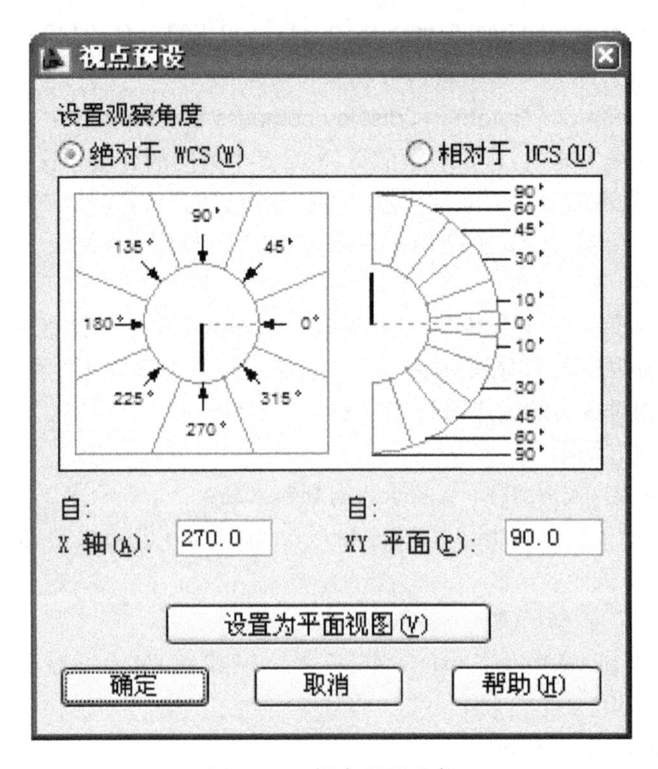

图 22-11　视点预置观察

后按"确定"/OK。这样的设置给人更直观的感觉。

22.3　消隐与着色(Hide/Shade)

在建立三维模型时,屏幕上所显示的都是线框模型,由于没有隐藏掉不可见的部分,所以立体感不强,有时候甚至会误看。消隐的作用就是将立体上在当前观察位置看不到的部分先隐藏起来,以增强立体感。着色则是在消隐的基础上,增加了光照的感觉,并可以显示出具有颜色的表面,不但立体感更强,而且有一定的真实感,但它光照的位置、强度是固定的,是系统默认的,用户是无法调整的。

22.3.1　消隐

直接输入命令 HIDE 或点击菜单"视图→消隐"/View→Hide,这时就可看到消隐后的效果。如图 22-12 所示,图(b)是图(a)消隐后的效果。

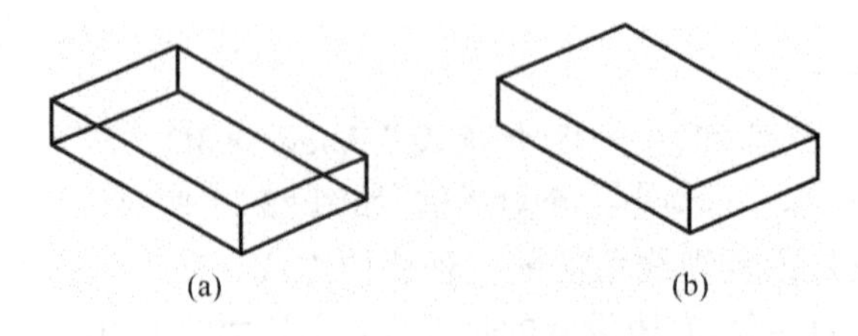

图 22-12　消隐后的效果

应注意的是：在消隐后，看图时的实时平移和实时缩放都不起作用了，要去掉消隐效果可键入重生成命令(REGEN)，或点击菜单“视图→重生成”/View→Regen。

22.3.2 着色

点击菜单“视图→视觉样式”，拉出一个子菜单，如图22-13所示。页面各项含义分别是：

(1) “二维线框”/2D Wireframe：以二维线框方式显示对象，坐标符号是默认的单线符号。

(2) “三维线框”/3D Wireframe：以三维线框方式显示对象，坐标符号是一种彩色加粗的符号，红色是X轴，绿色是Y轴，蓝色是Z轴。

(3) “三维隐藏”/Hidden：消隐显示对象。坐标符号呈彩色立体状。

(4) “真实”/Flat Shade：着色多边形平面间的对象，并使对象的边平滑化。将显示已附着到对象的材质。

(5) “概念”/Gouraoud Shade：体着色，着色多边形平面间的对象，并使对象的边平滑化。着色使用冷色和暖色之间的过渡。效果缺乏真实感，但是可以更方便地查看模型的细节。

(6) “视觉样式管理器”：可以进一步以对话框的方法设置细节。

在着色状态不影响实时平移和实时缩放时使用。

如果要去掉着色状态，仍然要点击该菜单，选择二维线框或三维线框即可。

消隐和着色如果在动态观察器状态下可点击鼠标右键，在弹出的菜单中选择“着色模式”/Shading Modes，也会弹出一个类似图22-13的子菜单，在里面可直接选择消隐或着色的方式。

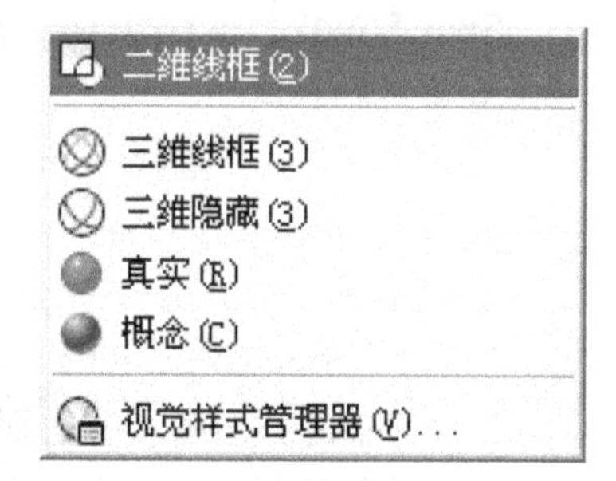

图22-13 转回二维线框的方法

22.4 用户坐标系(UCS)

在三维坐标系一节介绍的坐标系是世界坐标系，它是一种坐标原点固定，3个坐标轴方向也固定的坐标系统。在这样的系统中建立三维模型，无论是直角坐标、柱坐标或球坐标，都无法准确知道立体上每一个点的坐标位置，如果要知道，必须要进行计算，那样速度很慢，失去了计算机绘图的优势。如果能将三维坐标的输入变成二维坐标的输入，将会方便许多。用户坐标系正可以做到这一点。

用户坐标系(UCS)可以让用户来自由设定坐标系的原点和方向，从而改变了XY平面的位置，这样就可以大大简化坐标输入。

22.4.1 建立用户坐标系

由于用户坐标系的操作在整个三维建模过程中是时刻也离不了的，所以建议用户记住用户坐标系的操作命令UCS，这样在建模时就能比较快捷。有关UCS操作的命令在菜单上也可找到，集中在菜单“工具”/Tools上。

命令：ucs

Command：ucs

Current ucs name：*WORLD*

指定 UCS 的原点或［面(F)/命名(NA)/对象(OB)/上一个(P)/视图(V)/世界(W)/X/Y/Z/Z 轴(ZA)］<世界>：

Enter an option ［New/Move/orthoGraphic/Prev/Restore/Save/Del/Apply/?/World］<World>：

以上提示，中文的为 2009 版、英文的是 2004 版，可以看出，两者的提示有很大的不同。但它们都具备如下的功能，下面先以 2004 版为例介绍各功能：

22.4.1.1 新建用户坐标系

选择 New 选项后，出现下面的提示，提示中各选项即为新建坐标系的各种方法：

Specify origin of new UCS or ［ZAxis/3point/Object/Face/View/X/Y/Z］<0,0,0>：

(1) 建立新的原点。在上面提示的后面直接输入原点新的坐标或捕捉某一个点。

(2) 指定新 Z 轴的方向。选择 ZAxis 选项，出现提示：

Specify new origin point <0,0,0>：指定新原点的坐标

Specify point on positive portion of Z－axis <23.9592,6.9163,1.0000>：在 Z 轴的正向上任意指定一点

(3) 三点方式。选择 3point 选项，出现下列提示：

Specify new origin point <0,0,0>：指定新的坐标原点

Specify point on positive portion of X－axis <>：在 X 轴正向指定一点

Specify point on positive－Y portion of the UCS XY plane <>：在 Y 轴正向指定一点

Z 坐标轴的方向由右手法则确定。

(4) 对象(Object)方式。通过选择某一个对象来将 UCS 建立在这个对象上，至于坐标轴的方向要根据所选对象而定。这种方式不常用。

(5) 面(Face)方式。通过选择实体对象上的面来将 UCS 建立到这个面上。

(6) 视图(View)方式。将 UCS 的 XY 平面与当前看图平面平行。当前看图平面可以理解为就是当前观察立体的视口这个平面。

(7) (X/Y/Z)方式。将当前坐标系绕这 3 个轴中的某一个旋转，从而得到新的 UCS。如果选择 X，将出现提示：

Specify rotation angle about X axis <90>：输入的角度可正可负，正负依然按照右手法则的定义

22.4.1.2 移动坐标系

选择 Move 选项，可将现有坐标系平移到某一位置，构成新的用户坐标系。

出现提示：

Specify new origin point or ［Zdepth］<0,0,0>：输入一个新的原点，如果选择选项 Z，则是指定原点沿 Z 轴移动的距离

22.4.1.3 正交 UCS

正交 UCS 的意思是将当前 UCS 变成为与 6 个基本视图相对应的 UCS。输入 G 选择选项 orthoGraphic，其提示为：

Enter an option ［Top/Bottom/Front/Back/Left/Right］<Top>：选择其中一个选项

22.4.1.4　倒退到上一个 UCS

选择选项 Prev,UCS 回到前一个设置过的 UCS。AutoCAD 保存了在模型空间和图纸空间创建的各 10 个用户坐标系。

22.4.1.5　恢复 UCS

选择选项 Restore,出现提示:

Enter name of UCS to restore or [?]:输入要恢复的 UCS 的名字,或输入问号,查看已经保存了的 UCS 列表

这一功能可快速地将当前 UCS 变成为已经保存过的 UCS,这对于快速构造三维模型是十分方便的。

22.4.1.6　保存 UCS

选择选项 Save,出现提示:

Enter name to save current UCS or [?]:输入要保存的 UCS 的名字,或输入问号,查看已经保存了的 UCS 列表这一过程正是上一过程的逆过程。

22.4.1.7　删除 UCS

删除 UCS 是从已经保存过的 UCS 列表中删除掉某一 UCS。选择选项 Del,出现提示:

Enter UCS name(s) to delete <none>:输入要删除的 UCS 名字

可以输入多个 UCS 的名字,名字之间用逗号隔开,一定注意必须是纯文本的逗号。

22.4.1.8　应用 UCS

选择选项 Apply,可将 UCS 应用到某一指定视口。在出现提示时:

Pick viewport to apply current UCS or [All]<current>:选择一个视口,或选择 All 应用到所有的视口,或回车应用到当前视口

22.4.1.9　列出当前所有存储的 UCS

选择选项"?",在文本窗口会列出所有已经保存了的 UCS 名字。这对于以上 22.4.1.5~7 几项的操作是十分有利的,方便用户在遗忘了已定义的 UCS 名字后查询。如图 22-14 所示。

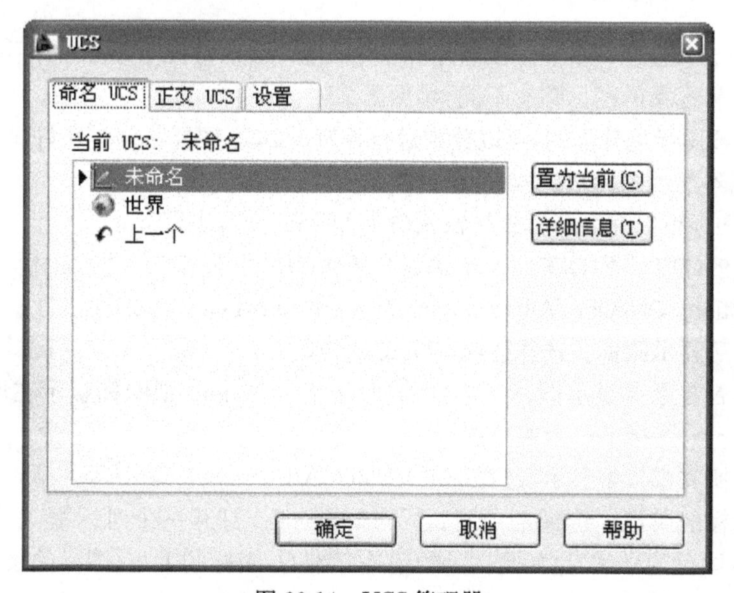

图 22-14　UCS 管理器

22.4.1.10 回到世界坐标系

选择选项 World,可快速从当前的用户坐标系回到世界坐标系。初学者设置 UCS 时,可能会设置得晕头转向,这时可先快速回到世界坐标系中,再进行设置。

2009 版的 UCS 命令,主要是由 2004 版的新建和移动所集成,至于其他的功能,则是放在一个新的选项“命名”中:

指定 UCS 的原点或 [面(F)/命名(NA)/对象(OB)/上一个(P)/视图(V)/世界(W)/X/Y/Z/Z 轴(ZA)] <世界>: na

输入选项 [恢复(R)/保存(S)/删除(D)/?]:

其中 2004 版命令中的“正交 UCS”命令由另一个命令 UCSMAN 来操作。如图 22-15 所示选项“正交 UCS”页。

点击菜单“工具→命名 UCS”,或直接输入命令 UCSMAN,打开一个对话框:

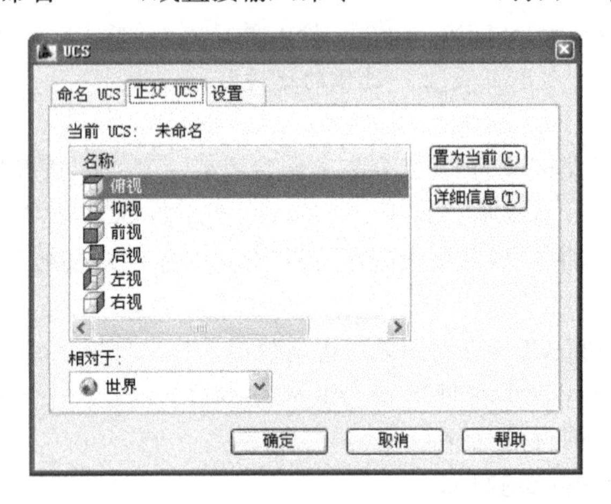

图 22-15 正交 UCS

22.4.2 控制 UCS 图标

在屏幕上一般总会有一个显示当前坐标系的图标,默认情况下显示在屏幕的左下角。世界坐标系与用户坐标系的图标略有不同,参见图 22-1。

UCS 与 UCS 图标是分立的,可以分别进行控制。UCS 图标不一定正好显示在坐标原点,在屏幕上也可以不显示图标,这些都是通过控制 UCS 图标实现的。

控制 UCS 图标可以在命令行直接输入命令 UCSICON,出现提示:

输入选项 [开(ON)/关(OFF)/全部(A)/非原点(N)/原点(OR)/特性(P)] <开>:

Enter an option [ON/OFF/All/Noorigin/Origin/Properties] <ON>:

(1) 控制是否显示图标。选择选项 ON 或 OFF。

(2) 控制是否在原点显示图标。选择选项“原点”/Origin,则图标显示在原点;选择选项“非原点”/Noorigin,图标不显示在原点。

(3) 控制在所有视口中显示,选择选项“全部”/All。

(4) 设置图标的属性。选择选项“特性”/Properties,打开一个对话框,如图 22-16 所示。在上面可以设置图标的样式,比如是二维的还是三维的,图标的大小,图标的颜色等。

上述(1)~(3)的设置也可以通过前述 UCSMAN 对话框来进行,如图 22-17 所示。

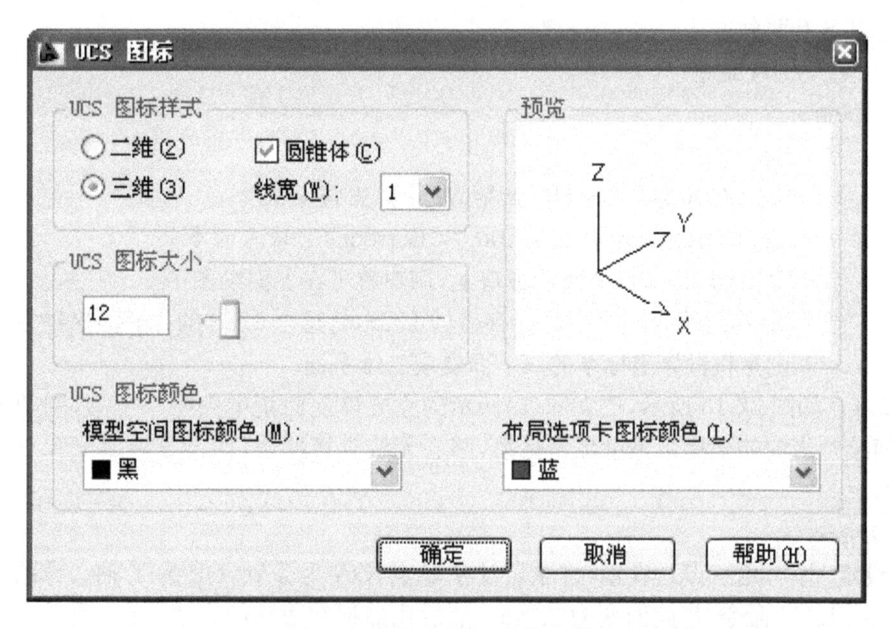

图 22-16 UCS 图标属性对话框

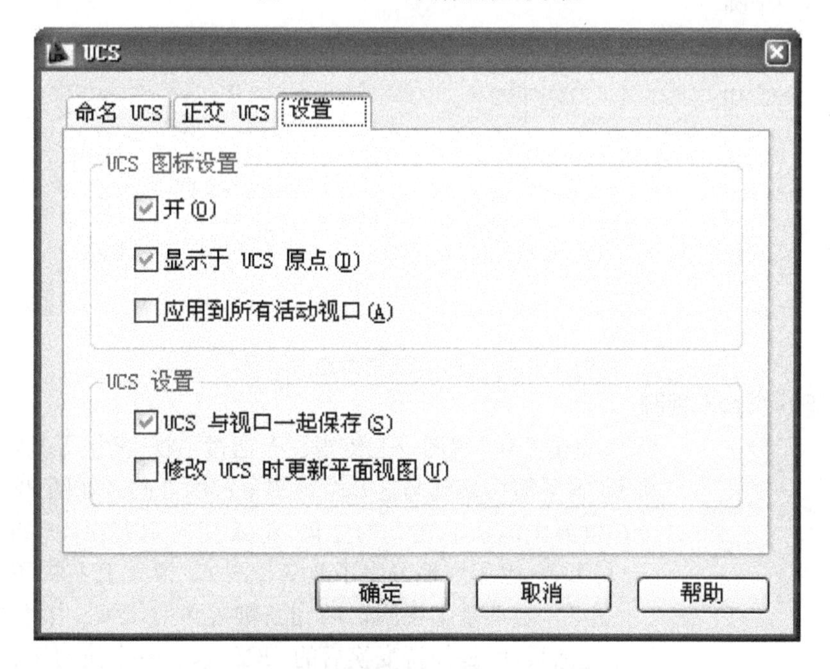

图 22-17 设置 UCS 图标对话框

22.4.3 观察 UCS 平面

在三维空间进行绘图时,如果不是直接输入坐标或通过捕捉方式进行绘图,而是直接用鼠标点击的方式进行绘图,那么所绘的图形都是在 XY 平面上,但由于三维视角观察的缘故,会给人一种错觉,这是初学者特别要注意的。

正因为是三维视角的关系,要想在空间某一个平面上绘出某个图形,会让人感觉不像二维绘图那样简单,这时我们可以将这个平面变成一个二维平面,这样画图就与在二维时绘图一样了。观察 UCS 有两种方法。

22.4.3.1 用 PLAN 命令

命令：plan

Command：plan

输入选项［当前 UCS(C)/UCS(U)/世界(W)］＜当前 UCS＞：

Enter an option［Current ucs/Ucs/World］＜Current＞：输入回车

即可将当前 UCS 的 XY 面，平铺在视口上，用户就可在上面绘图了。

选择选项 UCS，提示选择一个已经保存过的 UCS，将这个 UCS 的 XY 面平铺在视口上。

选择 World，则是将世界坐标系的 XY 面变成二维平面。

例 22.1 如图 22-18 所示，要在图(a)所示的立方体前面正中央绘一个圆，圆的半径为任意，应如何绘？当前的坐标系是世界坐标系，圆心无法直接捕捉，如果直接用鼠标点击肯定是不成功的。

绘图方法：

(1) 设定 UCS，用三点式设置，将原点设在 O 点，OA 为 X 轴，OB 为 Y 轴。见图 22-18(b)

(2) 用 PLAN 命令，将此面变为二维面，然后用捕捉和跟踪的方法，确定圆心，如图 22-18(c)所示，绘出一个圆。

(3) 再将视点设为西南视图，可看到视图绘制成功。如图 22-18(d)所示。

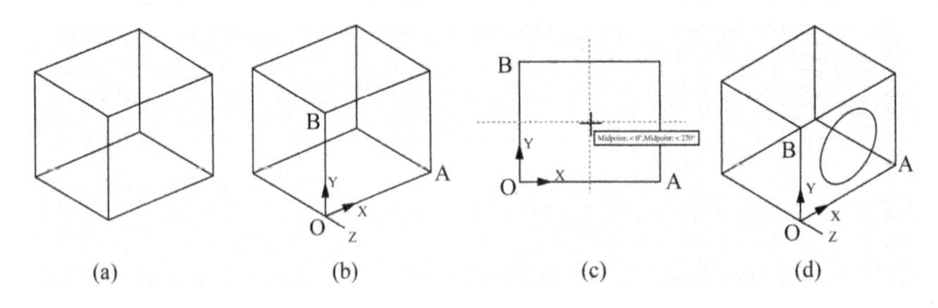

图 22-18 利用 UCS 三维绘图示例

22.4.3.2 用 6 个基本视图

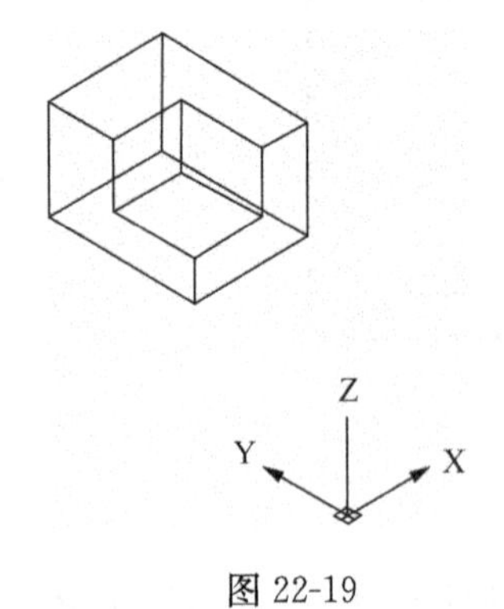

图 22-19

点击菜单“视图→三维视图”，通过主视、俯视等基本视图，可以将 UCS 平面切换到与这几个视图平行的方向。如图 22-19 所示，一个在世界坐标系下建立的立体，将其变换到左视图，如图 22-20 所示，其 UCS 也相应地发生了改变。图 22-21 为其右视图的情况。

但是，当从基本视图切回到三维视角时，UCS 并不会自动回到世界坐标系，而是保持变换后的 UCS，这有时会使初学者造成误会，因为在这种情况下如果还按照一开始的坐标状态输入世界坐标系下的坐标，那就会发生错误。因此，有时我们希望在基本视图变换时，UCS 不要跟着变化，要做到这点可以这样设置：

点击菜单“视图→命名视图”，或输入命令 View，打开视图管理器对话框；

分别点击各预设视图，将“恢复正交 UCS”设为“否”，点击“应用”，如图 22-22 所示。也可以不打开该对话框，直接输入系统变量 UCSORTHO，将其值设为 0，如图 22-23 所示。

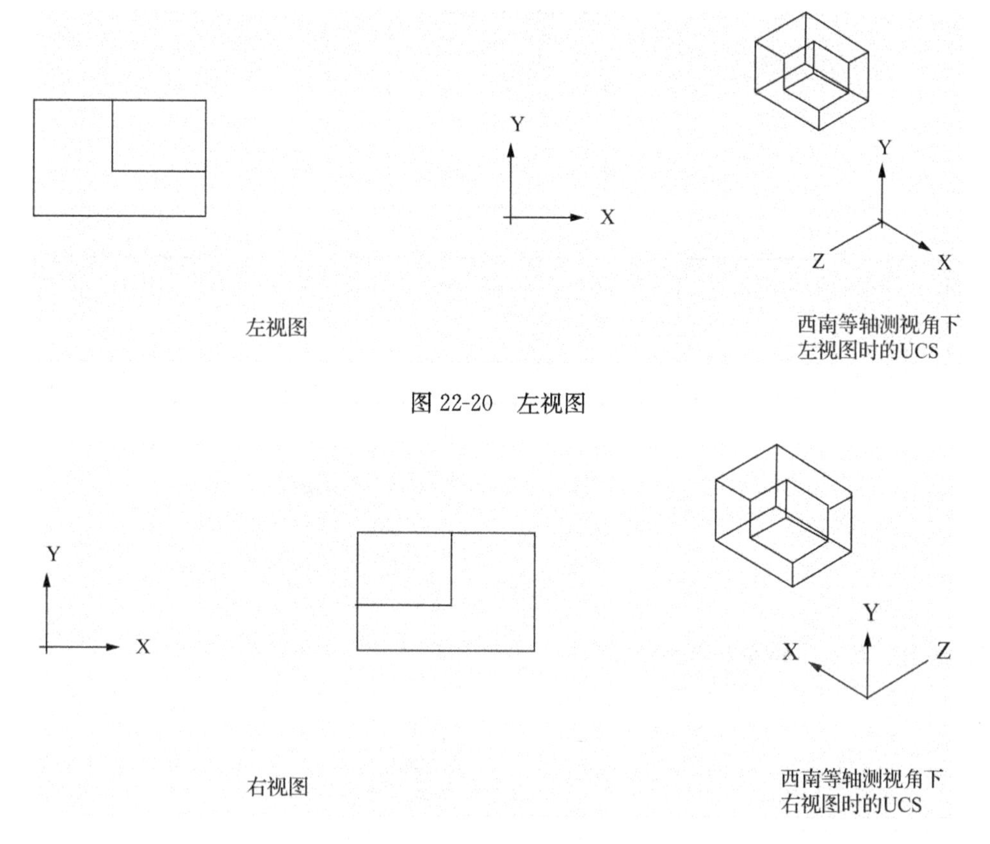

图 22-20　左视图

图 22-21　右视图

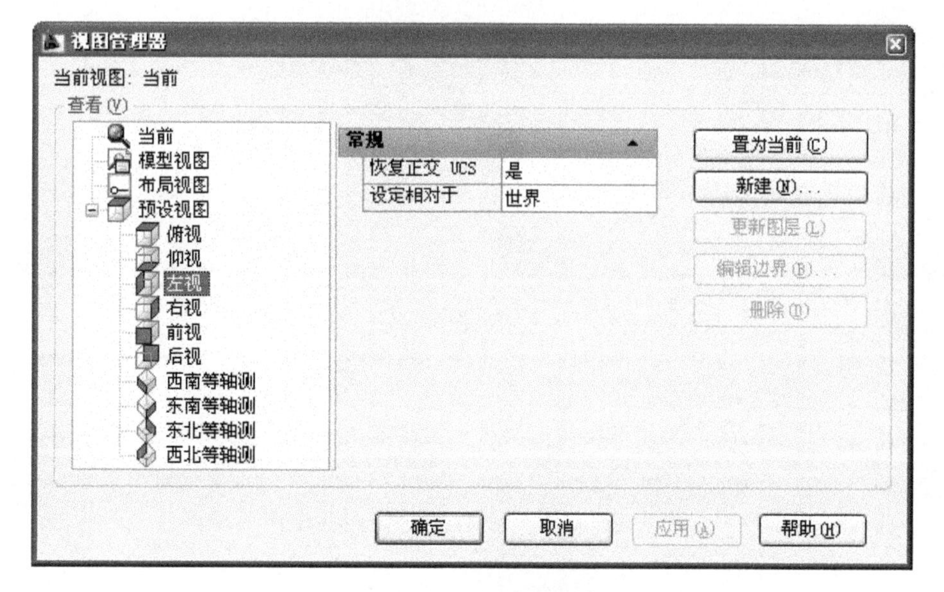

图 22-22　视图管理器

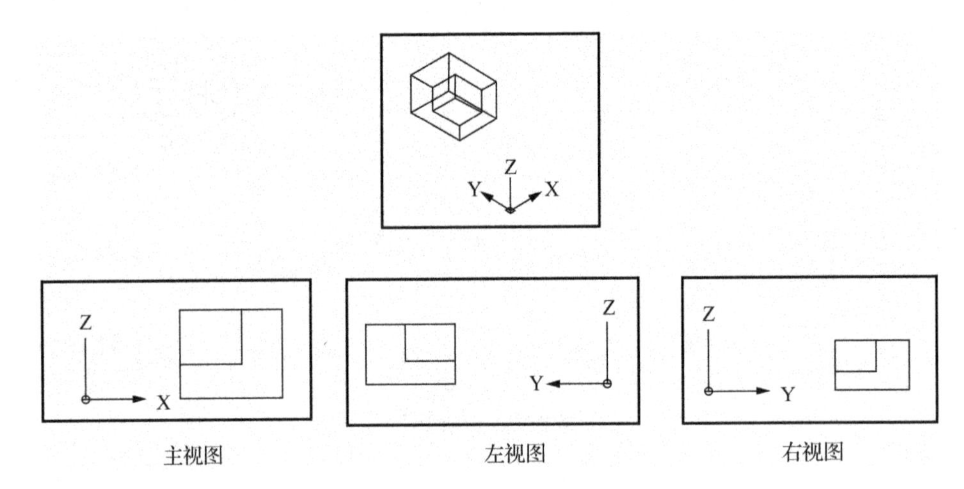

图 22-23　恢复正交 UCS 设为“否”时的情况

习题：

1. 简述观察三维模型的几种方式。
2. 用 VPOINT 命令输入视点的坐标值(1,1,1)后，看到的结果是________等轴测视图。
   A) 西南　　B) 东南　　C) 东北　　D) 西北
3. 要使 UCS 图标不显示在坐标原点处，应如何操作？

23　三维实心体建模

AutoCAD 三维建模的模型主要是表面模型和实心体模型。表面模型通俗地讲好比是用纸糊的盒子，它是由多个面所围成的立体。这样的立体只有立体的感觉，本身没有任何物理属性；实心体模型不仅具有立体的感觉，而且具有如重量、体积、重心、惯性矩等物理属性，从这种意义来说，它是真正的立体。

AutoCAD 中实心体建模，由于受建模方法的限制，对于一些特别复杂的曲面立体建模比较困难，但从 2007 版开始，三维建模中增加了扫掠和放样等工具，从而使曲面建模能力大为提高。

23.1　基本立体建模

基本立体是指系统提供的长方体、楔形体、圆柱、圆锥、球、圆环、多段体和螺旋等，它们是立体建模的基础。

有关实心体建模的工具对于 2004 版本而言，主要都集中在“实体”/Solids 工具条和菜单“绘图→实体”/Draw→Solids 里面。对于 2007 版以后主要集中在“建模”工具条和菜单“绘图→建模”里面。

2004 版“实体”/Solids 工具条可在菜单“View→Toolbars...”弹出的对话框中找到，如果需要可以调入，默认情况下在屏幕上是没有的。Solids 工具条如图 23-1 所示。

图 23-1　实心体建模工具条

2009 版“建模”工具条，也需要重新调入，或者将工作空间切换至“三维建模”，在其中已经加载了该工具。如图 23-2 所示。

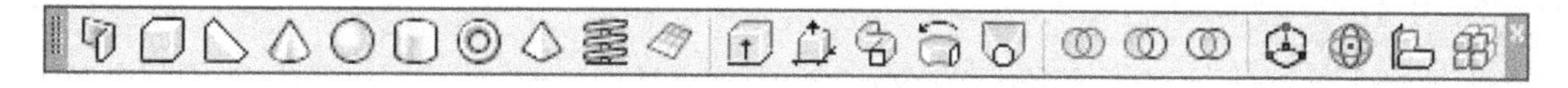

图 23-2　建模工具条

23.1.1　长方体建模(Box)

点击工具条上 ，或直接输入命令 BOX，出现提示：

命令：_box

Command：box

指定第一个角点或[中心(C)]:

Specify corner of box or [CEnter]〈0,0,0〉:指定长方体上面一个角点

如果用鼠标在屏幕上随意点击的话,那给出的一定是 XY 平面上的点。如图 23-3 所示,可先给出 A 点。

如果选择选项(CEnter)则是要求给出长方体中央的点。

指定其他角点或[立方体(C)/长度(L)]:

Specify corner or [Cube/Length]:再给出长方体上对角的点。对角的点有两种,一是给出图 23-3 中的 B 点,这时又出现提示:

指定高度或[两点(2P)]<-29.3572>:

Specify height:给出高度

高度可正可负。正高度长方体沿 Z 轴正向长出,负高度长方体沿 Z 轴负向长出。也可以通过鼠标给两点的方式给出,如点击 B 点和 C 点,这时即可创建出一个长方体。

另一种情况是对角点给出 C 点,这时即可创建出长方体,实际这一种方法里面已经隐含地给出了高度。

如果选择选项"立方体"/Cube,则创建一个正方体,提示:

指定长度:

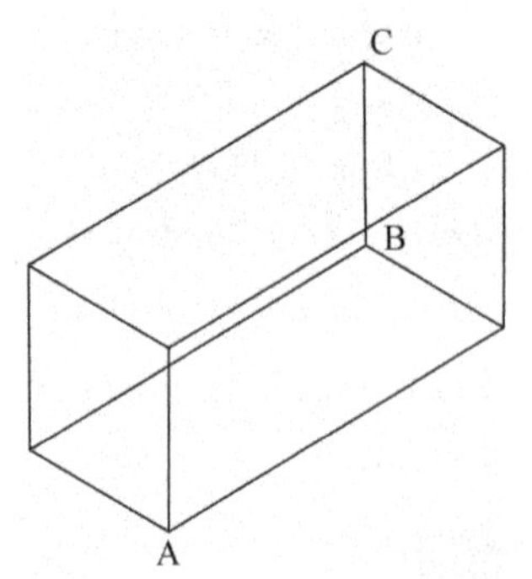

图 23-3　长方体

Specify length:给出正方体的边长。

选择选项"长度"/Length,则提示:

指定长度<34.0000>:

Specify length:输入长

指定宽度:

Specify width:输入宽

指定高度或[两点(2P)]<34.0000>:

Specify height:输入高

即通过给出长、宽、高尺寸的方式建立长方体。在这里的长是指沿 X 轴方向的尺寸,宽是指沿 Y 轴方向的尺寸,高是指沿 Z 轴方向的尺寸,与通常的称呼方法有些不同,见图 23-3。

23.1.2　楔形体建模(Wedge)

点击工具条上 ,或直接输入命令 wedge,出现提示:

命令:_wedge

Command:wedge

指定第一个角点或[中心(C)]:

Specify first corner of wedge or [CEnter]<0,0,0>:给出楔形体的一个角点,如图 23-4 中的 A 点

指定其他角点或[立方体(C)/长度(L)]:

Specify corner or [Cube/Length]:给出楔形体对角的点,如图 23-4 中的 B 点

指定高度或[两点(2P)]<133.0815>:

Specify height:

从上面提示可看出，楔形体的创建与长方体的创建十分相似，选项的含义也相同。实际上楔形体可看成是长方体被斜剖了一半形成的。

楔形体创建时，要注意斜面的倾斜方向。斜面与创建时给出点的顺序有关，总是从第一点倾斜向第二点。

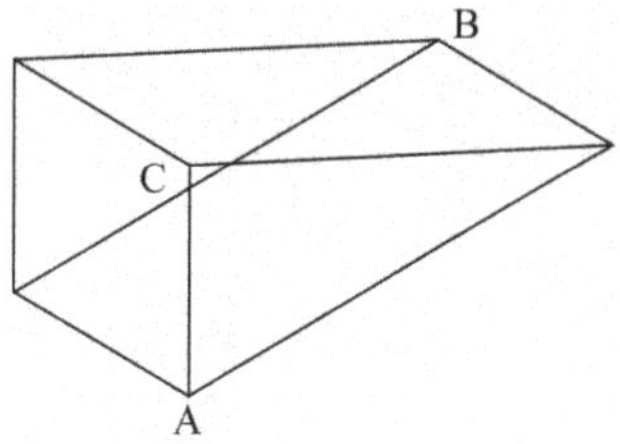

图 23-4　楔形体

23.1.3　圆柱体建模(Cylinder)

点击工具条上 ，或直接输入命令 cylinder，出现提示：

命令：_cylinder

Command: cylinder

Current wire frame density: ISOLINES＝4

指定底面的中心点或 [三点(3P)/两点(2P)/切点、切点、半径(T)/椭圆(E)]：

Specify center point for base of cylinder or [Elliptical] ＜0,0,0＞：给出圆柱基面圆的圆心，如果选择选项 Elliptical，则是创建椭圆柱。

指定底面半径或 [直径(D)]：

Specify radius for base of cylinder or [Diameter]：给出圆柱的半径，选择选项 Diameter，可改为输入直径

指定高度或 [两点(2P)/轴端点(A)] ＜144.4007＞：

Specify height of cylinder or [Center of other end]：给出圆柱的高。输入 C，可改为输入圆柱另一端的圆心

英文提示为 2004 版的，中文为 2009 版，可以看出两者有一些不同。

圆柱在建模的时候是通过线框显示的，线框的密度可通过系统变量 ISOLINES 来调整。直接在命令行打入 ISOLINES，出现提示：

Command: isolines

输入 ISOLINES 的新值 ＜4＞：

Enter new value for ISOLINES ＜4＞：默认是 4，可输入的数值是 0～2047

如图 23-5 所示，当 ISOLINES 的值分别是 4 和 20 时的情况。

注意： 当设完值后，不会马上看出效果，应通过 REGEN 命令重新生成一下。

圆柱在用 HIDE 消隐后，圆柱面是以若干三角面的方式来显示的。三角面数量的多少会影响到显示的效果。控制这个数量是通过系统变量 FACETRES 来控制的。

Command: facetres

输入 FACETRES 的新值 ＜0.5000＞：

Enter new value for FACETRES ＜0.5000＞：默认值是 0.5，有效值是从 0.5 到 10

值越大，面数越多。如图 23-6 所示是当 FACETRES 值为 0.5 和 5 时的情况。

注意： 在设完值后，要重新执行 HIDE 命令，不管当前是否在消隐状态。

以上两个系统变量不但对圆柱起作用，对所有的带有曲面的立体均起作用。

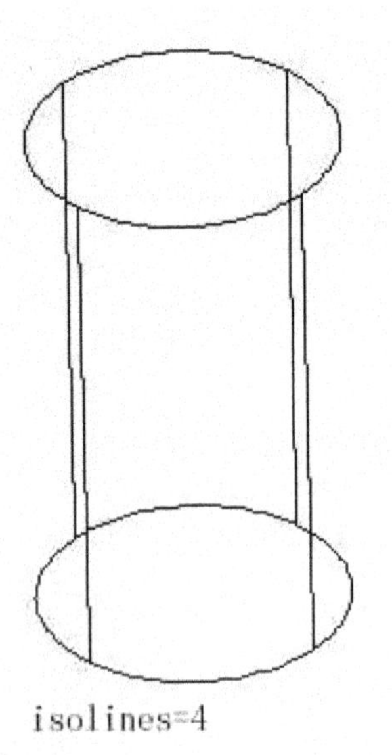

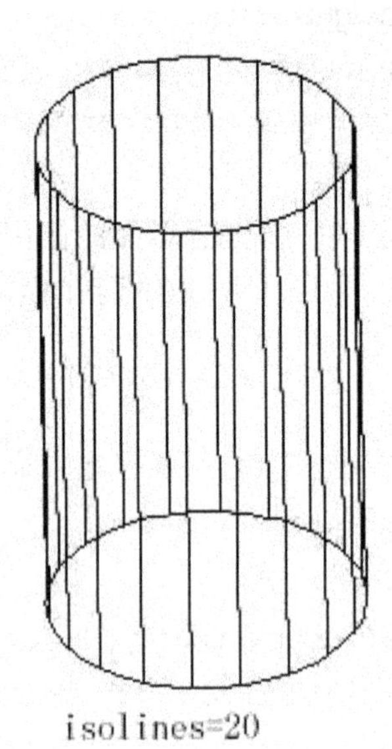

图 23-5 Isolines 设置效果

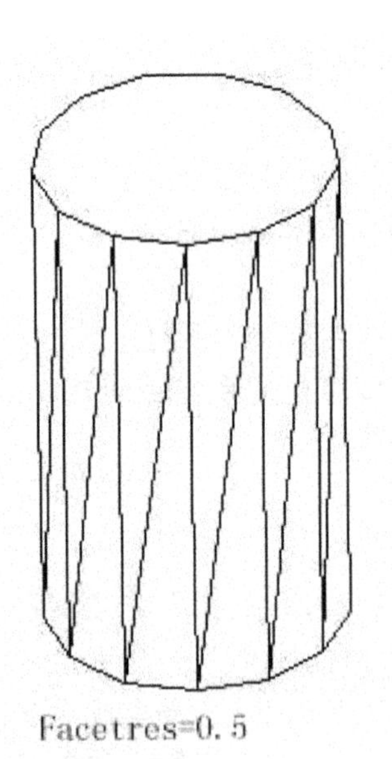

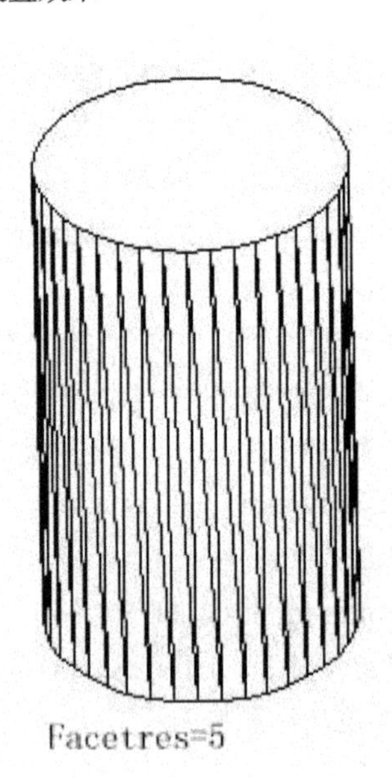

图 23-6 Facetres 设置效果

23.1.4 圆锥体建模(Cone)

点击工具条上的 ,或直接输入命令 cone,出现提示:

命令:_cone

Command:cone

Current wire frame density:ISOLINES=4

指定底面的中心点或[三点(3P)/两点(2P)/切点、切点、半径(T)/椭圆(E)]:

Specify center point for base of cone or [Elliptical] <0,0,0>：输入圆锥底面圆的圆心，输入 E 可绘制椭圆锥

指定底面半径或 [直径(D)] <167.1380>：

Specify radius for base of cone or [Diameter]：输入底面圆的半径或直径

指定高度或 [两点(2P)/轴端点(A)/顶面半径(T)] <242.8407>：顶面半径若不是零，则是锥台

Specify height of cone or [Apex]：输入圆锥的高度或选择选项 Apex，改为输入圆锥的顶点

英文提示为 2004 版的、中文为 2009 版，可以看出两者有一些不同。2009 版功能更多一点。

23.1.5 球体建模(Sphere)

点击工具条上的 ◯ ，或直接输入命令 sphere，出现提示：

命令：_sphere

Command：sphere

Current wire frame density：ISOLINES＝4

指定中心点或 [三点(3P)/两点(2P)/切点、切点、半径(T)]：2009 版功能更多一点

Specify center of sphere <0,0,0>：输入球心的坐标

指定半径或 [直径(D)] <156.5020>：

Specify radius of sphere or [Diameter]：输入球的半径或直径

23.1.6 圆环体建模(Torus)

点击工具条上的 ◎ ，或直接输入命令 torus，出现提示：

命令：_torus

Command：torus

Current wire frame density：ISOLINES＝4

指定中心点或 [三点(3P)/两点(2P)/切点、切点、半径(T)]：

Specify center of torus <0,0,0>：输入圆环的中心坐标

指定半径或 [直径(D)] <163.1564>：

Specify radius of torus or [Diameter]：输入圆环的半径或直径

指定圆管半径或 [两点(2P)/直径(D)]：

Specify radius of tube or [Diameter]：输入圆管的半径或直径

圆环建模中重要的是要搞清楚以上几个参数的含义，否则可能就不能建出符合要求的圆环体。

圆环的形成可以看成是一个圆绕一根圆外一根与它处在同一平面内的轴旋转而成，那个圆的直径就是圆管的直径，绕轴旋转的形成的圆的直径是圆环直径，它的圆心是圆环中心，如图 23-7 所示。

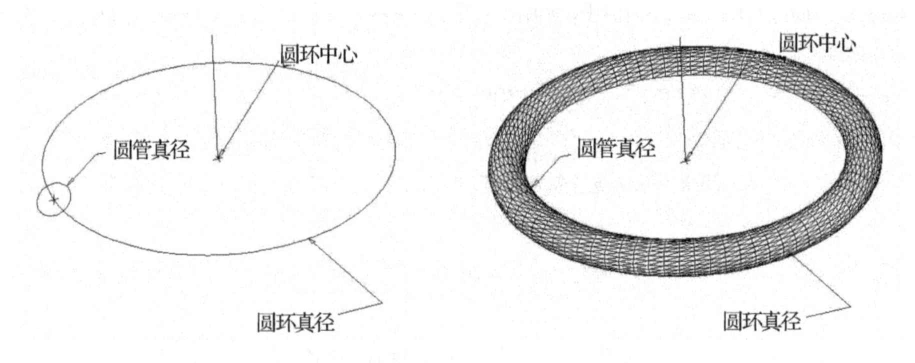

图 23-7 圆环建模时几个参数的含义

23.1.7 多段体建模(Polysolid)

该命令是从 2007 版开始新增的命令。点击工具条上的 ，或直接输入命令 Polysolid，出现提示：

命令：_Polysolid

高度 = 80.0000，宽度 = 5.0000，对正 = 居中

指定起点或［对象(O)/高度(H)/宽度(W)/对正(J)］<对象>：给第一点

指定下一个点或［圆弧(A)/放弃(U)］：给下一点

如要选"圆弧"，则是绘圆弧，并出现提示：

指定圆弧的端点或［方向(D)/直线(L)/第二点(S)/放弃(U)］：选项"直线"则是转为绘直线段

该多段体的绘制方法与多段线的使用有一些类似。

选项"对象"可以将：直线、圆、圆弧、多段线转成多段体，高度、宽度需先设置，如图 23-8 所示。两段圆弧，一次只能转换一段；如果是多段线，则可以一次性地转换。

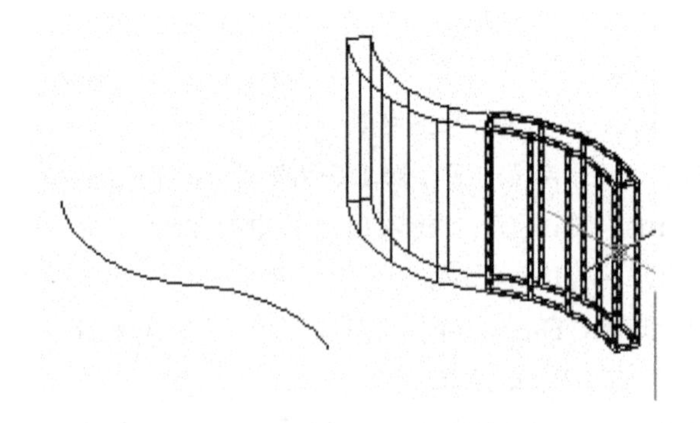

图 23-8 将弧线转换为多段体

23.1.8 螺旋建模(Helix)

该命令是从 2007 版开始新增的命令。点击工具条上的 ，或直接输入命令 Helix，出现提示：

命令：_Helix

圈数 ＝ 3.0000　　扭曲＝CCW

指定底面的中心点：

指定底面半径或［直径(D)］<1.0000>：

指定顶面半径或［直径(D)］<69.7000>：底面与顶面半径可以不一样，呈锥台状螺旋

指定螺旋高度或［轴端点(A)/圈数(T)/圈高(H)/扭曲(W)］<1.0000>

选项"圈数"，出现提示：

输入圈数 <3.0000>：

选项"扭曲"，出现提示：

输入螺旋的扭曲方向［顺时针(CW)/逆时针(CCW)］<CCW>：

该命令产生的实际是螺旋线，而不是螺旋体，因此若要制作弹簧，还必须在此基础上利用扫描命令来生成。如图 23-9 所示。

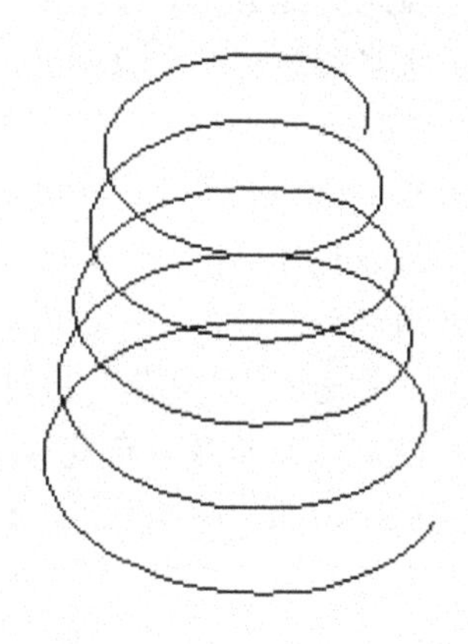

图 23-9　螺旋

23.1.9　棱锥体建模(Pyromid)

点击工具条上的 ，或直接输入命令 pyramid，出现提示：

命令：_pyramid

4 个侧面 外切

指定底面的中心点或［边(E)/侧面(S)］：

指定底面半径或［内接(I)］<315.7353>：

指定高度或［两点(2P)/轴端点(A)/顶面半径(T)］<496.7143>：

各选项的使用与前述楔形体等类似，在此略。

23.2　拉伸与旋转建模

基本立体所建的模型是有限的，生产实践中以这样形式出现的立体极少。拉伸与旋转建模是 AutoCAD 中两种非常重要的建模方法，也是三维建模中最常用的方法。通过这两种方式可以得到许多表面复杂的模型。

23.2.1　拉伸建模(Extrude)

拉伸建模是将一个二维平面图形沿 Z 轴或沿空间某一个路径拉伸，从而得到一个实体的建模方式。

点击工具条上 ，或直接输入命令 extrude，出现提示：

命令：_extrude

当前线框密度：ISOLINES＝4

Command：extrude

Current wire frame density：ISOLINES＝4

选择要拉伸的对象：

Select objects：选择事先绘好的二维平面图形，如图 23-10(a)

选择要拉伸的对象：

Select objects：再次出现提示，可以多选，不选时回车结束

指定拉伸的高度或[方向(D)/路径(P)/倾斜角(T)]＜328.9643＞：

Specify height of extrusion or [Path]：输入高度，正高度沿 Z 轴正向拉伸，负高度沿 Z 轴的负向拉伸。

选择选项"倾斜角"，出现提示：

指定拉伸的倾斜角度 ＜0＞：

Specify angle of taper for extrusion ＜0＞：输入拉伸锥角

角度必须在 −90°至 +90°之间，正角度越拉越尖，负角度越拉越粗，其含义可见图 23-10 (b)(c)(d)。

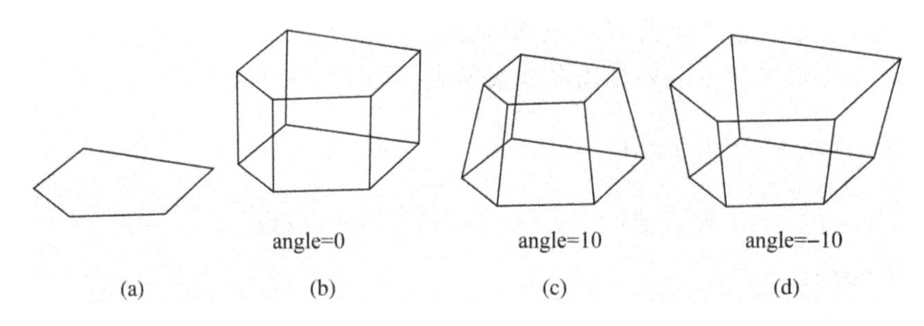

图 23-10　拉伸时锥角的含义

选择选项"方向"，出现提示：

指定方向的起点：

指定方向的端点

如果不输入高度，而是选择 Path 选项，则出现提示：

选择拉伸路径或[倾斜角(T)]：

Select extrusion path or [Taper angle]：选择路径

也可以在选择路径前，输入 T，设置拉伸锥角，然后再选择路径，这样拉伸出来的就是尖的。图 23-11 所示为两种拉伸路径，一种是闭合的，一种是不闭合的。

拉伸建模有几个注意点，否则建模会失败：

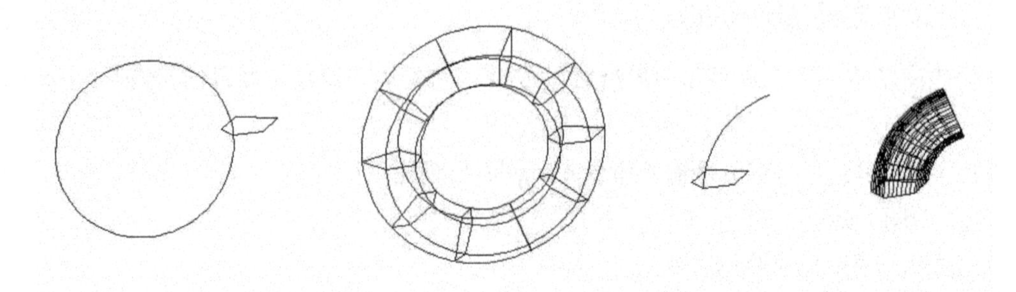

图 23-11　拉伸建模

(1) 二维平面图形必须是封闭的，是用多段线围成的，或是圆、椭圆等。

这里必须再强调指出：作为截面的图形一定是平面图形，有时在建模时稍不注意，会使各段线的接头不在一个平面上，这样建模就会失败。

平面图形必须是封闭的，不能开口，但也不能有线段相交。

(2) 路径线可以是封闭的，也可以不封闭，可以是直线、圆、圆弧线，椭圆、椭圆弧、多段线、二维样条线，但不可以是三维样条曲线。路径线与截面线不能在同一个平面。

(3) 路径线可以是多段的。路径线如果是曲线(包括圆弧)，则弯曲处的半径应大于截面图形的最大轮廓半径。

因为拉伸时，截面是沿着路径并垂直于路径上每点的切线方向，如果弯曲处的半径小于截面图形的最大轮廓半径，在拉伸时将会发生立体自交的现象，而这是不允许的，所以会拉伸失败。

例 23.1　制作如图 23-12 所示弯管，尺寸自定，以看上去美观为佳。

本例是一例无尺寸建模的例子，在进行产品的三维设计时，一开始并没有一些具体的尺寸，只有一个大致的形状，在建模时只是要把这个形状建立出来，以便进一步地改进，当形状确定之后再测量尺寸、调整尺寸，完成整体的设计。

步骤如下：

(1) 将 UCS 绕 X 轴旋转 90°，在屏幕上绘出如图 23-13 所示多段线。绘制时如果坐标符号没有变成像图中所示那样，表示当前显示的面还不是 XY 平面，还需用 PLAN 命令，将 XY 平面平铺出来，这样才可以绘出图中所示的线段。绘制时应使圆角稍大一点。

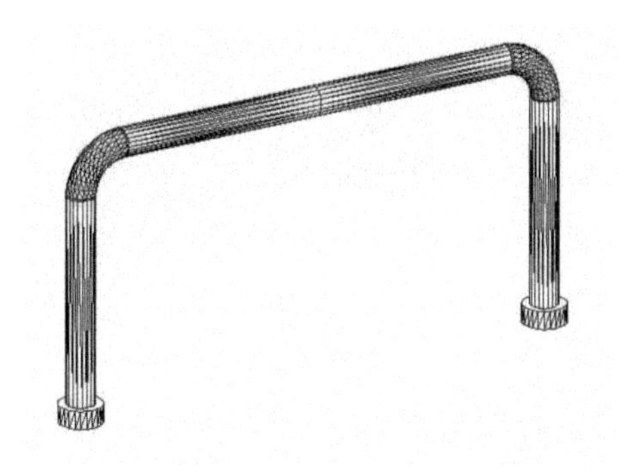

图 23-12　弯管

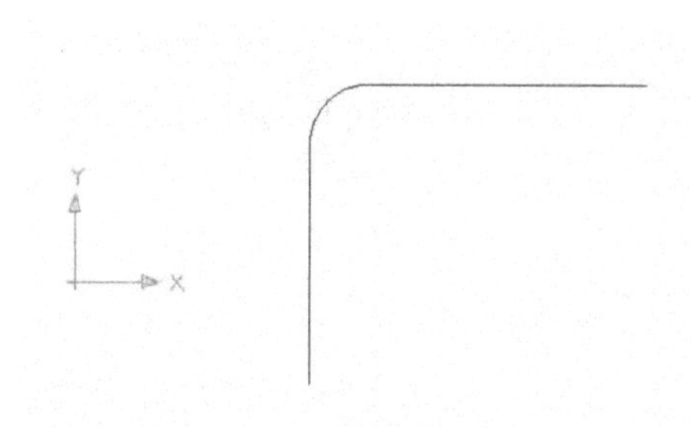

图 23-13　绘路径线

(2) 用西南等测轴观察对象，并将 UCS 再回到世界坐标系，在立着直线的根处绘一个小圆，注意应使小圆的半径小于直线弯部的半径。如图 23-14 所示。

(3) 用拉伸命令(EXTRUDE)，以小圆为截面、多段线为路径，拉出一个立体。再在刚才绘圆的地方，绘一个比刚才的圆大一点的圆，预备做管脚。如图 23-15 所示。

(4) 将大一点的圆拉伸，可用给高度的方式拉伸，为了使它向下拉伸，所以高度数值应给负值。至于给多大的数值好，读者可以试探着进行。一般先任给一个数值，下面再给数值就有参考了。

(5) 用镜像命令绘出管子的另一半。MIRROR 命令是一个二维命令，一般不能随便用在三维物体上，下面我们将演示如何用二维命令操纵三维立体。对于其他的二维命令，如 ARRAY 等，操作方法类似。

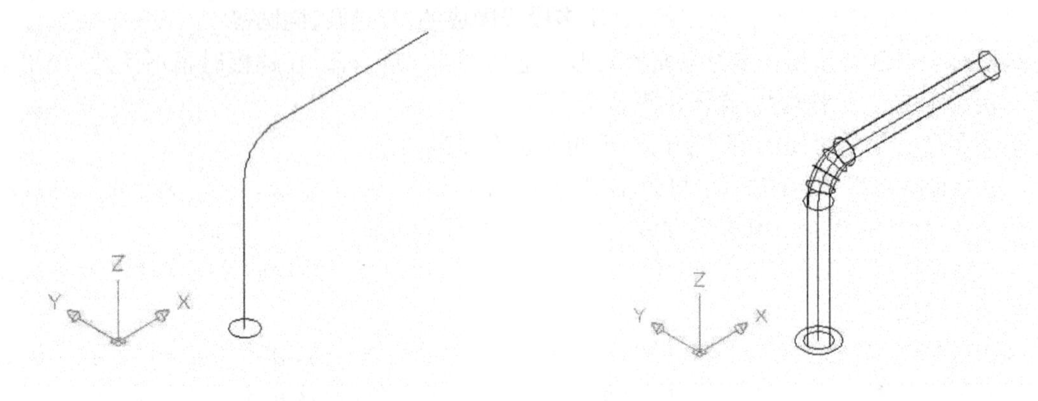

图 23-14 绘截面线　　　　图 23-15 拉伸

将 UCS 移动到大小圆的圆心；将 UCS 绕 X 轴转 90°；键入 MIRROR 命令，镜像线第一点选在管子最上端的圆心处，然后将正交打开，镜像线第二点可以是下部任一点，如图 23-16 所示。注意：UCS 的 XY 平面必须如图所设，否则不能成功。

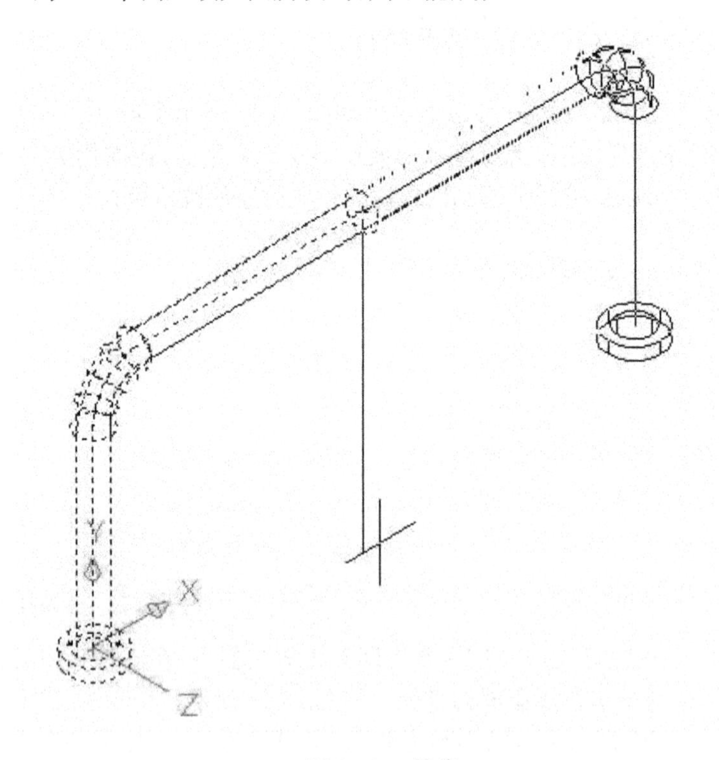

图 23-16 镜像

(6) 最后为了更加美观，可以调整一下 ISOLINES 和 FACETRES，再消隐观察或着色观察。也可以用动态观察器进行各个角度的观察。

23.2.2 旋转建模(Revolve)

旋转建模是将一平面图形作为截面绕着一根与它在同一平面中的轴旋转，从而建成一个立体的建模方式。

点击工具条上的 ，或直接输入命令 revolve，出现提示：

命令：_revolve

当前线框密度：ISOLINES＝4

Command：revolve

Current wire frame density：ISOLINES＝20

选择要旋转的对象：

Select objects：选则截面图形

选择要旋转的对象：

Select objects：可以多选，不选时回车结束

指定轴起点或根据以下选项之一定义轴［对象(O)/X/Y/Z］＜对象＞：

指定轴端点：

Specify start point for axis of revolution ordefine axis by［Object/X (axis)/Y (axis)］：定义旋转轴

有几种方式来进行定义：

(1) 可以选择选项 X 或 Y，表示定义的轴与 X 或 Y 轴平行，然后根据提示再选择轴上一点。X、Y 轴的正向即轴的正向。

(2) 直接在轴上定义两个点，轴的正向是从第一点指向第二点。

(3) 选择选项 Object，此方法不常用。

指定旋转角度或［起点角度(ST)］＜360＞：

Specify angle of revolution ＜360＞：输入旋转的角度

角度可正可负。但即使同一个角度，由于轴定义的方向不同，结果也会不同。如图 23-17 中间两种情况，图(b)，定义轴是先捕捉直线上 A 点，然后是 B 点，即从 A 到 B，在输入正 120°时的情况；图(c)，定义轴是从 B 到 A，同样是输入正 120°时的情况。其实不论哪一种情况，都是符合右手法则的。

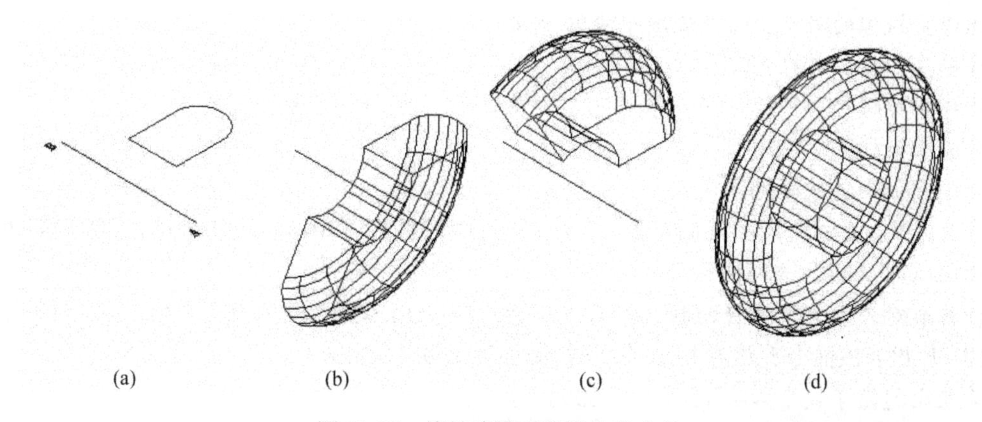

图 23-17　旋转建模时旋转角的含义

默认情况下旋转角是 360°，即转一圈，得到的结果是一个轮子。

旋转建模时应注意以下几点：

(1) 作为截面的平面图形，必须是封闭的多段线，这一点要求与拉伸建模时一样。

(2) 旋转轴必须在截面图形的同一侧，或靠着截面图形，但不能与截面图形相交。如图23-18所示，旋转轴可直接定义在截面图形上，这样形成的立体是没有孔的，但不能是图中(c)那一种情形。

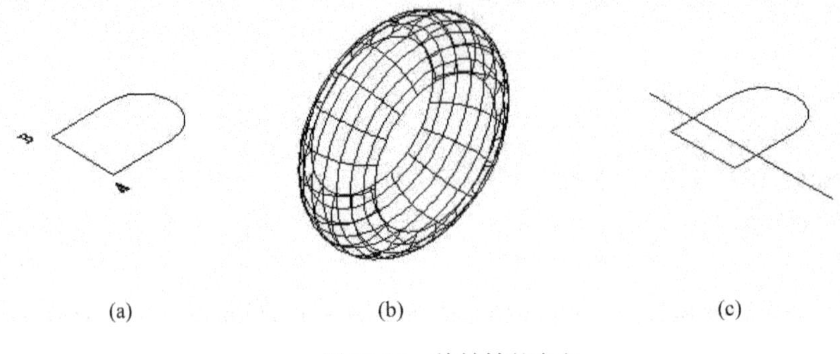

(a) (b) (c)

图 23-18 旋转轴的定义

23.3 扫掠与放样建模

扫掠与放样是2004版以后新增的命令，是两种非常强大的命令，在曲面建模过程中用得很多。

23.3.1 扫掠建模(Sweep)

扫掠要求具备两个条件：一是路径，二是截面图形。

点击工具条上 ，或直接输入命令 Sweep，出现提示：

命令：SWEEP

当前线框密度：ISOLINES＝30：将 ISOLINES 设为 30

选择要扫掠的对象：选择螺旋线旁的小圆

选择要扫掠的对象：回车，结束选择

选择扫掠路径或[对齐(A)/基点(B)/比例(S)/扭曲(T)]：选择螺旋线

完成结果如图23-19所示。

命令提示中各选项的含义：

(1) 对齐：放样所用的截面可以不与路径轨迹线垂直，放样时会自动对齐，使它们垂直。如图23-20(a)、(b)。选项提示为：

扫掠前对齐垂直于路径的扫掠对象[是(Y)/否(N)]＜是＞：默认为“是”

(2) 比例：该命令允许在扫掠的同时，截面逐渐变大，如图23-20(c)，提示为：

输入比例因子或[参照(R)]＜1.0000＞：

图(c)所示为比例因子为“2”时的情况。

(3) 扭曲：截面在扫掠时可以扭转，如图23-20(d)，提示为：

输入扭曲角度或允许非平面扫掠路径倾斜[倾斜(B)]＜0.0000＞：

图(d)所示为扭曲角度为45°时的情况。

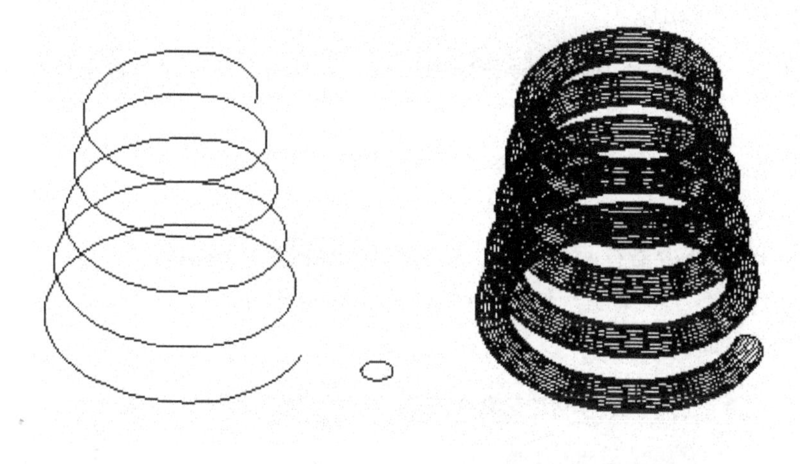

图 23-19　扫掠建弹簧

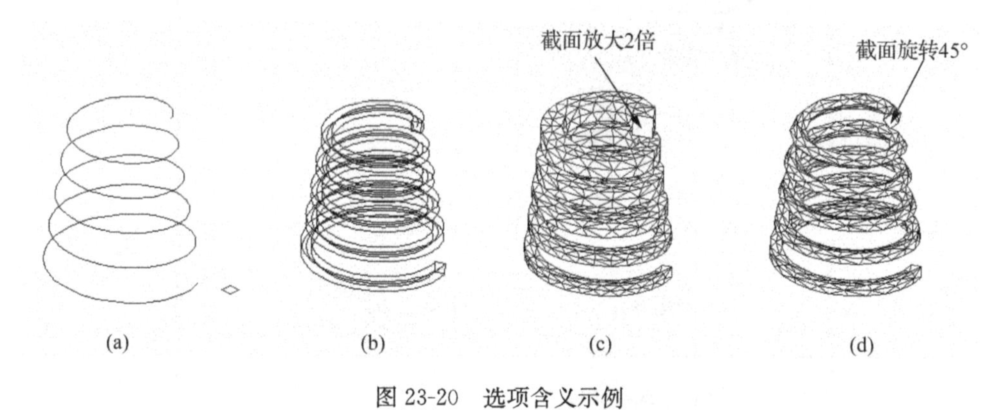

图 23-20　选项含义示例

(4) 基点：基点为截面上与路径重合的点。如图 23-21，重新设定基点如图(a)所示，其扫掠后的结果如图(b)所示。

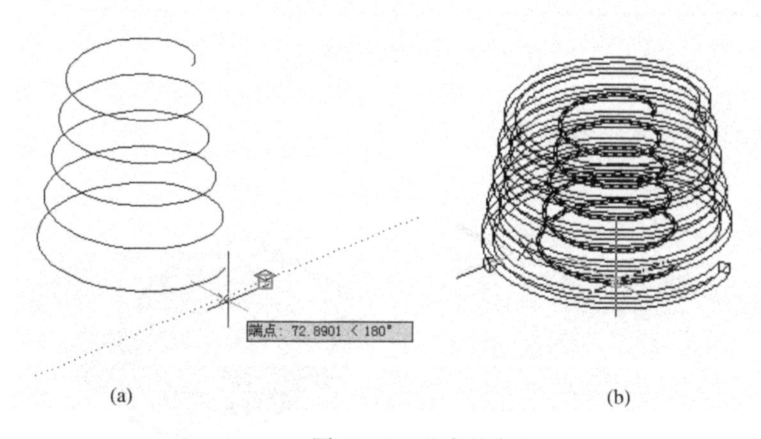

图 23-21　基点的含义

23.3.2 放样建模(Loft)

放样是通过多个截面混合从面形成立体的一种建模方法，对于建表面复杂的曲面模型很有用(图 23-22)。

点击工具条上 ，或直接输入命令 loft，出现提示：

按放样次序选择横截面：

该提示重复出现，至少要有两个截面。按回车后出现进一步提示：

输入选项［导向(G)/路径(P)/仅横截面(C)］＜仅横截面＞：

按回车后出现对话框：

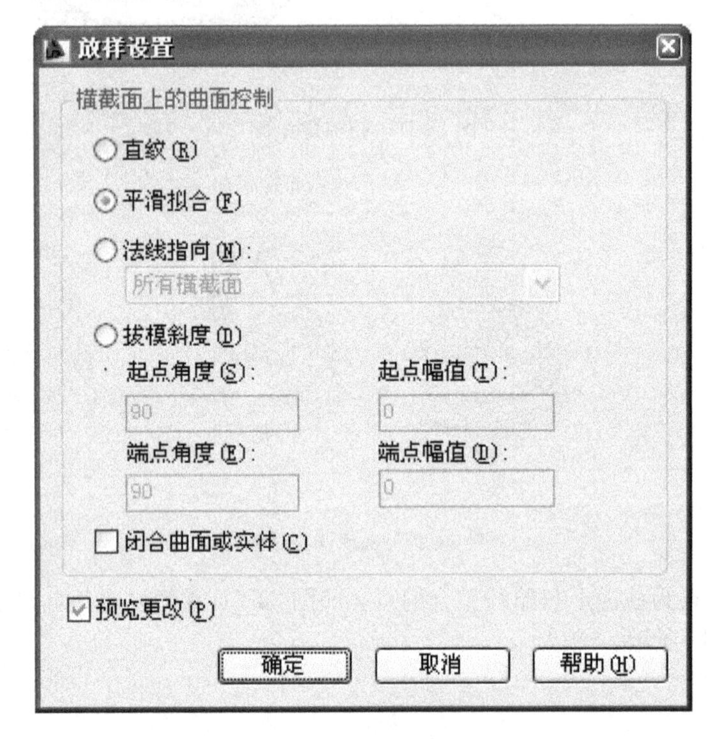

图 23-22　放样对话框

最后结果如图 23-23 所示。各选项的含义：

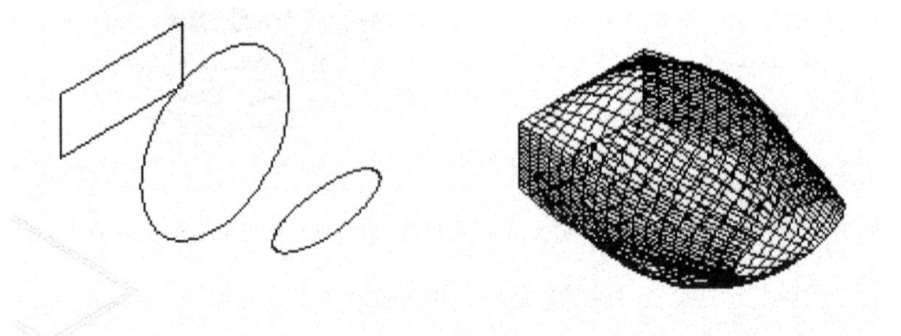

图 23-23　放样结果

(1) 导向：通过添加导向线控制实体的形状，如图 23-24 所示，注意导向线要与每个横截面相交，要始于第一个横截面、止于最后一个横截面。

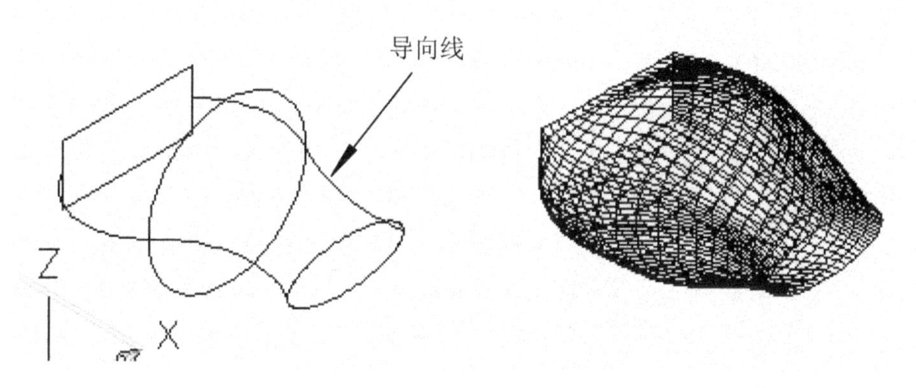

图 22-24　导向线的效果

(2) 路径：通过添加路径线可以控制实体在轴向的形状。路径线也必须与所有截面相交。

23.4　并交差建模

并交差建模就是通过布尔运算的方法，由两个或多个立体构建一个新的立体的一种建模方法，通过这种建模方法可以建出更为复杂的立体。在 AutoCAD 中只有实心体模型能用这种方法。

并交差的工具集中在工具条实体编辑 SolidsEditing 的左边 3 个，如图 23-25 所示。2009 版 AutoCAD 中在如图 23-2 所示的建模工具条上也有这 3 个工具。菜单“修改→实体编辑”中各菜单项与此工具条对应。

图 23-25　实体并交差所在的工具条

在菜单上集中在“修改→实体编辑”/Modify→Solids Editing 上。

也可以用命令操作，并交差的命令分别为：UNION、SUBTRACT、INTERSECT。

23.4.1　并集运算(Union)

例 23.2　将如图 23-26(a)所示两个立体进行并运算。

Command：union

Select objects：同时选中两个立体，可以用多种选择方法来进行选择

Select objects：选择结束后按回车

这时得到图 23-26(b)的结果。并后的立体已经不再是两个独立的实体，而是一个实体。做并集的立体可以不相交在一起。

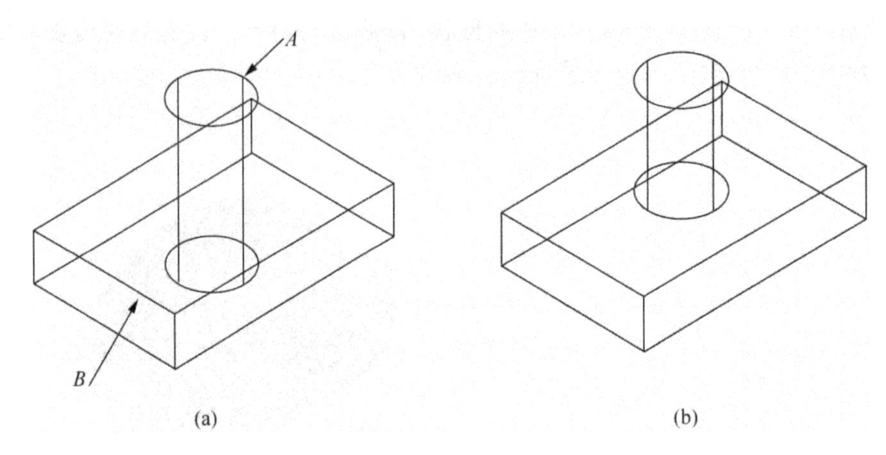

图 23-26　并集实例

23.4.2　差集运算(Subtract)

例 23.3　将如图 23-27(a)所示两个立体进行差运算。

Command：subtract

Select solids and regions to subtract from . . .

Select objects：选择 B 立体

Select objects：回车

Select solids and regions to subtract . . .

Select objects：选择 A 立体

Select objects：回车

在进行差集运算时重要的是要注意选择对象的次序，首先选择的是被减的立体，如本例要在平板中挖孔，所以立体 B 是被减立体，所以应首先选择，被减立体可以是多个，选择结束应按回车键；其次选择的是减立体，也即是要从被减立体中挖去的立体，本例是 A 立体，同样减立体也可以是多个。

最后结果如图 23-27(b)所示，在长方形板上挖了一个孔。因为是挖去圆柱体，所以圆柱的高度不影响最后的结果，这时在制作立体时只要保证圆柱直径准确就行了，长度可随意

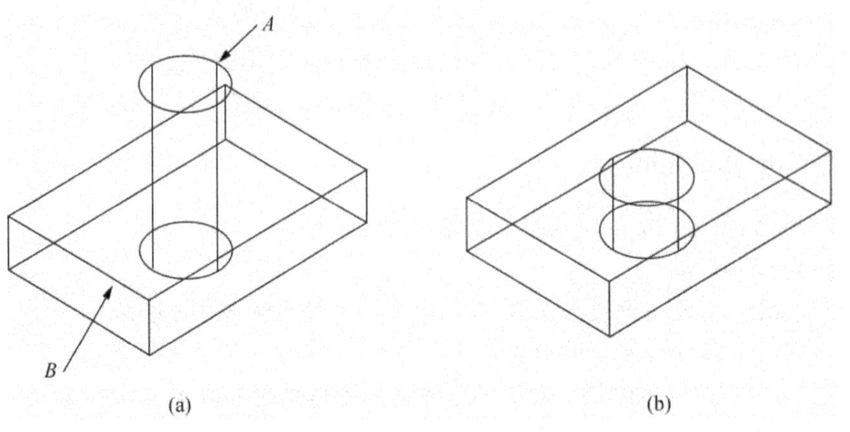

图 23-27　差集实例

制作。

另外要注意，圆柱底面不要正好与板的底面齐平，最好要超出，这样才能保证将圆孔挖通。

23.4.3 交集运算(Intersect)

交集运算是将相交的若干立体的共有部分取出，形成一个新的立体的建模方法，因此参加交集运算的立体必须是互相相交的，若不相交则会失败。

例 23.4 图 23-28 是圆柱与球进行的交集运算。

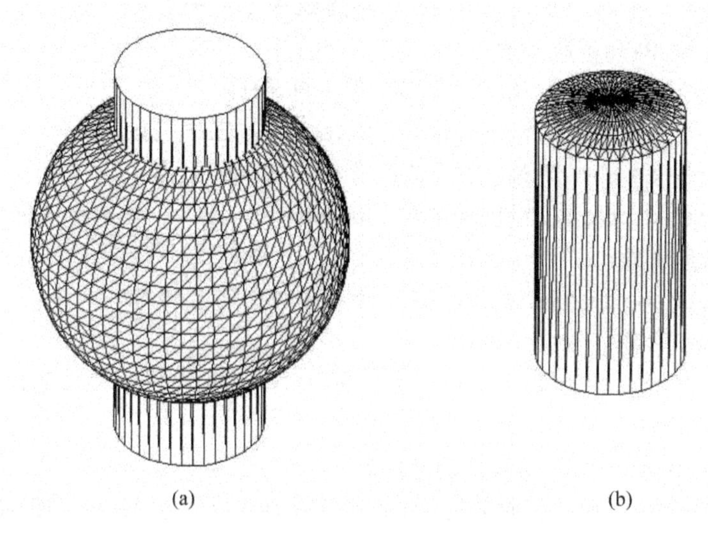

(a) (b)

图 23-28 交集实例

Command：intersect

Select objects：选择图 23-28(a)中两个立体

Select objects：选择结束后按回车。

最后结果如图 23-28(b)所示。

23.5 倒角与剖切

23.5.1 倒直角(Chamfer)

立体倒直角的命令与二维图形中倒直角命令相同，即 CHAMFER 命令。或点击工具条上 。

命令：_chamfer

(“不修剪”模式) 当前倒角距离 1 = 0.0000，距离 2 = 0.0000

Command：CHAMFER

(TRIM mode) Current chamfer Dist1 = 0.0000，Dist2 = 0.0000

选择第一条直线或 [放弃(U)/多段线(P)/距离(D)/角度(A)/修剪(T)/方式(E)/多个(M)]：

Select first line or [Polyline/Distance/Angle/Trim/Method/mUltiple]：先出现的提示与二维一样

但当你选择了立体之后，它后续的提示会改变。选择立体时应该点击在立体的棱上。如图 23-29 用鼠标点击在 12 棱上。

基面选择……

Base surface selection...提示进行基面的选择。只有基面上的棱才可以被倒直角。当你点击在立体的一条棱上时，与这条棱相连的有两个面，如图 23-29 中，1234 面与 1256 面。初始 AutoCAD 会自动确定一个面为基面，这个面会以虚线表示。如果这个面不是所要的，应在下面提示中选择选项 Next，如下面所示：

输入曲面选择选项 [下一个(N)/当前(OK)] <当前(OK)>：

Enter surface selection option [Next/OK (current)] <OK>：n

输入曲面选择选项 [下一个(N)/当前(OK)] <当前(OK)>：

Enter surface selection option [Next/OK (current)] <OK>：提示继续出现，结束按回车

指定基面的倒角距离：

Specify base surface chamfer distance：1 输入基面上倒角距离

指定基面的倒角距离：

Specify other surface chamfer distance <1.0000>：输入另一个面上的倒角距离

选择边或 [环(L)]：

Select an edge or [Loop]：选择要倒角的棱

可多选，但这些棱必须是在基面上的，如图 23-29(a)选择了棱 12、25、56、16，回车，最后倒角结果如图所示。

当确定 1256 为基面时，棱 14、34、23 等棱就不能被倒角了。

在选择棱时，如果选择选项“环”/Loop，则选择一条棱后，它会自动将与此棱相连成环的所有棱自动全部选中。

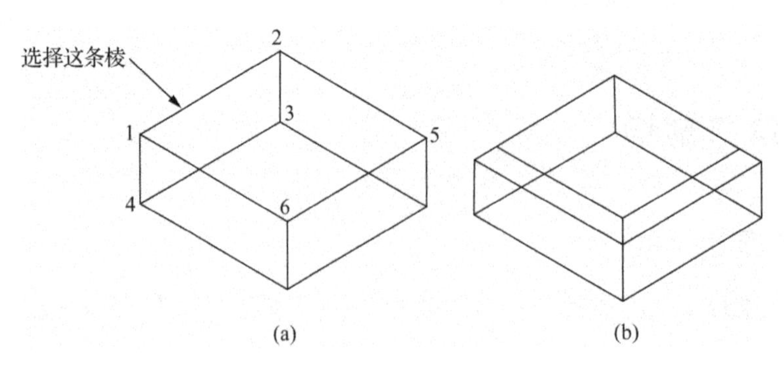

图 23-29 倒直角

23.5.2 倒圆角(Fillet)

立体倒圆角的命令也与二维的倒圆角命令一样，是 FILLET 命令。工具条上的图标为

命令：_fillet

当前设置：模式 = 不修剪，半径 = 0.0000
Command：_fillet
Current settings：Mode = TRIM，Radius = 0.0000
选择第一个对象或［放弃(U)/多段线(P)/半径(R)/修剪(T)/多个(M)］：
Select first object or [Polyline/Radius/Trim/mUltiple]：选取立体的一条棱
输入圆角半径：
Enter fillet radius：1 输入倒圆角半径
选择边或［链(C)/半径(R)］：
Select an edge or [Chain/Radius]：选择立体上的棱

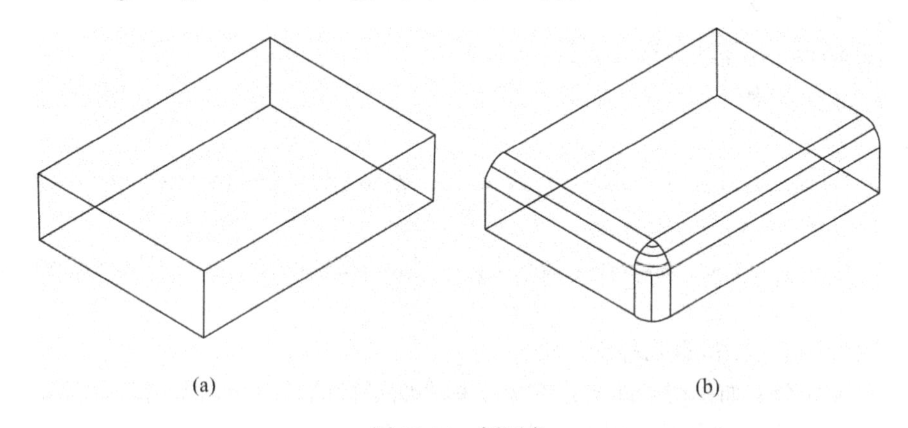

图 23-30 倒圆角

可以一直选下去，直到按回车键结束。结果如图 23-30(b)所示，此例只选了相交的三条棱。

如果选择选项(Chain)，可以选择立体上多段相切的弧。如图 23-31 所示，立体上 12、23、34 三条相切的弧构成了立体的一条棱，为了同时选中它，可以用这个选项。但对于与它相连的其他的边是不能同时被选中的。

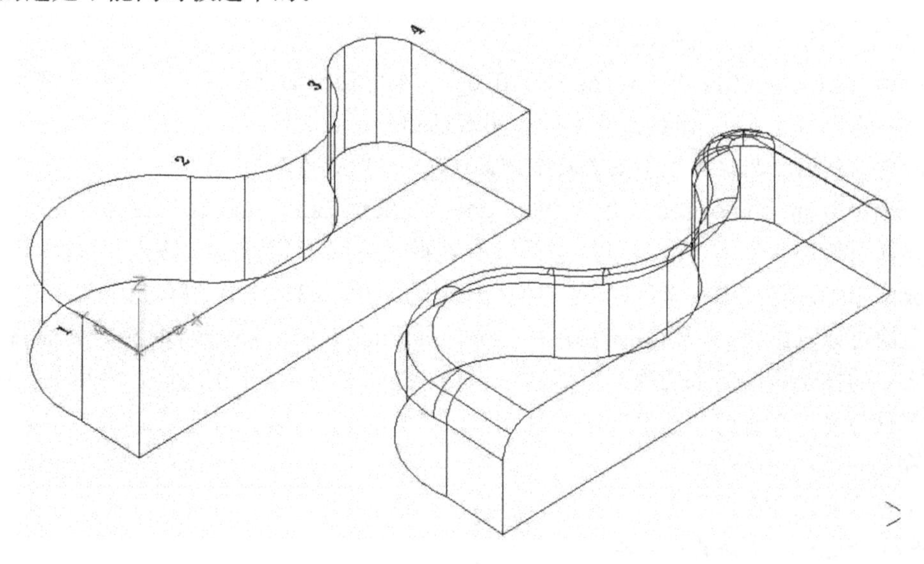

图 23-31 链式倒圆角

23.5.3 剖切(Slice)

剖切的功能就是将立体一分为二,这一般用在展示立体的内部,或其他特殊的场合。如图23-32(a)所示,要将立体沿对称面剖开,做法如下:

点击菜单"修改→三维操作→剖切",在2004版中点击工具条Solids上的 ,在2009版中工具条无此工具。也可以直接输入命令SLICE,出现提示为:

命令:SLICE

Command:slice

选择要剖切的对象:

Select objects:选择被剖切的立体,可以多选

选择要剖切的对象:

Select objects:回车

指定切面的起点或[平面对象(O)/曲面(S)/Z轴(Z)/视图(V)/XY(XY)/YZ(YZ)/ZX(ZX)/三点(3)]＜三点＞:

Specify first point on slicing plane by [Object/Zaxis/View/XY/YZ/ZX/3points]＜3points＞:

确定切割平面的位置,有几种确定法:

(1) XY/YZ/ZX:如果切割面与这3个坐标平面平行的话,可选择它们,然后再在确切的切割平面上点一个点。这是最常用的方法。

(2) 3points:三点方式,确定切割面上的3个点。这一般用在3点均比较容易确定的场合。

(3) Zaxis:确定切割面的Z轴方向,间接确定切割面的位置。

观察本例,注意当前UCS的方向,可以看出切割面是平行ZX面的,所以在提示后输入ZX。

指定ZX平面上的点＜0,0,0＞:

Specify a point on the ZX-plane ＜0,0,0＞:确定切割面上的一点。这一点可以是切割面上任意一点。对于本例,捕捉立体中空心圆柱的圆心

在所需的侧面上指定点或[保留两个侧面(B)]＜保留两个侧面＞:

Specify a point on desired side of the plane or [keep Both sides]:b 选择保留哪一半

在要保留的那一半上点击一下。如果没有把握最好两半都保留。输入B,这时可看到立体被切成两半了。将其中一半移动,使它们分开,变成如图23-32(b)的样子。

从上面可以看出,SLICE命令在切割立体时只能将立体贯通切开,但有时要表现出被切去四分之一的样子该如何来切呢?可以这样来切:把已切的一半再切割,去掉其中一块,将剩下的一部分与另一半进行并运算即可。如图23-33所示,将上例已切下来的一半,再一次运用SLICE命令:

Command:SLICE

Select objects:选择其中一半

Select objects:回车

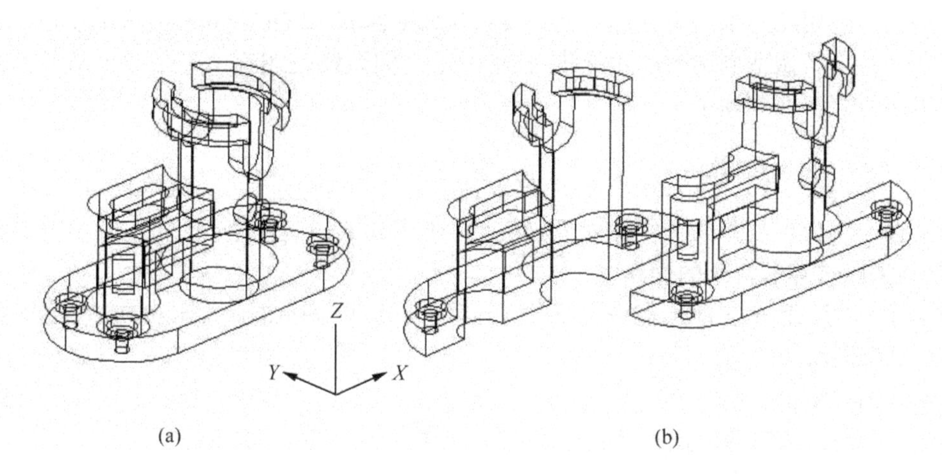

图 23-32 剖切

Specify first point on slicing plane by

[Object/Zaxis/View/XY/YZ/ZX/3points] <3points>：yz 切割面与 YZ 坐标面平行

Specify a point on the YZ－plane <0,0,0>：捕捉大圆柱孔的圆心

Specify a point on desired side of the plane or [keep Both sides]：b 先输入 B 保留下两块，再删除其中一块

Command：union 执行并运算

Select objects：选择两块立体

Select objects：回车

最后结果如图 23-33(b)所示。

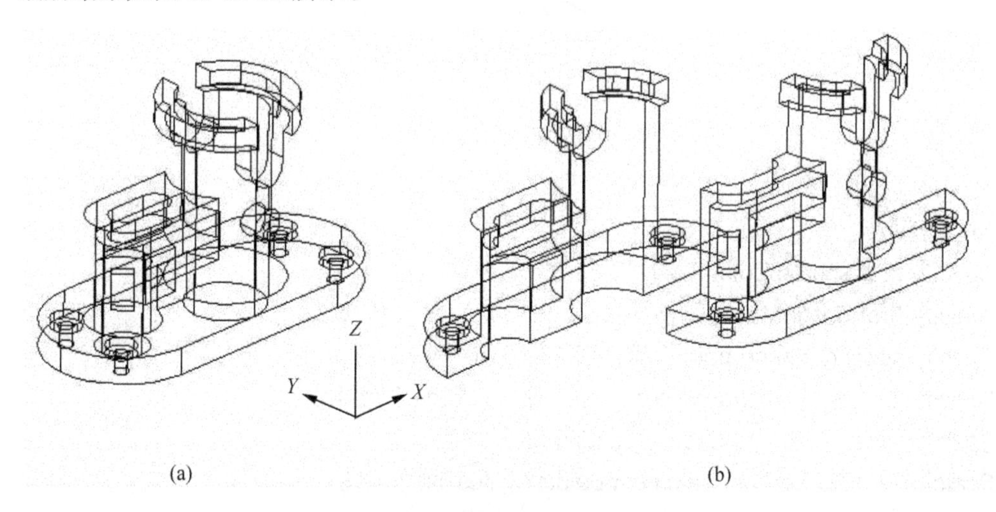

图 23-33 剖切四分之一的方法

23.6 三维编辑命令

三维的编辑命令是指对齐、三维旋转、三维镜像和三维阵列命令。对齐命令是一个既可以

用在二维也可能用在三维的命令，但二维旋转、二维镜像和二维的阵列不能很随便地用在立体上，必须要将 UCS 做适当调整后才能使用，实际上它们始终是用在 *XY* 平面上的。三维的编辑命令就不需要那么麻烦了。

23.6.1 对齐命令(Align)

对齐命令不仅仅是将两个立体对齐，实际它还有其他很多功能，通过它可以完成诸如移动、旋转、翻转、放缩等复杂的操作。

点击菜单“修改→三维操作→对齐”/Modify→3D Operation→Align，或直接输入命令 ALIGN，出现提示：

Command：align

Select objects：选择被操作的立体，图 23-34 中的楔形块，可以多选

Select objects：回车

1) 一对点操作

当出现提示：

Specify first source point：捕捉图 23-34(a)中 1 点

Specify first destination point：捕捉图 23-34(a)中 2 点

Specify second source point：回车

结果如图(b)所示。一对点的操作相当于移动。

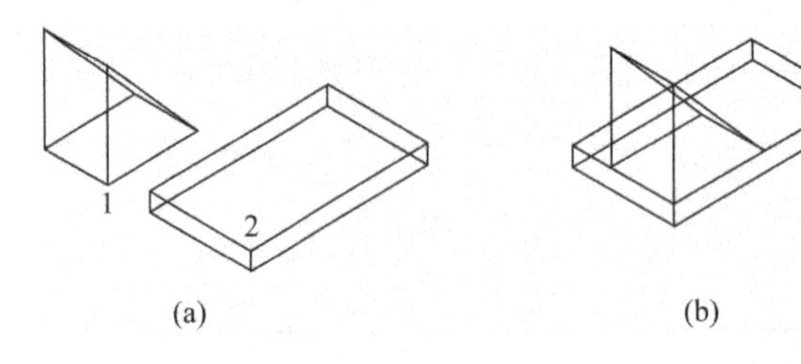

(a) (b)

图 23-34 一点对齐

2) 二对点的操作

当出现提示：

Specify first source point：捕捉图 23-35(a)中的 1 点

Specify first destination point：捕捉图 23-35(a)中的 2 点

Specify second source point：捕捉图 23-35(a)中的 3 点

Specify second destination point：捕捉图 23-35(a)中的 4 点

Specify third source point or <continue>：回车

Scale objects based on alignment points? [Yes/No] <N>

如果选 YES，则立体会放大或缩小；选 NO，不进行放缩。结果如图(b)所示。

二对点操作相当于移动加旋转，或再加上放缩。

3) 三对点操作

Specify first source point：捕捉图 23-36(a)中 1 点

Specify first destination point：捕捉图 23-36(a)中 2 点

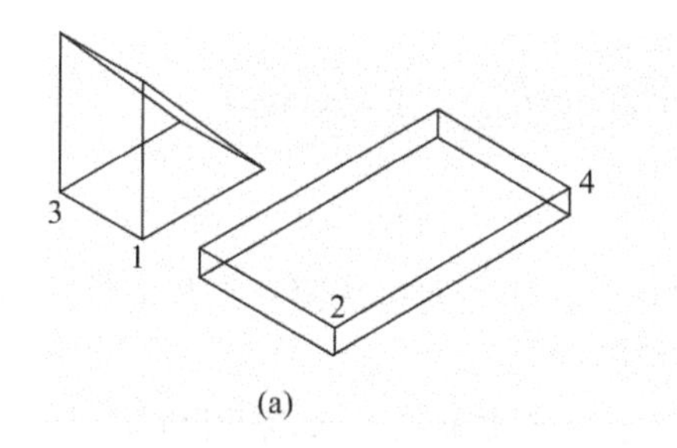

(a)

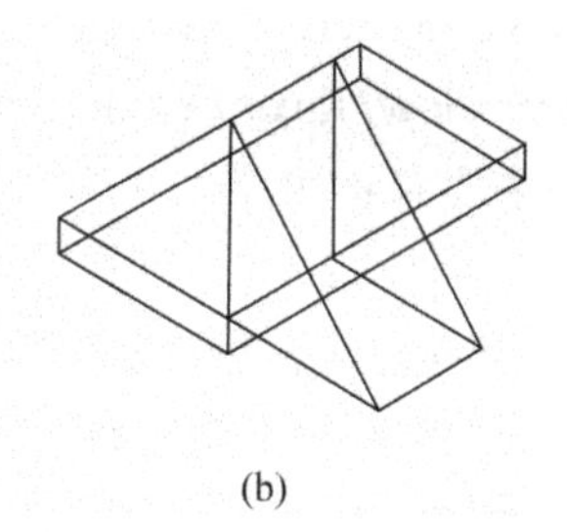
(b)

图 23-35 二点对齐

Specify second source point：捕捉图 23-36(a)3 点

Specify second destination point：捕捉图 23-36(a)4 点

Specify third source point or <continue>：捕捉图 23-36(a)5 点

Specify third destination point：捕捉图 23-36(a)6 点

结果如图(b)所示三对点操作相当于翻转。

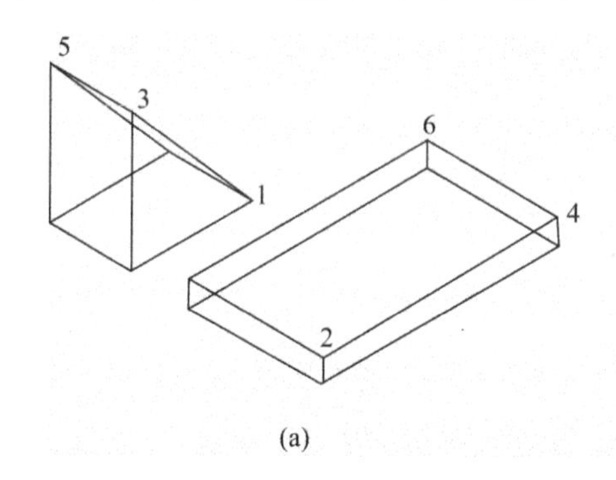

(a)

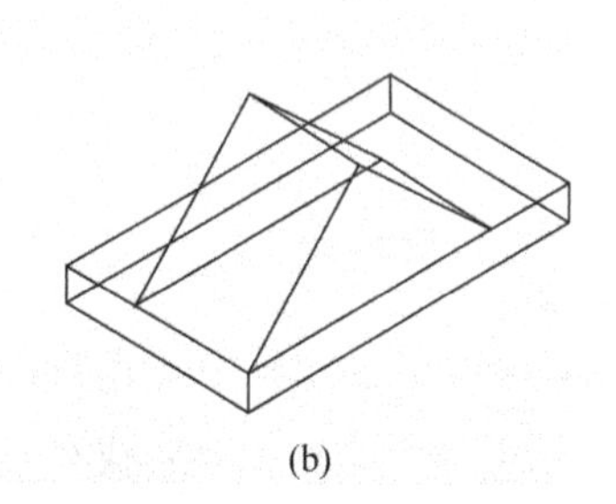
(b)

图 23-36 三点对齐

该命令既可以用在三维，也可以用在二维。2009 版中还有一个三维对齐命令 3DALIGN，用法与此类似，请读者自学。

23.6.2 三维旋转命令(Rotate3D)

点击菜单"修改→三维操作→三维旋转"/Modify→3D Operation→Rotate 3D，或直接输入命令 ROTATE3D，出现提示：

命令：_3drotate

UCS 当前的正角方向：ANGDIR＝逆时针 ANGBASE＝0

Command：rotate3d

Current positive angle：ANGDIR＝counterclockwise ANGBASE＝0

选择对象：

Select objects：选择立体

选择对象：

Select objects：回车

以下为 2004 版提示：

Specify first point on axis or define axis by
[Object/Last/View/Xaxis/Yaxis/Zaxis/2points]：z 指定旋转轴
指定的方法主要有：
(1) Xaxis/Yaxis/Zaxis：如果旋转轴与 X、Y、Z 当中某个平行，则选择相应的选项。
(2) 2points：二点方式，在轴上选择两点。轴的方向是从第一点指向第二点。
在本例中，由于旋转轴是与 Z 轴平行，所以输入 Z。
Specify a point on the Z axis <0,0,0>：在轴上捕捉一点，本例捕捉 1 点
Specify rotation angle or [Reference]：90 输入角度。角度可正可负，按右手法则
最后结果如图 23-37(b)所示。

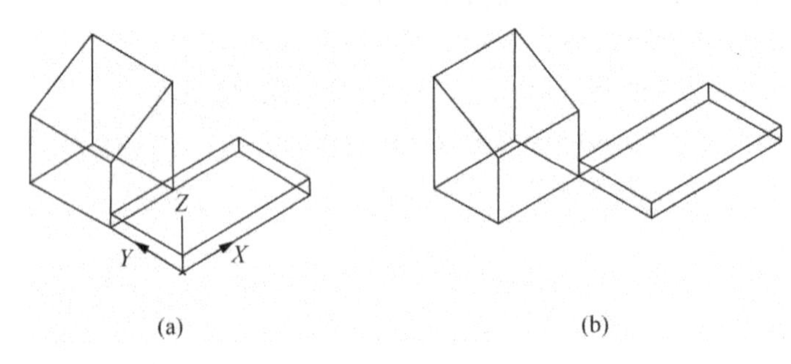

图 23-37　三维旋转

以下为 2009 版提示：
指定基点：
拾取旋转轴：此时出现坐标球，以三种颜色表示三个轴，可形象化的选择旋转轴
指定角的起点或键入角度：捕捉一点作为起点，或输入角度
指定角的端点：若指定了起点，出现提示
在进行三维旋转时不需要调整 UCS，但要注意当前 UCS 的坐标轴的方向。

23.6.3　三维镜像(Mirror3D)

点击菜单“修改→三维操作→三维镜像”/Modify→3D Operation→Mirror 3D，或直接输入命令 MIRROR3D，出现提示：
命令：_mirror3d
Command：mirror3d
选择对象：
Select objects：选择立体
选择对象：
Select objects：回车
指定镜像平面（三点）的第一个点或
[对象(O)/最近的(L)/Z 轴(Z)/视图(V)/XY 平面(XY)/YZ 平面(YZ)/ZX 平面(ZX)/三点(3)] <三点>：
Specify first point of mirror plane (3 points) or
[Object/Last/Zaxis/View/XY/YZ/ZX/3points] <3points>：ZX 定义对称面。定义面的

方式与 SLICE 相同

指定 ZX 平面上的点 <0,0,0>：

Specify point on ZX plane <0,0,0>：捕捉平板边中点 1

是否删除源对象？[是(Y)/否(N)] <否>：

Delete source objects? [Yes/No] <N>：选择不删除

最后结果如图 23-38(b)所示。

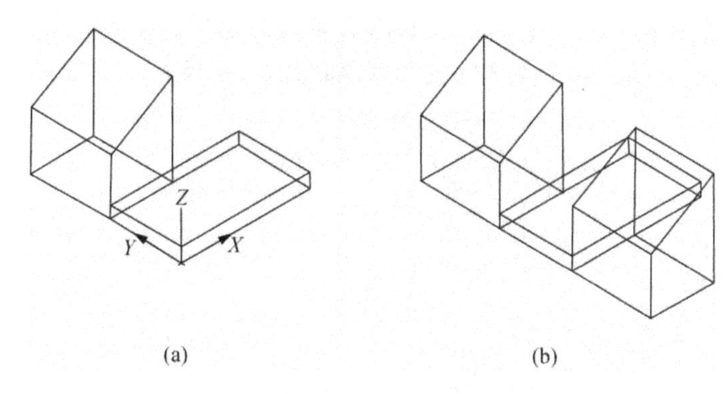

图 23-38　三维镜像

三维镜像操作同样不需要调整 UCS，但要注意当前所处的 UCS 坐标轴位置。正确定义对称面也是重要的。

23.6.4　三维阵列(3DArray)

点击菜单“修改→三维操作→三维阵列”/Modify→3D Operation→3D Array，或直接输入命令 3DARRAY，出现提示：

命令：_3darray

选择对象：

Command：3darray

Initializing... 3DARRAY loaded.

选择对象：

Select objects：选择要阵列的对象

选择对象：

Select objects：回车结束选择

1）矩形阵列

输入阵列类型 [矩形(R)/环形(P)] <矩形>：

Enter the type of array [Rectangular/Polar] <R>：回车，进行矩形阵列

输入行数 (---) <1>：3

Enter the number of rows (---) <1>：3 输入行距

输入列数 (|||) <1>：3

Enter the number of columns (|||) <1>：3 输入列距

输入层数 (...) <1>：3

Enter the number of levels (...) <1>：3 输入层距

指定行间距（———）：

Specify the distance between rows（———）：输入行距

指定列间距（|||）：

Specify the distance between columns（|||）：输入列距

指定层间距（...）：

Specify the distance between levels（...）：输入层距

沿着Y轴方向的是行，沿X轴方向是列，沿Z轴方向是层。有关行距、列距、层距的定义与二维时相同，指相邻立体上对应点之间的距离，如图23-39所示。

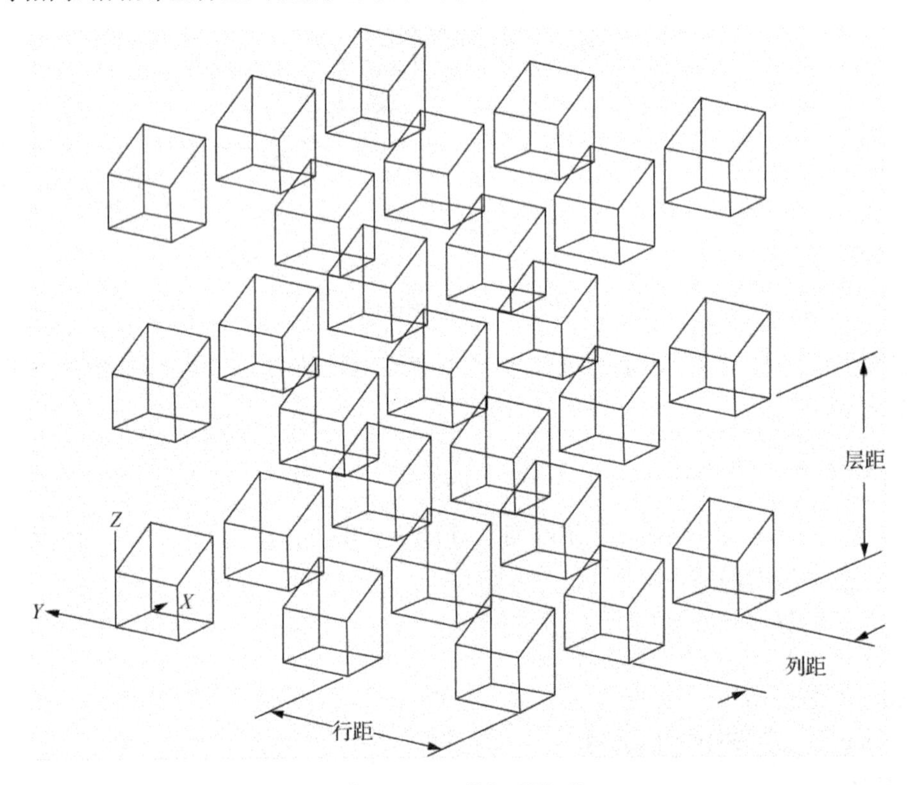

图23-39 三维矩形阵列

距离可正可负，负值将向坐标轴的负向排列。

距离值也可以用鼠标点击的方式给出。

2) 环形阵列

输入阵列类型［矩形(R)/环形(P)］<矩形>：p

Enter the type of array［Rectangular/Polar］<R>：p 输入P，环形阵列

输入阵列中的项目数目：6

Enter the number of items in the array：6 输入阵列的数目

指定要填充的角度（+=逆时针，-=顺时针）<360>：

Specify the angle to fill（+=ccw，-=cw）<360>：输入填充的角度

旋转阵列对象？［是(Y)/否(N)］<Y>：

Rotate arrayed objects?［Yes/No］<Y>：是否要旋转对象，一般都要旋转

指定阵列的中心点：

Specify center point of array：定义旋转轴，用二点式，在轴上捕捉一点，本例捕捉 1 点

指定旋转轴上的第二点：

Specify second point on axis of rotation：捕捉 2 点，结果如图 23-40(b)所示

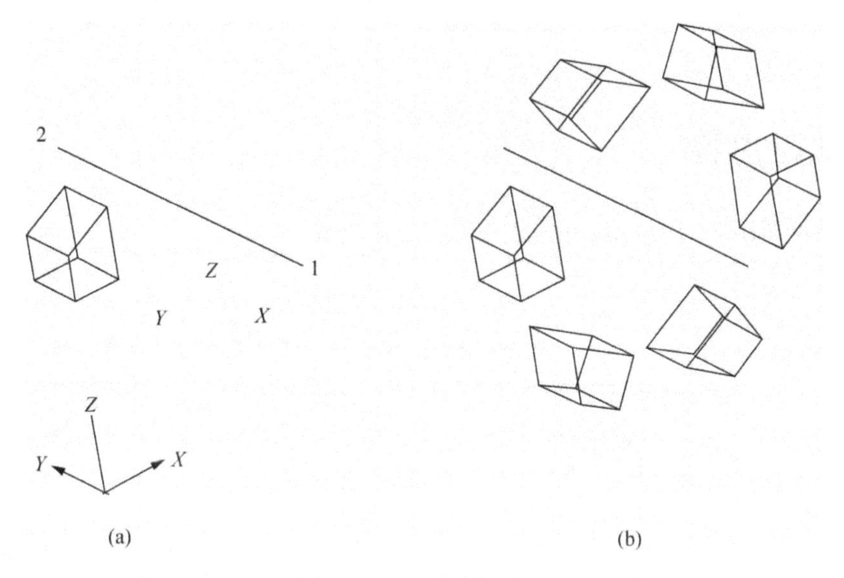

图 23-40 三维旋转阵列

定义旋转轴时两点决定了轴的方向，正向是从第一点指向第二点。输入填充角度可正可负，同样，根据旋转轴的方向，依据右手法则来决定立体阵列填充的方向。

习题：

1. 用 EXTRUDE 命令是否可将任何二维图形拉伸成三维实心体？

2. 什么命令提供了一种从平面视图查看图形的便捷方式，选择的平面视图可以是基于当前 UCS 的吗？

3. 三维倒角命令可以同时倒立体表面上所有的棱吗？

24 机械零件三维建模

24.1 练习内容

(1) 严格按照图 24-1 所标尺寸构建三维实心体模型。

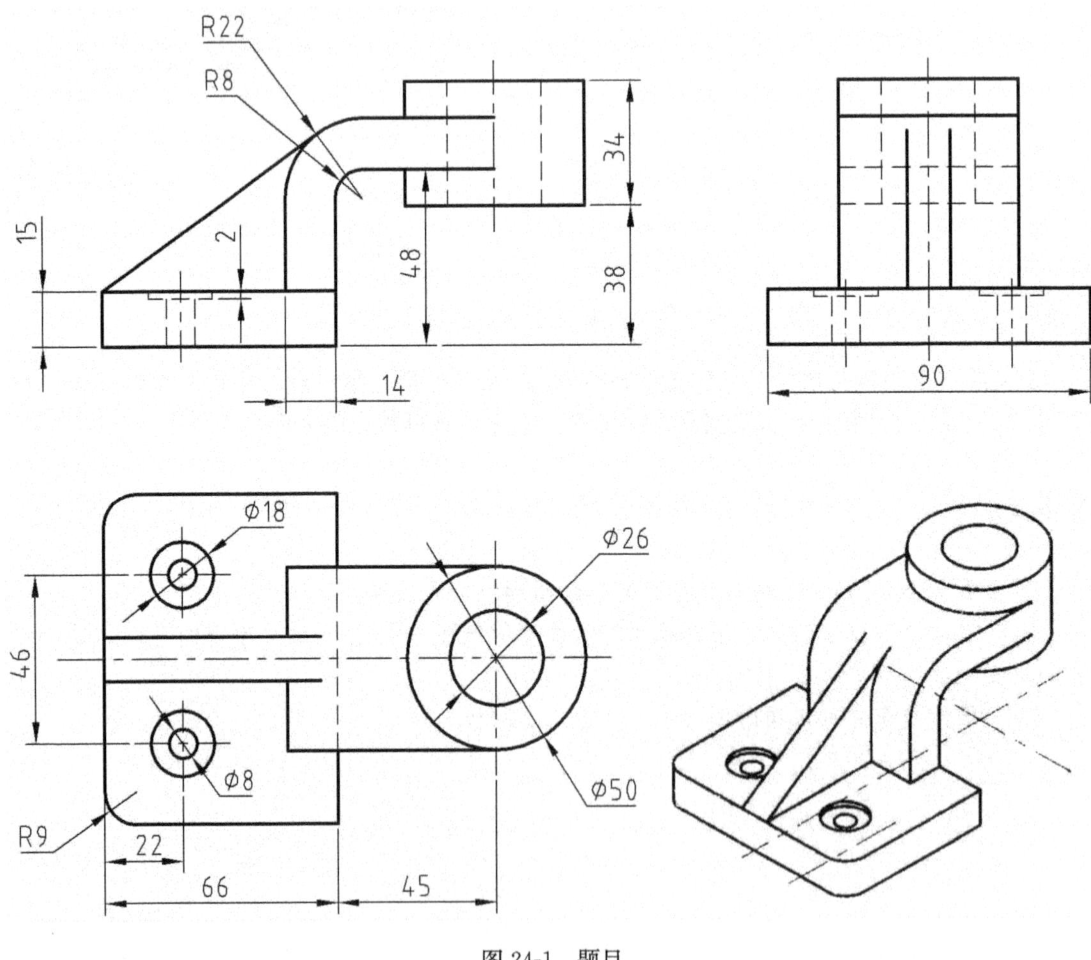

图 24-1 题目

(2) 将建好的立体模型拷贝一份，并将其沿对称面剖切。

24.2 练习指导

(1) 点击菜单“视图→三维视图→西南等轴测”View→3D Views→SW Isometric，将视点转到西南等轴测视图。

(2) 点击“建模”工具条上的 ，建立一个长 66、宽 90、高 15 的长方体，方法如下：

Command：_box

Specify corner of box or [CEnter] <0,0,0>：在屏幕适当位置任点一下。

Specify corner or [Cube/Length]：L，选择 Length 选项

Specify length：66 输入长

Specify width：90 输入宽

Specify height：15 输入高

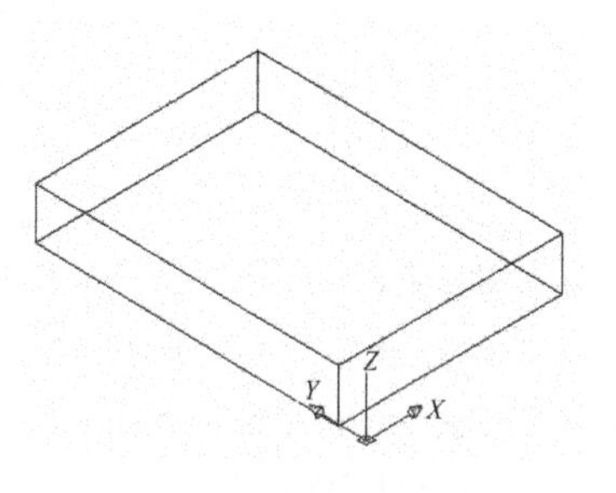

图 24-2 建立方体

结果如图 24-2 所示。如果显示效果不理想，可通过 ZOOM 命令或适时显示放缩进行调整。

(3) 将 UCS 的原点调整到长方体底面棱中点，点击“建模”工具条上的 ，建立圆柱。注意圆柱底面圆心在新的坐标系中的坐标。步骤如下：

Command：ucs

Current ucs name：＊WORLD＊

Enter an option [New/Move/orthoGraphic/Prev/Restore/Save/Del/Apply/? /World] <World>：m 移动 UCS

Specify new origin point or [Zdepth]<0,0,0>：mid 输入捕捉方式

Of 捕捉中点。

Command：_cylinder

Current wire frame density：ISOLINES＝4

Specify center point for base of cylinder or [Elliptical] <0,0,0>：111,0,38 输入圆柱底面圆心在新坐标系中的坐标

Specify radius for base of cylinder or [Diameter]：d 选择输入直径方式

Specify diameter for base of cylinder：50 输入直径尺寸

Specify height of cylinder or [Center of other end]：34 输入高度尺寸

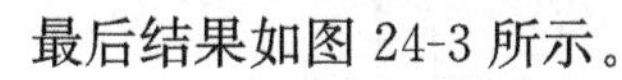

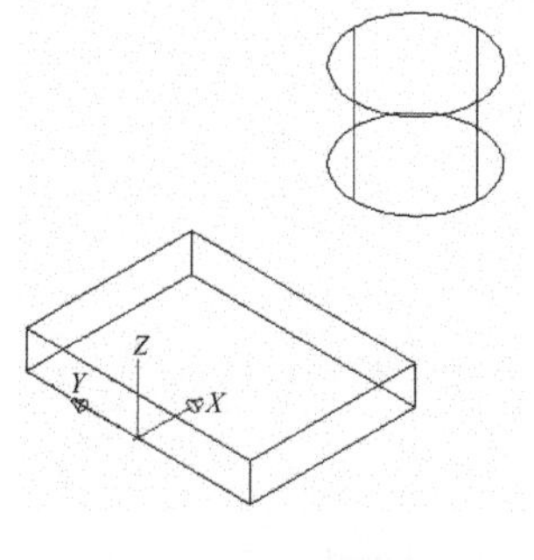

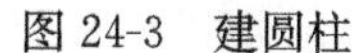

图 24-3 建圆柱

最后结果如图 24-3 所示。

(4) 绘制弯板的截面图形。思路是：调整 UCS，将 XY 面立起来，用多段线绘制折线，再倒角，再偏移复制，用多段线将两段线封闭，再用多段线编辑命令将它们连接起来，完成。

Command：ucs 调整 UCS

Current ucs name：＊NO NAME＊

Enter an option [New/Move/orthoGraphic/Prev/Restore/Save/Del/Apply/? /World]

<World>：x

Specify rotation angle about X axis <90>：将 UCS 绕 X 轴旋转 90°

Command：_pline 绘制多段线

Specify start point：捕捉板底面棱的中点

Current line－width is 0.0000
Specify next point or [Arc/Halfwidth/Length/Undo/Width]：@0,48 根据原图中尺寸
Specify next point or [Arc/Close/Halfwidth/Length/Undo/Width]：@45,0
Specify next point or [Arc/Close/Halfwidth/Length/Undo/Width]：回车
Command：_fillet 倒圆角
Current settings：Mode ＝ TRIM，Radius ＝ 0.0000
Select first object or [Polyline/Radius/Trim/mUltiple]：r 设置半径
Specify fillet radius <0.0000>：8 输入数值
Select first object or [Polyline/Radius/Trim/mUltiple]：p 选择倒多段线
Select 2D polyline：Select 2D polyline：
1 line was filleted
Command：_offset 偏移复制
Specify offset distance or [Through] <Through>：14 距离为两个半径差
Select object to offset or <exit>：在线外点击一下鼠标，应注意点击的位置
再绘多段线将它们封闭起来。
Command：pedit 多段线编辑
Select polyline or [Multiple]：选择一段线
Enter an option [Close/Join/Width/Edit vertex/Fit/Spline/Decurve/Ltype gen/Undo]：j 选择选项 Join
Select objects：继续选择各段线
7 segments added to polyline
回车后完成连接，最后结果如图 24-4 所示。

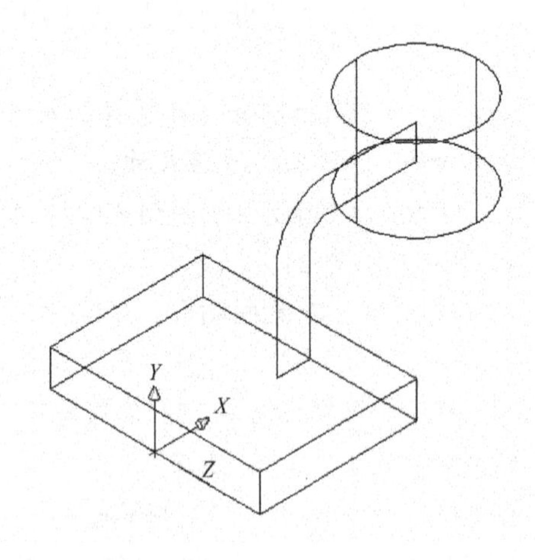

图 24-4 绘截面线

（5）绘制斜板的截面。用多段线来绘，注意一定要确保与圆弧相切。步骤如下：
Command：_pline
Specify start point：捕捉中点 1
Current line－width is 0.0000

Specify next point or [Arc/Halfwidth/Length/Undo/Width]：tan 输入切点捕捉方式
To 捕捉点 2
Specify next point or [Arc/Close/Halfwidth/Length/Undo/Width]：per 输入垂足捕捉方式
To 捕捉点 3
Specify next point or [Arc/Close/Halfwidth/Length/Undo/Width]：捕捉点 4
Specify next point or [Arc/Close/Halfwidth/Length/Undo/Width]：捕捉点 1
Specify next point or [Arc/Close/Halfwidth/Length/Undo/Width]：回车
如图 24-5 所示。

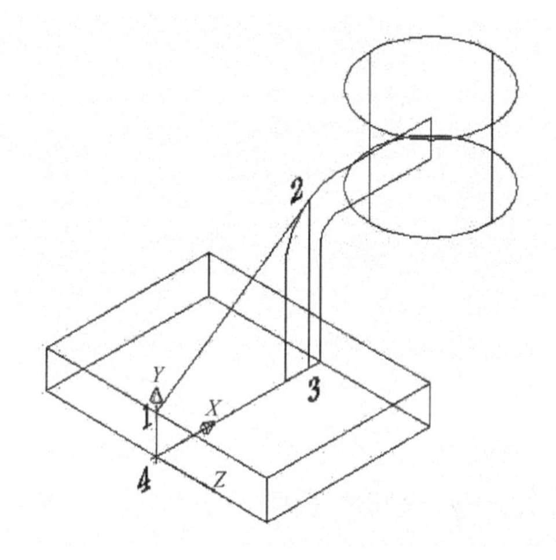

图 24-5 绘截面线

(6) 用 EXTRUDE 命令拉伸，先拉伸原厚度的一半，再用 MIRROR3D 将其镜像出另一半。最后将屏幕上所有立体进行拉伸并运算，最后结果如图 24-6 所示。

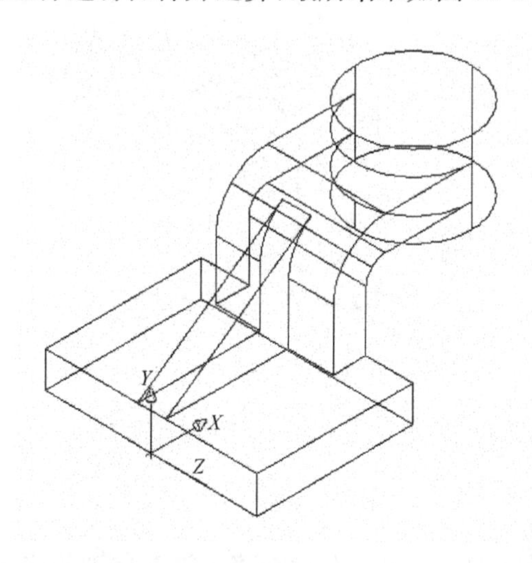

图 24-6 拉伸

(7) 绘圆柱孔。先将 UCS 的 XY 平面平躺下来，即绕 X 轴旋转－90°。根据圆柱孔在当前 UCS 中的坐标，绘制圆柱。

绘制上面大圆柱孔时，底面圆的圆心可以用捕捉圆心的方式来进行。

绘制板上的阶梯孔时，小孔的孔心坐标为(22，－23)，注意一定是绝对坐标；大孔可以用捕捉小孔上面圆心的方式来确定孔心，高度要用负高度－2，这样圆柱向下拉伸。最后结果如图24-7所示。

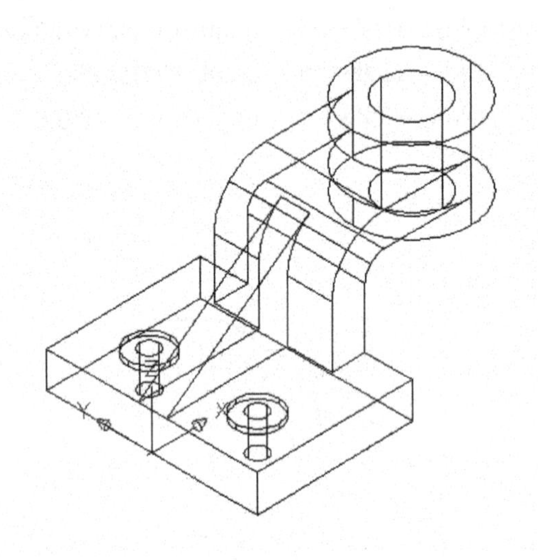

图 24-7 孔拉伸

(8) 先将阶梯孔进行拉伸并运算，再将刚才所绘的孔全从立体中减掉。最后完成立体的造型，消隐后的效果如图24-8所示。

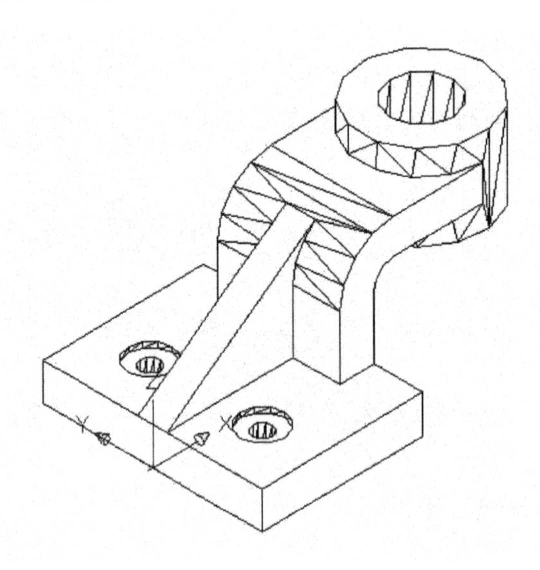

图 24-8 完成立体

(9) 拷贝一个阶梯孔放在旁边，用SLICE命令将其沿对称轴分成两半。如图24-9所示。

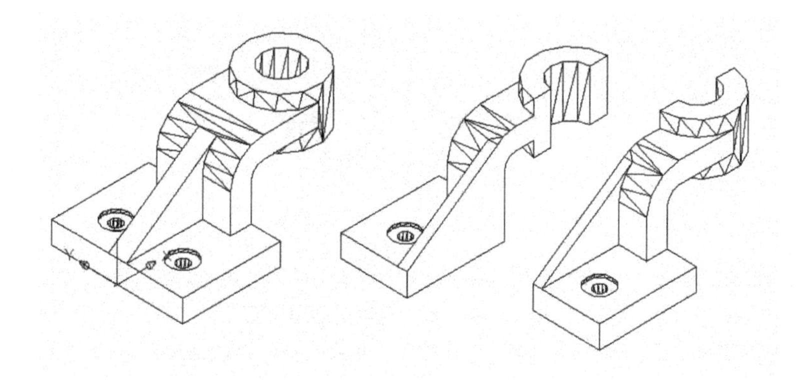

图 24-9　切割一半

习题：

按照图 24-10 所示尺寸进行立体造型。

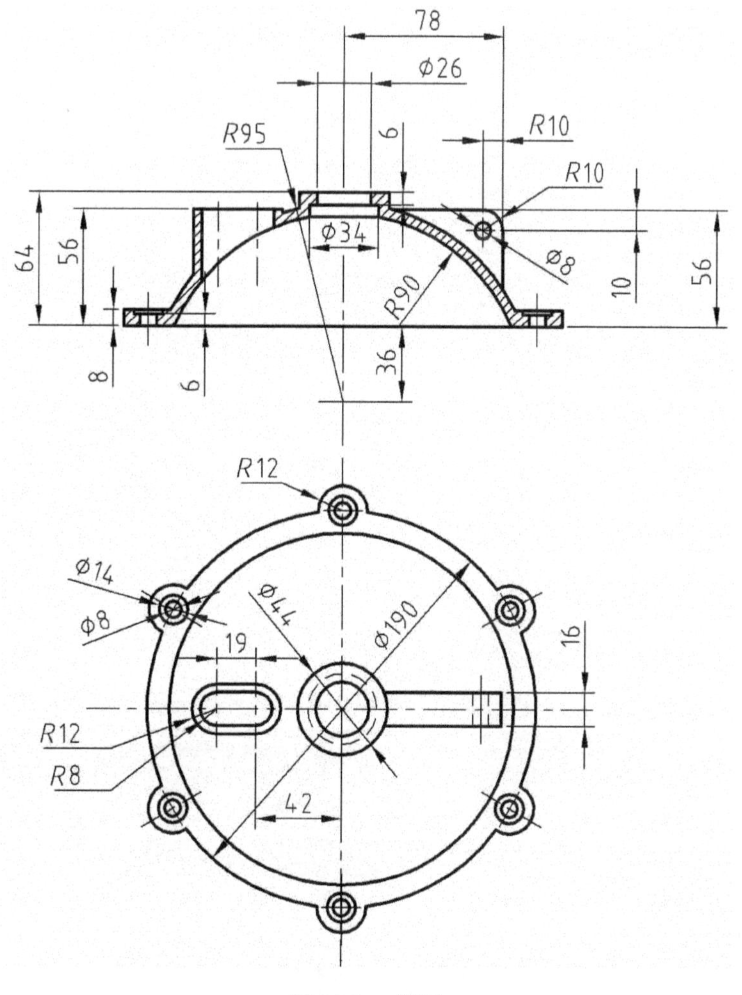

图 24-10　题目

参 考 文 献

[1] Autodesk 公司. AutoCAD2009 概述[M]. http://www. autodesk. com. cn/,2009.
[2] 龙素丽. AutoCAD2007 实用教程[M]. 天津：天津大学出版社,2008.
[3] 梁德本,叶玉驹. 机械制图手册(第二版)[M]. 北京：机械工业出版社,2000.